AF566543

Coaching und ergebnisorientierte Selbstreflexion

Innovatives Management

Coaching und ergebnisorientierte Selbstreflexion
von Prof. Dr. Siegfried Greif

Herausgeber der Reihe:
Prof. Dr. Siegfried Greif

Coaching und ergebnisorientierte Selbstreflexion

Theorie, Forschung und Praxis des Einzel- und Gruppencoachings

von

Siegfried Greif

HOGREFE
GÖTTINGEN · BERN · WIEN · PARIS · OXFORD · PRAG
TORONTO · CAMBRIDGE, MA · AMSTERDAM · KOPENHAGEN

Prof. Dr. Siegfried Greif, geb. 1943. Studium der Psychologie in Gießen. 1968-1973 Wissenschaftlicher Assistent an der Freien Universität Berlin. 1972 Promotion. 1973-1977 Assistenzprofessur an der FU Berlin. 1976 Habilitation. 1977-1982 Professor an der FU Berlin. Seit 1982 Professor für Arbeits- und Organisationspsychologie an der Universität Osnabrück.

Bibliografische Information der Deutschen Nationalbibliothek
Die Deutsche Nationalbibliothek verzeichnet diese Publikation in der Deutschen Nationalbibliografie; detaillierte bibliografische Daten sind im Internet über http://dnb.d-nb.de abrufbar.

Göttingen • Bern • Wien • Paris • Oxford • Prag
Toronto • Cambridge, MA • Amsterdam • Kopenhagen
Rohnsweg 25, 37085 Göttingen

http://www.hogrefe.de
Aktuelle Informationen • Weitere Titel zum Thema • Ergänzende Materialien

Umschlagzeichnung: Dierk Kellermann, Osnabrück
Gesamtherstellung: Druckerei Hubert & Co, Göttingen
Printed in Germany
Auf säurefreiem Papier gedruckt

ISBN 978-3-8017-1983-8

Inhaltsverzeichnis

Vorwort von Christopher Rauen

Der Aspekt der Selbstreflexion nimmt im Coaching eine besondere Rolle ein. Coaching zielt – zumindest implizit – nicht nur auf die Förderung und Entwicklung von Selbstreflexionsprozessen, sondern setzt diese auch zwingend beim fundiert arbeitenden Coach voraus. Entgegen dem oftmals unter Praktikern verbreiteten Ansatz der „Ergebnisorientierung durch Erlebnisorientierung", ist es eben nicht die Entertainment-Qualität, welche die Güte eines Coachings ausmacht, sondern die Ermöglichung von Lernerfahrungen und die daraus resultierenden Veränderungsprozesse. Die Grundlage für solche Lernprozesse sind Selbstaufmerksamkeit und Selbstreflexion. Hier ist es jedoch der Welt des Managements geschuldet, einen notwendigen gedanklichen Zwischenschritt zu erwähnen: Für viele geistes- oder sozialwissenschaftlich geprägte Menschen ist Selbstreflexion ein Wert für sich, der grundsätzlich – zumindest aber überwiegend – als etwas Positives erachtet und empfunden wird. Im Management, d.h. einer klassischen Zielgruppe des Coachings, ist jedoch weniger die Selbstreflexion, als vielmehr die Handlungsorientierung bzw. das Aufrechterhalten und Verbessern von Handlungsfähigkeit gefragt. Reflexionen und insbesondere Selbstreflexion werden daher zuweilen eher als hinderlich, ja als störend und ablenkend empfunden.

Natürlich ist es ein Manager gewohnt, seine Entscheidungen und Handlungen abzuwägen. Jedoch erscheint die Aussicht, durch ein Coaching eher in eine verstärkte Lage- als in eine Handlungsorientierung (Kuhl, 2000) versetzt zu werden, weder attraktiv noch zweckmäßig. Ist Selbstreflexion im Coaching daher nur ein Wunschtraum von Coachs oder Theoretikern? Erfreulicherweise lässt sich dies aus der hier entwickelten Theorie und aus der Praxiserfahrung mit einem deutlichen „Nein" beantworten. Dieses (scheinbare) Dilemma erweist sich zwar als wichtige Zwischenphase, jedoch nicht als Sackgasse. Die Lösung ist, dass auch die Selbstreflexion so professionell gehandhabt werden kann und durch ein Deutero Lernen als Metakompetenz genutzt wird, um erst zu tatsächlicher Handlungskompetenz zu finden. Dieser Aspekt sei exemplarisch für die Notwendigkeit und Sinnhaftigkeit von theoretischen Aspekten in der Praxis des Coachings herausgegriffen.

Das vorliegende Werk bietet noch mehr: Ihm kann ohne Zweifel sehr große Bedeutung für das Coaching, seine Professionalisierung und Fundierung beigemessen werden. Das Buch gibt nicht nur der Wissenschaft eine umfassende Orientierung im Rahmen der hier geschaffenen Coaching-Theorie, sondern zeigt einmal mehr die Gültigkeit von Kurt Lewins Aussage, dass nichts so praktisch sei wie eine gute Theorie. Die zahlreichen Anregungen und Verknüpfungen zur Theorie sowie ihrer praktischen Auswirkungen geben eine Fülle von Denkanregungen, die das Buch sowohl für den erfahrenen Praktiker, als auch den jungen Wissenschaftler wertvoll machen. Siegfried Greif ist es gelungen, in überzeugender Weise das Thema Coaching wissenschaftlich fundiert und gleichzeitig spannend und praktisch relevant darzulegen. Es gibt bereits mehrere Werke, die – wenngleich überwiegend in Ansätzen – eine theoretische Fundierung des Coachings beabsichtigt haben. Keines davon bietet die inhaltliche Tiefe und Perspektiven erweiternde Breite wie das vorliegende Werk. Es wird deutlich, dass es eine Vielzahl von theoretischen Bezügen gibt, mit denen einzelne Elemente des Coachings erklärt werden können. Das Verdienst des Autors ist es indes, diese Bezüge zu einer nachvollziehbaren Theorie zu verknüpfen und damit eine Grundlage für die weitere Forschung und Praxis gelegt zu haben.

Christopher Rauen, im Herbst 2007

Einführendes Vorwort des Autors

Coaching ist ein Thema, bei dem die Praxis der wissenschaftlichen Theorieentwicklung weit vorausgeeilt ist. Erfreulich ist, dass in den letzten Jahren nicht nur die Coaching-Praxis enorm expandierte, sondern auch die Forschung. Zwar stehen theoretische Fragen und Systeme stehen auf Fachtagungen und in vielen Veröffentlichen über Coaching im Vordergrund. In vielen Tagungsbeiträgen und populären Buchveröffentlichungen wird aber kaum Bezug auf die Theorieentwicklung und Forschungen genommen. In diesem Buch werden einige dieser losen Enden neu verbunden und auch die anscheinend teilweise verloren gegangenen Verbindungen zur psychologischen Theorieentwicklung und Grundlagenforschung werden wieder neu geknüpft. Aufgenommen werden dabei auch abgeschlossene und laufende Forschungsergebnisse, die am Lehrstuhl im Fachgebiet Arbeits- und Organisationspsychologie in Osnabrück begonnen wurden.

Vorgestellt wird eine *integrative Theorie* zum *ergebnisorientierten Coaching* von Individuen und Gruppen. Die Theorie ist integrativ, weil sie Annahmen aus unterschiedlichen wissenschaftlichen Theorien und Praxiskonzepten in einem gemeinsamen Annahmensystem zusammenführt und gleichzeitig methodenpluralistisch verschiedene Interventions- und Evaluationsmethoden aufnimmt. Die Coachingtheorie ist ergebnisorientiert. Das heißt, sie ist daran ausgerichtet, durch Coaching praktisch und wissenschaftlich überprüfbare Ergebnisse im Interesse der Klienten und Auftraggeber zu erzielen. Die Annahmen der Theorie können durch psychologische Forschung und praktische Erfahrungen fundiert werden. Die Theorie analysiert und erklärt die grundlegenden Prozesse und Qualitätsstandards beim Einzel- und Gruppencoaching, Kriterien zur Bewertung des Erfolgs von Coaching, Wirkungen bekannter und neuer praktischer Interventionsmethoden und -techniken, fördernde wie hindernde organisationale Motivation und Merkmale der Klienten, Ausbildung und Erfahrungen des Coachs sowie Coaching-Kompetenzen, Evaluationsmethoden und den Stand der Evaluationsforschung. Zu den Wirkungsmodellen beim Einzelcoaching und zum Gruppencoaching werden Strukturmodelle erstellt, die die Annahmen und Forschungsergebnisse zusammenfassen. Die ergebnisorientierte Coachingtheorie ist kein abgeschlossenes System, sondern kann als ein für Veränderungen und Erweiterungen offenes Theoriengerüst angesehen werden, das zur Weiterentwicklung einlädt.

Die beschriebene allgemeine wissenschaftliche Zielsetzung ähnelt dem Ansatz des „evidence based" (Nachweis basierten) Coaching von Grant und Stober (2006). Dieser Ansatz wurde aus der Medizin übertragen. Ausgangspunkt ist die Forderung, dass Nachweise für die Effektivität spezifischer Coachinginterventionen gefunden werden sollen. Die Nachweismethoden orientieren sich dabei an Forschungsmethoden, wie sie in der Medizin zur Überprüfung etwa der Wirkungen von Medikamenten oder in der experimentellen psychologischen Forschung eingesetzt werden (Stober & Grant, 2006, S. 4 ff.).

In ihrem *Evidence Based Coaching Handbook* präsentieren Stober und Grant (2006) wissenschaftlich fundierte Einzeltheorien und theorieübergreifende Ansätze von Autor/innen, die unterschiedliche psychologische Richtungen vertreten. Im Unterschied dazu wird in diesem Buch eine schulenübergreifende Theorie entwickelt. Der Anspruch ist, eine umfassendere zusammenhängende theoretische Analyse und systematische Aufarbeitung der Forschung vorzulegen, die Bezüge zu Einzeltheorien und Richtungen integriert. Die vorliegende Darstellung liegt gewissermaßen quer zu den Einzeltheorien im Handbuch von Stober und Grant (2006).

Coaching ist ein praktisches Feld. Eine gute wissenschaftliche Coachingtheorie muss praktisch nützlich sein und überprüfbare Ergebnisse im Interesse der Klienten und Auftraggeber erzielen. Coachs sollen sich und ihre Erfahrungen in den Annahmen der Theorie systematisiert wiederfinden können und durch die Analysen und Methoden zur Reflexion und Verbesserung ihrer praktischen Arbeit angeregt werden. Im Buch werden immer auch professionelle praktische Leistungen beispielhaft theoretisch analysiert und eingearbeitet. In der Theorieentwicklung habe ich von Erfahrungen und Diskussionen mit reflektierten Praktiker/innen profitiert und gebe die Ergebnisse nun an die Praxis zurück.

Vor welchen Herausforderungen und Aufgaben steht Coaching als Profession und Forschungsfeld? Eine Antwort geben Antony M. Grant, Direktor der Coaching Psychology Unit an der Universität Sydney und sein Stellvertreter Michael J. Cavanagh (Grant & Cavanagh, 2004) auf der Grundlage einer allgemeinen Analyse von 128 Veröffentlichungen im angloamerikanischen Sprachraum über Coaching von 1939 bis 2003. Wie sie feststellen, nehmen die Doktorarbeiten und andere Forschungsarbeiten über Coaching erst etwa ab 1990 zu. Erst ab dieser Zeit gibt es eine relevante Anzahl von Veröffentlichung über externe Coachs. Die Schwerpunkte sind dabei theoretische Analysen, viele kleine empirische Studien und einzelne große Erhebungen. Gleichzeitig steigt die Anzahl der Praxisdarstellungen, die sich an professionelle Coachs richten. Die Entwicklungen in der deutschsprachigen Literatur sind nach meinem Eindruck sehr ähnlich. Coaching steht in der Zukunft sowohl als Profession als auch in der Wissenschaft nach Grant und Cavanagh (2004) vor drei herausfordernden Aufgaben:

1. Klärung und Definition des Coachingbegriffs auf der Grundlage wissenschaftlicher Theorien und Erkenntnisse,
2. Elaboration der theoretisch fundierten Ansätze und
3. Entwicklung einer empirischen Forschungsgrundlage.

Dieses Buch stellt sich diesen drei Herausforderungen. Zur ersten Aufgabe werden in den Kapiteln 1 und 2 die *allgemeinen theoretischen Grundlagen* und der *Coachingbegriff* entwickelt. In Kapitel 3.1 bis 3.5 werden die theoretisch fundierten Ansätze und Erkenntnisse zusammen mit praktischen Beobachtungen zum *Einzelcoaching* diskutiert. Kapitel 3.6 gibt einen Überblick zu den *Untersuchungsmethoden* und zum *empirischen Forschungsstand*. Inzwischen liegen hier bereits vielfältige kleine bis große Erhebungen und methodisch aussagekräftige Untersuchungen vor. Sie werden unter Einbeziehung der Grundlagenkapitel in einem *integrativen Strukturmodell der Wirkungen beim Einzelcoaching* zusammengefasst. Kapitel 4 behandelt Gruppen- oder Teamcoaching. Hier sind die theoretischen Grundlagen und der Forschungsstand noch schmal. Dargestellt werden können aber erste Theorien und Methoden sowie Forschungsergebnisse, die Zukunftsperspektiven öffnen.

Die Kapitel sind lesefreundlich aufgebaut und auch für Leser/innen ohne Psychologiestudium verständlich geschrieben. Allen Kapiteln wird eine Vorschau vorangestellt, in der kurz umrissen wird, was die Leser/innen durch die Lektüre erfahren und lernen können. Wichtige Begriffsdefinitionen werden umrahmt hervorgehoben. Am Kapitelende werden jeweils die vorher behandelten Annahmen und praktische Folgerungen zusammenfassend wiedergegeben.

Die Leser/innen, die sich nur für bestimmte Teilthemen interessieren, sollen immer auch einzelne Kapitel getrennt lesen können. Dafür war es allerdings erforderlich, wichtige vorauszusetzende Punkte zusammenfassend zu wiederholen. Ich hoffe, dass die Leser/innen, die alle Kapitel lesen, diese Redundanzen verzeihen. Vielleicht ist dies zur besseren Einprägung der Kernpunkte nützlich.

In den ersten beiden Kapiteln werden als allgemeiner theoretischer Hintergrund Grundannahmen entwickelt, die nicht direkt überprüfbar sind. Die Annahmen in den Kapiteln drei und vier sind dagegen empirisch prüfbar. Es werden Hinweise vorgestellt, wodurch diese Überprüfung ermöglicht wird. Die Annahmen stützen sich auch auf praktische Erfahrungen und Beobachtungen. Sie werden so praxisnah formuliert, dass die meisten auch von Coachs durch eigene praktische Beobachtungen überprüft werden können. Am Ende von Kapitel drei wird sehr ausführlich der Stand der empirischen Forschung zum Einzelcoaching unter Berücksichtigung schwer erhältlicher so genannter grauer Literatur beschrieben. Ein integratives Wirkmodell liefert eine Orientierungsgrundlage für die künftige Forschung.

Nicht nur Wissenschaftler, sondern auch Profis beklagen, dass Coaching ein populärer „Container-Begriff" ist, der für „alles und jedes" (Böning & Fritschle, 2005) verwendet wird. Wie ich darlegen werde, ist dies auf die herkömmlichen Definitionen von Coaching als „Beratung von Personen" oder als „personenzentrierte Beratung" zurückzuführen. Methodische Beratungen von Personen sind Aufgaben vieler Professionen. Um professionelles Coaching von anderen Beratungstätigkeiten als besondere und anspruchsvolle Dienstleistung unterscheiden zu können, wird die Förderung intensiver ergebnisorientierter Problem- und Selbstreflexionen in der Coachingdefinition in den Mittelpunkt gestellt. Um Coaching als Qualitätsbegriff auf der Grundlage wissenschaftlicher Theorien und Erkenntnisse definieren zu können, müssen diese Grundlagen zuvor geklärt werden. Deshalb beginnt das Buch nicht wie andere mit der Coachingdefinition, sondern im ersten Kapitel mit den theoretischen Erkenntnissen und Begriffsklärungen zum Selbstkonzept und zur Selbstreflexion.

In *Kapitel 1* dieses Buchs werden diese allgemeinen theoretischen Grundlagen des Coachingbegriffs vorgestellt. Ausgangspunkt sind Theorien und Erkenntnisse zum *Selbstkonzept* und zur Bedeutung der Kultur und persönlichen Entwicklung für das Selbstkonzept. Auf diesen Grundlagen wird unter Bezug auf den sozialpsychologischen Begriff der *Selbstaufmerksamkeit* der Begriff der *ergebnisorientierten Selbstreflexion* sowohl für *Individuen* als auch für *Gruppen* definiert. Außerdem werden theoretisch grundlegende Bezüge zum *selbstreflexiven Lernen* in Organisationen hergestellt (insbesondere zum Double Loop Lernen). Abschließend werden die daraus resultierenden allgemeinen theoretischen Grundannahmen zusammenfassend wiedergegeben und erste allgemeine praktische Folgerungen. Das Bild von

Dierk Kellermann auf dem Einband, zeigt eine freie künstlerische Reinterpretation eines Double Loop-Regelkreises, bei dem sich der Regler spiegelt und ein konkretes höherwertiges Ergebnis erreicht wird (genauer dazu siehe Abschnitt 1.3.2).

Der Coachingbegriff wird auf der beschriebenen theoretischen Grundlage erst in *Kapitel 2* dieses Buchs entwickelt. Er ermöglicht eine präzise Abgrenzung von Coaching von anderen personenzentrierten Beratungsformen. Wie dargelegt wird, beginnt Qualität im Coaching mit der Klärung der Coachingdefinition durch den Coach. Die Definition stellt hohe Qualitätsanforderungen, die Coachingverbänden zum Schutz der Profession vor Scharlatanen empfohlen werden.

Kapitel 3 behandelt das *ergebnisorientierte Einzelcoaching und Selbstreflexion*. Es gliedert sich in sechs unabhängig lesbare Einzelkapitel. *Kapitel 3.1* analysiert, wie *Selbstaufmerksamkeit* und *bewusste Selbstreflexionen* entstehen und ablaufen. *Kapitel 3.2* beschreibt, durch welche *Auslöser Selbstreflexionen* aktiviert werden und welche große Bedeutung *Affekte* dabei haben. Sehr genau und kompetent müssen nach neueren Erkenntnissen die Affekte beim Coaching „kalibriert" werden, damit der Klient einen ganzheitlichen Zugang zu seinem Selbstkonzept entwickeln kann. *Kapitel 3.3* erläutert praktische *Methoden und Vorgehensweisen* beim ergebnisorientierten Coaching und ihre theoretischen Grundlagen. In *Kapitel 3.4* werden die *Coaching-Kompetenzen* als Qualitätsanforderungen systematisiert. Das umfangreiche *Kapitel 3.5* stellt den *Klienten* mit seinen nach aktuellen Erkenntnissen der Motivations-, Willens- und Persönlichkeitstheorien wichtigen Merkmalen in den Mittelpunkt. *Kapitel 3.6* schließt die Darstellung zum Einzelcoaching mit einer eingehenden Beschreibung und Diskussion der *Forschungsmethoden und -ergebnisse* und zu den Voraussetzungen, Wirkfaktoren und Wirkungen beim Coaching.

Im *Schlusskapitel 4* geht es um *Mehrebenencoaching als Zukunftsperspektive*. Auch beim Coaching einzelner Personen muss der soziale, organisationale und gesellschaftliche Kontext berücksichtigt werden. Gezeigt wird in Kapitel 4.1 wie durch Analysen die Einflüsse der Ebenen Individuum, Gruppe, Organisation, Gesellschaft, ja sogar die relevanten Einflüsse der Weltwirtschaft beim Coaching berücksichtigt werden können. Allgemeine theoretische Grundlage ist dabei die Mehrebenentheorie. Vor diesem Hintergrund werden als künftige Anwendungs- und Forschungsfelder erste Ansätze zum Organisationscoaching vorgestellt. In Kapitel 4.2 werden zwei wissenschaftliche Theorien zum Gruppencoaching und die dazu vorliegenden Forschungsergebnisse beschrieben. Sie lassen sich teilweise bereits als empirisch unterstützte Annahmen zusammenfassen. Viele Fragen bleiben aber offen und können erst durch künftige Forschungen beantwortet werden. Das abschließende Kapitel 4.3 fasst die Zukunftsaufgaben zum ergebnisorientierten Coaching zusammen. Wenn man den historischen Entwicklungsstand von Coaching als Profession kritisch betrachtet, hat er keinesfalls bereits ein Stadium krisenunabhängiger allgemeiner Akzeptanz und Stabilität erreicht. Zu den wichtigsten Aufgaben der internationalen und nationalen Coachingverbände gehört es, unabhängige wissenschaftliche Untersuchungen zum praktischen Nutzen von Coaching zu fördern. Kritische Ergebnisse dürfen nicht unterdrückt werden, sondern müssen als Feedback für erforderliche Verbesserungen dienen. Wenn dies gelingt, kann langfristig die noch bestehende Skepsis gegenüber Coaching überwunden werden.

Mein wissenschaftliches Ziel ist es, Impulse zur vertiefenden Forschung und erfolgreichen Praxis beim Coaching zu geben. Im Buch werden immer auch professionelle praktische Leistungen beispielhaft theoretisch analysiert und eingearbeitet. Als praktischen Hintergrund kann ich dazu meine eigenen Erfahrungen als einer der Coaching-Senioren und -Mentoren einbringen. Wer mich kennt, weiß dass es eine meiner Lebensaufgaben ist, Brücken zwischen Theorie und Praxis zu bauen. Mein praktisches Ziel ist, mit wissenschaftlichen Theorien und Methoden zur Professionalisierung und Verbesserung des praktischen Nutzens von Coaching für die Klienten beizutragen. Das kann nur gelingen, wenn man komplexe wissenschaftliche Theorien und Methoden im Dialog mit anderen Praktiker/innen weiterentwickelt und verständlich vermittelt.

Das vorliegende Buch war ursprünglich als Schlusskapitel einer Monographie zur Entwicklung einer integrativen Selbstorganisationstheorie menschlichen Handelns und Lernens auf den Ebenen Individuum und Gruppe gedacht (Greif, in Vorbereitung). Inzwischen hat es sich aber zu einem kompletten Buch ausgewachsen. Zwischen diesen beiden und einem dritten, bereits erschienenen Buch über „Erfolge und Misserfolge beim Changemanagement" (Greif, Runde & Seeberg, 2004) gibt es wichtige inhaltliche und theoretische Querverbindungen. Alle Bücher setzen sich mit Veränderungen von Menschen in sozialen Systemen auf den Ebenen Individuum, Gruppe und Organisation auseinander. Im noch nicht fertigen Buch (Greif, in Vorbereitung) geht es um die allgemeinen Fragen, wie sich Handeln und Lernen auf den Ebenen Individuum und Gruppen selbst organisiert. Im Buch zum Change Management werden die Selbstreflexions-, Selbstorganisations- und Veränderungsprozess auf der Ebene der Organisation behandelt. In der empirisch abgesicherten personenorientierten Theorie und Methode zum Changemanagement wird die Bedeutung einflussreicher Schlüsselpersonen und -gruppen für Veränderungen herausgearbeitet (Greif, Runde & Seeberg, 2004). Das vorliegende Buch liefert mit den Thema Coaching und Selbstreflexion auf den Ebenen Individuum und Gruppe die fehlende theoretische und praktische Klammer zwischen den beiden anderen Büchern.

Alle drei Bücher stützen sich als Rahmentheorien auf die Mehrebenensystemtheorie (von Cranach, 1996; Tschan, 2000), die synergetische Selbstorganisationstheorie (Haken, 1998; Kriz, 1989, 1992) und in der Psychologie auf gemeinsame theoretische wie methodische Grundannahmen. Auf dieser Grundlage werden Annahmen aus unterschiedlichen Theorien miteinander integriert, die bisher nicht zusammengebracht wurden, wie insbesondere die Theorie zum reflexiven Double Loop Lernen von Argyris und Schön (1978), die Handlungstheorie von Hacker (2005), die Schematheorie von Norman und Shallice (1986), die Komplexitätstheorie von Dörner (1989) sowie die neuropsychologische Motivations- und Persönlichkeitstheorie von Kuhl (2001).

Das Buch ist nicht ohne viele Anregungen und Diskussionen entstanden. An erster Stelle danke ich meiner Frau Dietlinde, die ich als psychologische Psychotherapeutin fast zu jeder Zeit mit theoretischen und praktischen Fragen über Coaching im Vergleich und Unterschied zur Psychotherapie belasten durfte. Aber auch manche andere haben mir mit Literaturtipps oder in Gesprächen geholfen, Thesen und Annahmen im Gespräch zu überprüfen und wichtige Differenzierungen vorzunehmen. Uwe Böning hat sich viel Zeit mit einer kritischen Durchsicht einer früheren Fassung meines Manuskripts genommen und mir mit vielen wichtigen Hinweisen und Anmerkungen geholfen, manche Schwachstellen ausbügeln zu können und Kernpunkte schärfer herauszuarbeiten. Wichtige Anregungen und Ermutigungen verdanke ich auch Yvonne Brauer, Anke Finger-Hamborg, Karen Franke, Brigitte Fritschle, Kalevi Krebs, Jürgen Kriz, Lioba Mellmann, Christopher Rauen, Bettina Röhrs, Arist von Schlippe, Bernd Runde und Ilka Seeberg. Großen praktischen Dank schulde ich Ingrid Sidortschuck, Steffen Kötter und meiner Frau für Korrekturen an meinem fehlerreichen Manuskript sowie Kathrin Lachmann, die das Manuskript, gestützt auf ihre Erfahrungen aus früherer Lektortätigkeit, durchgesehen und verbessert hat.

Osnabrück im September 2007

Siegfried Greif

1 Selbstreflexion als Potenzial

Nach der Lektüre dieses Kapitels wissen Sie,

1. worin sich Menschen durch ihre Selbstreflexionspotenziale vor anderen Lebewesen auszeichnen,
2. wie ständiges Grübeln von ergebnisorientierter Selbstreflexion unterschieden werden kann,
3. was man unter „Selbstbild" und „Selbstkonzept" sowie „Selbstreflexionen" von Individuen und Gruppen verstanden wird und welche Bedeutung kulturelle Unterschiede haben, welche Zukunftsaufgaben sich für das Coaching in Forschung und Praxis stellen.
4. welche höheren Stufen reflexiven Lernens es gibt und wie man sie erklimmen kann,
5. welche praktischen Folgerungen sich aus den Potenzialen zur ergebnisorientierten Selbstreflexion ergeben.

Potenzial zur Selbstreflexion

Menschen haben ein Bewusstsein von sich selbst. Sie sind in der Lage, ihr eigenes Handeln zu beobachten und über sich selbst nachzudenken. Dass Menschen nicht nur denken, sondern im Prinzip auch über sich nachdenken und darüber sprechen können, zeichnet sie vor anderen Lebewesen als *potenziell selbstreflexive Subjekte* aus (Eckensberger, 1998, S. 32). Sie reflektieren sich und die eigenen Handlungen keineswegs immer. Sie haben aber das Potenzial dazu.

Können sich Schimpansen selbst reflektieren?

Haben nur Menschen das Potenzial zur Selbstreflexion? Gallup (1970) hat Schimpansen unbemerkt einen roten Farbpunkt an den Kopf getupft. Die Tiere betrachten sich vor dem Spiegel und versuchen den Punkt zu entfernen. Dies beweist, dass sie sich selbst im Spiegel erkennen und zumindest zu einfachen reflexiven Handlungen fähig sind. Aber auch wenn sie dies können, gibt es in der Selbstreflexionsfähigkeit große Unterschiede. Menschen können mit anderen über ihre Stärken und Schwächen sprechen sowie Pläne entwickeln und umsetzen, um sich zu verändern.

Gruppen

Menschen können nicht nur über sich als individuelle Person nachdenken. Sie können auch über die Gruppe reflektieren, zu der sie sich zugehörig fühlen, z.B. über ihre Familie oder Arbeitsgruppe. Sie sind sogar in der Lage über sich selbst im Zusammenhang mit größeren Systemen zu sinnieren, über die Organisation, in der sie arbeiten und die Gesellschaft, in der sie leben. Sie denken auch über die Normen und Regeln der Kultur nach, an denen sie sich orientieren oder über die Gebote ihrer Religion. Das Bedürfnis ist stark, ihre Reflexionen mit anderen auszutauschen und zu vergleichen. Freunde diskutieren über die zu hohe Arbeitslosigkeit in ihrem Land und was die Politik tun sollte. Der Aufsichtsrat eines Aktienunternehmens analysiert und erörtert die wirtschaftliche Lage und Zukunft seines Unternehmens vor dem Hintergrund der Marktsituation. Die Mitglieder einer Religionsgemeinschaft sprechen miteinander, wie sie ihre Glaubenssätze verstehen und die Gebote einhalten sollen.

Potenziale zur bewussten Selbstveränderung

Das Potenzial, allein oder mit anderen über sich selbst als Person, über die eigene Gruppe oder andere soziale Systeme zu reflektieren, öffnet den Menschen den Zugang zu höheren Formen des Lernens und zur bewussten Veränderung des Handelns als Individuum oder Gruppe. Diese Potenziale zur bewussten Selbstveränderung von Individuen und Gruppen werden in diesem Kapitel theoretisch und praktisch genauer betrachtet.

Erfahrungen mit professionellen Methoden

Wie können Individuen, Gruppen und Organisationen praktisch angeleitet werden und lernen, sich in der skizzierten Weise zu reflektieren und zu verändern? Sind alle Menschen und Gruppen gleichermaßen zur Selbstreflexion fähig? Antworten auf diese Fragen können wissenschaftliche Theorien und Erfahrungen aus der Anwendung professioneller Methoden liefern, wie sie beim Mentoring, beim Coaching und zur Teamentwicklung eingesetzt werden. Die Förderung der Selbstreflexion ist der praktische Kern dieser aktuellen Methoden.

Zu viel Selbstreflexion?

Selbstreflexion ist keineswegs immer nützlich und förderlich. Es gibt Menschen, die zu viel über sich selbst grübeln und zu wenig zielgerichtet handeln. In einer Erhebung über die Zeitdauer von Selbstreflexionen im Alltag hat Berg (2007) eine Person gefunden, die angab, pro Woche etwa 30 Stunden über sich selbst nachzudenken! Auch Gruppen können sich zu sehr mit sich selbst beschäftigen und dabei die eigenen praktischen Ziele und Aufgaben aus ihrem Blickfeld verlieren. Dass Selbstreflexion auch zuviel und problematisch sein kann, wird in der wissenschaftlichen und praktischen Fachliteratur nur selten behandelt. In diesem Buch wird darauf ausführlich eingegangen.

1.1 Selbstbild und Selbstkonzept

Vor einer Darstellung über die verschiedenen Arten und Methoden zur Förderung von Selbstreflexion sowie zu den Prozessen beim Lernen durch Selbstreflexion und Coaching von Individuen und Gruppen, werden zunächst die grundlegenden Begriffe Selbst und Selbstreflexion geklärt.

Beliebter Begriff

Wie Jürgen Kriz (2002) berechtigt kritisiert, wird der Begriff „Selbst" oft irreführend und inflationär verwendet. Der Begriff „Selbst" lässt sich leicht mit anderen Begriffen kombinieren. Beispiele sind (alphabetisch geordnet): Selbstaufmerksamkeit, Selbstbeobachtung, Selbstbewusstsein, Selbstbild, Selbstentwicklung, Selbstkompetenz, Selbstkontrolle, Selbstkonzept, Selbstmanagement, Selbstorganisation, Selbstreflexion, Selbstregulation, Selbstrepräsentation, Selbstschema, Selbstsicherheit, Selbststeuerung, Selbstvertrauen, Selbstverwirklichung, Selbstwahrnehmung, Selbstwertgefühl. Was dabei mit „Selbst" gemeint ist, kann hierbei sehr verschieden sein!

Bedeutungen

Begriffsherkunft

In der Alltagssprache dient die Silbe „selbst" bei Wörtern wie „selbständig" oder „selbstgefällig" zur Hervorhebung oder zum Verweis auf eine unabhängige, „für sich bestehende" Person. Erst im 18. Jahrhundert wurde das Substantiv „Selbst" (nach dem englischen „self") zusätzlich in der Bedeutung als „das seiner selbst bewusste Ich" verwendet (Herkunftswörterbuch Duden, 1997).

Bedeutung in der Psychologie

In der Psychologie ist der Begriff *Selbst* ein Oberbegriff für die Vorstellungen, die eine Person von sich als Person hat oder die andere von ihr haben. Diese Vorstellungen können sich auf typische Personmerkmale, Ziele und Bedürfnisse, Regeln oder Verhaltensstandards beziehen, die sich die Person zu Eigen macht.

Selbst und Ich

Kuhl (2001, S. 334 f.) verwendet den Begriff „Selbst" für die intuitive Wahrnehmung oder Repräsentation der eigenen Person mit ihren Merkmalen. Diese Selbstrepräsentation kann anschaulich vielleicht auch als eine Art Selbstbild bezeichnet werden. Dieses intuitive Selbstbild entwickelt sich in der frühen Kindheit, wenn sich die Kinder etwa mit 18-24 Monaten im Spiegel selbst erkennen (Povincelli & DeBois, 1992). Sie beginnen sich dabei zunächst nach den äußerlichen Merkmalen wie ein Objekt zu betrachten und mit anderen Menschen zu vergleichen. Diese Beobachtungen prägen sich im Gedächtnis ein. Später werden immer mehr Merkmale des Selbst einbezogen. Wenn sie sprachlich ausgedrückt werden, bilden sie das „Ich" (Kuhl, 2001, S. 334). Das intuitive „Selbst" umfasst nach Kuhls Begriffsverständnis im Unterschied zum „Ich" die beiläufig und intuitiv durch Erfahrungen erworbenen Repräsentationen über die eigene Person. Sie sind keineswegs alle bewusst. Sie bilden gewissermaßen den gefühlsmäßigen Hintergrund für das bewusst wahrgenommene „Ich" (Ich als Objekt) oder „Selbstkonzept", wie das „Ich" in anderen Theorien genannt wird. Kuhls Begriffe Selbst und Ich unterscheiden sich von anderen Definitionen. In der folgenden Darstellung wird deshalb anstelle des Begriffs „Ich" der Begriff „Selbstkonzept" oder „bewusstes Selbstkonzept" vorgezogen. Synonym zum Kuhlschen Begriff „Selbst" wird sein Begriff der Selbstrepräsentation oder der anschauliche Begriff „Selbstbild" verwendet.

Kommandozentrale des Gehirns?

Im menschlichen Gehirn gibt es kein spezielles Areal, das als übergeordnetes Steuerungszentrum die anderen Systeme des Gehirns und Körpers leitet, in dem ein intuitives Selbst oder bewusstes Selbstkonzept lokalisiert werden kann. Die Gehirne von Menschen und anderen Lebewesen bestehen aus verschiedenen teilweise autonomen Systemen, die sich ohne Leitung selbst organisiert koordinieren können. Die Gehirne von Menschen und andere höher entwickelten Lebewesen können aber Netzwerke höherer Ordnung (analog zum Double Loop Lernen, siehe Abschnitt 1.3.2) entwickeln, durch die sie über ihre Wahrnehmungssysteme ihre eigenen Handlungen und innere Prozesse teilweise bewusst beobachten und reflektieren können. Singer (2004, S. 42 f.) nennt diese Netzwerke Metarepräsentationen. Das Selbstkonzept könnte als ein derartiges Metaschema angesehen werden (vgl. zu Singers Theorie ausführlicher Abschnitt 3.5.1).

Zugang zum Selbst öffnen

Um die Klienten ganzheitlich bei der Entwicklung ihrer vollen Potenziale fördern zu können, ist es nach Stober (2006, S. 25) erforderlich, dass die Coachs das Selbstbild der Klienten zu verstehen versuchen. Um das durch viele Erfahrungen im Laufe des Lebens entwickelte Selbstbild für bewusste Reflexionen zugänglich zu machen, genügt es nicht, dass die Person sich beobachtet und mit anderen Personen vergleicht. Sie muss beim Beobachten gewissermaßen „in sich hineinlauschen" und den eigenen Empfindungen und Gefühlen in einer konkreten Situation nachspüren. Weil diese Empfindungen und Gefühle ihr nicht klar bewusst sind, wird diese Erkundung von etwas zwar irgendwie sehr Vertrautem aber gleichzeitig auch Neuem als „Selbstexploration" bezeichnet. Coaching kann diese Selbstexploration fördern. Da Coaching aber auf Sprache angewiesen ist, ist es erforderlich, das Ergebnis der Selbstexploration in Worten auszudrücken bzw. „zu explizieren". Ergebnis ist ein bewusstes Selbstkonzept.

Selbstexploration

Methoden zur Erfasssung

In der Wissenschaft gibt es verschiedene Methoden zur Erfassung der bewussten Vorstellungen über die eigene Person. Gebräuchlich sind Fragebogeninstrumente mit vorgegebenen Fragen zur Selbstbeschreibung, wie z.B. die *Self-Construal-Scala* von Singelis et al. (1995). Ein Nachteil ist, dass man mit ihnen nur die jeweils vorher festgelegten Merkmale erfassen kann. Im Methodenteil wird eine vorgestellt, wie Personen angeleitet werden, Bilder über sich selbst zu malen (reale Bilder und Wunschbilder, siehe Abschnitt 3.3.1). Diese Methode wurde auch mit Managern

Wer bin ich?

durchgeführt und wurde von ihnen als sehr Phantasie anregend bewertet. Ein in der Führungsforschung bewährtes Verfahren zur Erfassung des bewussten Selbstkonzepts ist der Twenty Statements Tests von Kuhn und McPartland (1954). Hier sollen die Befragten spontan zwanzig Sätze ergänzen, die alle mit „Ich bin…“ beginnen. Viele Personen vervollständigen die Sätze durch ihre berufliche Position oder Qualifizierung („Ich bin der Leiter des Controllings in einem Automobilunternehmen.“), ihre organisationalen Bezugsgruppe („Ich bin Mitglied des Vorstands.“) oder ihre Fachdisziplin („Ich bin ein Ingenieur.“). Daneben werden auch nichtberufliche äußere Merkmale („Ich bin 183cm groß.“), Rollen in der Familie („Ich bin Vater einer Familie.“), die Zugehörigkeit zu einem Geschlecht („Ich bin eine Frau.“), einer Nationalität („Ich bin ein Franzose.“) oder Religionsgemeinschaft („Ich bin ein Muslim.“) zur Selbstbeschreibung herangezogen. Die Sätze können mit präzisierenden, positiven oder negativen Eigenschaften versehen werden („Ich bin ein erfolgreicher Manager.“ oder „Ich bin ein Chaot.“) Die dem Test zugrunde liegende Annahme ist, dass die inhaltlichen Schwerpunkte das bewusste Selbstkonzept und die damit verbundenen Bewertungen, bzw. die Selbstbewertung der Person beschreiben.

1.1.1 Öffentliches und privates Selbstkonzept

Eine wichtige Unterscheidung ist die zwischen dem *idealen* und *realen Selbstkonzept*, bzw. den als wichtig angesehenen idealen oder tatsächlichen Merkmalen. Unterschieden wird außerdem zwischen dem 1. *privaten* und 2. *öffentlichen* oder *sozialem Selbstkonzept* (vgl. Oerter, 1987, S. 295 ff.).

Privates Selbstkonzept

1. Das *private Selbstkonzept* umfasst das Wissen, das die Person über sich selbst hat, wie sie sich selbst wahrnimmt (Selbstwahrnehmung) und wie positiv sie sich gefühlsmäßig einschätzt (Selbstwertgefühl oder Minderwertigkeitsgefühl) oder wie sie eigene Fähigkeiten bewertet (Selbstbewertung) und was sie sich selbst zutraut (Selbstvertrauen).

Soziales Selbstkonzept

2. Das soziale oder öffentliche Selbstkonzept bezieht sich auf das, was die Person meint, dass ihre soziale Umgebung über sie als Person denkt. Es entwickelt sich aus den Bildern, die sich wichtige Bezugspersonen von der Person machen und ihr vermittelt haben.

Verwandte Begriffe

Ein *Konzept* ist ein „skizzenhafter, stichwortartiger Entwurf“ (Duden Etymologie, 1997, S. 378). Das Selbstkonzept einer Person ist dementsprechend eher ein skizzenhafter Entwurf der bewussten Vorstellungen der Person über sich selbst und kein vollständig ausgearbeitetes Modell. Eine ähnliche Bedeutung hat der Begriff *Selbstschema*. Ein *Schema* hat ebenfalls die Bedeutung „Entwurf“, aber auch „Muster“ oder „Grundform“ (Duden Etymologie, 1997, S. 626) und verweist damit darauf, dass das Selbstschema eine charakteristische Form hat. Im Folgenden wird der

Begriff Selbstkonzept bevorzugt, weil er in seiner Bedeutung sehr verständlich den Kern des gemeinten Begriffs wiedergibt. Synonym wird aber auch Selbstschema verwendet. Der interdisziplinäre Begriff der *individuellen Identität* hat dagegen meist eine etwas andere Bedeutung. Oft sind damit speziell diejenigen Selbstkonzeptmerkmale gemeint, die die Person als *einmalig* oder *unverwechselbar* erscheinen lassen (Oerter, 1987, S. 296). Wie beim Selbstkonzept kann man hier wiederum zwischen nur individueller und sozialer Betrachtung unterscheiden (Wahrnehmung durch das Individuum selbst oder durch die Brille der sozialen Umgebung).

Gruppenselbstkonzept

Gruppenidentität

Die Mitglieder von Gruppen, die miteinander interagieren oder Aufgaben bearbeiten, können gemeinsam ein privates und öffentliches *Gruppenselbstkonzept* entwickeln. Gruppen kann man auch eine Identität zusprechen. Die *Gruppenidentität* bezieht sich entsprechend auf die besonderen Merkmale des Gruppenselbstkonzepts, durch die sie nach den Vorstellungen ihrer Mitglieder oder durch die soziale Umgebung von anderen als einmalig und unverwechselbar angesehen werden.

1.1.2 Definition des Selbstkonzeptbegriffs

Im Folgenden wird definitorisch eingegrenzt, was unter dem realen und idealen individuellen Selbstkonzept einer Person oder dem gemeinsamen Selbstkonzept der Mitglieder einer Gruppe verstanden wird.

Wichtige Ziele, Bedürfnisse, Merkmale, Entwicklungspotenziale, Regeln und Standards

Das *reale Selbstkonzept* bezieht sich auf alle bewussten Vorstellungen oder Schemata zu wichtigen eigenen Zielen, Bedürfnissen, Merkmalen und Entwicklungspotenzialen sowie Regeln und Standards der Person, wie sie sich gegenwärtig sieht. Das *ideale Selbstkonzept* basiert im Unterschied dazu auf entsprechenden Idealbildern der Person von sich selbst zu den angesprochenen Merkmalen. Diese Vorstellungen werden oft stabil in das Selbstkonzept integriert. Sie werden deshalb auch als „selbstkongruente“ Schemata bezeichnet. Werden reales und ideales Selbstkonzept miteinander verglichen, wird dies als *Selbstreflexion* bezeichnet, wie unten ausgeführt wird.

Definition Individuelles Selbstkonzept einer Person

Das individuelle Selbstkonzept einer Person umfasst die Gesamtheit aller bewussten, subjektiv wichtigen Vorstellungen, die eine Person von sich als reale oder ideale Person hat, einschließlich aller charakteristischen und subjektiv als wichtig eingeschätzten Ziele, Bedürfnisse, Merkmale und Entwicklungspotenziale sowie Normen und Regeln, an denen sie sich orientiert oder anstrebt zu orientieren.

1.1.3 Selbstkonzept und Kultur

Beziehungsorientierte und individualistische Kulturen

Die in der Definition aufgeführten subjektiv wichtigen Ziele und Bedürfnisse von Personen und insbesondere die von ihnen in ihr Selbstkonzept inkorporierten Regeln und Normen oder Standards sind in unterschiedlichen Kulturen extrem verschieden. Besonders groß sind die Unterschiede zwischen den so genannten individualistischen Kulturen, zu denen auch Deutschland rechnet und den asiatischen so genannten „kollektivistischen" Kulturen. Der Fachbegriff „kollektivistische Kultur ist nicht sehr treffend und wird von manchen als diskriminierend empfunden. Angemessener erscheint es, die Kulturen als gruppen- oder beziehungsorientiert zu bezeichnen. Zunehmend wird auch zwischen independenten und interdependenten Kulturen unterschieden. Im Folgenden werden diese Begriffe bevorzugt und „kollektivistisch" in Anführungszeichen gesetzt, wo der Begriff aus Zitatgründen erforderlich ist.

Nach Triandis (1995) und Gelfand et al. (2004, S. 443) lassen sich beziehungsorientierte/„kollektivistische" und individualistische Kulturen durch vier Definitionsmerkmale empirisch differenzieren:

Kultur und Selbstkonzept

1. *Interdependentes oder independentes Selbstkonzept:* In beziehungsorientierten Kulturen wird das Selbst vorwiegend als interdependent zu anderen gesehen. Ressourcen werden gemeinsam geteilt. In individualistischen Kulturen verstehen sich die Einzelnen dagegen als Individuen, die unabhängig von anderen sind und individuelle Entscheidungen treffen, ob sie die Ressourcen mit anderen teilen.

Übereinstimmung der Ziele

2. *Gruppenziele:* Die Ziele der Gruppenmitglieder in beziehungsorientierten Kulturen stimmen tendenziell mit den Gruppenzielen überein, während sie in individualistischen eher nicht miteinander korrelieren.

Pflichten

3. *Verpflichtung oder Bereitschaft zum Sozialverhalten:* In beziehungsorientierten Kulturen wird das Sozialverhalten durch Pflichten und Verpflichtungen geregelt. In individualistischen Kulturen wird es dagegen durch Einstellungen, Werte, Glauben, Bedürfnisse und Verhandlungen bestimmt.

Harmonische Beziehungen zu anderen

4. *Bedeutung sozialer Beziehungen:* In beziehungsorientierten Kulturen hat die Herstellung und Aufrechterhaltung guter oder harmonischer Beziehung in der Gruppe und selbstlose Unterstützung der anderen Priorität. In individualistischen Kulturen herrscht dagegen eher ein rationales Kalkül des gegenseitigen Gebens und Nehmens vor. Zusammenarbeit wird gesucht, wenn sie nützlich erscheint.

Gruppenorientiertes Selbst und gruppenorientierte Kulturen

Jedes der vier Merkmale hat Bezüge zum individuellen Selbstkonzept, wie es oben definiert wurde. Man müsste danach annehmen, dass das Selbstkonzept in beziehungsorientierten Kulturen durch alle Merkmale mitgeprägt werden kann und im Allgemeinen eher interdependent oder gruppenorientiert ist. In individualistischen Kulturen ist dagegen zu erwarten, dass independente Selbstkonzepte häufiger sind.

Länderunterschiede

Zur Erfassung der gruppenorientierten oder individualistischen Kultur wurden Fragebögen konstruiert und vergleichende Erhebungen durchgeführt. Nach den klassischen Ländermittelwerten der klassischen Untersuchung von Hofstede (1980) sind Kolumbien, Mexiko, die Philippinen, Portugal, Thailand und Venezuela eher beziehungsorientiert, dagegen Australien, Dänemark, England, Kanada, die Niederlande, Neuseeland, Schweden und die USA individualistisch orientiert. Diese Ergebnisse wurden jüngst mit einem vergleichbaren Fragebogen in der „GLOBE Study" bestätigt, einer weltweiten Befragung von über 17.000 Führungskräften mittlerer Ebenen in 62 Ländern (vgl. Gelfand et al., 2004). Weitere Länder die danach im Durchschnitt eine gruppenorientierte beziehungsorientierte Kultur aufweisen sind nach dieser Untersuchung u.a. Ägypten, Albanien, Argentinien, Bolivien, China, Indien, Indonesien, Iran, Polen, Russland, Spanien, Slowenien, Südkorea, Taiwan und die Türkei. Eine individualistische Kultur findet sich danach außerdem in Deutschland, Finnland und der Schweiz[1].

Individuelle Unterschiede

Nun orientieren sich keineswegs alle Menschen strikt an der in ihrem Land vorherrschenden Kultur. Innerhalb jeder Gesellschaft gibt es immer Untergruppen und Schichten mit unterschiedlicher kultureller Ausrichtung. Migranten bringen andere Kulturen mit. Die weltweite Verbreitung ähnlicher Informationen über die Medien und z.B. der Kauf derselben Konsumgüter in sehr ähnlich strukturierten Kaufhäusern beeinflussen die Menschen. Kulturelle Orientierungen können sich dadurch allmählich verändern.

Allozentrismus und Idiozentrismus

Persönlichkeitsunterschiede

In China kann man heute Menschen mit ausgeprägt individualistischen Vorstellungen über sich und ihre berufliche Zukunft begegnen. In Deutschland gibt es viele Menschen, die ihre persönlichen Ziele, Bedürfnisse und Entwicklungsperspektiven hinter die ihrer zugehörigen Arbeitsgruppe, Familie oder Religionsgemeinschaft zurückstellen, auch ohne dass dies durch einen Migrationshintergrund erklärt werden könnte. Die empirischen Forschungsergebnisse über die persönlichen Orientierungen auf der individuellen Ebene zum „Kollektivismus" (hier auch als Allo-

---

[1] Diese Einordnungen ändern sich erheblich (vgl. Gelfand et al., 2004), wenn man im Fragebogen nach *„institutionellen"* kollektivistischen oder individualistischen Prinzipien auf der Ebene der Gesellschaft fragt (z.B. ob Führungskräfte Gruppenloyalität fördern (auch auf Kosten individueller Ziele) oder ob das Wirtschaftssystem individuelle Interessen maximiert).

zentrismus bezeichnet) und Individualismus (bzw. Idiozentrismus) und Zusammenhänge der individuellen Werte mit allgemeinen Mittelwerten für die Ebene der Gesellschaft sind relativ gering und widersprüchlich zwischen verschiedenen Erhebungen (Gelfand et al., 2004, S. 448 ff.). Was man festhalten kann, ist lediglich, dass es in allen Kulturen große individuelle Unterschiede in der Ausprägung der beiden Merkmale gibt. Personen mit interdependeten kulturellen Orientierungen definieren sich zugleich auch mit individualistischen Merkmalen. Sie haben aber eine geringere Bedeutung, als die Beziehung zu anderen Personen. Dieses Ergebnis wurde in vielen Studien bestätigt (vgl. Oyserman, 2001; Kühnen & Hannover, 2003). Einzelnen Untersuchungen zeigen allerdings teilweise widersprechende Resultate. So fand Li (2002), dass Festland-Chinesen im Vergleich zu Anglo-Kanadiern zwar eine ausgeprägtere Familienbeziehung, aber eine schwächere Beziehung zu Freunden aufwiesen. Die individuelle Ausprägung wird nicht nur von der Kultur, sondern zugleich wesentlich von grundlegenden Persönlichkeitseigenschaften beeinflusst. In Kapitel 3.5 wird auf ihre Bedeutung für das Selbstkonzept und die Selbstreflexion näher eingegangen.

Bedeutung der Kultur

In beziehungsorientierten Kulturen würde man nach vorliegenden Theorien und Erkenntnissen erwarten, dass die von dieser Kultur geprägten Individuen sich bei der Definition ihres Selbstkonzepts zwar nicht alle und nicht immer, im Allgemeinen aber mehr mit den Zielen, Normen und Regeln ihren Bezugsgruppen auseinandersetzen. Aber was bedeutet das genauer? Um die Bedeutung beziehungsorientierter Kulturen für das Selbstkonzept differenzierter nachvollziehen zu können, ist es erforderlich, sich mit ihren Grundlagen auseinanderzusetzen. Im Folgenden werden dazu als Beispiel Grundlagen der konfuzianischen Kultur erläutert.

Menschenbild und ideale konfuzianischer Kulturen

Menschenbild

Die beziehungsorientierten bzw. gruppenorientierten asiatischen Kulturen stützen sich auf komplexe Moral- und Regelsysteme die über 2000 Jahre alt sind. Um in einer von Konflikten und Machtkämpfen beherrschten Zeit die Ordnung und Harmonie im feudalen China wieder herzustellen hat Konfuzius (551-479 v. Chr.) einen umfassenden Verhaltenskodex entwickelt (Gu, 2002). Konfuzius stellt den „edlen Menschen" (chinesisch *junzi*) und ein ideales Menschenbild in den Mittelpunkt. Was den junzi auszeichnet, ist „Menschlichkeit" oder „Mitmenschlichkeit" (*ren*).

Menschlichkeit

Konfuzius erläutert diese selbstlose Tugend mit allgemeinen Verhaltensregeln (zitiert nach Gu, 2002, S. 65 ff.). „Ren heißt: Wenn eine Schwierigkeit auftaucht, als erster hervorzutreten, wenn Nutzen zu ziehen ist, als erster zurückzutreten." Wichtig sind außerdem Liebe und Fürsorge für andere. „Helfe auch anderen erfolgreich zu sein, wie du erfolgreich zu sein versuchst." „Was man selbst nicht wünscht, das tue man auch anderen nicht an." Jeder edle Mensch soll sich mit großer Selbstbeherrschung und Würde streng nach den traditionellen Riten verhalten und Verantwortung für sich und seine gesamte Umgebung übernehmen (Bauer, 2001, S. 57 ff.).

Hierarchie und Rollen

Anders als im europäischen Humanismus werden die Tugenden im Konfuzianismus nicht egalitär, sondern immer hierarchisch spezifiziert. Menschen sind einander von Geburt an ähnlich, aber nicht gleich in ihren Begabungen (Gu, 2002, S. 59). Für jede Rangposition und Rolle gibt es spezifische Anforderungen und Verhaltensregeln.

Gerechtigkeit und Sittlichkeit

Konfuzius unterscheidet fünf grundlegende Tugenden (Gu, 2002, S. 73 ff.). An erster Stelle nach ren folgt die *Gerechtigkeit (yi)*. Die Bedeutung des Begriffs unterscheidet sich allerdings vom westlichen Begriffsverständnis. Der schwierige Begriff bezieht sich mehr auf Pflichterfüllung, Rechtschaffenheit, Fairness und Schicklichkeit und darauf „das Richtige zu tun". Nach Konfuzius stellen sich Harmonie und Ordnung durch *Sittlichkeit* (*li*) her. Er vertraut auf die regulierende und selbstdisziplinierende Wirkung der Einhaltung traditioneller Riten in der durch die Rangposition bestimmten Weise. Durch li wird das gemeinsame Verhalten berechenbar und ein harmonisches Zusammenspiel aller Gesellschaftsschichten möglich.

Klugheit und Verlässlichkeit

Klugheit (zhi) ist nach Konfuzius erlernbar und umfasst insbesondere das Wissen um die verschiedenen Tugenden. Konfuzius (im Chinesischen Kong Fuzi, Kong, der Meister) war ein hervorragender Lehrer, der seine Lehre im Dialog mit seinen Schülern entwickelt hat. Eine weitere Tugend ist *Verlässlichkeit (xin)* als Grundlage der Freundschaft. Versprechen müssen selbst dann gehalten werden, wenn sich die Bedingungen geändert haben. Dies gilt auch für Versprechungen, die der Herrscher seinem Volk gemacht hat. Nur dadurch kann er Vertrauen erwerben.

Loyalität und Pietät

Die letzten, miteinander zusammenhängenden Tugenden sind *Loyalität und Pietät (zhong* und *xiao)*. Untergebene sollen sich gegenüber ihrem Vorgesetzten loyal und treu verhalten. Allerdings sind auch die Vorgesetzten an die angesprochenen Tugenden gebunden. Der Untergebene soll deshalb den Mut haben, dem Vorgesetzten zu widersprechen, wenn dieser den rechten Weg verlässt. Loyalität bedeutet auch, die Arbeitsaufgaben wichtig zu nehmen und Eigeninteressen hintan zu stellen. Pietät bezieht sich speziell auf die Beziehung vom Sohn zum Vater. Vom pietätvollen Sohn wird erwartet, dass er sich fürsorglich und ehrerbietig verhält. Fürsorge bedeutet dabei, alles zu tun, dass sich die Eltern wohl fühlen und jede Störung ihres Wohlbefindens durch eigenes Verhalten zu vermeiden. Dazu gehört eine gesunde Lebensweise, weil eine Erkrankung die Eltern unglücklich machen könnte. Diese Beziehung soll solange aufrechterhalten bleiben, wie die Eltern leben. Deshalb sollen die Kinder beispielsweise nur nach wohlbegründeten Anlässen an einen anderen Ort ziehen und ihre Eltern allein lassen. Sogar nach dem Tod des Vaters sollen die Söhne drei Jahre trauern und in seinem Sinne weiterhandeln. Wenn allerdings der Vater gegen die Sitten verstößt oder Tugenden verletzt, soll der Sohn ihn freundlich und zurückhaltend zu überreden versuchen, den Fehler zu korrigieren. Wenn ihm dies aber nicht gelingt, soll er sich noch ehrerbietiger verhalten und die „ärgste Arbeit" auf sich nehmen.

Rollen, Regeln und ritualisiertes Verhalten

Auf die skizzierte Weise werden alle wechselseitigen Rollenbeziehungen und Verhaltensregeln, Situationen und Kontexte hierarchisch geregelt, etwa wie sich der Vater gegenüber dem Herrscher, gegenüber Amtspersonen und Gästen oder wie sich Jüngere gegenüber Älteren, Kindern und Schüler gegenüber ihren Lehrern zu verhalten haben. Konfuzius sieht die Einhaltung traditioneller Riten und Zeremonien nicht als bloße äußerliche Anforderungen an. Sie ist lebensnotwendig und wichtig für Erziehung und Bildung. Zeremonielle Worte und Gebärden sollen nach Konfuzius auch unabhängig von ihrer Funktion und Nützlichkeit eingehalten werden. Dies erklärt, warum im feudalen China Zeremonien überbetont wurden und sich verselbständigt haben. In Europa hat dies sowohl Bewunderung als auch Ablehnung hervorgerufen (Bauer, 2001, S. 62 f.).

China heute

Die traditionellen konfuzianischen Tugenden, Riten und Zeremonien haben sich heute im Alltagsleben in China überlebt. In veränderter Form sind aber allgemeine Haltungen und Verhaltensregeln etwa in der kindlichen Ehrerbietung oder in den Höflichkeitsregeln durchaus noch beobachtbar. Das ist bemerkenswert, denn eines der erklärten Ziele der so genannten großen Kulturrevolution in China 1966 bis 1976 war, den Konfuzianismus zu überwinden. Lin-Huber (2001) gibt eine lebendige und aktuelle Einführung in die heute gültigen Regeln chinesischer Höflichkeit und dazu, wie man sich in verschiedenen Kontexten und Situationen in China verhalten soll.

Andere konfuzianische Länder

Der Konfuzianismus spielt auch in den Ländern Taiwan, Japan, Nord und Südkorea immer noch eine grundlegende Rolle. Die verschiedenen konfuzianischen Länder unterscheiden sich untereinander allerdings erheblich in ihrer Geschichte, ihren Gesellschaftsordnungen sowie konkreten kulturellen Normen und Regeln. In traditionellen Familien in Japan ist bis heute eine konfuzianisch beeinflusste Ritualisierung besonders ausgeprägt. Der Sprachsoziologe Coulmas (1993) beschreibt Japan als „Land der rituellen Harmonie". In den jüngeren Generationen und in den nach westlichen Prinzipien geführten Unternehmen verlieren sich aber die traditionellen Tugenden und Regeln mehr und mehr.

Bedeutung für das Selbstkonzept

Zwei Beispiele

Das konkrete Selbstkonzept spiegelt die jeweils vom Individuum übernommenen und auf das Selbstkonzept bezogenen kulturellen Normen und

Regeln wider. Wie man sich das im Einzelfall vorstellen kann, soll an zwei Beispielen erläutert werden.

Mitarbeiter mit traditionellem Selbstkonzept

Das erste Beispiel ist ein junger chinesischer Mitarbeiter, der sich streng an traditionellen kulturellen Haltungen und Regeln orientiert. In sein ideales Selbstkonzept hat er eine sehr respektvolle Haltung gegenüber seinem Vorgesetzten und älteren Kollegen aufgenommen. Er achtet darauf, sich zurückzuhalten und nicht vor anderen hervorzutun. Er versucht immer das zu tun, was der Vorgesetzte und die Gruppe von ihm erwarten. Je besser ihm dies gelingt, desto zufriedener wird er mit sich selbst sein. Wenn sich sein Vorgesetzter aber anderen Gruppenmitgliedern gegenüber sehr unhöflich verhält, empfindet er dies allerdings als peinlichen Gesichtsverlust nicht nur für den Chef, sondern auch für sich selbst. Er versucht daraufhin, sich noch korrekter zu verhalten.

Ein individualistischer Student?

Ein zweites Beispiel ist ein Student aus dem Süden Chinas, der nach einem Sprachkurs in Mandarin-Chinesisch an einer Universität in Peking bewusst nach Peking zum Studium gezogen ist, um sich dem Einfluss seines sehr traditionell ausgerichteten Vaters entziehen zu können. Er hat sich mit einem Gaststudenten aus Frankreich befreundet, hört fasziniert zu, wenn der ihm offen erzählt, wie unabhängig er lebt. Er träumt von einem Auslandsstudium in Frankreich. Er sieht sich als für die europäische Kultur und Lebensweise aufgeschlossen und möchte sich bewusst aus der traditionellen Enge seiner Kultur lösen. Als er tatsächlich in Frankreich ein Studium beginnt, verunsichern ihn aber die komplizierte Sprache, die erlebte fremdartige Kultur und das selbstbewusste Auftreten der französischen Studenten sehr. Er sucht die Nähe zu anderen Studieren aus China. Er erkennt, dass sein Bedürfnis nach Zugehörigkeit zu einer Gruppe mit vertrauten kulturellen Wurzeln stärker ist, als sein Wunsch nach individueller Unabhängigkeit. Er freut sich auf den Besuch zu Hause in Südchina. Seine Idealvorstellung ist jetzt, später einmal in China in einem chinesisch-französischen Unternehmen zu arbeiten (und mit seiner Frau Urlaubsreisen durch Europa zu machen).

Kultur und Erfahrungen

Beide Beispiele skizzieren komplexe Entwicklungsprozesse und Anpassung von Selbstkonzepten im Wechselspiel mit individuellen Erfahrungen. Ideale Selbstkonzepte können in Konflikt mit Erfahrungen geraten oder bewusst in Abgrenzung zur vorherrschenden Kultur entstehen. Das resultierende Selbstideal spiegelt die akzeptierten oder abgelehnten kulturellen Normen und Regeln immer nur zusammen mit biografischen Erfahrungen.

Bezugsgruppen

In ausgeprägt individualistischen Kulturen denken die Menschen, wenn wir der Theorie folgen können, allgemein nicht so intensiv über das Selbstkonzept ihrer Bezugsgruppen nach. „Ich kann mir nichts unter einem Gruppenselbstkonzept vorstellen. Gibt es das überhaupt?“, ist dementsprechend eine Frage, die man in Deutschland (sogar unter Psychologen) hören kann. Das Individuum steht hier so sehr im Vordergrund, dass die Existenz eines realen und idealen Selbstkonzepts von Gruppen fragwürdig erscheint. Vermutlich ist dies bei Menschen aus beziehungsorientierten Kulturen eher umgekehrt. Sie verstehen nicht, wie man sich als Einzelperson so wichtig nehmen kann, dass man darüber die Erwartungen und Regeln der Familie und Arbeitsgruppe vernachlässigt. Hier ist das individuelle Selbstkonzept fragwürdig und schwer nachvollziehbar.

Nicht-konfuzianische beziehungsorientierte Kulturen

Muslimische und europäische Länder

Beziehungsorientierte bzw. gruppenorientierte Kulturen gibt es nicht nur in Ostasien. Ägypten, Iran und die Türkei sind Beispiele für muslimische interdependente Kulturen. In Osteuropa sind Länder wie Albanien, Polen, Russland und Serbien Beispiele für spezielle eher beziehungsorientierte Kulturen, in Südeuropa Portugal und Spanien. Nach den Ergebnissen der GLOBE Studie lassen sich die nordeuropäischen Länder Dänemark, Finnland und Schweden im Hinblick auf ihre bevorzugten institutionellen Prinzipien (z.B. Förderung der Gruppenloyalität durch die Führung) partiell als „egalitär beziehungsorientiert“ einordnen, obwohl sie auf der individuellen Ebene ausgeprägt individualistisch orientiert erscheinen (Gelfand et al., 2004). Um die Bedeutung der spezifischen beziehungsorientierten Kulturen für die Entwicklung der individuellen Selbstkonzepte in diesen Ländern nachvollziehen zu können, sind demnach eingehende Analysen der jeweiligen kulturellen Grundlagen erforderlich. In diesem Feld sind noch viele Fragen offen.

1.1.4 Gruppenselbstkonzept

Gemeinsames Selbstkonzept

Im Folgenden wird definiert, was unter einem gemeinsamen Selbstkonzept der Mitglieder einer Gruppe verstanden wird. Die Definition zeigt inhaltlich und in der formalen Struktur Ähnlichkeiten und Bezüge zum individuellen Selbstkonzept. Ein grundlegender Unterschied liegt allerdings in der Bedeutung der zwischenmenschlichen Kommunikation. Individuen müssen nicht mit anderen kommunizieren, wenn sie sich selbst beobachten und über sich reflektieren. Beim gemeinsamen Gruppenselbstkonzept in einer Gruppe ist das anders. Die Mitglieder der Gruppe beobachten sich gegenseitig und kommunizieren miteinander nichtsprachlich und sprachlich, um herauszufinden, ob sie ähnliche Vorstellungen über die Gruppe haben (z.B. über typische Merkmale im Unterschied zu anderen Gruppen oder über die Ziele). Erst durch Kommunikation mit anderen Menschen, insbesondere den Gruppenmitgliedern, können die einzelnen Gruppenmitglieder feststellen, ob ihre Vorstellungen über gemeinsame Ziele, Normen und Regeln etc. in der Gruppe akzeptiert werden.

Definition Gemeinsames Selbstkonzept einer Gruppe

Das gemeinsame Selbstkonzept einer Gruppe umfasst die Gesamtheit aller bewussten, subjektiv wichtigen Vorstellungen über die Gruppe als reale oder ideale Gruppe, die von den Gruppenmitgliedern kommuniziert und akzeptiert werden, einschließlich aller charakteristischen und subjektiv als wichtig eingeschätzten Ziele, Bedürfnisse, Merkmale und Entwicklungspotenziale sowie Normen und Regeln, an denen die Mitglieder sich orientieren oder anstreben zu orientieren.

Unterschiede zum individuellen Selbst

Zwischen den Selbstkonzepten auf der Ebene des Individuums und der Gruppe bestehen trotz formaler und inhaltlicher Ähnlichkeiten erhebliche Unterschiede. Beim Gruppenselbstkonzept sind mindestens zwei Ebenen beteiligt, die individuelle Ebene und die Gruppenebene. Individuelle Vorstellungen der Gruppenmitglieder über die Gruppe bilden sich durch ihre jeweiligen Erwartungen und Erfahrungen mit der Gruppe, aber auch durch auf der Organisationsebene kommunizierte Vorstellungen heraus.

Schwierige gemeinsame Explikation in Gruppen

Nach der Theorie von Kuhl (2001) basieren die intuitiven Selbstrepräsentationen auf schwer verbalisierbaren individuellen Vorstellungen, die im so genannten Extensionsgedächtnis gespeichert werden. Das Individuum kann im Prinzip auf diese mit starken Gefühlen verbundenen Gedächtnisinhalte direkt intuitiv zugreifen und muss sie nicht sprachlich ausdrücken. In der Gruppe ist dieser Prozess dagegen kompliziert und qualitativ anders. Um sich über das gemeinsame Selbstkonzept austauschen zu können, müssen die Mitglieder sprachlich schwer formulierbare intuitive Vorstellungen explizieren. Damit ein gemeinsames Selbstkonzept entsteht, müssen sich die Mitglieder ihrer Vorstellungen bewusst werden und sie untereinander verständlich und nachvollziehbar austauschen. Das gemeinsame Gruppenkonzept besteht nach der Definition aus den bewussten Vorstellungen, die von der Gruppe als wichtig und zutreffend akzeptiert werden und als Orientierungsgrundlage dienen. Das Ergebnis wird allerdings im Allgemeinen nur ein fragmentarisches Konzept sein.

Illusion der Gemeinsamkeit?

Wie kann man überprüfen und sicher sein, dass verschiedene Personen mit denselben Wörtern ganz genau dieselbe Bedeutung verbinden? Es ist niemals auszuschließen, dass die vermeintliche „gemeinsame" Vorstellung mit unterschiedlichen Bedeutungen und Erfahrungen verbunden ist. Auch in nicht-beziehungsorientierten Ländern legen Gruppen bei wichtigen Zielen, Normen und Regeln großen Wert darauf, dass alle Mitglieder die gleichen formelhaften Begriffe und Sätze verwenden. Dies kann in der

Gruppe zur Überschätzung der Ähnlichkeit der individuellen Vorstellungen und sogar zur Illusion vollkommener Gleichheit führen. In der Definition wird deshalb nicht von „gleichen“ Vorstellungen gesprochen, sondern vorsichtiger nur von Vorstellungen, die kommuniziert und akzeptiert werden.

Konflikte über das Gruppenselbstkonzept

Wie die Erfahrung zeigt, ergeben sich in Gesprächen der Gruppenmitglieder über ihr gemeinsames Gruppenselbstkonzept, z.B. über verbindliche gemeinsame Ziele und Regeln, sehr leicht Missverständnisse und Konflikte. Gruppen vermeiden derartige Diskussionen, weil die Mitglieder aus Erfahrung wissen, wie schwierig sie werden können. Wenn sie erforderlich sind, suchen sie Hilfe und Anleitung durch Personen, die dafür ausgebildet sind. Religionsgruppen werden durch Religionsführer angeleitet, z.B. Priester, Mullahs oder Religionslehrer und lernen durch sie, wie sie die Glaubenssätze und -regeln interpretieren und wie sie darüber sprechen sollen. In Arbeitsorganisationen haben Führungskräfte die Aufgabe einer Arbeitsgruppe gemeinsam neue Ziele, Leistungsstandards und Regeln zu vermitteln. Mitunter werden professionelle externe Berater und Coachs herangezogen, wenn es darum geht, sie neu zu erarbeiten. Wie dies beim Coaching von Gruppen methodisch durchgeführt werden kann, wird eingehend später in Kapitel 4 behandelt.

1.1.5 Klärung irreführender Fachbegriffe

Selbstbeobachtung

Nach unseren Begriffklärungen können wir nun noch einmal die eingangs angesprochenen Wortkombinationen mit der Vorsilbe „Selbst“ untersuchen. Es gibt Wortverbindungen, die genau betrachtet irreführend sind. Wenn man z.B. von „Selbstbeobachtung“ spricht, meint man damit keineswegs, dass man „das eigene Selbst“ zum Gegenstand der Beobachtung macht. Gemeint ist meist lediglich, dass man das eigene momentane Handeln beobachtet und überwacht.

Selbstregulation, Selbstkontrolle, Selbstorganisation

Die Fachbegriffe „Selbstregulation“, „Selbstkontrolle“ oder „Selbstorganisation“ beziehen sich nicht etwa auf die Regulation, Kontrolle oder Organisation des Selbstkonzepts, sondern auf die *selbständige Organisation konkreter Handlungen*. Die Bedeutung orientiert sich an der eingangs erwähnten ursprünglichen Herkunft des Begriffs im Sinne von „Selbständigkeit“ oder partieller Autonomie der handelnden Personen.

Selbstbewertung, Selbstwertgefühl, Selbstsicherheit, Selbstvertrauen

Selbstbewertung, Selbstwertgefühl, Selbstsicherheit und Selbstvertrauen sind dagegen Begriffe, die sich in ihrer Bedeutung zumindest partiell auf das Selbstkonzept beziehen. Selbstbewertung etwa bezieht sich auf eine ganzheitliche Bewertung der eigenen Person im Vergleich zu anderen Personen unter Bezug auf das ideale Selbstkonzept. Ein ausgeprägtes Selbstwertgefühl kann das Ergebnis einer positiven gefühlsmäßigen Bewertung der gesamten eigenen Person sein. Mit Selbstsicherheit wird dagegen meistens nur die Sicherheit des Handelns und Auftretens, aber nicht unbedingt die Sicherheit der Person in Bezug auf ihr gesamtes Selbstkonzepts gemeint. Selbstvertrauen wird oft ähnlich verstanden, könnte aber auch als ein Vertrauen der Person insgesamt in sich selbst definiert werden.

Genau erläutern!

Es dürfte kaum möglich sein, jede mögliche Irreführung durch Begriffskombinationen mit der Silbe „Selbst“ vollkommen zu vermeiden. Wichtig ist aber, immer genau zu erläutern, was jeweils gemeint ist.

1.2 Selbstaufmerksamkeit und Selbstreflexion

Intuitives Gedächtnis

Die intuitiven Selbstrepräsentationen des Individuums oder der Mitglieder einer Gruppe, sind nicht alle bewusst. Nach der Motivations- und Persönlichkeitstesttheorie von Kuhl (2001, S. 334 ff.) werden sie von den Personen in ihrem intuitiven Gedächtnis für Erfahrungen gespeichert, das er Extensionsgedächtnis nennt. Diese Selbstrepräsentationen können beiläufig aktiviert werden, ohne dass dies der Person bewusst wird. Diesen intuitiven Prozess bezeichnen wir als Selbstaufmerksamkeit. Bewusste Selbstreflexion setzt die Aktivierung intuitiver Selbstaufmerksamkeit voraus.

Prüfender Blick in den Spiegel

Wenn man vor dem Weggehen in den Spiegel schaut, um das eigene Äußere zu überprüfen, wird intuitiv Selbstaufmerksamkeit erzeugt. So ein Blick in den Spiegel kann viel auslösen. Man bemerkt vielleicht, dass man sehr blass und müde aussieht, nachdem man den Abend vorher zu lange gefeiert hat. Das wiederum kann Nachdenken über Vorsätze anregen, dass man künftig früher Schlafengehen sollte. Manche können nach einem kritischen Blick in den Spiegel sogar beginnen, darüber bewusst nachzugrübeln, dass sie mit sich selbst unzufrieden sind, vielleicht weil sie im Vergleich zu ihren individuellen idealen Selbstkonzept oder zu dem ihrer Bezugsgruppe zu dick, manche weil sie zu dünn, andere weil sie jünger oder älter als gewünscht aussehen.

Spiegel als Metapher für Selbstreflexion

Ein Spiegel ist eine oft verwendete Metapher für bewusste Selbstreflexion. So wurde in der früheren Hoechst-AG in den 1990er Jahren ein Taschenspiegel an die Mitarbeiterinnen und Mitarbeiter verteilt. Auf seiner Rückseite stand die Frage „Wer ist für die Qualität zuständig?“ Das eigene Bild im Spiegel auf der Vorderseite war die Antwort.

1.2.1 Intuitive Selbstaufmerksamkeit

Unwillkürliche Aktivierung

Die Sozialpsychologen Duval und Wicklund (1972) haben herausgefunden, dass Menschen, die man neben einen Spiegel setzt, unwillkürlich ihre persönlichen Verhaltensstandards wie Ehrlichkeit aktivieren. Andere

Auslöser sind Videoselbstkonfrontation oder Feedback (s. Kapitel 3.1 u. 3.2).

Selbstbild und Standards

Selbstaufmerksamkeit ist eine spezielle Form der Aufmerksamkeit einer Person. Die Person fokussiert sich auf ihr Selbstbild, z.B. auf die wichtigen, von ihr übernommenen Standards, mit denen sie eigene Merkmale oder Verhaltensweisen vergleicht. Wie oben (Abschnitt 1.1.3) dargelegt, kann man annehmen, dass sich Personen mit independentem Selbstkonzept im Allgemeinen bei ihren Standards an individuell festgelegten Normen und Regeln orientieren. Personen mit interdependentem Selbstkonzept übernehmen ihre Standards oder Normen und Regeln dagegen eher von ihren Bezugsgruppen. Intuitive Selbstaufmerksamkeit ist prinzipiell ein individuelles Phänomen. Sie kann allerdings auch in Gruppensituationen bei mehreren Individuen gleichzeitig stimuliert werden (für individuelle Auslöser siehe unten Abschnitt 3.2.1).

Definition Selbstaufmerksamkeit
Selbstaufmerksamkeit ist eine besondere Form der Aufmerksamkeit einer Person, bei der durch äußere oder innere Auslöser beiläufig implizite oder explizite Normen oder Vorstellungen aus dem Selbstkonzept des Individuums oder der Gruppe aktiviert werden.

1.2.2 Ergebnisorientierte Selbstreflexion

Descartes als Begründer des selbstreflexiven Menschenbilds

Mit seinem berühmten Satz „Cogito ergo sum" – „Ich denke, also bin ich" – stellt der französische Philosoph, Naturwissenschaftler und Mathematiker René Descartes (1596 bis 1650) die bewusste Selbstreflexion ins Zentrum seiner Erkenntnistheorie. Mit seiner Grundannahme, dass der Mensch nicht nur denken, sondern über sich selbst denken und reflektieren kann, hat Descartes zur Überwindung des bis dahin vorherrschenden aristotelischen Welt- und Menschenbilds beigetragen, wie Eckensberger (1998) herausstellt. Der griechische Philosoph Aristoteles (er lebte bis 322 vor Chr.) war in seiner Erkenntnistheorie noch davon ausgegangen, dass die äußeren Dinge und die Natur des Seienden mit ihren gewissermaßen objektiv naturgegebene Grundmerkmalen (Kategorien) Ausgangspunkte für jede Erkenntnis sind. Dass Erkenntnisse durch die Sinnesorgane und Wahrnehmungen des reflexiven Verstands der Menschen geprägt werden, wurde erst nach Descartes zu einer Grundposition der Philosophie.

Individuelle Selbstreflexion

Nachdenken über sich selbst

Alltagssprachig bedeutet Reflexion bewusstes Nachdenken. Individuelle Selbstreflexion wird meist einfach als bewusstes Nachdenken einer Person über sich selbst angesehen. Die bewussten Reflexionen können nach heutigem Erkenntnisstand im linken Frontallappen des menschlichen Gehirns lokalisiert werden. Nun kann niemand vollständig in einem kurzen Zeitraum einen so komplexen Gegenstand wie die eigene Person mit allen ihren charakteristischen Merkmale wahrnehmen und bewusst durchdenken. Nach Erkenntnissen der Hirnforschung kann nur ein geringer Anteil der Prozesse des Gehirns bewusst wahrgenommen werden (Roth, 2003; Singer, 2004). Wenn man bewusst über sich selbst nachdenkt, können immer nur fragmentarische, oft widerstreitende intuitive Erfahrungen, Gefühle, Gedanken und Überlegungen zu bestimmten Facetten des umfassenden realen oder idealen Selbstkonzepts bewusst fokussiert werden. Diese Fragmente werden dabei mit weiteren Empfindungen, Gefühlen und Erfahrungen des Selbst verbunden und gefühlsmäßig mehr oder weniger folgerichtig weiterverarbeitet. Nach der Motivations- und Persönlichkeitstheorie von Kuhl (2001, S. 334 ff.) wäre es konsequent, wenn wir im Folgenden anstelle von „bewusster Selbstreflexion" genauer von „Ichreflexion" oder „Selbstkonzeptreflexion" sprechen würden. Diese Kunstworte werden sich aber kaum einführen lassen. Im Folgenden wird daher der landläufige Begriff der Selbstreflexion beibehalten. Eindeutiger ist „bewusste Selbstreflexion".

Selbstzugang

Quirin (2006) hat kürzlich im Rahmen der PSI-Theorie einen Fragebogen zum Selbstzugang entwickelt. Darunter versteht er die Fähigkeit, Informationen gewahr zu werden, die das Selbst verarbeitet. Er unterscheidet sie von der Fähigkeit zur bewussten Selbstreflexion, weil sie auf eher intutiv-ganzheitlichen und gefühlsmäßigen Informationsverarbeitungsprozessen beruht. Selbstzugang ist danach Voraussetzung für bewusste Selbstreflexionen. Nach den Annahmen und Untersuchungsergebnissen von Quirin (2006) ist der Selbstzugang eine wichtige Grundlage der psychischen Gesundheit, weil er die Intergration negativer Erfahrungen in das Selbst ermöglicht und dadurch langfristig die psychische Gesundheit fördert.

Wichtige Differenzierungen

Menschen sind fähig, sehr schnell zu reagieren, wenn sie mit einer unvorhergesehen Gefahr konfrontiert sind – z.B. wenn sie plötzlich ein auf sie zu rasendes Auto wahrnehmen. Ohne nachdenken zu müssen, weichen sie intuitiv und blitzschnell richtig aus. Diese Fähigkeiten zu schnellen, intuitiven und gefühlsmäßigen Handlungen sind überlebenswichtig und eine selten beachtete Stärke von Menschen. Problematisch wäre es allerdings wiederum, wenn eine Person, niemals über ihre Handlungen reflektieren, sondern immer nur spontan und unreflektiert darauf los agieren würde. In diesem Buch wird eingehend dargelegt, dass es erforderlich ist, genau zu differenzieren, welche Art von Reflexion wann und in welcher Situation angemessen ist. Die Förderung der Reflexion und Selbstreflexion wird oft idealisiert und sehr absolut propagiert. Nicht jedes Nachdenken über eigene Handlungen und Gefühle ist für die Person förderlich. Wenn jemand jeden Tag viele Stunden nur mit ziellos kreisenden Grübeleien über sich verbringt ohne dass daraus irgendwelche praktischen Handlungen folgen, wäre dies durchaus als eine psychische Störung einzuordnen, die behandlungsbedürftig ist.

Ergebnisorientierte Selbstreflexionen

Ziellos kreisende Grübeleien müssen sehr genau von ergebnisorientierten Selbstreflexionen unterschieden werden. Es ist schwierig, diese wichtigen Unterschiede trennbar durch Fragebogenskalen zu erfassen. Wenn man nur fragt, ob jemand häufig über die eigene Handlungen und Gefühle nachdenkt oder ob er häufig über sich selbst reflektiert, bezieht sich dies eher auf problematisches Grübeln.[2] Es wäre beispielsweise allgemein als Selbstreflexion einzuordnen, wenn eine Person selbstkritisch darüber nachdenkt, dass ihre Arbeitsleistungen in der letzten Zeit hinter ihren eigenen Normen zurückgeblieben sind oder wenn sie auf das Verhalten eines Kunden nach eigener Einschätzung unfreundlich reagiert hat, obwohl sie sich an der Maxime zu orientieren versucht, immer freundlich zu Kunden zu sein. Damit diese Reflexionen als ergebnisorientierte Selbstreflexion klassifiziert werden können, ist entscheidend, dass der Reflexionsprozess so systematisch abläuft, dass er zu einem praktisch verwertbaren Ergebnis führt. Im Idealfall denkt die Person systematisch über eigene Handlungen oder typische Merkmale (reales Selbstkonzept) im Vergleich zu angestrebten Zielen oder Merkmalen (ideales Selbstkonzept) nach und kommt zu praktischen Ergebnissen, die sie sich als Orientierung für künftige Handlungen oder Reflexionen einprägt.

Ziel- und Lösungsorientierung

Beim Coaching sind Reflexionen Analysen, die zur Erarbeitung von Zielen oder Problemlösungen dienen. Mit den Worten von Grant (2006a, S. 156): „Coaching is a goal-oriented, solution focused process in which the coach works with the coachee to help identify and construct possible solutions, delineate a range of goals and options, and then facilitate the development and enactment of action plans to achieve those goals."

Beispiele

Ein weiteres entscheidendes Merkmal ist hier, dass die Person über sich oder eigene Handlungen mit Bezügen zu ihrem realen und idealen Selbstkonzept reflektiert. Beispiele wären Selbstreflexionen über Ziele, bei denen als Ergebnis erreichbare Ziele nach ihrer persönlichen Priorität neu geordnet werden oder über Möglichkeiten zur Verbesserung der Selbstor-

[2] Nach Grant (2003, 2006, S. 155) sind hohe Stufen der „self-awareness" mit Grübeln und Depressivität verbunden und korrelieren negativ mit Zielerreichung. In seiner Untersuchung verwendet er eine als „Self-Reflection" bezeichnete Skala (siehe unten Abschnitt 3.6). Die Skala enthält Fragen zum Grübeln über eigene Gefühle und Gedanken. Sie korreliert dementsprechend mit Depressivität und Angst.

ganisation bei der Zielerreichung nachgedacht wird. Weitere Beispiele wären die Reflexion über problematisches oder inkonsequentes eigenes Verhalten verbunden mit Überlegungen, wie man sich, orientiert an angestrebten Idealen, verändern kann.

Fragebogen zur Selbstreflexion

West (2004, S. 5 f.) hat eine Fragebogenskala zur Teamreflexivität veröffentlicht. Dieser Fragebogen hat uns angeregt, Fragen zur Beschreibung und Erfassung der bewussten, ergebnisorientierten individuellen Problem- und Selbstreflexion zu entwickeln und zu testen, um deutlich zu machen, was mit dem Konstrukt gemeint ist (Berg, 2007). Kasten 1.1 gibt einige Beispielfragen aus dem gemeinsam konstruierten *Fragebogen zur ergebnisorientierten Selbstreflexion* (FePS) wieder[3], die nach den Ergebnissen von Berg (2007) die höchsten Ladungen in den Faktoren aufweisen. Wie die Beispielfragen zeigen, lassen sich sehr spezifische Aspekte oder Merkmale unterscheiden, über die die Personen reflektieren. Die Gütekriterien der Subtests des Fragebogens sind gut. Die Korrelationen zu anderen Fragebogenskalen liegen in der erwarteten Höhe[4].

Kasten 1.1: Beispielfragen zu den Faktoren der ergebnisorientierten Selbstreflexion (FePS) von S. Greif, C. Berg und B. Röhrs

Ergebnisorientierte Problem- und Selbstreflexion

Ergebnisorientierte Zielreflexion:

Als ich beim letzten Mal

... über ein persönliches Ziel und über mich selbst nachgedacht habe (z.B. eine Stärke oder Schwäche), habe ich überlegt, welche Hindernisse beim Erreichen des Ziels sich mir in den Weg stellen können und wie ich damit umgehen kann.

... über ein persönliches Ziel und über mich selbst nachgedacht habe (z.B. eine Stärke oder Schwäche), habe ich mir überlegt, wie wichtig und warum dieses Ziel mir so wichtig ist.

... über ein spezielles Problem nachdachte, habe ich analysiert, welche Strategien in der Vergangenheit zum Erfolg geführt haben und wie ich diese wieder einsetzen kann.

---

[3] Um die Fragen noch trennschärfer von kreisendem Grübeln abzugrenzen und im Sinne einer ergebnisorientierten Selbstreflexion zu fassen, wurden jeweils Fragen zu den Ergebnissen des Nachdenkens der Person ergänzt.

[4] Zur selbstzentrierten Selbstreflexionsskala von Grant (2003) finden sich wie erwartet signifikante, aber nicht sehr hohe positive Korrellationen (zwischen r= 0.20 und 0.27). und zur Depressivität schwach negative (zwischen r= -0.12 und -0.17, nicht alle signifikant von Null verschieden). Die Selbnstreflexionsskala von Grant (2003) korreliert dagegen wie erwartet signifikant positiv mit Depressivität korreliert (r= 0.22).

Fortsetzung Kasten 1.1

Reflexion der Selbstorganisation bei der Zielerrreichung:

In den letzten Wochen habe ich

... darüber nachgedacht, wie ich meine Arbeit organisiere und wie ich meine Arbeitsorganisation verbessern kann und konkrete Verbesserungsmöglichkeiten gefunden.

... über laufende Veränderungen meiner Aufgaben, Arbeitsmittel oder organisatorischen Umgebung nachgedacht und darüber, welchen Einfluss sie auf meine persönlichen Ziele und Gewohnheiten haben und wie ich besser damit umgehen kann.

... mir Gedanken über meine persönlichen Bedürfnisse, Ziele und Normen gemacht und einen Plan entwickelt, wie ich sie erreichen kann.

Reflexion konkreten Verhaltens:

Als ich beim letzten Mal

... über ein spezielles Problem nachdachte, habe ich mir vorgenommen, mein Verhalten ganz konkret zu ändern, um damit besser umgehen zu können... über ein persönliches Ziel und über mich selbst nachgedacht habe (z.B. eine Stärke oder Schwäche), habe ich mir vorgenommen, mein Verhalten ganz konkret zu ändern, um mich persönlich weiterzuentwickeln.

... über ein spezielles Problem nachdachte, habe ich eine neue Sichtweise entwickelt, aus der sich für mich konkrete praktische Folgerungen ergeben.

Kultur-angemessene Methoden

Zum Selbstkonzept gehören Vorstellungen über eigene Fähigkeiten, oder wichtige Merkmale und Standards für Arbeitsleistungen. Je nach Kontext und Arbeitstätigkeit können sie nicht nur in verschiedenen Kulturen verschieden, sondern auch in der gleichen Kultur zwischen Personen unterschiedlicher Rangordnung und Beziehung sehr unterschiedlich sein. Fragebögen zu Selbstreflexion sollten deshalb kulturangemessen entwickelt werden.

Beziehungsorientierte Selbstreflexion

Wie oben in Abschnitt 1.1.3 dargelegt wurde, wird angenommen, dass Personen, die stark von einer beziehungsorientierten bzw. gruppenorientierten Kultur beeinflusst werden, im Allgemeinen ein interdependentes Selbstkonzept entwickeln. Der Prozess der Selbstreflexion orientiert sich bei ihnen primär an den wichtigen wahrgenommenen Zielen, Normen und Regeln ihrer Bezugsgruppen. Sie werden hier im Allgemeinen zuerst zusammen mit der eigenen Rolle in der Gruppe und den daraus resultierenden individuellen Anforderungen reflektiert. Bei independenten Personen aus individualistischen Kulturen sind dagegen die von ihnen selbst als wichtig angesehen Ziele, Normen und Regeln Ausgangspunkt und Grundlage.

Die folgende Definition fasst die Kernmerkmale zusammen, die zur Definition des Begriffs ergebnisorientierte Selbstreflexion auf individueller Ebene herangezogen werden.

Definition Individuelle ergebnisorientierte Selbstreflexion

Individuelle Selbstreflexion ist ein bewusster Prozess, bei dem eine Person ihre Vorstellungen oder Handlungen durchdenkt und expliziert, die sich auf ihr reales und ideales Selbstkonzept beziehen. Ergebnisorientiert ist die Selbstreflexion, wenn die Person dabei Folgerungen für künftige Handlungen oder Selbstreflexionen entwickelt.

Schemata

Wie organisieren sich die schwer fassbaren individuellen Selbstreflexionsprozesse? Zur Beantwortung dieser Frage kann auf die Schematheorie von Norman und Shallice (1986, vgl. Greif, in Vorber. Kapitel 2) verwiesen werden. Nach dieser grundlegenden Theorie werden alle unbewussten internen Prozesse (z.B. spontane Orientierungsreaktionen bei lauten Geräuschen) und bewussten internen Handlungen (wie z.B. Denk- und Reflexionsprozesse) durch so genannte Schemata organisiert. Nach dieser Theorie werden auch die ausgeführten Handlungen durch Schemata organisiert, die Handlungsketten erzeugen und ihren Ablauf ordnen. Aktiviert werden sie durch innere Auslöser (z.B. Bedürfnisse) oder äußere Auslöser (z.B. einen Arbeitsauftrag).

Selbstreflexionen als Meta-Schemata

Im Unterschied zu einfachen Handlungsschemata basieren Selbstreflexionen auf Schemata höherer Ordnung oder Meta-Schemata. Solche Schemata höherer Ordnung generieren und strukturieren die Abfolge untergeordneter Schemata (Singer, 2004; S. 42 ff., nimmt an, dass die Neuronen des menschlichen Gehirns dazu vernetzte Metarepräsentationen ausbilden können, siehe Abschnitt 3.5.1). Um die eigenen Selbstreflexionsprozesse ergebnisorientiert organisieren zu können, muss die Person Schemata zur Beobachtung des eigenen Verhaltens aktivieren und ihre Beobachtungen mit dem Selbstideal vergleichen. Ergänzend benötigt sie Handlungsschemata zum Abblocken von Ablenkungen beim Nachdenken oder spontane Abwehrreaktionen bei unangenehmen Vorstellungen über sich selbst. Um ergebnisorientierte Selbstreflexionen durchzuführen, muss sie darüber hinaus in der Lage sein, einen längeren strukturierten inneren Dialog mit sich selbst über die eigenen Vorstellungen zum realen und idealen Selbstkonzept zu führen und daraus praktisch umsetzbare Folgerungen für künftige Handlungen ableiten.

Systematische Selbstreflexionen lernen

Die meisten Menschen verfügen über elementare Meta-Schemata zur Selbstbeobachtung und Selbstreflexion. Sie denken aber vermutlich nur sporadisch und sehr kurz über sich nach. Dabei reflektieren sie nur besonders augenfällige Merkmale. Ihnen fehlen Meta-Erzeugungsschemata für systematische Selbstreflexionen. Nur wenige scheinen in der Lage zu sein, umfassende, ganzheitliche Selbstexplorationen oder methodische Selbstanalysen durchzuführen und so systematisch zu strukturieren, dass dies zu praktisch umsetzbaren Ergebnissen führt. Unter Anleitung durch professionelle Coachs ist es möglich, dies zu erlernen. Dazu ist es allerdings erforderlich, dass der Coach mit dem Klienten auch das Vorgehen reflektiert. Wichtig ist dabei, dass der Coach seinen Klienten zur selbständigen Anwendung der Meta-Schemata anhält und ihm Feedback gibt. Als sehr geeignete Lernmethode kann hier auf das kognitive Modellieren (Collins et al., 1989, 1996; Friedrich, 1995, siehe auch Greif, in Vorber., Kapitel 2) verwiesen werden.

Gruppenselbstreflexion

Wenn ein Gruppenmitglied bewusst über die eigene Gruppe, deren Ziele, typische Merkmale und Gruppenhandlungen nachdenkt, wäre dies als individuelle Reflexion über die Gruppe einzuordnen. Erst wenn die Mitglieder der Gruppe über diese individuellen Reflexionen miteinander sprechen oder auch mimisch (z.B. durch Kopfnicken oder Kopfschütteln) kommunizieren, was sie von den in der Gruppe angesprochenen Reflexionen halten, ist dies nach unserer Definition ein Prozess auf der Gruppenebene. Wie Greif (in Vorber., Kapitel 3) erläutert, besteht das Besondere der Gruppenebene in gemeinsam beobachteten Handlungsabläufen, die Folgen für die Gruppe haben.

Kommunikation der Reflexionen

An Kommunikation gebunden

Selbstreflexionsprozesse auf der Gruppenebene sind nur möglich, wenn vorher oder parallel komplexe individuelle Selbstaufmerksamkeit und Reflexionsprozesse über die Gruppe aktiviert wurden. Gruppenselbstreflexionen basieren deshalb grundsätzlich auf Prozessen, die sowohl die individuelle als auch die Gruppenebene umfassen und untereinander verbunden sind. Die Informationsverarbeitungsprozesse auf der Gruppenebene unterscheiden sich grundlegend von individuellen Verarbeitungsprozessen. Sie erfordern sprachliche Kommunikation. Auch wenn immer nur einer redet, können dabei parallel schnelle nicht-sprachliche Kommunikationen beteiligt sein. Sie werden aber von den Gruppenmitgliedern immer nur unvollständig wahrgenommen und in Abhängigkeit vom individuellen Erfahrungshintergrund unterschiedlich interpretiert.

Unvollständige Wahrnehmung

Ebenenunterscheidung

Eine sorgfältige Unterscheidung zwischen individueller Ebene und Gruppenebene oder individueller Reflexion über sich selbst und die Gruppe und die Kommunikation und Interpretation der Kommunikationen ist für die Analyse und Bewertung von Prozessen von großer theoretischer und praktischer Tragweite. Sie hilft, die Entstehung von Problemen zu klären. Besonders beachtet werden von den Gruppenmitgliedern selbstkonzeptbezogene negative Bewertungen des Verhaltens von Gruppenmitgliedern (z.B. dass sich jemand vermeintlich „gegen die Regeln" verhalten hat), insbesondere wenn sie durch einflussreiche Schlüsselpersonen angesprochen werden. Oft werden negative Bewertungen nur in Abwesenheit der Kritisierten im vertraulichen Zweiergespräch ausgetauscht und in der Gruppe nur angedeutet. In der folgenden Definition werden Gruppenselbstreflexionen als Kommunikationsprozess gesehen.

Definition Ergebnisorientierte Gruppenselbstreflexion

Gruppenselbstreflexion ist ein Prozess, bei dem die Gruppenmitglieder über das Gruppenselbstkonzept oder über Handlungen von Gruppenmitgliedern und gemeinsame Handlungen sprechen, die sich auf ihr reales und ideales Gruppenselbstkonzept beziehen oder sich darüber nicht-sprachlich verständigen. Ergebnisorientiert ist die Gruppenselbstreflexion dann, wenn die Gruppenmitglieder dabei Folgerungen für künftige Gruppenhandlungen oder Gruppenselbstreflexionen entwickeln.

Missverständnisse und Konflikte

Die Förderung einer offenen und konstruktiven Gruppenselbstreflexion ist meistens eine sehr schwierige, oft sogar heikle Aufgabe. Die Schwierigkeit besteht darin, dass schwer verbalisierbare Erfahrungen und Einschätzungen kommuniziert werden müssen. Ungenaue Formulierungen können Missverständnisse und Konflikte hervorrufen. Dies kann heikel werden, wenn Gruppenmitglieder empfindlich reagieren, weil sie meinen, dass ihre Interessen bei diesen für sie wichtigen Themen nicht angemessen berücksichtigt werden.

Kultur und Hierarchie der Gruppe

In patriarchalisch strukturierten beziehungsorientierten Kulturen erwarten die Gruppenmitglieder, dass der Gruppenleiter die gemeinsamen Ziele, Normen und Regeln vorgibt und interpretiert. Er soll sich dabei aber angemessen verhalten und die Interessen der Organisation und Gruppe wahren. Radikale Reflexionen und schnelle Veränderungen des Gruppenselbstkonzepts sind kaum möglich, wenn sie die bisherige Ordnung nicht stören dürfen und nur nach langen Gesprächen im harmonischen Einklang eingeführt werden können. Gelingt dies aber, sind die resultierenden idealen Gruppenselbstkonzepte verbindlicher. In individualistisch geprägten

Kulturen ist es eher erlaubt, radikale, die bisherige Ordnung in Frage stellende Vorschläge zu machen. Anschließend werden Veränderungen der Gruppenziele und Regeln unter den einflussreichen Schlüsselpersonen mitunter hart ausgehandelt. Weniger einflussreiche Gruppenmitglieder halten sich aus Angst vor offenen Konflikten vorsichtig zurück und „lassen nichts raus". Die so festgelegten Lösungen betrachten sie dann aber für sich nicht als sehr verbindlich. Sie entscheiden weiter nach eigenem Ermessen, wenn sie daran nicht eindeutig gehindert werden.

Kulturell angemessene Meta-Schemata

Damit eine ergebnisorientierte Kommunikation in der Gruppe möglich wird, müssen die einzelnen Mitglieder Metaschemata für kulturell angemessene Gruppenhandlungen mitbringen oder erwerben (siehe Greif, in Vorber. Kapitel 3). Wer erfolgreich ergebnisorientierte Gruppenselbstreflexionen fördern will, muss die Kultur und Regeln der Gruppe (bzw. die jeweiligen Gruppenhandlungsschemata) kennen und mit den einflussreichen Schlüsselpersonen eng zusammenarbeiten. Im Ideal sollen die beiden Ebenen, Individuum *und* Gruppe, bzw. individuelle Selbst- *und* Gruppenselbstreflexion genutzt werden.

Sehr schwierige Aufgabe

Nicht nur in individualistischen Kulturen empfiehlt es sich, im Vorfeld zunächst Einzelgespräche, zumindest mit den einflussreichen Schlüsselpersonen zu führen, möglichst aber auch mit den übrigen Gruppenmitgliedern. Die Moderation von Gruppenselbstreflexionen ist eine außerordentlich schwierige Aufgabe. In hierarchisch strukturierten Gruppen ist es erforderlich, den Weg und die zu erwartenden Ergebnisse mit dem Leiter oder anderen Schlüsselpersonen vorher zu besprechen. In der Gruppe kommt es darauf an, Kultur angemessen die individuellen Sichtweisen und Beiträge gemeinsam auszutauschen, Offenheit für eine systematische Gruppenselbstreflexion zu fördern und aufkommende Missverständnisse schnell auszuräumen. Erst danach sind weit reichende Veränderungen des idealen Selbstkonzepts der Gruppe und die Erarbeitung praktisch nützlicher Ergebnisse möglich. Nur wenige Moderator/innen, Teamentwickler oder Coachs beherrschen diese schwierige Moderationsaufgabe. In Abschnitt 4.2.3 wird ausführlich dargelegt, welche Schwierigkeiten bei ergebnisorientierten Gruppenselbstreflexionen auftreten können und wie sie beim Moderieren und Coaching von Gruppen methodisch professionell bewältigt werden können. Gruppen ohne professionelle Anleitung sind selten in der Lage, ihre Gruppenselbstkonzepte systematisch ergebnisorientiert zu reflektieren.

1.3 Stufen der Selbstreflexion beim Lernen

Manager reflektieren nicht, wie sie lernen

Die meisten Menschen reflektieren nicht, wie sie lernen und wissen auch nicht, wie man lernt, wie Chris Argyris (1998) pointiert feststellt. Argyris belegt seine These durch Fallstudien an Experten mit ausgezeichneter

Ausbildung. Seine These gilt nach seiner Einschätzung auch für Manager und Berater, die an den besten amerikanischen Universitäten studiert haben. Argyris (1998) hat beobachtet, dass sich Manager öffentlich geradezu enthusiastisch für permanentes Lernen und kontinuierliche Verbesserungen aussprechen. Sie fordern grundlegendes Neulernen von anderen, nicht aber von sich selbst. Sie lösen Probleme und lernen dabei. Ihr Lernkonzept bleibt jedoch eher oberflächlich, denn sie reflektieren nicht über sich selbst und wie sie beim Lösen von Problemen oder Lernen vorgehen. Argyris (1998) nimmt an, dass sie effizienter handeln und grundlegender lernen könnten, wenn sie mehr über sich und ihr Lernen reflektieren würden.

Aus Fehlern lernen

Manager fürchten sich vor Misserfolgen und Ansehensverlusten und entwickeln ausgefeilte Defensivmechanismen, die sie daran hindern über sich nachzudenken und daraus zu lernen. Wer von sich selbst sehr überzeugt ist, reflektiert nicht über eigene Schwächen und hält es nicht für erforderlich, das eigene Verhalten zu verbessern oder gar aus Fehlern zu lernen. Argyris (1998) erklärt dies durch die Tendenz dieser Personen, die Ursachen für alle Probleme bei der Realisierung der von ihnen erwarteten Ergebnisse nicht auf sich selbst, sondern auf andere und deren Schwächen (Inkompetenz der Mitarbeiter oder Kunden) zu projizieren (Argyris, 1998, S. 86). Indem sie das tun, verlieren sie nicht nur ihre Lernfähigkeit, sondern auch die Unterstützung der Personen, die sie als Sündenbock für eigene Schwächen nutzen.

Effizienteres Lernen

Argyris (1998) schildert, wie Manager und andere Personen durch Reflexion über ihre Handlungen und Selbstreflexion über eigene Stärken und Schwächen effizienter handeln und grundlegender lernen können. Bereits in den 1970er Jahren haben Argyris und Schön (1978) dazu drei Stufen des Lernens in und von Organisationen unterschieden:

1. *Single Loop Lernen (Lernen mit einfacher Rückkopplung)*
2. *Double Loop Lernen (Lernen mit doppelter Rückkopplung)*
3. *Deutero Lernen (Reflexion des Single und Double Loop Lernens)*

Lernende Organisationen

Diese Unterscheidungen sind bis heute grundlegend für die Fachliteratur und Praxis zu Lernenden Organisationen und zum Wissensmanagement in Organisationen (vgl. Sonntag 1996, S. 67 ff.; Kluge, 1999, S. 199 f). Die drei Stufen werden unten in Abbildung 1.1 skizziert und danach an Beispielen erläutert.

Lernen höherer Ordnung Reflexives Lernen

Durch das Reflektieren über das eigene Lernen entsteht Lernen einer höheren Ordnung. Im Folgenden wird dies auch als reflexives Lernen bezeichnet. Wie Eckensberger (1998) feststellt, hat bereits Piaget darauf verwiesen, dass Widersprüche auf einer Stufe der Problemlösung nur durch Abstraktionen auf einer höheren Stufe gelöst werden können.

1.3.1 Single Loop Lernen

Beispiel Regelkreis

Was Argyris mit seiner Unterscheidung von Single und Double Loop Lernen meint, beschreibt er anschaulich am Beispiel eines einfachen Regelkreises (Argyris, 1998). Wenn ein Manager eine Aufgabe bearbeitet und durch sein Verhalten einen von ihm selbst angestrebten Sollwert oder ein wichtiges persönliches Ziel nicht erreicht, registriert er das und korrigiert sein Verhalten nach Möglichkeit solange, bis er den Sollwert erreicht hat.

Abweichungen vom Sollwert korrigieren

Argyris (1998) verwendet das einfache Regelkreismodell, um einfache Veränderungs- oder Single Loop Lernprozesse zu beschreiben. Der Manager würde danach ähnlich wie ein Thermostat die vorgegebenen Sollwerte kontrollieren und regulieren. In Grenzen ist dies sogar auch trotz unvorhergesehener Störungen möglich, denn Abweichungen können erkannt und korrigiert werden.

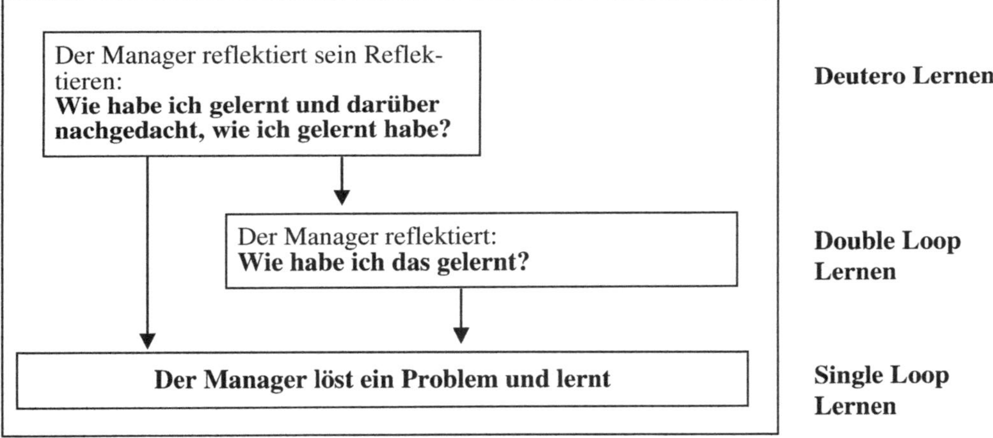

Abb. 1.1: Stufen der Reflexion beim Lernen

1.3.2 Double Loop Lernen

Reflexion der Sollwerte

Eine höhere Form des Lernens entsteht nach Argyris, wenn das lernende System sich nicht einfach an die vorprogrammierten Sollwerte hält (beim Temperaturregler die vorgegebene Temperatur), sondern darüber reflektiert, ob es für das Problem bessere Sollwerte gäbe. Bei der Temperaturregelung wäre dies eine Überprüfung, ob es energiesparender wäre, eine geringere oder variable Einschalttemperatur zu verwenden. Thermostate sind natürlich normalerweise nicht in der Lage, über ihre Sollwerte nachzudenken und sie danach sinnvoll zu verändern, es sei denn, sie werden mit einem Computer verbunden, der speziell für diese Aufgabe programmiert wurde.

Zweiter Regelkreis

Unser Manager könnte über seine wichtigen persönlichen Ziele oder Sollwerte reflektieren und überlegen, ob sie optimiert werden können. Möglicherweise erkennt er, dass er sie ohne Qualitätseinbußen in der Leistung absenken kann oder er findet eine Prozedur, mit der er Fehlerrisiken verringern kann. Solche Selbstreflexionsprozesse können als zusätzlicher, zweiter Rückkopplungskreis (Double Loop) am Regelkreismodell dargestellt werden (siehe Abb. 1.2 und den grau hinterlegten Kreis). Der frühere Sollwert wird durch den zweiten Regelkreis korrigiert und optimiert.

Selbstreferenz

Rückkopplungen, die sich auf sich selbst zurück beziehen, werden auch selbstreferentielle, rekursive oder zirkuläre Rückkopplungen genannt. Auch wenn bei jedem einzelnen Durchlauf des Regelkreises nur jeweils eine minimale Effizienzverbesserung zu verzeichnen ist, können bei vielen Wiederholungen aus kleinen Veränderungen in der Summe große Effizienzverbesserungen resultieren. Kleine Veränderungen in rekursiven Prozessen können zu enormen Effekten kumulieren, wenn die Prozesse häufig wiederholt werden.

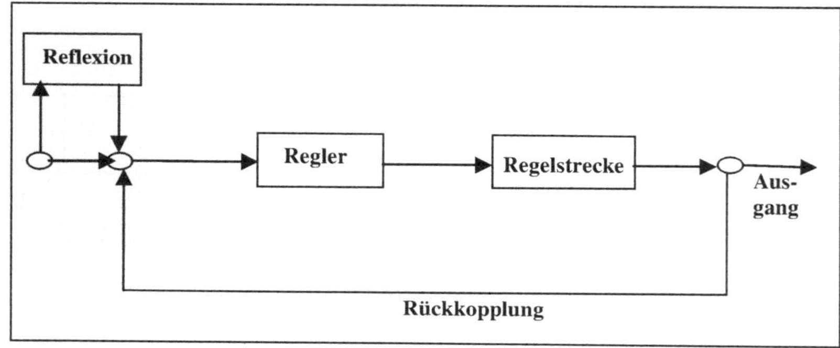

Abb. 1.2: Doppelte Rückkopplung

Reflexion handlungsleitender Annahmen

Beim Double Loop Lernen bezieht sich die Reflexion keineswegs nur auf Sollwerte oder Ziele, sondern auch auf die dem Handeln und Lernen zugrunde liegenden Annahmen, Voraussetzungen oder Bedingungen. Argyris (1998) meint in einem Beitrag zu diesem Thema („Teaching Smart People How to Learn“) dass vom Double Loop Lernen speziell die schlauen Menschen profitieren. In Kapitel 3. und 3.5 wird unter verschiedenen Gesichtspunkten auf dieses Thema zurückgekommen.

Coverbild von Dierk Kellermann

Das Bild auf dem Cover dieses Buchs zeigt eine freie Reinterpretation des doppelten Regelkreises des Osnabrücker Künstlers Dierk Kellermann. Die Reflexion gestaltet er oben links im Bild als eine Art Spiegel, der den

Regler reflektiert. Das große X im Zentrum gibt das „unbekannte Neue“ wieder, das dabei herauskommt. Der mit einem spitzen Pin markierte blaue Punkt auf dem X symbolisiert das konkrete Ergebnis beim „ergebnisorientierten Selbstreflektieren“. Es ist interessant, mit Dierk Kellermann über die Grundidee der Theorie zu diskutieren und zu sehen, wie er sie versteht und künstlerisch umgestaltet.

1.3.3 Deutero Lernen

Zwei Prozesse reflektieren

Die nächste höhere Stufe des Lernens wird als Deutero Lernen bezeichnet. Griechisch „deúteron“ bedeutet „das Zweite“. Hier werden zwei Prozesse – Single *und* Double Loop Lernen gemeinsam analysiert, reflektiert und verbessert. Typisch ist hier eine ganzheitliche Überprüfung oder Evaluation und Verbesserung der Lernprozesse, Ziele sowie reflexiven Verbesserungen. Insbesondere sollten regelmäßig nicht nur die Erfolge, sondern auch die Misserfolge evaluiert werden, um daraus Veränderungen abzuleiten.

Ganzheitliche Evaluation und Verbesserung

Beim Beispiel des Thermostaten wäre es als Deutero Lernen einzuordnen, wenn der gesamte Regelkreis mit allen externen Störungen und den Sollwerten, evaluiert und verbessert wird. Bei der Montagetätigkeit würde der gesamte Arbeitsablauf einschließlich der Werkzeuge und Umgebungsbedingungen, Vorgabezeiten und Anlernprozesse umfassend überprüft und verbessert werden. Durch derartige regelmäßige umfassende Evaluationen und Verbesserungen können nicht nur kleine Schwachpunkte überwunden werden, sondern auch grundlegende Probleme. Dadurch öffnet sich der Zugang zu einer sehr hoch entwickelten Form des Lernens in Organisationen. In der Praxis wird sie – trotz ihrer Bedeutung – allerdings selten verwirklicht.

1.3.4 Weitere Stufen und lernende Organisationen

Triple Loop Lernen

Reinhardt (1995) führt als weitere Reflexionsstufe des Lernens in Organisationen das Triple Loop Lernen (vgl. Sonntag, 1996, S. 67 ff., Kluge, 1999, S. 199 f.) ein. „Triple“ ist das englische Wort für dreifach. Eine dreifache Rückkopplung beim Lernen wird danach erreicht, wenn die beschriebenen einfachen und zweifachen Reflexionen reflektiert und auf der Ebene der gesamten Organisation alle Voraussetzungen für eine permanente Selbstüberprüfung und Herstellung der organisationalen Lernfähigkeit rückgekoppelt werden. Beim Triple Loop Lernen wird demnach zusätzlich die Organisationsebene des Lernens berücksichtigt, um die Voraussetzungen der Lernfähigkeiten auf allen Ebenen zu reflektieren und zu verbessern.

Die klassische Unterscheidung von Argyris und Schön (1978) ist eine wichtige und oft zitierte psychologische Grundlage zum Lernen in und von Organisationen in der interdisziplinären Fachliteratur zum Wissensmanagement. Die Stufen geben die Richtung an. In Organisationen sollen Entwicklungen gefördert werden, die am Ende zur höchsten Stufe des Lernens führen.

Als Abschluss des Kapitels folgt eine Zusammenfassung der Grundannahmen und praktischen Folgerungen.

1.4 Zusammenfassung, Grundannahmen und Folgerungen

Übersicht

Auf der Grundlage des vorangehenden ersten Kapitels werden im Folgenden allgemeine theoretische Grundannahmen (siehe unten Kasten G 1) und praktische Folgerungen (siehe unten Kasten P 1) abgeleitet. Die Annahmen und Folgerungen beziehen sich auf die Potenziale zur Selbstreflexion auf den Ebenen Individuum, Gruppe und Organisation beim Handeln und Lernen. Sie umfassen sechs Annahmen zu den folgenden Themen:

1. Entwicklung des individuellen Selbstkonzepts
2. Individuelle Selbstaufmerksamkeit und Selbstreflexion
3. Entwicklung des Gruppenselbstkonzepts
4. Gruppenselbstreflexionen
5. Meta-Schemata zur Selbstreflexion
6. Potenziale zur bewussten Selbstentwicklung

Theoretische Grundannahmen G 1:
Selbstreflexion als Potenzial von Individuen und Gruppen

1. Entwicklung des individuellen Selbstkonzepts

a) Personen integrieren vorbildliche und zu vermeidende Merkmale, Ziele, Normen und Regeln in ihr ideales Selbstkonzept, die ihnen von Schlüsselpersonen und Bezugsgruppen ihrer kulturellen Umgebung vermittelt wurden, wenn sie sie intuitiv oder bewusst als besonders wichtig bewerten.

   Ihr reales Selbstkonzept entwickelt sich durch bewusste Verarbeitung intuitiver und gefühlsmäßiger Erfahrungen und bewusste Selbstbewertungen im gesamten Lebenslauf.

Fortsetzung der theoretischen Grundannahmen G 1:

b) Personen, die durch eine ausgeprägte beziehungsorientierte Kultur beeinflusst wurden und ein interdependentes Selbstkonzept entwickelt haben, richten sich im Allgemeinen an ihren Bezugsgruppen aus. Personen mit durch individualistische Kulturen geprägtem independentem Selbstkonzept orientieren sich dagegen eher an ihren individuellen Zielen, Normen und Regeln.

c) Die einzelne Person entwickelt ihr individuelles Selbstkonzept durch intuitive Selbstbeschreibungen und Selbstbewertungen, die sie im Verlauf ihres Lebens durchführt. Dabei vergleicht sie ihr reales mit ihrem idealen Selbstkonzept. Das Selbstkonzept umfasst alle resultierenden bewussten Merkmale, Ziele, Normen. Integriert in das Selbstkonzept werden auch intensive Erfolgs- und Misserfolgserlebnisse oder sehr positives oder negatives Feedback durch Schlüsselpersonen oder Bezugsgruppen zum eigenen Verhalten in als bedeutsam erlebten Situationen.

2. Individuelle Selbstaufmerksamkeit und Selbstreflexion

a) Vorraussetzung für die bewusste individuelle Selbstreflexion ist intuitive Selbstaufmerksamkeit. Die Selbstreflexion umfasst immer nur spezifische Merkmale oder Aspekte des gesamten realen oder idealen Selbstkonzepts.

b) Bei Personen mit independentem Selbstkonzept aktiviert die individuelle Selbstaufmerksamkeit im Allgemeinen zuerst individuelle, bei Personen mit interdependenten Selbstkonzepten zuerst bezugsgruppenorientierte Ziele, Normen und Regeln.

3. Entwicklung des Gruppenselbstkonzepts

a) Das ideale Selbstkonzept der Gruppe entsteht durch wiederholte Kommunikation idealer Vorstellungen durch Schlüsselpersonen aus der kulturellen Umgebung. Damit die kommunizierten Vorstellungen in das ideale Selbstkonzept aufgenommen werden, ist es erforderlich, dass sie gemeinsam akzeptiert, kommuniziert und als besonders wichtig eingeschätzt werden.

Fortsetzung der theoretischen Grundannahmen G 1:

Das reale Selbstkonzept der Gruppe entwickelt sich durch gemeinsam interpretierte und häufig nacherzählte gemeinsame Erfahrungen, Gruppenbeschreibungen und Gruppenselbstbewertungen.

b) Gruppen mit Mitgliedern aus einer beziehungsorientierten Kultur und interdependentem Selbstkonzept orientieren sich im Allgemeinen stärker am idealen Selbstkonzept ihrer Bezugsgruppe, als Personen aus individualistischen Kulturen mit independenten Selbstkonzept. Gruppen entwickeln ihr Gruppenselbstkonzept über Kommunikationen von Gruppenbeschreibungen und Gruppenselbstbewertungen und Vergleiche zwischen idealem und realem Gruppenselbstkonzept, die für die Mitglieder besonders wichtig und einprägsam sind. Aufgenommen in das reale Gruppenselbstkonzept werden auch intensive Erfolgs- und Misserfolgserlebnisse oder sehr positives oder negatives Feedback durch Schlüsselpersonen zum Verhalten der Gruppe in als bedeutsam erlebten Situationen.

4. Gruppenselbstreflexionen

Vorraussetzung für Gruppenselbstreflexionen sind individuelle Selbstaufmerksamkeits- und Reflexionsprozesse über die Gruppe. Gruppenselbstreflexion erfordert eine schwierige und immer nur partiell mögliche Explikation der individuellen Vorstellungen über die Gruppen, wodurch leicht Missverständnisse und Konflikte hervorgerufen werden können.

5. Meta-Schemata

Für die erfolgreiche Durchführung und Organisation von individuellen ergebnisorientierten Selbstreflexionen benötigt die Person spezielle individuelle Meta-Schemata und für ergebnisorientierte Gruppenselbstreflexionen spezielle Gruppenhandlungsschemata.

6. Potenziale zur bewussten Selbstentwicklung

Ergebnisorientierte individuelle Selbstreflexion und Gruppenselbstreflexion sind Potenziale zur bewussten Selbstveränderung von Individuen und Gruppen in Richtung auf das jeweilige ideale Selbstkonzept der Individuen und Gruppen sowie zum Lernen in und von Organisationen.

Theoretischer Hintergrund

Die allgemeinen Grundannahmen beschreiben theoretische Grundlagen der Theorie. Sie sind sehr komplex und lassen sich nicht direkt empirisch überprüfen. Prüfbare Hypothesen können daraus nur unter spezifischen Voraussetzungen und für bestimmte Personen und Inverventionen abgeleitet werden. Solche Hypothesen werden erst in den unten folgenden Kapiteln formuliert.

Quintessenz

Die allgemeine theoretische Quintessenz der theoretischen Grundannahmen G 1 wird in den letzten beiden Annahmen wiedergegeben. Erworbene Meta-Schemata zur ergebnisorientierten individuellen Selbstreflexion und Gruppenselbstreflexion sind Potenziale zur bewussten Selbstveränderung von Individuen und Gruppen. Diese Grundannahmen bilden zugleich eine allgemeine theoretische Grundannahme zum Lernen in und von Organisationen. Aus den Grundannahmen ergeben sich bereits erste allgemeine praktische Folgerungen und praktische Prinzipien als Orientierungsgrundlage. Sie werden im Kasten P 1 wiedergegeben.

Praktische Folgerungen P 1:
Selbstreflexion als Potenzial erkennen

1. Ergebnisorientierte Selbstreflexionen sollen als wichtiges Potenzial zur bewussten Selbstveränderung von Individuen und Gruppen sowie zum Lernen in und von Organisationen erkannt und gefördert werden!
2. Zur Förderung ergebnisorientierter individueller Selbstreflexionen sind fachliches und interkulturelles Wissen und Erfahrungen erforderlich!
3. Höhere Formen des selbstreflexiven Lernens von Individuen, Gruppen und Organisationen erfordern professionelle Anleitungen, Reflexionen über Prozesse bei systematischen Selbstreflexionen (Double Loop Lernen) und Übungen mit Feedback zur selbständigen Umsetzung des Gelernten und Evaluation der Ergebnisse!

2 Was ist Coaching?

Nach der Lektüre dieses Kapitels wissen Sie,

1. welche Anlässe es für Coaching gibt,
2. dass Coaching von den meisten Autoren als personenorientierte verstanden wird und welche Abgrenzungsprobleme sich daraus ergeben,
3. wie Coaching theorieorientiert als Qualitätsbegriff definiert werden kann,
4. an welchen Kriterien man den Erfolg von Coaching festmachen kann.

Auf der Grundlage der vorangehenden Begriffsklärungen und theoretischen Annahmen wird im Folgenden ein theorieorientierter Coachingbegriff erarbeitet.

2.1 Anlässe für Coaching

Coaching boomt

Coaching boomt (Böning & Fritschle, 2005). Anfang der 1990er Jahre gab es nur wenige Spezialisten, die Führungskräften Coaching angeboten haben. Inzwischen ist die Zahl der Coachs kaum noch überschaubar. Die Teilnehmerzahlen beim Coaching-Kongress 2005 in Frankfurt (Main) lagen mit über 400 doppelt so hoch wie beim Wiesbadener Kongress 2003. Die jährliche Konferenz International Coach Federation (IFC) im Jahr 2004 in Québec (Kanada) hatte 1.400 Teilnehmer/innen. Die IFC hat 2006 etwa 10.000 Mitglieder. Die Zahlen werden weiter steigen. Der Boom hält weiter an.

Einkommen von Coachs

Coaching ist eine Dienstleistung, die einen erheblichen Teil des Einkommens ausmachen kann, wie Middendorf (2005) nach einer Online-

Umfrage zur wirtschaftlichen Situation von Coachs an 373 Personen feststellt. Nur ein Teil der Befragten finanziert sich allerdings ausschließlich durch Coaching. Viele sind zusätzlich in den Bereichen Training, anderen Beratungsformen oder in der Personal- und Organisationsentwicklung aktiv. Etwa 50% der Befragten, investieren über 30% ihrer Jahresarbeit in Coaching, allerdings nur 12% der Befragten über 70% ihrer Arbeitszeit. Coaching gehört inzwischen zum Standardangebot fast aller Unternehmensberater/innen.

Anlässe für Coaching

Hauptanlässe für Business-Coaching sind nach der jüngsten Befragungen von Personalmanagern durch Böning und Fritschle (2005, S. 88) organisationale Veränderungsprozesse (46%), neue Aufgaben/Funktionen/Rollen/Positionen (43%), Führungskompetenzentwicklung (34%), Bewältigung/Regelung von Konflikten (33%) und Persönlichkeits-/Potenzialentwicklung (31%). Die ebenfalls befragten Coachs nennen ähnliche Anlässe. Sie stellen aber die Bearbeitung persönlicher/beruflicher Probleme (52%) an die erste Stelle, gefolgt von Karriereplanung/Neuorientierung/Weiterentwicklung (50%). Erst danach folgen Persönlichkeits-/Potenzialentwicklung (44%), neue Aufgaben/Funktionen/Rollen/Positionen (42%), Führungskompetenzentwicklung (36%) und Bewältigung/Regelung von Konflikten (30%).

Entwicklung einer Problemtypologie

Die empirische Erhebung verschiedener Anlässe von Coaching ist ein wichtiger Anfang. Sie sollte durch genauere Untersuchungen über verschiedene Anlässe oder Problemtypen und ihre Bedeutung für die Auswahl geeigneter Coachingmethoden weitergeführt werden.

2.2 Coachingbegriff

Populärer Container-Begriff

Coaching ist kein geschützter Begriff. Jeder kann sich Coach nennen oder das, was er tut, als Coaching bezeichnen. Coaching ist ein populärer Container-Begriff, der „für alles und jedes" verwendet wird, wie Böning und Fritschle (2005, S. 30) feststellen. Je stärker der Markt wächst, desto mehr selbsternannte Coachs werden vermutlich auf den Trend springen und Coaching oder Coaching-Ausbildungen anbieten. Eine genaue Definition von Coaching, die hohe Qualitätsanforderungen impliziert, ist deshalb nicht nur nach allgemeinen wissenschaftlichen Standards zu fordern. Dies ist auch im Interesse der Praktiker/innen selbst, die Coaching in Organisationen als professionelle Dienstleistung ansehen und weiterentwickeln wollen.

Hohe Qualitätsanforderungen

Coaching als personenbezogene Beratung

Viele praktische Darstellungen über Coaching beginnen mit einer Übersicht über verschiedene Definitionen des Coachingbegriffs. Oft wird dabei Coaching als eine spezielle Form oder Methode der personenorientierten Beratung verstanden. So definiert Wahren (1997, S. 9): „Coaching ist die individuelle Beratung von einzelnen Personen oder Gruppen in auf die Arbeitswelt bezogenen, fachlich-sachlichen und/oder psychologisch-soziodynamischen Fragen bzw. Problemen durch den Coach."

Beratung von Personen als Kern?

Die *Beratung von Personen oder Gruppen* ist der Kern der Definition von Wahren (1997). Gegenstand der Beratung sind Fragen und Probleme, die auf die Arbeitswelt bezogen sind. Es kann sich dabei sowohl um fachliche oder sachliche Themen handeln, als auch um psychologische („individuelle Wahrnehmung, Denken, Erleben und Verhalten") oder soziodynamische (gemeint sind damit Beziehungen und Kommunikationen zwischen mehreren Personen).

Personenzentrierte Beratung

Nach einer Übersicht über verschiedene Definitionen definiert Christopher Rauen (2001, S. 64) Coaching zusammenfassend als *„personenzentrierter Beratungs- und Betreuungsprozess*, der berufliche *und* private Inhalte umfassen kann und *zeitlich begrenzt* ist". Ziel ist „die (Wieder-) Herstellung und/oder Verbesserung der *Selbstregulationsfähigkeiten* des Klienten" („Hilfe zur Selbsthilfe"). Grundlagen sind gegenseitige Akzeptanz, Freiwilligkeit[5], psychologische und betriebswirtschaftliche Kenntnisse sowie praktische Erfahrungen des Coachs und ein ausgearbeitetes Coaching-Konzept zur Erklärung des Vorgehens und der Interventionen.

Einzelcoaching, Teamcoaching, Projektcoaching

Coaching wird von Rauen (2001, S. 39 f.) nicht nur für die Beratung einzelner Personen, sondern relativ weit als Oberbegriff für unterschiedliche Beratungsmethoden und Varianten für ganz verschiedene Ziele, Personen und Gruppen, wie z.B. Einzelcoaching von Führungskräften oder Mitarbeiter/innen, Teamcoaching und Projektcoaching verwendet (vgl. auch Rauen, 2002, 2005).

Exakte Definition nach wissenschaftlichen Kriterien

Individuelle Beratung

Nach einer kritischen Diskussion verschiedener Begriffe anhand der Kriterien „Klarheit", „Einfachheit", „Vermeidung von Zirkeln" und „Aussagekraft" schlägt Offermanns (2004, S. 65) die folgende Definition vor: „Coaching ist eine freiwillige, zeitlich begrenzte, methodengeleitete individuelle Beratung, die den oder die Beratene(n) darin unterstützt, berufliche Ziele zu erreichen. Ausgenommen ist die Behandlung psychischer Störungen." Diese Definition ist nach wissenschaftlichen Kriterien für Definitionen sehr exakt. Die Ausgrenzung der Behandlung psychischer Störungen ist wichtig und wird auch in anderen Definitionen vorgenommen.

Was ist Beratung?

Wenn Coaching als eine spezielle Art von Beratung verstanden wird, müssen wir genau betrachten, was unter „Beratung" zu verstehen ist. Beratung wird von Offermanns (2004) in Anlehnung an Häcker und Stapf (2004, S. 122) als gemeinsamer Problemlöseprozess des Beraters und des Ratsuchenden definiert.

---

[5] Zur Freiwilligkeit beim Coaching siehe unten Abschnitt 3.5.1.

Definition Beratung

Beratung ist „ein vom Berater nach methodischen Gesichtspunkten gestalteter Problemlöseprozess, durch den die Eigenbemühungen des Ratsuchenden unterstützt/optimiert bzw. seine Kompetenzen zur Bewältigung der anstehenden Aufgabe/des Problems verbessert werden." (Häcker & Stapf, 2004, S. 122).

Unterstützung im Problemlöseprozess

Ähnlich hat Rauen (2001, S. 161 f.) den Coachingprozess im Kern als Unterstützung im Problemlöseprozess beschrieben. In der Hauptphase geht es dabei darum, Ziele und Lösungswege zu erarbeiten, praktisch umzusetzen und zu überprüfen, ob die Ziele erreicht wurden. Die Ziele und Lösungen werden im Beratungsprozess gemeinsam erarbeitet und nicht vom Coach, sondern von den zu beratenden Personen bestimmt.

Hilfe zur Selbsthilfe?

Um deutlich hervorzuheben, dass der Klient die Entscheidungen trifft, wird die Beratung im Coachingprozess oft als „Hilfe zur Selbsthilfe" beschrieben. Wie Böning (2006a) jedoch anmerkt, vermeidet er heute diese früher auch von ihm selbst verwendete und in der Coaching-Community noch immer sehr gebräuchliche Formel. Nach seiner Beobachtung lehnen manche Klienten (insbesondere aus dem Top-Management) diese wohlgemeinte Erläuterung ab. Sie erwarten eine psychologisch und methodisch fundierte konkrete Beratung bis hin zur aktiven Lenkung in bestimmten Situationen. Ähnlich wie beim Coaching von Spitzensportlern soll ihnen die Beratung helfen, Topleistungen zu erbringen. Sie fürchten nicht, dass der Berater ihnen die Entscheidung über Ziele und Lösungen wegnimmt. Die Autonomie und Entscheidungsfreiheit der Klienten oder die Unterstützung der Eigenbemühungen des Klienten, wie dies in der Beratungsdefinition angesprochen wird, stellt Böning (2006a) dabei keineswegs in Frage. Er hält es bei Managern (insbesondere Top-Managern) für angemessener, zur Beschreibung des Beratungsprozesses eher von Eigenverantwortung, Zielverantwortung oder Unterstützung der Weiterentwicklung des Klienten zu sprechen.

Eigen- und Zielverantwortung des Klienten

Coaching ist zweifellos eine spezielle Form der Beratung. Durch Rückgriff auf den wiedergegebenen oder andere Beratungsbegriffe in der Definition von Coaching werden eher Ähnlichkeiten von Coaching zu anderen Arten der Beratung deutlich, als die Unterschiede. So charakterisiert Niedereichholz (2001, S. 1) Unternehmensberatung als eine „höherwertige, persönliche Dienstleistung, die durch eine oder mehrere unabhängige und qualifizierte Personen(en) erbracht wird. Sie hat zum Inhalt, Probleme zu identifizieren, zu definieren und zu analysieren, welche die Kultur, Stra-

Unternehmensberatung

tegien, Organisation, Prozesse, Verfahren und Methoden des Unternehmens des Auftraggebers betreffen. Es sind Problemlösungen (Sollkonzepte) zu erarbeiten, zu planen und im Unternehmen umzusetzen. Dabei bringt der Berater seine branchenübergreifende Erfahrung und sein Expertenwissen ein.“ Wenn man in dieser Definition statt „Unternehmen“ den „Klienten“ sinngemäß einsetzt und sie etwas umformuliert, ähnelt die Definition manchen Coaching-Definitionen. Entspricht Coaching einer Unternehmensberatung auf der individuellen Ebene?

Definition des DBVC

Auch die von Böning und Fritschle (2005, S. 42) vorgestellte offizielle Definition des Deutschen Bundesverbandes Coaching stellt die Beratung in den Mittelpunkt: „Coaching ist die professionelle Beratung, Begleitung und Unterstützung von Personen mit Führungs-/Steuerungsfunktionen und von Experten in Unternehmen/Organisationen. Die Zielsetzung von Coaching ist die Weiterentwicklung von individuellen oder kollektiven Lern- und Leistungsprozessen bzgl. primär beruflicher Anliegen.“

Coaching als berufsbezogene Einzelberatung?

Wenn Coaching im Kern als eine spezifische Art der Beratung definiert wird, muss diese Spezifität sehr genau eingegrenzt werden. Wenn dies durch die Definition nicht gelingt, lässt sich Coaching nicht von anderen Arten der Beratung unterscheiden. In den verschiedenen Definitionen wird dies durch spezifizierende Beiwörter und Erläuterungen der Ziele oder Inhalte der Beratung versucht. Offermanns (2004, S. 65) bleibt in ihrer Spezifizierung durch die Formulierung *„individuelle Beratung“* sehr allgemein. Das Ziel von Coaching grenzt sie dagegen sehr eng darauf ein, den oder die Beratene(n) darin zu unterstützten *„berufliche Ziele zu erreichen“*. Trotz ihrer erfreulich klaren und exakten Definition ließe sich Coaching noch nicht genügend klar von anderen Formen der berufsbezogenen Einzelberatung abgrenzen.

Personen-zentrierung

Rauen (2001, S. 64) spezifiziert Coaching als *personenzentrierten Beratungsprozess*. Was genau damit gemeint ist, wird allerdings nicht eindeutig eingegrenzt. Beratung ist immer eine Beratung von Personen. Es ist vermutlich auch bei einer fachlichen Beratung sehr nützlich, sie auf die ratsuchende Person zu zentrieren.

Eingrenzung der Ziele

Genauer erscheint auf den ersten Blick die Eingrenzung des Ziels als „(Wieder-)Herstellung und/oder Verbesserung der *Selbstregulationsfähigkeiten* des Klienten“. Aber der Begriff der Regulationsfähigkeit ist erklärungsbedürftig und schwer zu fassen. Man kann sich fragen, ob Coaching im Kern auf eine Verbesserung von Fähigkeiten abzielt. In seinem Coaching-Report im Internet definiert Rauen (2004a) Coaching ohne diese Spezifikation allgemeiner als *„interaktiven, personenzentrierten Beratungs- und Betreuungsprozess*, der berufliche und private Inhalte umfassen kann. Im Vordergrund steht die berufliche Rolle bzw. damit zusammenhängende aktuelle Anliegen des Klienten.“

Zwangsläufige Abgrenzungsprobleme

Wenn man den Unterschied von Coaching und Beratung ausschließlich an der Personenzentrierung oder -orientierung festmacht, führt dies zwangsläufig zu Abgrenzungsproblemen. Die Beratung von Personen ist ein weites Feld mit vielfältigen ähnlichen Arten der persönlichen Beratung, wie Berufsberatung, Potenzialanalyse/-beratung, Mentoring, Tutoring, Feedbackgespräche, „psychologische Beratung" (wie sie die nicht als Psychotherapeuten ausgebildeten Psycholog/innen anbieten) etwa oder auch persönliche Beratung durch Freunde usw. Was aber ist das Spezifische eines professionellen Coachingprozesses? Da Beratung immer eine Beratung von Personen ist, helfen Formulierungen wie „Beratung von Personen" nicht, Coaching von anderen Arten der Beratung abzugrenzen. Um zu verhindern, dass Coaching als populärer Container-Begriff (Böning & Fritschle, 2005, S. 30) für „alles und jedes verwandt" wird, sind genauere Abgrenzungen erforderlich.

Veränderung und Selbstentwicklung

„Coaching is above all about human growth and change" beginnt Stober (2006, S. 17) ihre Darstellung über humanistische Theorien zum Coaching in ihrem Coaching-Handbuch. Aber auch aus den praktischen Ergebnissen der Erhebung von Böning und Fritschle (2005) geht hervor, dass die Persönlichkeitsentwicklung oder Lösung persönlicher Probleme sehr häufig als Anlässe von Coaching genannt werden. Über die Lösung konkreter Probleme oder das Erreichen spezifischer Ziele hinausgehend, dient Coaching demnach auch zur Förderung der *bewussten Selbstveränderung* oder *Selbstentwicklung*. In der Praxis wird hier oft der Begriff der Potenzialentwicklung verwendet. In Kapitel 3.5 wird auf die persönlichkeitstheoretischen Grundlagen des Begriffs der Selbstentwicklung näher eingegangen und erklärt, warum er bevorzugt wird.

Coaching als Förderung der Selbstreflexion und Beratung

Coaching ist nicht nur eine personenzentrierte Beratung. Im Vorwort zur zweiten Auflage des Handbuchs Coaching von Christopher Rauen (2002) habe ich die Förderung der Selbstreflexion als wichtiges zusätzliches Definitionsmerkmal zur Diskussion gestellt. Böning und Fritschle (2005, S. 42) stellen zu ihrer Definition als „grundsätzliches Merkmal des professionellen Coachings" ergänzend die „Förderung der Selbstreflexion" heraus. Auch Rauen (2004a) fügt zu seiner neueren Definition hinzu: „Coaching zielt immer auf eine (auch präventive) Förderung von *Selbstreflexion* und *-wahrnehmung*, *Bewusstsein* und *Verantwortung*, um so Hilfe zur Selbsthilfe zu geben." Coaching ist demnach beides, zuerst Förderung der Selbstreflexion und dann Beratung. In diesen neueren Definitionen wird Coaching und damit die Selbstreflexion zwar primär auf berufliche Anliegen bezogen, aber nicht mehr nur ausschließlich.

Reflexion über Probleme

Nicht bei jedem Coaching und schon gar nicht in jeder Sitzung geht es um Selbstreflexion. Der praktische Mittelpunkt in der Analysephase beim Coaching ist die Analyse von Problemen ohne den Vergleich zwischen idealem und realem Selbstkonzept, also eine Problemreflexion. Die

Selbstreflexion ist gewissermaßen die hohe Schule beim Coaching und liefert die richtungsgebende Orientierung für die Problemreflexion. Sie richtet die Problemlösung auf das ideale Selbstkonzept der Klienten aus und auf selbstkongruente Ziele (vgl. Grant, 2006a, S. 162 ff.) aus. Nicht alle Probleme und Ziele, die beim Coaching analysiert werden, haben allerdings enge Bezüge zum Selbstkonzept. Beispiele wären Zeitdruck, technische Pannen in der Arbeit und unangenehme Aufgaben. Coaching dient auch zur Reflexion über derartige externe Stressoren, Aufgaben und Probleme, bei denen der Selbstbezug zumindest auf den ersten Blick nur gering erscheint.

Intensive und systematische Selbstreflexionen

Ergebnisorientierung

Reflexionen über Probleme und insbesondere Selbstreflexionen sind oft unangenehm, wie in unserer Erweiterung der Theorie der Selbstaufmerksamkeit erklärt wird. Sie sind sehr flüchtige Prozesse, die spontan auftreten, aber nur unter günstigen Voraussetzungen und durch systematische Förderung handlungswirksam werden. Professionelle Coachs sollen sich genau darin von anderen Berater/innen abheben. Sie sind in der Lage intensive und systematische ergebnisorientierte Problem- und Selbstreflexionen als Grundlage für Problemlösungen oder Zielklärungen zu fördern.

Wiederholung: Selbstreflexion

Selbstkonzept

Die Förderung der Selbstreflexion ist keine einfache Aufgabe. Nach der Definition oben (Abschnitt 1.2.2) ist individuelle Selbstreflexion „ein bewusst explizierendes Nachdenken einer Person über Vorstellungen zu ihrem Selbstkonzept oder Handlungen mit Bezügen zu ihrem Selbstkonzept“. Der Begriff des individuellen Selbstkonzepts (Abschnitt 1.1.2), auf den hierbei zurückgriffen wird, umfasst eine weitere Eingrenzung auf „subjektiv wichtige Vorstellungen, die eine Person von sich als reale oder ideale Person hat, einschließlich aller charakteristischen und subjektiv als wichtig eingeschätzten Ziele, Bedürfnisse, Merkmale und Entwicklungspotenziale sowie Regeln und Standards, an denen sie sich orientiert oder anstrebt zu orientieren.“

Spezifische Anforderungen und Abgrenzung

Im Einzelfall mag es auch einem sehr guten Berufsberater gelingen, oder auch in einem Gespräch mit einem einfühlenden Chef, intensive und systematische Selbstreflexionen und das Erreichen selbstkongruenter Ziele oder bewusste Selbstveränderungen zu fördern. Aber der Berufsberater oder auch der Chef würde eine so weitgehende Zentrierung auf das Selbstkonzept des Ratsuchenden normalerweise nicht als seine Aufgabe ansehen. Die Ratsuchenden würden sich ihnen gegenüber in der Regel auch kaum so vertrauensvoll öffnen wollen und zum Beispiel offen über eigene Schwächen sprechen. Sie stellen hier möglichst nur ihre Stärken in den Mittelpunkt, denn die Vorgesetzten oder Berufsberater haben Einfluss auf die berufliche Entwicklung. Diesen Beratern fehlen dafür meist auch die speziellen Erfahrungen und Methodenkompetenzen (siehe dazu unten) mit dieser Offenheit verantwortlich umzugehen. Die Anforderungen an Berater, ergebnisorientierte Selbstreflexionen nicht nur in einem Einzelfall, sondern routinemäßig zu fördern, sind sehr hoch. Mit diesen Spezifikationen als Grundlage können wir deshalb eine theoriegestützte Definition vorlegen, die eine deutliche Abgrenzung von professionellem Coaching gegenüber anderen Arten der personenorientierten Beratung ermöglicht.

Teamentwicklung oder Coaching

Man kann darüber streiten, ob die Förderung der Gruppenselbstreflexion und Beratung von Teams als Teamcoaching bezeichnet werden soll. Manche favorisieren hier den Begriff Teamentwicklung. Wir kommen unten in Kapitel 4.1 darauf zurück. In der Definition unten wird der Coachingbegriff auch auf die Gruppen bezogen. Wer für diese Definition den Begriff Teamentwicklung bevorzugt, der mag dies tun.

Oben wurden die Begriffe *Selbstkonzept*, *Selbstreflexion* und *Beratung* definiert. Es wurde erläutert, was unter bewusster *Selbstveränderung* und *Selbstentwicklung* gemeint ist und dass hier mit *Reflexionen* das Nachdenken über Aufgaben, Stressoren und Probleme gemeint ist. Auf dieser Grundlage kann nun Coaching kurz wie folgt definiert werden.

Definition Coaching
Coaching ist eine intensive und systematische *Förderung ergebnisorientierter Problem- und Selbstreflexionen* sowie *Beratung* von Personen oder Gruppen zur Verbesserung der Erreichung selbstkongruenter Ziele oder zur bewussten Selbstveränderung und Selbstentwicklung. Ausgenommen ist die Beratung und Psychotherapie psychischer Störungen.

2.3 Erfolgskriterien

Woran kann man den Erfolg festmachen?

An welchen Kriterien oder Merkmalen lässt sich der Erfolg beim Coaching festmachen? Als Antwort auf diese Frage können Kriterien herangezogen werden, wie sie in der Fachliteratur generell zur Evaluation oder Bewertung der Ergebnisse von Maßnahmen zur Personalentwicklung verwendet werden (vgl. Holling & Liepman, 2004, S. 371 ff.). Eine klassische und bis heute sehr gebräuchliche Unterscheidung grundlegender Kriterienarten hat Kirkpatrick (1976) eingeführt. Er unterscheidet:

Klassische Unterscheidung

1. *Reaktionen* auf die Maßnahmen (insbesondere subjektive Bewertungen, wie Zufriedenheit der Teilnehmer/innen mit den Maßnahmen, erfassbar durch Befragungen),

2. *Lernen* der Teilnehmer/innen (Aufnahme, Verarbeitung und Bewältigung der in den Maßnahmen vermittelten Lerninhalte und Lernprinzipien, erfassbar durch Wissenstests oder Beobachtungen zum Lernfortschritt im Verlauf der Maßnahmen),
3. Umsetzung des Gelernten im *Verhalten* (insbesondere in der Arbeit im Anschluss an die Maßnahmen, erfassbar durch Verhaltensbeoachtungen oder Beurteilungen durch die Vorgesetzten oder Kunden) und
4. *Resultate* der Umsetzung für die Organisation (z.B. im Hinblick auf wirtschaftliche Ergebnisse oder Ziele der Personalentwicklung, wie erfolgreiche Qualifizierung von Nachwuchskräften, erfassbar durch Kenngrößen und andere Daten der Organisation).

Ebenen

Transferklima

Die Kriterien bauen in gewisser Hinsicht ebenenförmig aufeinander auf. Wie Holling und Liepman (2004) herausstellen, bestehen aber keine automatischen kausalen Übergänge zwischen den Ebenen. Besonders kritisch ist der Übergang vom Lernen innerhalb der Maßnahme zur Umsetzung des Gelernten in die Praxis. Die Umsetzung des Gelernten hängt nicht nur von den Lernenden, sondern davon ab, ob sie durch die Umgebung ermöglicht bzw. gefördert wird. Dies wird in der Fachliteratur als Transferklima bezeichnet (siehe unten, Abschnitt 3.3.2 und 3.5.4).

Multimethodale Kriterien

Nach Kirkpartrick (1976) darf sich eine Evaluation nicht nur auf einzelne Kriterien wie subjektive Zufriedenheitseinschätzungen der Teilnehmer/innen stützen. Die Ergebnisse von Personalentwicklungsmaßnahmen sollen immer durch verschiedene Daten und Methoden abgesichert werden. Diese Forderung, multimethodale Kriterien zu erfassen, sollte auch in der Evaluation von Coaching beachtet werden (s.u. Kapitel 3.6.1). Für den Bereich Coaching ist es erforderlich, spezielle Kriterien und Methoden zu entwickeln, die für das Anwendungsfeld geeignet sind und sich an den theoretischen Grundlagen orientieren.

Theorieorientierte Unterscheidung

Als Basis für eine theorieorientierte Unterscheidung der Erfolgskriterien kann die Coachingdefinition (s.o. Kapitel 2.2) herangezogen werden. In der Definition werden allgemeine Zielsetzungen beim Coaching aufgeführt. Angesprochen wird (1) die Verbesserung der Erreichung selbstkongruenter Ziele sowie (2) die bewusste Selbstveränderung und Selbstentwicklung orientiert am idealen Selbstkonzept der Einzelklienten oder Gruppen.

Vielfältige konkrete Kriterien

1. *Kriterien zur Erreichung selbstkongruenter Ziele*: Coaching kann zur Erreichung vielfältiger konkreter Ziele der Klienten eingesetzt werden. Dazu gehören berufliche Leistungsziele, wie die Verbesserung der Effizienz (mehr Output bei gleichem oder weniger Aufwand und Ressourceneinsatz), bessere Beurteilung durch Vorgesetzte, Erfolg und gute Noten in Prüfungen, effektiveres Zeit- und Stressmanagement, größere soziale Anerkennung, Unterstützung bei der Bewälti-

gung neuer Aufgaben oder Management von Projekten und organisationalen Veränderungen.

Je nachdem, welche Ziele verfolgt werden, wären spezifische Kriterien zur Erfassung erforderlich. Ergebnisse empirischer Untersuchungen über häufige Zielkriterien und Kriterien, die zur Evaluation des Erfolgs von Coaching verwendet wurden, werden unten in Abschnitt 3.6.1 und 4.2.1 wiedergegeben.

Nach der Coachingdefinition lässt sich die unendliche Vielfalt möglicher spezifischer Zielkriterien nur dadurch etwas eingrenzen, dass es sich um Ziele handelt, die „selbstkongruent" sind, d.h. mit den Vorstellungen des Klienten oder der Klientengruppe über ihr ideales Selbstkonzept übereinstimmen.

Komplexe Kriterien

2. *Kriterien zur bewussten Selbstveränderung und Selbstentwicklung*: Auch die bewusste Selbstveränderung oder Selbstentwicklung ist ein weites Feld, weil bei im Selbstkonzept außerordentlich vielfältige Merkmale der Person angesprochen werden können.

   Im Unterschied zur ersten Kategorie umfasst es komplexere Merkmale, wie z.B. die Entwicklung von Potenzialen, sozialen Kompetenzen oder Führungsfähigkeiten, die nicht durch einzelne Leistungskennwerte oder andere einfach operationalisierbare Kriterien gemessen werden können. In der Regel werden sie durch Selbst- und Fremdeinschätzungen gewonnen (am besten durch mehrere Personen, wie beim so genannten 360°-Feedback, siehe dazu Abschnitt 3.6.1), Persönlichkeitstests oder Instrumente zur Erfassung der Selbstregulation (s. Abschnitt 3.5.5).

Jeder Fall ein Unikat

Genau betrachtet ist jeder Coachingprozess etwas Besonderes. Jede einzelne Konstellation von Person, Aufgaben und Umfeld weist spezifische Besonderheiten auf, dass es sinnvoll wäre, Zielkriterien aufzustellen, die nur für einen Einzelfall gelten. Bei der Zusammenfassung verschiedener Fälle zu gemeinsamen abstrakten Kriterienkategorien gehen zwangsläufig immer konkrete, praktisch wichtige Informationen verloren. Ohne zumindest partielle Zusammenfassungen wäre es aber unmöglich, vergleichende qualitative oder quantitative Untersuchungen über Erfolge und Misserfolge beim Coaching durchzuführen. Man könnte immer nur über Einzelfälle berichten, die für sich allein stehen.

Sinnvolle allgemeine Kriterien

Analog zu anderen Anwendungsfeldern (etwa beim Change Management organisationaler Veränderungen, vgl. Greif, Runde & Seeberg, 2004), ist es durchaus möglich und empfehlenswert, neben spezifischen gleichzeitig auch allgemeine Bewertungskriterien für den Erfolg beim Coaching heranzuziehen (auch wenn dadurch immer viele Informationen verloren gehen). Typische allgemein anwendbare Bewertungskriterien sind der Zielerreichungsgrad, allgemeine Einschätzungen des Coachingerfolgs sowie die Zufriedenheit der Klienten und Gruppen oder der Vorgesetzten und Kunden der Klienten oder der Auftraggeber des Coachs. Ein weiteres allgemeines Erfolgskriterium beim professionell anspruchsvollen Coaching wäre nach der vorliegenden Coachingdefinition die Verbesserung der ergebnisorientierten Problem- und Selbstreflexion. Auf die Erfassung dieser Kriterien in der Coachingforschung wird in Abschnitt 3.6.1 näher eingegangen.

Zusammenfassend wiedergegeben, lassen sich drei Arten von Bewertungsmerkmalen unterscheiden:

Drei Arten von Kriterien

1. Allgemein anwendbare Bewertungsmerkmale (auf die meisten Coachingprozesse anwendbar).
2. spezifische Bewertungsmerkmale (nur für eine Teilmenge von Coachingprozessen anwendbar) und
3. Einzelfall-Bewertungsmerkmale (nur für einen bestimmten einzelnen Klienten und Coachingprozess anwendbar)

Einzelfall-bewertung

Als Beispiel für Einzelfall-Bewertungsmerkmale kann ein Coaching eines Geschäftsführers herangezogen werden, der ein schwieriges Feedback-Gespräch mit einem seiner Abteilungsleiter über dessen problematischen Führungsstil führen soll. Das mit dem Coach erarbeitete konkrete Ziel kann darin bestehen, den Abteilungsleiter dazu zu bewegen, sich in bestimmten Verhaltensweisen zu ändern und dazu verbindliche Zielvereinbarungen zu treffen und umzusetzen. Die kurzfristigen Erfolgskriterien wären, dass der Abteilungsleiter einsichtig ist und darüber eine Zielvereinbarung mit dem Geschäftsführer abschließt. Langfristige Kriterien wären hier, dass er die Vereinbarungen umsetzt und dass als Ergebnis die Konflikte mit ihm in der Abteilung zurückgehen.

Spezifische Bewertung

Ein Beispiel für spezifische Bewertungsmerkmale wäre die Einführung eines Führungskräfte-Coachings in einem Unternehmen zur Verbesserung der Führungskompetenzen in Verbindung nach einem 360°-Feedback (Bewertung der Führungskräfte durch ihre Vorgesetzten, Kollegen, Mitarbeiter/innen und möglichst auch der Kunden, siehe dazu Abschnitt 3.6.1). Als Erfolgskriterien werden Verbesserungen der Bewertungen der Führungskompetenzen in einem späteren 360°-Feedback vereinbart.

Allgemeine Bewertung

Beispiele für allgemeine Bewertungsmerkmale sind Einschätzungsskalen zum Zielerreichungsgrad oder Zufriedenheit der Klienten und Auftraggeber sowie eine Verbesserung der Befindlichkeit oder des allgemeinen Wohlbefindens.

2.4 Abgrenzungen zur Psychotherapie

Coaching ist keine Psychotherapie

Coaching wird in der obigen Definition wie in vielen anderen ausdrücklich von Psychotherapie unterschieden. Die Psychotherapie ist eine Behandlung psychischer oder psychisch bedingter Störungen. Coaching dient nicht zur psychotherapeutischen Beratung oder gar Therapie psychischer Störungen mit Krankheitswert, wie sie durch den Diagnoseschlüssel ICD-10 der WHO (DIMDI, 2003) definiert werden. Im Unterschied zum Coaching erfordert eine Psychotherapie eine größere Problemtiefe bei der Bearbeitung emotionaler Probleme. Im Bereich der beruflichen Anforderungen, Ziele und Veränderungen ist die Problemtiefe dagegen meist eher gering. Eine Psychotherapie darf nur von approbierten psychologischen oder ärztlichen Psychotherapeut/innen durchgeführt werden. Allerdings führen Psychotherapeut/innen durchaus auch Beratungen durch, die sich nicht nur auf psychische Störungen beziehen, sondern z.B. auf eine Förderung der Selbstentdeckung (siehe Schlippe & Schweitzer, 1996).

An Psychotherapeuten verweisen

Psychisch bedingte Störungen können sich in für die Person wichtigen beruflichen Leistungsbeeinträchtigungen oder Schwierigkeiten zeigen, selbstkongruente Ziele zu erreichen. Sie können auch aus Problemen und Konflikten in der Arbeitswelt (z.B. durch Mobbing am Arbeitsplatz) entstanden sein. Solche möglichen Zusammenhänge zwischen psychischen Störungen dürfen die dafür nicht ausgebildeten Coachs nicht zu einer psychotherapeutischen Beratung oder therapeutischen Intervention verleiten. Ein Coach sollte diese Unterscheidung treffen können und wissen, wann er einem Klienten gegebenenfalls raten sollte, lieber eine Psychotherapie zu beginnen. Im ersten Vorgespräch wird zwischen Coach und Klienten vereinbart, auf welche Bereiche und Ziele sich das Coaching beziehen soll. Erforderliche Veränderungen dieser Vereinbarungen sollten möglichst eingehend besprochen und neu festgelegt werden.

Positiv-Abgrenzung zur Psychotherapie

Im Vergleich zur Psychotherapie oder zur Familien- und Erziehungsberatung erfordert professionelles Coaching und speziell Coaching in Organisationen (bzw. das so genannte Business Coaching) im Allgemeinen Wissen, Erfahrung und Kompetenzen zur Durchführung intensiver und systematischer Analysen und Reflexionen der verschiedenen Systemebenen der Organisation und Wirtschaft (siehe unten Kapitel 4.1). Nach Runde (2004, S. 119) setzt Einzelcoaching im Allgemeinen dort an, wo aus kollektiven Anforderungen individuelle Probleme oder Herausforderungen werden. Coachs, denen das hierfür erforderliche Fach- und Erfahrungswissen oder die Methodenkompetenzen fehlen, riskieren Akzeptanzprobleme bei Klienten oder fachliche Einbrüche im Verlauf des Coachings. Wenn sie sich beim Einzelcoaching nur auf die subjektive Wirklichkeitsinterpretation des Klienten verlassen und die Analyse höherer Systemebenen durch klientenunabhängiges Hintergrundwissen vernachlässigen, verkürzen sie die Problemlöseperspektive auf die individuelle

Ebene. Wübbelmann (2005, S. 26 ff.) kritisiert dies als *Systemvergessenheit*.

Bedeutung der Weltwirtschaft

Selbst die höchste Ebene der Weltwirtschaft kann eine konkrete Bedeutung beim Einzelcoaching erlangen. Für Führungskräfte und Mitarbeiter/innen aus Unternehmen, die in global aufgestellten Unternehmen arbeiten, ist die Globalisierung kein abstraktes Thema. Sie sind unmittelbar von den Folgen der globalen Marktchancen und Risiken in ihren persönlichen Zukunftschancen und Risiken betroffen. Auch beim Coaching von Klienten aus anderen Organisationen, Krankenhäusern, Bildungs- und Forschungsorganisationen, Gericht, Militär oder Polizei können allgemeine Probleme des Wirtschaftssystems in Zeiten, in denen Kosten gespart werden sollen, eine konkrete individuelle Bedeutung gewinnen. In der Arbeit als Coach kann man durch die Klienten eine sehr anschauliche Vorstellung entwickeln, welche Folgen diese Prozesse die Berufstätigen haben.

2.5 Ähnlichkeiten mit Supervision und anderen verwandten Konzepten

2.5.1 Supervision

Ähnliche Definition

Zwischen Coaching und Supervision gibt es große Ähnlichkeiten[6]. Mutzeck (2005) definiert Supervision als eine besondere Form der Beratung durch „systematische Reflexion des beruflichen Handelns im Kontext institutioneller Situationen." Nach dieser Definition wäre eine Unterscheidung kaum möglich.

Unterschiede

Wie Böning (2006b) ausführlich darlegt, haben sich Supervision und Coaching in unterschiedlichen Anwendungsfeldern unabhängig voneinander entwickelt. Die Ursprünge von Supervision liegen vorwiegend in der Gemeinde- und Sozialarbeit. Hauptanwendungsfelder sind bis heute der soziale Bereich sowie die Bildung und Weiterbildung. Nach Ergebnissen einer Mitgliederbefragung der Deutschen Gesellschaft für Supervision (Kozinowski & Wollsching-Strobel, 2000; zitiert nach Böning, 2006b) arbeiten fast 80% der Supervisoren in diesem Bereich und nur etwa ein Fünftel in der Wirtschaft. Im Unterschied dazu liegen die Anwendungsfelder von Coachs (abgesehen von Sportcoachs) überwiegend in der Wirtschaft. Daraus resultieren andere Schwerpunkte in den Zielgruppen und Beratungskonzepten. Während Coaching in der Wirtschaft sich mehr

[6] Als einführende Übersicht wird auf Rappe-Giesecke (2003) verwiesen.

auf die Führungskräfte bezieht, sind es bei der Supervision mehr die Mitarbeiter/innen. In der Supversion werden relativ häufig Beratungskonzepte aus der nicht-direktiven klinischen Psychotherapie herangezogen, die im Coaching eher selten sind, weil sie von der Hauptzielgruppe kritisch gesehen werden. Die Beratungskonzepte beim Coaching sind dagegen oft stärker ziel- und problemlösungsorientiert (bzw. ergebnisorientiert). Wie Böning (2006b) darlegt, gibt es aber viele Beispiele, wo sich Tätigkeiten und Konzepte überschneiden. Eine strikte Trennung ist deshalb kaum möglich.

2.5.2 Mentoring

Andere Rollenbeziehung

Eine weitere mit dem Coaching verwandte Form der Beratung ist Mentoring. Darunter kann ebenfalls eine personenzentrierte Beratung verstanden werden, die die Selbstreflexion und Selbstveränderung der Ratsuchenden fördern soll. Beim Mentoring wird aber im Allgemeinen immer eine ganz spezielle Rollenbeziehung vorgegeben (Blickle, 2000; Qualbrink & Zengin, 2004, S. 11 ff.): Ein kompetenter und erfahrener Mentor und sein weniger kompetenter und unerfahrener Protégé oder Mentee. Beide kommen meist aus der gleichen Organisation. Der Mentor hat in der Regel eine hohe Position und sein Schützling ist oft Neueinsteiger/in. Der Mentor ist primär durch seine Erfahrungen und Position zu seiner Rolle prädestiniert und nicht durch eine spezielle Ausbildung. Er soll seine Erfahrungen an den Protégé weitergeben, als Rollenmodell wirken, den Mentee persönlich beraten und seine berufliche Entwicklung fördern. Wie unten in Kapitel 3.4 dargelegt wird, können Mentoren durchaus Coaching-Kompetenzen brauchen, auch wenn sie normalerweise keine professionellen Coachs sind oder werden wollen.

2.5.3 Beratung durch Freunde und Kollegen

Unterschiede

Sehr klar lässt sich mit unserer Definition Coaching von einer „Beratung durch Freunde“ unterscheiden. Im Alltag sind die meisten Menschen natürlich auch ohne professionellen Coach in der Lage, erfolgreich Wege und Möglichkeiten zu finden, ihre Ziele zu erreichen oder ihre Kompetenzen zu verbessern. Zweifellos gibt es fließende Übergänge zwischen sehr verständnisvollen Alltagsgesprächen und Coaching. Unerfahrene Berater bringen oft spontan ihre Ratschläge vor, ohne ihre psychologische Wirkung zu reflektieren. Zu erwarten wäre, dass sich der Prozessablauf beim professionellen Coaching durch Berater von Alltagsgesprächen im Allgemeinen nicht nur dadurch unterscheidet, dass er *methodisch organisiert* abläuft. *Selbstreflexionen* und die *Selbstveränderungsbereitschaft* sollen nicht abnehmen, sondern *zunehmen und intensiviert* werden (siehe ausführlich Abschnitt 3.4.4).

Mehrstündiger Prozess

Wie Rauen (2001) erläutert, ist Coaching ein *mehrstündiger Prozess*, der sich über *mehrere Sitzungen* erstreckt. Dieser aufwendige und kostspielige Prozess soll bei besonders wichtigen und komplexen Fragen, Problemen und Zielen *bewusst geplant* initiiert werden. Zu Beginn sollen ausdrücklich Vereinbarungen über die geplanten Gespräche getroffen werden. Gespräche zwischen Freunden, Kollegen und Vorgesetzen beginnen normalerweise nicht mit derartigen Vereinbarungen. Sie erstrecken sich selten über mehrere Sitzungen und werden nicht systematisch methodisch durchgeführt.

Vereinbarungen

2.5.4 Selbst- und Life-Coaching

Braucht Coaching einen Coach?

Offermanns (2004) fragt, ob Coaching einen Coach braucht. Um die Frage zu beantworten vergleicht sie die Ergebnisse eines Einzelcoachings durch professionelle Coachs mit einem Programm zum *Selbstcoaching* ohne Coach. Beim Selbstcoaching werden die Teilnehmer/innen in mehreren Sitzungen durch die Bearbeitung von Aufgaben mit Leittexten zur systematischen Selbstreflexion ihrer Probleme und Ziele, Situation und Möglichkeiten zur erfolgreichen Zielerreichung angeleitet. Die Teilnehmer/innen vermissen die persönliche Beratung durch einen Coach, aber die Ergebnisse fallen recht positiv aus.

Life-Coaching als Coaching für alle?

In jüngster Zeit werden unter der Bezeichnung Life-Coaching (Lebenscoaching) gewissermaßen als „Coaching für alle" zahllose Ratgeber-Bücher, Programme für Kleingruppen oder Einzelberatung angeboten. In drei bis fünf Gruppenterminen solle es möglich sein, die eigenen Lebensziele zu klären und Pläne zur Erreichung dieser Ziele zu entwickeln und umzusetzen.

Selbstcoaching

Grundsätzlich ist es auch ohne Coach, z.B. durch fachkompetente Anleitungen in Büchern möglich einfache Selbstreflexionen, Klärungen selbstkonzeptbezogener Probleme und Ziele sowie eigenaktive Veränderungen zu aktivieren. Nach unserer Definition wären solche Prozesse durchaus als Selbstcoaching einzuordnen.

„How to get the life you want in 48 hours"

Bei einem Besuch einer Fachbuchhandlung in London, in der ich früher überwiegend seriöse psychologische Fachliteratur fand, sind die Regalwände jetzt voll mit populären Selbsthilfebüchern. Ein drittel davon bezog sich auf Life-Coaching. Krass sind Bücher zum Weekend Life-Coaching von Bestsellerautorinnen wie Lynda Field (2004). Sie verspricht den Leser/innen, dass sie es in 48 Stunden an einem Wochenende schaffen können ihr gesamtes Leben nach ihren Wünschen grundlegend zu verbessern. In sieben Stufen soll es möglich sein den entscheidenden Schritt in ein neues Leben zu gehen. Ihre Versprechungen sprechen für sich: „Be more confident – Look wonderful – Have a great relationship – Make a new career move – Increase your finances – Just be happy in your own skin".

Psycho-Teil der Wellness-Welle

Besonders im angloamerikanischen Bereich ist Life-Coaching sehr populär und verbreitet sich auch in Form von persönlicher Beratung immer mehr. Die zunehmende Popularität von Life-Coaching mag daran liegen, dass es, scheinbar schnell abgeschlossen werden kann und kostengünstig ist (die Beratungsstunde kostet etwa 50$). Life-Coaching wird dadurch auch für Normalverdiener, die persönlich Bilanz ziehen und durch Coaching im Leben erfolgreicher werden wollen, erschwinglich und kann im eigenen Auftrag ohne Einschaltung der eigenen Vorgesetzten von allen gebucht werden. Life-Coaching komplettiert die bisher mehr auf Pflege der körperlichen Gesundheit bezogene Wellness-Welle durch Förderung der psycho-sozialen Gesundheit.

Ein Markt für Scharlatane

Offensichtlich nutzen Scharlatane und obskure Vereine die Welle, um ohne nachprüfbare Gegenleistung naive Kunden abzukassieren oder sie psychologisch an sich zu binden. Seriöse Coachs sollten, um sich in diesem besonders problematischen Feld von Scharlatanen abgrenzen zu können, ihren Coachingbegriff sorgfältig definieren, ihre theoretischen Grundlagen und Methoden sowie ihre sämtlichen Verbandszugehörigkeiten offen legen. Coaching-Verbände wie der Deutsche Bundesverband Coaching (DBVC) suchen ausdrücklich die Zusammenarbeit mit Universitäten und eine systematische wissenschaftliche Evaluation (siehe ausführlich in Abschnitt 3.6). Auch in den angloamerikanischen Ländern gibt es analoge Ansätze (vgl. Grant, 2003; Stober & Grant, 2006).

Seriöse Programme

Der Begriff Life-Coaching hat durch die problematische Popularisierung schon einen negativen Beiklang. Es gibt aber auch seriöse Life-Coaching-Programme (vgl. das Evidence Based Life-Coaching von Grant, 2003, oder die kognitiv-behavioralen Methoden von Neenan & Dryden, 2002).

Förderung der Reflexion und Erreichung persönlicher Ziele

Willms (2004) hat ein Beispiel für ein wissenschaftlich fundiertes Programm zur Förderung der individuellen Selbstreflexion und Erreichung persönlicher Ziele entwickelt, dass als Life-Coaching eingeordnet werden kann, obwohl er es selbst so nicht bezeichnet. Es umfasst vier bis fünf Gruppentermine und kann sehr ökonomisch in Gruppen durchgeführt werden (siehe unten, Abschnitt 3.3.2). Sein Programm ist sehr nahe bei Zielsetzungsmethoden (zur Evaluation der Ergebnisse siehe Abschnitt 3.6).

Kombination von Coaching und Selbstcoaching

Wie Jürgen Kriz, angeregt durch die Dissertation von Offermanns (2004) in einer Diskussion zu ihren Ergebnissen bemerkt hat, erfordert Coaching immer auch Selbstcoaching. Manager mit professionell starken Selbstregulationsfähigkeiten können sich dadurch sehr effizient verändern. Offermanns (2004, S. 381) hat diese Anregung aufgegriffen und schlägt eine systematische Kombination von Phasen mit normalem Einzelcoaching und Selbstcoaching mit Leittexten vor.

2.5.5 Teamentwicklung

Förderung der Teamreflexion

Nicht jede Beratung von Teams sollte Teamcoaching genannt werden. Zur Förderung der Teamentwicklung werden oft irgendwelche Übungen oder Maßnahmen zur Verbesserung der Zusammenarbeit und Produktivität nach vorgegebenen Ziel- und Leistungskriterien durchgeführt. Hier wäre es angemessener, von Teamentwicklung oder Teamberatung zu sprechen. Nur wenn systematische und intensive gemeinsame Selbstreflexionen der Gruppe aktiviert werden und auf dieser Grundlage ergebnisorientiert Veränderungen initiiert werden, wäre die Teamberatung nach unserer Definition als Teamcoaching einzuordnen.

2.5.6 Projektcoaching

Projektberatung

Nicht alles, was Projektcoaching genannt wird, ist Projektcoaching im Sinne der Coachingdefiniton. Bei der Beratung von Projekten ist es eher die Ausnahme, dass das Selbstverständnis der Projektgruppe thematisiert wird. Wenn bei der Beratung der Gruppe lediglich die vorgegebenen Projektziele oder eine darauf bezogene Verbesserung der Zusammenarbeit und Prozesse in der Gruppe im Vordergrund stehen und eine Förderung ihrer konsequenten Umsetzung durch Gruppenzielvereinbarungen, wäre dies kein Coaching. Hier sollte man besser von Projekt- oder Prozessberatung sprechen.

2.5.7 Coaching als wissenschaftlich fundierter Qualitätsbegriff

Kein Container-Begriff!

Mit unserer anspruchsvollen Coachingdefinition kann man Coaching von anderen Arten der Beratung abgrenzen. Mit einer wissenschaftlich fundierten Definition kann man es erschweren, dass Coaching als populärer Container-Begriff (Böning & Fritschle, 2005, S. 30) „für alles und jedes" missbraucht wird. Dies liegt auch im Interesse der Coachs und der Coachingverbände, die Coaching in Organisationen als spezifische professionelle Beratungsdienstleistung etablieren und weiterentwickeln wollen, die nachprüfbare hohe Qualitätsstandards erfüllt und insbesondere Scharlatane auszugrenzen versuchen.

2.6 Zusammenfasssung, Grundannahmen und Folgerungen

Wissenschaftliche Fundierung!

Eine wichtige Grundlage zur Qualitätssicherung im offenen Coaching-Markt ist eine sorgfältige theoretisch-wissenschaftlich fundierte Definition des Coachingbegriffs. Im vorangehenden Kapitel wurde dargelegt, dass die vorliegenden Definitionen führender Fachautor/innen oder des Deutschen Bundesverbandes Coaching (DBVC) noch nicht helfen Coaching als Container-Begriff zu überwinden. Wenn Coaching im Kern nur als personenbezogene oder personenzentrierte Beratung definiert wird, ist dies nicht möglich. Beratung ist kein Qualitätsbegriff und kann von nahezu jedem in Anspruch genommen werden, der Informationen an andere weitergibt. Der Verweis auf Personenorientierung oder -zentrierung trägt nicht hinreichend zur Abgrenzung bei, weil Beratung immer eine Beratung von Personen ist und weil es für Personen viele Beratungsformen (z.B. Berufsberatung oder Beratung durch einen Freund) gibt, die dann alle automatisch als Coaching einzuordnen wären.

Definition des Coachingbegriffs

Als Alternative wird eine neue Definition des Coachingbegriffs vorgeschlagen. Coaching ist danach eine *intensive und systematische Förderung ergebnisorientierter Reflexionen und Selbstreflexionen sowie Beratung von Personen oder Gruppen zur Verbesserung der Erreichung selbstkongruenter Ziele oder zur bewussten Selbstveränderung und Selbstentwicklung.* Ausgenommen wird dabei die Beratung und Psychotherapie psychischer Störungen.

Theoretische und praktische Folgerungen

Die abgeleiteten theoretischen Folgerungen zu diesem Kapitel werden in den Grundannahmen in Kasten G 2 zusammengefasst. Die praktischen Folgerungen und Empfehlungen werden in Kasten P 2 wiedergegeben. Behandelt werden dabei im Einzelnen die Themen:

1. Kern- und Qualitätsmerkmale von Coaching
2. Abgrenzbarkeit zu anderen Beratungsdienstleistungen
3. Unterschiede zur Psychotherapie
4. Allgemein anwendbare Bewertungsmerkmale
5. Spezifische Bewertungsmerkmale und Einzelfall-Bewertungen

Theoretische Grundannahmen G 2:

Systematische Förderung der ergebnisorientierten Problem- und Selbstreflexion sowie methodische Beratung als Kernmerkmale von Coaching

1. *Kern- und Qualitätsmerkmale von Coaching* sind a) systematische Förderung einer ergebnisorientierten Problem- und Selbstreflexion sowie b) methodische Beratung der Klienten.
2. *Abgrenzbarkeit:* Durch die beiden Kernmerkmale ist Coaching von anderen Beratungsdienstleistungen abgrenzbar.
3. *Unterschiede zur Psychotherapie:* Coaching unterscheidet sich von Psychotherapie in zweierlei Hinsicht:

Fortsetzung der theoretischen Grundannahmen G 2:

a) Coaching dient nicht zur Therapie psychischer Störungen, b) Im Unterschied zur Psychotherapie erfordert professionelles Coaching im Allgemeinen Wissen, Erfahrungen und Kompetenzen zur Durchführung intensiver und systematischer Analysen oder Reflexionen der verschiedenen Ebenen sozialer Systeme (Individuum, Gruppe, Organisation und Wirtschaft).

4. *Allgemein anwendbare Bewertungsmerkmale* zur Bewertung des Erfolgs von Coaching sind die Verbesserung des Zielerreichungsgrads bei selbstkongruenten Zielen und die Zufriedenheit der Klienten, Gruppen oder relevanter Bezugspersonen (z.B. Vorgesetzte und Kunden der Klienten). Sie werden verwendet, um Vergleiche zwischen unterschiedlichen Coachingprozessen durchführen zu können.

5. *Spezifische Bewertungsmerkmale und Einzelfall-Bewertungen* dienen zur Analyse der Besonderheiten spezifischer Coachingprozesse oder Einzelfälle. Sie beinhalten je nach Zielsetzung spezielle Motivations-, Einstellungs- oder Verhaltensänderungen oder komplexe Merkmale, die sich auf erfolgreiche Veränderungen einzelner Personen oder der gesamten Gruppe in Richtung auf ihr jeweiliges ideales Selbstkonzept beziehen.

Qualität beginnt beim Coachingbegriff

Wie dargelegt wurde, liegt die Entwicklung einer Coachingdefinition nicht nur im wissenschaftlichen, sondern auch im praktischen Interesse der Profession. An der Entwicklung eines anspruchsvollen Qualitätsbegriffs, sind die an hohen Qualitätsstandards orientierten Wissenschaftler/innen, die in diesem Feld arbeiten sowie die Praktiker/innen und Berufsverbände gleichermaßen interessiert. Die Qualität beim Coaching beginnt deshalb mit der Definition der Anforderung an das Coaching im Coachingbegriff. Dies wird als Ausgangspunkt der praktischen Folgerungen in Kasten P 2 aufgriffen. Daraus folgen wiederum weitere praktische Anforderungen an das Wissen, an die Erfahrungen und die methodischen Kompetenzen von Coachs (siehe ausführlich Kapitel 3.4).

Praktische Folgerungen P 2:
Qualität beginnt beim Coachingbegriff

1. Qualität beim Coaching beginnt mit der Entwicklung eines anspruchsvollen Coachingbegriffs!
2. Professionelles Coaching soll sich von anderen Formen der personenzentrierte Beratung durch spezielle Qualitätsanforderungen abgrenzen!
3. Professionelles Coaching erfordert 1. eine systematische Förderung ergebnisorientierte Problem- und Selbstreflexionen sowie 2. eine methodische Beratung der Klienten und 3. allgemeines Wissen, Erfahrungen und Kompetenzen zur Durchführung intensiver und systematischer Analysen und Reflexionen der verschiedenen Ebenen sozialer Systeme!
4. Ergebnisorientierung zeigt sich in der Klärung der Kriterien, an denen der Erfolg jedes einzelnen Coachingprozesses festgemacht wird! Dazu sollen sowohl allgemein anwendbare Bewertungsmerkmale herangezogen werden, als auch spezielle, die dem Einzelfall gerecht werden!
5. Professionelle Coachs sollen für ihre Arbeit einen anspruchsvollen Coachingbegriff zugrunde legen, der diese Anforderungen umfasst!

Exkurs: Warum streiten sich Wissenschaftler und Praktiker über Definitionen?

Zeitraubende und unnütze Streitigkeiten?

Definitionen lösen oft heftige Streitdiskussionen unter Wissenschaftler/innen, aber auch unter Praktiker/innen aus. Vermutlich wird mein Coachingbegriff ebenfalls Meinungsstreit provozieren. Warum streiten sich manche so sehr über Definitionen? Viele empfinden solche zeitraubenden Begriffsstreitigkeiten als unnütz. Können sich die Streitenden nicht mit einer einfachen und verständlichen Erläuterung zufrieden geben? Wie es ein humoriger Praktiker einmal vor Jahren nach einem wissenschaftlichen Streit über Stressbegriffe sehr drastisch formuliert hat, benutzen Wissenschaftler/innen eher die gleiche Zahnbürste, als die gleiche Begriffsdefinition… Dass dieser Spruch einen wahren Kern hat, mag daran liegen, dass es bei Definitionen eben nicht nur um irgendwelche Worte und Aussagen geht, die jeder Experte problemlos von anderen zu übernehmen mag. Eine

Definition umfasst oft Kernbegriffe und allgemeine Aussagen mit Bezügen zu der zugrunde liegenden Theorie oder Konzeption. Man könnte sagen, dass eine Definition dadurch bereits eine Art „Mini-Theorie" des Gegensstands liefert. Darüber kann und sollte man fachlich streiten!

Gütekriterien von Definitionen

Nicht nur für Praktiker/innen, sondern auch in der Wissenschaft ist die oben geforderte Verständlichkeit ein wichtiges Kriterien zur Bewertung der Qualität von Definitionen. Definitionen müssen intersubjektiv verständlich und eindeutig formuliert sein, damit sie von verschiedenen Personen gleich verstanden und übereinstimmend verwendet werden können. Außerdem müssen sie in sich logisch stimmig sein. Begriffsdefinitionen, wie die oben beschriebenen Coachingsdefinitionen werden dazu benutzt, einen mit ihr bezeichneten fachlichen Gegenstand von anderen Gegenständen abzugrenzen, z.B. den Gegenstand des Coachings vom Gegenstand der Psychotherapie. Die Eindeutigkeit und Genauigkeit, mit der der Gegenstand der Definiton von anderen abgegrenzt werden kann, ist ein entscheidendes Qualitätskriterium einer Gegenstandsdefinition. Gewissermaßen soll mit der Definition ein bestimmtes Terrain oder einen Claim exakt abgesteckt werden können.

Konflikte beim Abstecken von Claims

Fachpolitischer Einfluss durch Definitionen

Beim Abstecken wertvoller Claims können leicht heftige Konflikte entstehen. Sehr konkret zeigte sich das z.B. beim legendären Goldrausch in den USA und Kanada. Konflikte über den „Claim Coaching" werden im Unterschied dazu nicht auf Leben und Tod ausgetragen. Wer bei fachlichen Grenzbestimmungen das Coaching-Claim mit seinem Namen zeichnen kann, ist ja auch keineswegs sein alleiniger Besitzer. Aber die Person, deren Definition anschließend oft als grundlegende Begriffsbestimmung zitiert wird, gewinnt Aufmerksamkeit und Anerkennung oder fachpolitischen Einfluss als Experte im Coachingfeld.

Bedeutung der Fachverbände

Im Allgemeinen gehört es zu den grundlegenden Aufgaben von Fachverbänden zu verhindern, dass Auseinandersetzungen über Gegenstandsabgrenzungen zu destruktiven individuellen Auseinandersetzungen eskalieren. Die Coachingverbände können keine Eigentumstitel für die Nutzung des abgegrenzten Reviers vergeben, aber sie versuchen immerhin allgemeine Zuständigkeits- und Zugangsregelungen einzuführen.

Pragmatische Definitionen der Verbände

Die Definitionen von Fachverbänden unterscheiden sich oft von den Definitionen einzelner Fachvertreter/innen. Das liegt daran, dass Verbände mit Mitgliedern und Fachvertreter/innen nach einem kleinsten gemeinsamen Nenner suchen und als Kompromisse in ihre Definitionen einbauen, die von vielen akzeptiert werden sollen. Pragmatisch ist das sicherlich erforderlich und akzeptabel. Problematisch wird es allerdings, wenn durch Kompromisse die innere logische Stimmigkeit und die genaue Gegenstandsabgrenzung verloren gehen. Am Ende dieses Buchs komme ich auf die Verantwortung der Coachingverbände für die Professionalisierung von Coaching durch Entwicklung eines Qualitätsbegriffs zurück.

3 Ergebnisorientiertes Einzelcoaching

Nach der Lektüre dieses Kapitels wissen Sie,

1. wodurch Selbstaufmerksamkeit und Selbstreflexionen aktiviert werden und warum darauf entweder Veränderungen oder Vermeiden von Reflexionen folgen können,
2. welche Bedeutung Affekte für den Coachingprozess haben und wie man sie optimal ausbalancieren kann,
3. durch welche Methoden und Techniken ergebnisorientierte Problem- und Selbstreflexionen sowie erfolgreiche Veränderungen angeleitet werden können,
4. welche Coaching-Kompetenzen ein Coach benötigt.

Sechs Kernfragen zum Erfolg und Misserfolg von Einzelcoaching

Im vorangehenden Kapitel wurde dargelegt, was unter Coaching verstanden wird und wie der Erfolg von Coaching erfasst werden kann. In diesem Kapitel geht es um sechs praktische und wissenschaftliche Kernfragen zum Einzelcoaching:

1. Wie kann man den Prozess beim Einzelcoaching und die Erfolgsfaktoren im Prozess beschreiben und analysieren?
2. Welche Methoden und Techniken lassen sich beim Einzelcoaching Erfolg versprechend einsetzen?
3. Welche Fähigkeiten und Kompetenzen müssen die Coachs als Voraussetzungen für erfolgreiches Coaching mitbringen?
4. Welches sind die erforderlichen motivationalen Voraussetzungen, Fähigkeiten und Kompetenzen auf der Seite der Klienten?

5. Wie kann man den Coachingerfolg empirisch wissenschaftlich nachweisen?
6. Wie ist der Stand der wissenschaftlichen Forschung und welche Fragen bleiben offen?

Wissenschaft und Praxis

Wissenschaftler/innen und professionelle Praktiker/innen brauchen Antworten auf diese Kernfragen. In der vorherrschenden Praktikerliteratur werden diese Fragen meist sehr oberflächlich unter Verweis auf persönliche Erfahrungen beantwortet. Praxisorientierte Darstellungen lesen sich mitunter wie Werbebroschüren. Mögliche Misserfolge und Nebenwirkungen werden ausgeklammert (beispielhafte Ausnahmen: Rauen, 2005; Offermanns & Steinhübel, 2006). Um die sechs Kernfragen nach wissenschaftlichen und praktischen Standards genau und kontrollierbar zu beantworten, müssen zu jeder Frage Brücken zwischen Wissenschaft und Praxis geschlagen werden. Beim heutigen Stand lassen sich zu den Kernfragen allerdings noch keineswegs verlässliche Antworten geben. Wenn wir aber nicht nur in der noch schmalen Coachingsforschung suchen, sondern auch in verwandten Forschungsfeldern, finden wir Erkenntnisse, die sich vermutlich übertragen lassen. In der folgenden Darstellung werden zu jedem Teilkapitel überprüfbare Annahmen formuliert und der Stand der Forschung offen gelegt.

Kapitelübersicht Prozessmodell

Als wissenschaftliche Grundlage für die Beantwortung der Frage, *wie der Prozess beim Coaching beschrieben und die Erfolgsfaktoren analysiert werden können*, werden in *Kapitel 3.1* die *Selbstaufmerksamkeitstheorie* und *allgemeine Wirkfaktoren* nach Grawe et al. (2004) herangezogen. In *Kapitel 3.2* wird das Thema vertieft. Hier wird genauer untersucht, durch welche *Auslöser Selbstreflexionen* aktiviert werden. Unter Bezug auf die neuropsychologische Motivations- und Persönlichkeitstheorie von Kuhl (2001) wird das Problem behandelt, wie der Selbstzugang des Klienten erweitert werden kann. Dazu müssen zu starke *negative* und *positive Affekte und Gefühle* beim Coaching optimal ausbalanciert oder kalibriert werden können. Das Kapitel liefert gleichzeitig wichtige Grundlagen für die später folgende Beantwortung der Fragen zu den praktischen Voraussetzungen und Erfolgsfaktoren im Coachingprozess.

Geeignete Methoden

Der Antwort auf die Kernfrage, *welche Methoden für das Einzelcoaching geeignet sind*, widmet sich *Kapitel 3.3*. Vorgestellt und analysiert werden Methoden zur Förderung ergebnisorientierter Problem- und Selbstreflexionen. Sie bilden die Grundlage für die Zielklärung und Planung von Veränderungen sowie Aktivierung der Ressourcen des Klienten bei der Umsetzung seiner Pläne. Beschrieben werden exemplarisch besonders geeignet erscheinende Methoden zur Analyse, Reflexion und Beratung. Für die praktische Anwendung werden in der Darstellung viele Beispiele und teilweise konkrete Anleitungen zur Durchführung der Methoden gegeben.

Am Ende von Kapitel 3.3 wird noch einmal konkreter auf die erste Kernfrage und im Coachingprozess zurückgekommen. Die allgemeinen Wirkfaktoren nach Grawe (2004) werden auf den Coachingprozess übertragen, neu systematisiert und erweitert. Als praktische Antwort auf die erste Kernfrage wird ein Instrument zur Einschätzung konkret beobachtbarer Erfolgsfaktoren nach einzelnen Sitzungen vorgestellt, mit dem die Coachs testweise die eigene Nutzung der Erfolgsfaktoren in der vorangehenden Coachingsitzung überprüfen und verbessern können.

Wirkfaktoren im Prozess

Die dritte Kernfrage, *welche Anforderungen von den Coachs als Voraussetzung für erfolgreiches Coaching erfüllt werden müssen*, wird in in *Kapitel 3.4* bearbeitet. Professionelles Coaching erfordert spezifisches Fachwissen, Fähigkeiten und Kompetenzen sowie praktische Erfahrungen. Grundlage bildet hier insbesondere eine Expertenbefragung zur Qualität von Coaching von Heß und Roth (2001), konkretisiert durch Konstrukte und Testverfahren aus der psychologischen Persönlichkeitsforschung. Die Analyse der Qualität der Coaching-Ausbildung stützt sich auf eine umfassende Erhebung von Rauen (in Vorber.). Am Ende des Kapitels werden die Anforderungen an den Coach in einer Tabelle zusammengefasst.

Anforderungen an Coachs

Die Kernfrage, welche *motivationalen Voraussetzungen, Fähigkeiten und Eigenschaften die Klienten als Voraussetzungen für erfolgreiches Coaching mitbringen müssen*, wird in *Kapitel 3.5* untersucht. Das Kapitel analysiert die Bedeutung der Freiwilligkeit des Klienten und weitere motivationale Voraussetzung oder mangelnde Fähigkeiten des Klienten zur Selbstreflexion und andere Merkmale. Vor dem Hintergrund neuerer Erkenntnisse der Motivations- und Persönlichkeitspsychologie werden die motivationalen Voraussetzungen, Persönlichkeitseigenschaften, Fähigkeiten und Kompetenzen der Klienten systematisiert, die voraussichtlich für den Erfolg oder Misserfolg beim Coaching von Bedeutung sind.

Voraussetzungen der Klienten

Die beiden letzten Kernfragen, *wie der Erfolg von Coaching mit wissenschaftlichen Methoden überprüft werden kann* und *wie er heute nach dem Stand der Coachingforschung zu bewerten ist,* werden im abschließenden *Kapitel 3.6* behandelt. Wenn man gründlich recherchiert und dabei auch methodisch sorgfältige Diplomarbeiten und Dissertationen einbezieht, ist der Forschungsstand zum Einzelcoaching keineswegs so schmal, wie dies in anderen Übersichtsdarstellungen zur Coachingforschung (vgl. Lowman, 2005) kritisiert wird.

Überprüfung des Erfolgs

Stand der Forschung

Am Ende des Kapitels wird der Forschungsstand zusammengefasst. Dazu wird ein *durch empirische Forschung untermauertes, integratives Strukturmodell zu den Wirkungen beim Einzelcoaching* präsentiert. Es liefert eine Abbildung der beschriebenen Voraussetzungen (Coach und Klient), methodischen Erfolgsfaktoren im Coachingprozess und typischen Ergebnisse beim Einzelcoaching, zu denen bereits empirische Untersu-

Zusammenfassendes Wirkmodell

chungen existieren oder begonnen wurden. Offen wird dargelegt, wo gravierende Lücken der Forschung bestehen und wie sie geschlossen werden können. Wir kommen damit der Aufforderung von Grant und Cavanagh (2004) an die künftige Coachingforschung nach.

3.1 Theorie der Selbstaufmerksamkeit

Duval und Wicklund (1972) haben eine Theorie über die Wirkungen der Aktivierung der Selbstaufmerksamkeit entwickelt und durch sorgfältige Experimente überprüft (als Überblick siehe Wicklund & Frey, 1993).

3.1.1 Experimentelle Untersuchungen

Experiment zur Ehrlichkeit

Ein klassisches Beispielexperiment haben Diener und Wallbom (1976) an amerikanischen Studierenden durchgeführt. Manche Studierende mogeln in Klausuren ohne Bedenken, wenn sie die Gelegenheit dazu haben, aber keineswegs alle. In einer Befragung der Studierenden zum Mogeln in Klausuren gaben die meisten an, dass sie nicht mogeln würden.

Mogeln bei Prüfungen

Im Experiment von Diener und Wallboom (1976) sollten die Studierenden unter Zeitdruck einzeln in einem Raum eine prüfungsähnliche Testaufgabe bearbeiten. Um den Ernstcharakter zu erhöhen, wurde Ihnen gesagt, dass die Ergebnisse anschließend von einem Dozenten bewertet werden würden. Beim Bearbeiten der Aufgabe wurden sie darauf hingewiesen, dass sie die Zeit nicht überschreiten dürfen. Während der Bearbeitung blieben sie scheinbar unbeaufsichtigt und konnten die Zeit überziehen. Für die Untersuchungspersonen nicht erkennbar konnte aber festgestellt werden, wer bei der Einhaltung der Zeit gemogelt hat.

Vor einem Spiegel mogeln nur noch 7%

In der ersten Gruppe, wo mogeln möglich war, haben 71% gemogelt und sich „heimlich“ mehr Zeit genommen. Eine zweite Gruppe erhielt genau die gleichen Vorgaben, wurde aber zusätzlich bei der Bearbeitung der Aufgabe vor einen großen Spiegel gesetzt. In dieser Gruppe waren es, wie in der Theorie erwartet, nur noch 7%, die geschummelt haben!

3.1.2 Prozessmodell

Auslösung der Selbstaufmerksamkeit

Die Prozesse und Ergebnisse werden durch die Theorie der Selbstaufmerksamkeit beschrieben und erklärt. Abbildung 3.1 gibt das theoretische Ablaufmodell wieder. Der Ablauf besteht aus vier Schritten 1. Durch einen geeigneten Stimulus (in vielen Untersuchungen war das nur ein Spiegel, manchmal wurden auch Videoaufnahmen eingesetzt) wird bei der Person spontan 2. ein Zustand der Selbstaufmerksamkeit ausgelöst.

Aktualisierung des Selbst und Selbstreflexion

3. Die Stimulierung der Selbstaufmerksamkeit führt zur Aktualisierung und Intensivierung von Aspekten, Normen oder Standards des idealen Selbstkonzepts (z.B. „Ich darf nicht mogeln!“). Diskrepanzen zwischen

diesen Aspekten und den eigenen Merkmalen oder Handlungen werden bewusst („Es wäre jetzt zwar leicht zu mogeln, aber ich darf nicht mogeln!"). Intensivierung bedeutet, dass die mit den Aspekten verbundenen Gefühle stärker und Verhaltensstandards im Moment subjektiv wichtiger werden. Wenn dies nicht nur eine kurze Intuition oder ein Gedankenblitz bleibt, sondern einen Prozess bewussten Nachdenkens stimuliert, wäre dies nach dem oben eingeführten Begriff als Selbstreflexion einzuordnen.

Verringerung von Diskrepanzen

4. Durch die Selbstreflexion erhöht sich die Motivation zur Verringerung der Diskrepanzen (Tendenz zur Selbstkonsistenz) zwischen den aktualisierten Aspekten des realen und idealen Selbstkonzepts. Dies kann entweder a) durch eine Veränderung des Verhaltens, auf das sich die Aufmerksamkeit bezieht, in Richtung auf das Selbstideal geschehen (z.B. unterdrückt der Student einen Impuls zu mogeln) oder b) durch eine Abwehrreaktion bzw. defensives Verhalten (so könnte der Student auch seinen Verhaltensstandard korrigieren: „Wenn ich jetzt einmal mogle, ist das nicht so schlimm.", „Man sollte nicht zu oft mogeln und sich vor allem nicht erwischen lassen!" oder man findet Entschuldigungen zur Verteidigung: „Der Zeitdruck war unfair!"). Das Motiv, Diskrepanzen zu verringern und die Vermeidungs- oder Abwehrreaktionen, müssen nach der Selbstaufmerksamkeitstheorie der Person nicht bewusst werden.

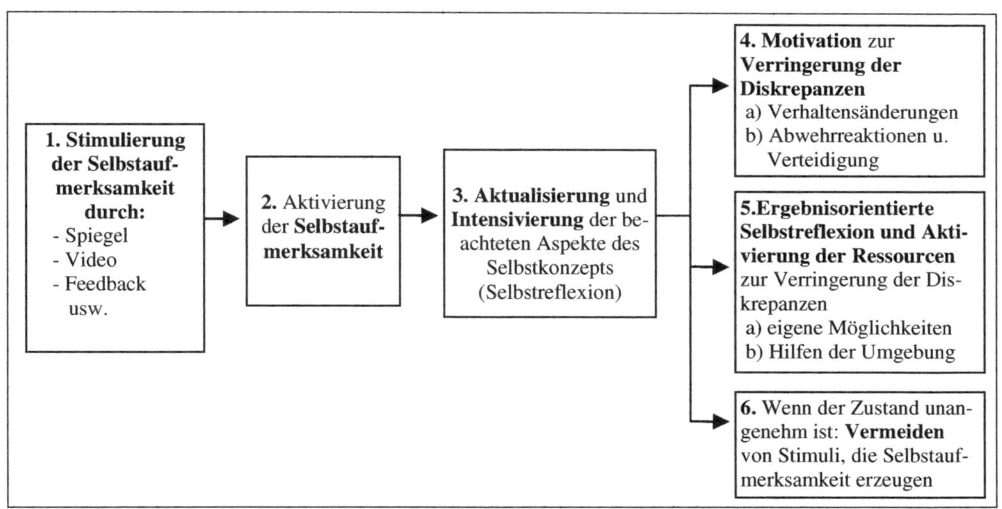

Abb. 3.1: Theorie der Selbstaufmerksamkeit und Selbstreflexion[7]

[7] Die Veränderung nach Frey, Wicklung & Scheier (1984, S. 194) bezieht sich vor allem auf die Einführung der bewussten Selbstreflexion und Ressourcenaktivierung als abhängige Variable. Außerdem wird in der Originaldarstellung der Block „Aktualisierung und Intensivierung der beachteten Aspekte des Selbst" nicht vor den beiden rechts wiedergegebenen Folgen, sondern oberhalb und damit parallel angeordnet. Angenommen wird, dass

Selbstreflexion und Ressourcenaktivierung

5. Nach den zusammenfassenden Analysen empirischer Untersuchungen zu den allgemeinen Wirkfaktoren in der Psychotherapie von Grawe, Donati und Bernauer (1994a) bewirkt die Aktualisierung von Diskrepanzen spontane Reflexionen und eine Aktivierung der Möglichkeiten oder Ressourcen, die Diskrepanzen zu verringern, über die die Person verfügt (z.B. Aktivierung eigener Potenziale, Fähigkeiten und Kompetenzen zur Selbstveränderung, aber auch Hilfen aus der Umgebung). Nach Grawe (1998, 2004) haben Menschen ein grundlegendes Bedürfnis nach Selbstwertschutz und Selbstwerterhöhung und tendieren dazu, wahrgenommene Inkonsistenzen zu reduzieren. Es ist nahe liegend, diese Annahmen mit dem Modell von Frey, Wicklund und Scheier (1984) zu verbinden. Da in den Fragebögen und Beobachtungsskalen nach Grawe (ausführlich siehe Abschnitt 3.3.1) die Selbstreflexion über eigene Fähigkeiten und die Ressourcenaktivierung miteinander zusammenhängen, werden sie hier zunächst als Selbstreflexion und Aktivierung der Ressourcen zusammengefasst. Eine genauere Systematisierung wird unten in Abschnitt 3.3.3 vorgenommen.

Vermeidung

6. Der Zustand der Selbstaufmerksamkeit und Selbstreflexion kann sehr unangenehm sein, weil sich die Person mit eigenen negativen Merkmalen konfrontiert. Wenn die Person befürchtet, dass sie nicht in der Lage ist, die Diskrepanzen zu verringern, wird sie nach der Theorie dazu tendieren, künftig in ähnlichen Situationen Selbstaufmerksamkeit und alle Stimuli, die sie auslösen könnten, zu vermeiden. So wird beispielsweise ein Student, der trotz Spiegel gemogelt hat und dem das unangenehm war, um jeden Testraum mit Spiegel einen großen Bogen machen. Wir können hier ergänzen, dass dies besonders dann auftritt, wenn die Person keine Möglichkeiten sieht, sich erfolgreich zu verändern. Wenn sie ihre Potenziale und Ressourcen zur Veränderung dagegen optimistisch einschätzt, muss die Situation nicht unangenehm sein.

Viele verschiedene Folgen

Es ist erstaunlich, was durch einen Spiegel oder eine Videoaufzeichnung nachweisbar ausgelöst und beeinflusst werden kann. Wie Wicklund und Frey (1993) in ihrer Überblicksdarstellung zusammenfassend wiedergeben, nimmt die Zahl der selbstzentrierten Aussagen zu (z.B. Sätze, die mit „Ich..." beginnen). Ereignisse, an denen man beteiligt war, werden häufiger als selbst verursacht interpretiert, man sieht sich selbst eher verantwortlich für gute Leistungsbewertungen, man ärgert sich mehr oder freut sich intensiver. Im Zustand der Selbstaufmerksamkeit verhalten sich Personen im Vergleich zu anderen konsequenter, ihren Werten und Ein-

---

eine unwillkürliche Aktivierung und Intensivierung der Aufmerksamkeit eine direkte Folge der Stimulierung des Aufmerksamkeitssystems ist. Dadurch ließe sich beispielsweise erklären, dass eine Vermeidung dann folgt, wenn negative Selbstbewertungen aktualisiert wurden und negative Affekte auftreten (siehe auch die überarbeitete Darstellung von Wicklund & Frey, 1993 sowie die Präzisierung durch Kuhl, 2001).

stellungen entsprechend, übereinstimmender in Worten *und* Taten, verantwortungsvoller und unabhängiger vom problematischen Konformitätsdruck in Gruppen. Verhalten, das andere Personen schädigt, ist seltener, wenn Nachdenken über das eigene Verhalten gefördert wird, ehe man handelt. So referiert Myers (1996, S. 331) Ergebnisse, wonach gewaltsame Übergriffe von Uniformträgern gegenüber „Störern" abnehmen. Ohne Förderung der Selbstaufmerksamkeit glauben sie sich in der uniformen Anonymität ihrer Gruppe geschützt und verhalten sich aggressiver.

Motivationspsychologische Präzisierung des Modells

Ressourcen und Erfolgserwartungen

Self-Efficacy und individuelle Ressourcen

Eine grundlegende Motivationstheorie, die zur Präzisierung des beschriebenen Prozessmodells herangezogen werden kann, ist die Theorie zur self-efficacy (Selbstwirksamkeitserwartung) von Bandura (1977, 1997). Mit diesem Begriff wird die Überzeugung einer Person bezeichnet, dass sie über die erforderlichen Kompetenzen oder Fähigkeiten verfügt, eine Aufgabe zu bewältigen oder ein Ziel zu erreichen. Diese Kompetenzen oder Fähigkeiten können auch als individuelle Ressourcen der Person eingeordnet werden. Nach Bandura (1977) ist self-efficacy eine Voraussetzung für jede Verhaltensänderung. Ist die Selbstwirksamkeitsüberzeugung hoch, führt dies nach Untersuchungen von Latham (1988) dazu, dass die Person ihre Anstrengungen erhöht. Je stärker die Überzeugung in die eigenen Fähigkeiten ist, desto höher steckt sie ihre Veränderungsziele. Es ist sehr nahe liegend auch für das Coaching anzunehmen, dass die Motivation des Klienten, das eigene Verhalten zu verändern und der Ehrgeiz beim Verfolgen herausfordernder Ziele davon abhängt, dass die Person erwartet, dass sie die angestrebten Verhaltensänderungen umsetzen kann (vgl. dazu auch Cox, 2006, S. 203 f. und insbesondere die zielorientierte Coachingtheorie von Grant, 2006a, S. 159 ff.).

Förderungsmöglichkeiten

Vier Prozesse können Selbstwirksamkeitsüberzeugungen fördern (Porras et al., 1982): 1. eigene Erfahrungen und Erfolgserlebnisse beim Handeln („Ich kann das!"), 2. Vergleiche mit wichtigen anderen Personen („Was der kann, kann ich auch!"), 3. glaubwürdige Ermutigungen durch andere Personen („Du kannst das!") oder 4. durch eigene positive Körperempfindungen beim Handeln („Mir ging es selten so gut, so etwas liegt mir!"). Der Coach kann die Selbstwirksamkeitsüberzeugungen des Klienten nicht nur durch Ermutigung fördern, sondern auch dadurch, dass er seine Aufmerksamkeit auf frühere Erfolgserlebnisse und positive Körperempfindungen in der ähnlichen Situationen lenkt oder zu Vergleichen mit anderen Personen auffordert, die als erreichbare Vorbilder gelten können.

Erfolgserwartungen

Ob man ein Verhalten verändern kann, hängt nicht nur von den Kompetenzen und Fähigkeiten bzw. individuellen Ressourcen der Person ab, sondern immer auch von förderlichen oder hinderlichen Umgebungsbedingungen bzw. ihren externen Ressourcen (vgl. auch Abschnitt 3.3.2 und 3.5.4). Die Veränderungsbereitschaft einer Person bzw. ihre Motivation sich zu verändern hängt entsprechend von der allgemeinen Erwartung dieser Person ab, durch eigenes Handeln oder Einflüsse anderer Personen die erwünschten Veränderungsziele zu erreichen. Allgemein können diese Erwartungen als Erfolgserwartungen bezeichnet werden.

Abwägen

Grant (2006a, S. 159) beschäftigt sich mit der Bedeutung der Erfolgserwartungen des Klienten beim Coaching. Danach soll der Coach den Klienten unterstützen optimistische Erfolgserwartungen zu entwickeln. Dazu soll er zunächst die erwarteten Vor- und Nachteile beim Erreichen von Zielen abwägen, danach aber von der abwägenden zu einer ausführungsorientierten Haltung wechseln. Er stützt sich dabei auf die motivations- und willenspsychologischen Analysen von Gollwitzer (1996). Auf diese Theorien wird unten in Abschnitt 3.5.3 zurückgekommen. Zur Präzisierung des Prozessmodells der Selbstaufmerksamkeit und Selbstreflexion wird jedoch hier bereits darauf verwiesen, dass die konkreten Erfolgserwartungen des Klienten einen großen Einfluss auf seine Motivation und Absicht haben, sich zu verändern. Wenn die Erfolgserwartung hoch ist und die subjektiv wahrgenommenen internen und externen Ressourcen für die Verringerung der Diskrepanzen groß sind, wird die Person motiviert und bereit sein, sich bewusst zu verändern und dabei die vorhandenen Ressourcen zu nutzen.

Erfolgserwartung und Änderungsmotivation

Misserfolgserwartung und Abwehr

Während Erfolgserwartungen die Änderungsbereitschaft erhöhen, können wir umgekehrt annehmen, dass Misserfolgserwartungen dazu führen, zwischen Änderungsabsichten zu den aktualisierten Diskrepanzen aufzuschieben, abzuwehren oder zu verdrängen. Wenn wir die Annahmen der Selbstaufmerksamkeitstheorie konkret weiter führen, können wir demnach folgern, dass bei Misserfolgserwartungen im Allgemeinen das Unbehagen zunimmt sowie die Tendenz, die Selbstreflexionen abzubrechen. Dies kann als eine natürliche Selbstschutzreaktion zur Aufrechterhaltung des Selbstwerts eingeordnet werden. Nur wenn die Person ohne langes Grübeln nach einer kurzen ergebnisorientierten Selbstreflexion eigene Potenziale oder andere Ressourcen aktualisieren kann und eine umsetzbare Möglichkeit zur Veränderung ihres Verhaltens erkennt, wird sie versuchen ihr Verhalten zu ändern.

Warum Manager Selbstreflexionen meiden

Handlungs- und Lageorientierung

Manager mit ausgeprägter Handlungsorientierung (siehe die Persönlichkeitstheorie von Kuhl, 2001, vgl. Abschnitt 3.5.7) versuchen schnell praktische Ergebnisse zu erzielen. Langes, ergebnisloses Herumgrübeln wird ihnen schnell unangenehm. Wenn wir die Theorie der Selbstaufmerksamkeit und die Theorie von Kuhl (2001) zusammen heranziehen, können wir erklären, warum bestimmte Manager Selbstreflexionen oder Double Loop Lernen meiden und warum es schwierig ist, die beim Coaching erforderliche Selbstreflexion zu fördern. Lageorientierte Personen neigen dagegen zum Grübeln über eigene Misserfolge. Diese und weitere Persönlichkeitsunterschiede, die beim Coaching zu berücksichtigen sind, werden in Kapitel 3.5.7 eingehend behandelt.

Coaching handlungsorientierter Personen

Feedback und schnelle Ergebnisse

Ungeduldige Manager oder andere handlungsorientierte Personen lassen sich beim Coaching bestenfalls auf kurze Selbstreflexionen ein, wenn sie ergebnisorientiert sind. Um Selbstreflexionen beim Coaching von ergebnis- und zahlenorientierten Managern zu aktivieren ist ein Feedback über sie als Person aus einer ungewohnten Perspektive eine Möglichkeit (Leder, 2005; ausführlich zum Feedback siehe Abschnitt 3.3.1). Wenn die Manager im Verlauf des Coachings die Erfahrungen gemacht haben, dass sie durch ihre Ressourcen trotz unangenehmer Selbstreflexion wichtige praktische Selbstveränderungen erzielt haben, lassen sie sich allmählich mehr auf selbstreflexives Lernen ein.

Potenziale und Ressourcen erkennen

Ein wichtiges Potenzial handlungsorientierter Manager ist, erkannte Lösungen schnell und konsequent umsetzen zu können. Wenn der Coach dem Manager hilft, sich dieser Stärke bewusst zu werden und als Ressource zur bewussten Selbstveränderung zu nutzen, hilft er dem Klienten, sich selbst zu helfen und durch das Coaching praktische Ergebnisse zu erzielen. Im Coaching kann sich der Klient aber der Ressourcen in seiner sozialen Umgebung bewusst werden. So kann er sich beispielsweise vor einer schwierigen Konfliktsituation durch Gespräche mit einer ihm positiv gesonnenen Person ihrer Unterstützung vergewissern, gemeinsam neue Lösungen zu suchen. Der Coach ist eine weitere externe Ressource. Seine Aufgabe und Rolle ist die Unterstützung des Klienten unter Einsatz seines Wissens, seiner Fähigkeiten und Kompetenzen sowie seiner gesamten Erfahrungen. Je mehr der Klient dem Coach als Experten für seine Veränderungsziele zutraut, desto größer ist seine Hoffnung, durch das Coaching die angestrebten Erfolge zu erzielen.

Aufschieben wichtiger Veränderungen

Aufschieben

Procrastination

Eine einfache Möglichkeit, unangenehme Reflexionen über Diskrepanzen zwischen den eigenen Idealen und problematischem eigenen Verhalten zu vermeiden, ist das Aufschieben der Bearbeitung der unangenehmen Reflexionen „auf später". Ständiges Aufschieben wichtiger Handlungen ist sehr verbreitet und inzwischen unter dem Fachbegriff Procrastination ein aktuelles Forschungsthema der Psychologie (vgl. Schouwenburg et al., 2004). Ferrari (2001) sieht im Aufschieben wichtiger, terminierter Aufgaben eine fehlerhafte Selbstregulation. Zur genaueren Definition wird auch auf eine Verbindung mit negativen Emotionen und schlechten Leistungen hingewiesen (vgl. Timmer, 2007). Neenan und Dryden (2002) beschreiben, wie Procrastation durch Coaching verringert werden kann.

Warum manche ihre großen Ziele nie erreichen

Nach unserer Theorie würden wir annehmen, dass Aufschieben besonders bei großen Diskrepanzen zwischen realem und idealem Selbstkonzept zu erwarten ist (vgl. van Essen et al., 2004). Zum Aufschiebeverhalten tendieren keineswegs nur Personen mit geringen Leistungsfähigkeiten, sondern vermutlich insbesondere auch Personen, die sich neben beruflichen sehr hohe persönliche Ziele setzen[8]. Sie bewältigen ihre vorgegebenen beruflichen Arbeitsaufgaben sehr erfolgreich, schieben aber die Realisierung eigener Ziele auf (bis sie mehr Zeit haben, was so gut wie nie der Fall ist). Auf diese Weise können sie ihre anspruchsvollen persönlichen Lebensziele niemals erreichen und werden langfristig, trotz beruflicher Erfolge sehr unzufrieden mit sich werden. Beim Coaching dieser Personen kommt es darauf an, ihnen zu helfen, sich realistische, schnell erreichbare Zwischenziele zu setzen und sie immer wieder zu ermutigen sie konsequent zu verfolgen. Auch für persönliche Lebensziele gilt der oft zitierte Spruch, dass jede große Veränderung mit einem kleinen Schritt begonnen wird.

Unangenehme Selbstreflexionen

Nach dem präzisierten Prozessmodell führen Selbstaufmerksamkeit und Selbstreflexion keineswegs immer zu Verhaltensänderungen oder gar einem „Lernen höherer Ordnung", wie dies mitunter sehr optimistisch angenommen wird. Erfolgreiche Selbstveränderungen sind nur unter günstigen Voraussetzungen und abhängig von Persönlichkeitsmerkmalen zu erwarten.

3.1.3 Bedeutung der Kultur

Kulturelle Unterschiede

Die beschriebenen konkreten Zusammenhänge gelten vermutlich vor allem für Personen mit einem individualistischen oder independenten Selbstkonzept (siehe Abschnitt 1.1.3 zur Bedeutung der Kultur für das Selbstkonzept). Bei Personen, die ein interdependentes Selbst entwickelt haben, wäre zu erwarten, dass durch Selbstaufmerksamkeit die Normen und Regeln der Bezugsgruppe aktiviert und intensiviert werden. Dadurch würde z.B. die Konformität mit Gruppennormen nicht verringert, sondern deutlich erhöht werden. Das allgemeine Prozessmodell kann aber vermutlich beibehalten werden. – Speziell beim Aufschiebeverhalten gibt es allerdings erhebliche kulturelle Unterschiede. In so genannten „Mañana-Kulturen" ist das Aufschieben nicht ungewöhnlich und wird nur in besonderen Fällen (bei sehr wichtigen Aufgaben und mehreren Ankündigungen) sanktioniert. Für die Deutschen sind dagegen Zeitpläne und das Einhalten von Terminen ein sehr ernst genommener Kulturstandard (vgl.

---

[8] Studierende der Psychologie unterliegen einem sehr harten Numerus Clausus und sind „Einserschüler". Es würde zu unserer Annahme passen, dass sie das Lernen für Statistik aufschieben, weil sie gerade deshalb eine starke Diskrepanz zwischen den wahrgenommenen Schwierigkeiten, die statistischen Methoden zu begreifen und ihrem an sich sehr positiven Selbstbild über ihre intellektuellen Fähigkeiten erleben.

Schroll-Machl, 2003, S. 116). „Typische Deutsche“ reagieren ärgerlich, mitunter sogar aggressiv, wenn jemand eine Terminvereinbarung bricht. Wer einen Termin nicht einhält, hat daher „ein schlechtes Gewissen“.

3.1.4 Annahmen und Folgerungen

Selbstreflexion ist unangenehm

Die erweiterte Theorie der Selbstaufmerksamkeit erklärt, warum die Menschen im Alltag Selbstaufmerksamkeit und Selbstreflexion unbewusst oder bewusst vermeiden. Durch spontanes Nachdenken über sich selbst – sogar beim Nachdenken über eigenes erfolgreiches Verhalten – können unangenehme Gedanken aktualisiert werden. („Man müsste ja eigentlich viel konsequenter sein... Lieber nicht darüber nachdenken...“) Wenn man nicht weiß, wie man sich verändern könnte (Misserfolgserwartung), wird die Selbstreflexion besonders unangenehm. Je intensiver sich die Gedanken im Prozess der Selbstreflexion mit subjektiv wichtigen eigenen Schwächen und Unterschieden zu idealen Normen und Verhaltensstandards oder zu idealem Selbstbild beschäftigen, desto größer werden Unbehagen und die Meidetendenzen. Wenn dagegen die Erfolgserwartung hoch ist, weil man glaubt, dass man etwas ändern kann, um die Diskrepanzen zwischen dem idealen und realen Selbstkonzept zu verringern, fördert dies die Änderungsmotivation.

Übersicht

Die folgende Annahmengruppe A 3.1 gibt die Hypothesen wieder, die in diesem Kapitel entwickelt wurden. Sie werden als empirisch überprüfbare Wenn-dann-Aussagen (bzw. Je-größer-desto-Aussagen) formuliert. Die einzelnen Annahmen wurden, in Anlehnung an empirisch überprüfte Annahmen, an den oben beschriebenen Theorien orientiert entwickelt. Die empirische Bestätigung der umformulierten Annahmen steht jedoch noch aus.

1. Zustand der Selbstaufmerksamkeit und Aktivierung des Selbstkonzepts
2. Kulturelle Einflüsse
3. Größe der Diskrepanzen
   a) Erfolgserwartung und Veränderungsmotivation
   b) Misserfolgserwartung und Abwehr

Annahmengruppe A 3.1:

Prozesse der Selbstaufmerksamkeit und Selbstreflexion

1. Wenn bei einer Person ein *Zustand der Selbstaufmerksamkeit* ausgelöst wird, führt dies zur *Aktivierung und Intensivierung* der Normen oder Standards und Verhaltensregeln des *idealen Selbstkonzepts* der Person. Wenn dabei Diskrepanzen zwischen idealem und realem Selbstkonzept bewusst werden, wird ein Selbstreflexionsprozess aktiviert.

2. *Kulturelle Einflüsse:* Welche Aspekte aus dem Selbstkonzept aktiviert werden und welche Ressourcen wahrgenommen werden, hängt im Allgemeinen vom durch den *kulturellen Hintergrund* der Person beeinflussten Selbstkonzept der Person ab. Personen, die ein *interdependentes Selbst* entwickelt haben, aktivieren die übernommenen Normen und Regeln und Ressourcen der Bezugsgruppe, Personen mit *independenten Selbstkonzept* eher gruppenunabhängige persönliche Vorstelllungen und Ressorucen.

3. *Je größer die Diskrepanzen* zwischen den aktualisierten Aspekten des idealen und reale Selbstkonzepts sind, *desto unangenehmer* sind sie für die Person und desto höher sind die Motivation und Bereitschaft, diese Diskrepanzen zu verringern und vorhandene Ressourcen zu aktivieren.

a) *Erfolgserwartung:* Wenn die *Erfolgserwartung* hoch ist und die subjektiv wahrgenommenen *Ressourcen* für die Verringerung der Diskrepanzen *groß* sind, wird die Person motiviert und bereit sein, sich bewusst zu *verändern* und dabei ihre *Ressourcen zu nutzen.*

b) *Misserfolgserwartung:* Wenn die *Misserfolgserwartung* groß ist und subjektiv *keine ausreichenden Ressourcen* zur Verringerung der Diskrepanzen vorhanden sind, nehmen unbewusste oder bewusste Tendenzen der Person zu, Reflexionen über die Diskrepanzen aufzuschieben, abzuwehren oder zu verdrängen oder Situationen, die sie auslösen könnten *zu vermeiden, abzuwehren oder zu verdrängen.*

Ressourcen bewusst machen

Das anspruchsvolle reflexive Double Loop Lernen ist nach diesen Annahmen nicht unbedingt eine Lernmethode für „kluge Menschen“, wie Argyris (1998) meint. Die Förderung ergebnisorientierter Selbstreflexionen ist oft ein individueller unangenehmer Lernprozess und erfordert die Unterstützung durch Coachs (vgl. Grant, 2006a, S. 154). Wie in den praktischen Folgerungen in Kasten P 3.1 ausgeführt wird, sollte man beim Coaching den Klienten nicht unvermittelt zu Selbstreflexionen auffordern, wenn man die theoretisch erwarteten Abwehrreaktionen vermeiden will. Wie der Coach negative Affekte verringern kann, wird im folgenden Kapitel in Abschnitt 3.2.2 behandelt.

Praktische Folgerungen P 3.1:
Prozesse der Selbstaufmerksamkeit und Selbstreflexion

1. Beim Coaching ist es nicht zu empfehlen, Methoden zur Förderung bewusster Selbstreflexionen unvermittelt einzusetzen! Vorher sollte immer zunächst die unbewusste Selbstaufmerksamkeit der Klienten erhöht werden!
2. Der Coach muss damit rechnen, dass Selbstaufmerksamkeit und Selbstreflexionen dem Klienten unangenehm sind! Er soll dem Klienten helfen, zu erkennen, über welche eigenen Potenziale und externen Ressourcen er verfügt, um sich und die Situation zu verändern!
3. Besonders bei handlungsorientierten Klienten ist zu empfehlen, anfangs keine langen Selbstreflexionen zu fordern, sondern nur kurze, ergebnisorientierte Problem- und Selbstreflexionen zu aktivieren und sich auf schnell erreichbare Ziele und Lösungen zu konzentrieren!

3.2 Aktivieren von Selbstreflexionen und Kalibrieren der Affekte

Überblick

Im Folgenden werden verschiedene typische Auslöser zusammengestellt und Hypothesen dazu, wie groß jeweils die Intensität der Aktivierung ist. Selbstreflexionen aktualisieren positive und negative Erfahrungen, die mit ambivalenten Gefühlen verbunden sind. Damit die Person psychisch in die Lage versetzt wird, ihr Selbstkonzept ganzheitlich zu explorieren und sich nicht nur mit den Erfolgen und Stärken, sondern auch mit den eigenen Misserfolgen und Schwächen sowie Gefühlen auseinanderzusetzen, ist es erforderlich, dass sie ihre negativen Affekte und Meidetendenzen immer wieder neu positiv ausbalanciert. Dies fördert gleichzeitig ihr allgemeines Wohlbefinden und ihre psychische Gesundheit. Wie dies möglich ist und beim Coaching gefördert werden kann, wird anschließend dargestellt.

3.2.1 Auslöser von Selbstreflexionsprozessen

Mehr Forschung!

Welche externen und internen Auslöser bei vielen Menschen im Alltag Selbstaufmerksamkeit und Selbstreflexionsprozesse aktivieren, ist bisher nicht systematisch erforscht worden. Für eine Theorie der Selbstreflexion wäre es aber wichtig, relevante Auslöser zu unterscheiden. Die folgende Zusammenstellung ist ein erster Versuch, hypothetische Auslöser zu systematisieren, von denen wir erwarten, dass sie bei vielen Menschen intensive Selbstreflexionen anstoßen.

Berufliche Weichenstellungen

Wenn man sich an stark im Gedächtnis eingeprägte Situationen zurückerinnert, in denen man intensiv über sich selbst nachgedacht hat, fallen einem sofort viele unterschiedliche Auslöser ein. Sehr starke Auslöser sind vermutlich alle beruflichen Weichensstellungen, wie die Wahl der Ausbildung oder des Studiengangs, die Berufswahl oder Stellenbewerbungen. Selbstreflexionsprozesse werden insbesondere dann stark intensiviert, wenn die künftige Tätigkeit für die Person sehr wichtig ist, aber neue Anforderungen stellt, bei und man sich nicht sicher ist, ob sie sie bewältigen kann.

Empirische Überprüfung

Eine hohe Intensität der Selbstreflexion z.B. bei einer Bewerbung wäre daran erkennbar, dass die Person eine Zeitlang sehr detailliert und fast ständig über ihre Bewerbung nachdenkt. Auch in Gesprächen mit Freunden ist dies ihr „Thema Nummer Eins". Eine empirische Überprüfung der angenommenen Aktivierung intensiver Selbstreflexionen etwa bei wichtigen Bewerbungen oder anderen Auslösern wäre wünschenswert. Selbstreflexionen sind definitionsgemäß immer bewusste Denkprozesse. Deshalb sind Befragungen hier durchaus geeignete Untersuchungsmethoden.

Vielfältige individuelle Auslöser

Selbstreflexionen können im Alltag durch individuell sehr unterschiedliche Situationen oder konkrete äußere und innere Stimuli ausgelöst werden. So kann jemand, der damit eine besondere romantische Erinnerung verbindet, durch den Anblick einer roten Rose angeregt werden, über eine Liebesbeziehung nachzudenken. Eine andere Person kann, stimuliert durch einen kurzen stechenden Schmerz bei einer ungeschickten Bewegung anfangen, über ihren allgemeinen Gesundheitszustand nachzugrübeln. Wichtige selbstbezogene Erinnerungen können im individuellen Gedächtnis im Prinzip mit nahezu beliebigen Stimuli assoziiert sein. In der in Tabelle 3.1 wiedergegebenen Liste werden aber nur Auslöser aufgeführt, bei denen wir annehmen können, dass sie bei vielen Menschen Selbstreflexionen aktivieren. Die Liste wird nach der hypothetischen Intensität der Selbstreflexionsprozesse in drei Gruppen eingeteilt (schwache, mittlere und starke Intensität).

Tab. 3.1: Auslöser für individuelle Selbstreflexion

Intensität	**Auslöser**
Schwach	• Blick in den Spiegel • Schwierigkeiten beim Beherrschen eines Computerprogramms • Ausfüllen eines Fragebogens mit Fragen zur Selbstbeschreibung • Schwierige neue Aufgaben
Mittel	• Gespräch mit Freunden über eigene Probleme • Gespräche mit positivem und negativem Feedback mit Vorgesetzten oder Kollegen • Abfällige Kommentare von Kollegen • Prüfungen
Stark	• Bewerbungen auf Stellen mit neuen und hohen Anforderungen • Videoselbstkonfrontation mit einem Trainer (z.B. in Seminaren) • Teilnahme an Potenzialanalysen oder Assessment-Centers • Konflikte mit Kollegen und Vorgesetzten • Schwierige Gespräche mit dem Vorgesetzten mit Fehlerfeedback zu den eigenen Leistungen oder Schwächen • Gravierende Misserfolge im Beruf oder in der Partnerwahl • Mentoring • Coaching • Psychotherapie

Leistungsprobleme

Im Alltag werden Selbstaufmerksamkeit und Selbstreflexionsprozesse vermutlich spontan durch alle auf das Selbstkonzept bezogenen Leistungsprobleme aktiviert, vor allem wenn die Person darüber mit wichtigen Bezugspersonen spricht.

Video-Selbstkonfrontation

Erfahrungsgemäß haben viele bei Videoaufzeichnungen und Vorführungen vor anderen starke Angst, sich zu blamieren. Videoselbstkonfrontationen werden deshalb tentativ in die Gruppe starker Auslöser aufgenommen. Diese Wirkung ließe sich empirisch gut überprüfen. Allerdings sind Videoselbstkonfrontationen in Seminaren ziemlich aus der Mode gekommen, möglicherweise weil sie den Teilnehmer/innen (wie wir theoretisch erwarten) so unangenehm sind.

Potenzial-analysen

Wenn vor beruflichen Veränderungen eine Potenzialanalyse oder ein Assessment-Center mit anschließendem Feedback durchgeführt werden, „erzwingt" dies gewissermaßen eine Fokussierung der Selbstreflexion auf die in im Feedback thematisierten Stärken und Schwächen.

Feedback durch Vorgesetzte

Sehr sicher erscheint die Einordnung von als schwierig erwarteten Feedbackgesprächen mit Vorgesetzten über eigene Stärken und Schwächen als starker Auslöser für Selbstreflexionen. Solche Gespräche lösen eher ganzheitliche Selbstreflexionen aus. Wenn der Mitarbeiter allerdings erwartet, dass das Gespräch „easy wie üblich" abläuft, weil er durch den Vorgesetzten nur freundlich gelobt wird, hat dies keine aktivierende Wirkung auf seine Selbstreflexion.

Konflikte

Konflikte mit Kollegen und Vorgesetzten fördern nicht nur das Nachdenken über den Inhalt der Meinungsunterschiede (z.B. unterschiedliche Meinungen über Erfolg versprechende Lösungen und Ziele), sondern oft auch über Interessenunterschiede, Einfluss und Macht bei Entscheidungen oder über die eigene Rolle und Stellung. Man ist ratlos, warum „die anderen" die eigenen Beiträge oder Vorschläge heftig ablehnen und fürchtet intuitiv, dass in einer vermeintlich „sachlichen Auseinandersetzung" auch negatives Feedback zur eigenen Person oder vielleicht sogar ein Angriff auf die eigene Position anklingt.

Fehlerfeedback

Sehr starke Effekte haben vermutlich Misserfolgserlebnisse oder schwierige Gespräche mit Vorgesetzten, in denen eigene Fehler und Schwächen angesprochen werden. Beckman und Wood (2006) untersuchen die Wirkung von Fehlerfeedback. Ihre Ergebnisse zeigen, dass Fehlerfeedback nach Misserfolgen als starke Bedrohung der Identität wahrgenommen wird. Die kritisierte Person fühlt sich unvollkommen, möchte sich vervollkommnen und bessere Leistungen bringen. Ob die Person in der Lage ist, ihre Leistungen zu verbessern, hängt davon ab, ob das Feedback förderlich ist (siehe Abschnitt 3.3.1) sowie vom Problem und den vorhandenen Kompetenzen oder anderen Ressourcen der Person.

Misserfolge und Selbstzweifel

Gravierende Misserfolge im Beruf oder in der Partnerwahl können sehr nachhaltige Selbstzweifel hervorrufen. Manche können die Misserfolgserfahrung nicht überwinden und denken in ihrem späteren Leben immer wieder über sich in diesen Situationen nach.

Forschung erforderlich!

Die wiedergegebene Zusammenstellung und Gruppierung der Auslöser ist mit Vorsicht zu verwenden, da sie nicht durch empirische Untersuchungen abgesichert wurde. Vielleicht stimuliert dies aber künftige Forschungsarbeiten zur Häufigkeit, Dauer und Intensität von Selbstreflexion nach verschiedenen Auslösern.

3.2.2 Affekte und Selbstreflexionen

Karenina-Effekt

Leo N. Tolstoi beginnt seine dramatische Erzählung Anna Karenina mit dem Satz: „Alle glücklichen Familien sind einander ähnlich; jede unglückliche Familie aber ist auf ihre eigene Weise unglücklich." Er beschreibt damit eine Asymmetrie der psychischen Bedeutung von Situationen, die positive und negative Gefühle auslösen. Diese Asymmetrie wird als Anna Karenina-Effekt bezeichnet.

Asymmetrie bei negativen und positiven Affekten

„Glückliche Situationen" müssen allerdings „nicht wirklich" untereinander ähnlicher sein, als unglückliche. Sie aktivieren aber intensivere Reflexionen. Wenn man sich glücklich fühlt, freut man sich über das Glück und möchte es vielleicht festhalten. Wenn man aber anfängt, bewusst darüber nachzudenken, welche Bedeutung der Auslöser für Aspekte des Selbstkonzepts hat, würde dies sofort das schöne Gefühl zerstören. Wenn dagegen eine Situation einen negativen Affekt ausgelöst hat und man unzufrieden oder unglücklich ist, kann die bewusste Reflexion und Analyse helfen, „Abstand zu gewinnen" und den negativen Affekt zu verringern.

Negativer und positiver Affekt

Negative Affekte reduzieren den Fokus

Der Osnabrücker Wissenschaftler Julius Kuhl (2001) hat eine umfassende Motivations- und Persönlichkeitstheorie entwickelt und durch systematische Grundlagenforschung abgesichert, in der die komplexen Interaktionen zwischen den grundlegenden Affektsystemen des menschlichen Gehirns und den Selbstzugang systematisch analysiert werden. Er nennt sie „Persönlichkeits-System-Interaktionen (PSI) Theorie". Zur Erklärung können Kernannahmen aus der PSI-Theorie von Kuhl (2001, S. 255 f.) herangezogen werden. Danach unterscheidet sich der psychische Zustand der Person bei negativem und positivem Affekt grundlegend. Wenn eine Situation einen starken negativen Affekt auslöst (wenn die Person z.B. gestresst reagiert, sich verunsichert fühlt oder sich ärgert) führt das dazu, dass sich die Person vorwiegend nur noch auf die Situation konzentriert, die den Affekt ausgelöst hat. Ihr Selbstzugang wird stark eingeengt. Sie kann sich bestenfalls auf reduzierte oder einzelne Selbstaspekte fokussieren (z.B. „Solche Stress-Situationen mag ich gar nicht!" oder „Ich reagiere leicht ärgerlich, wenn der Kollege X ständig nur Bedenken vorträgt und keinen Lösungen!"). Gefühlsmäßige Einschätzungen oder bewusste Reflexionen über die Situation sind zwar möglich, ihre Breite und Ganzheitlichkeit werden allerdings reduziert. Es ist deshalb schwer, die Person zur differenzierten Selbstreflexion anzuhalten, solange sie sich in einem stark negativen affektiven Zustand befindet.

Funktionale Fokussierung

Dass Menschen über Situationen intensiv reflektieren, die bei ihnen starke negative Affekte ausgelöst haben, ist evolutionstheoretisch betrachtet durchaus funktional. Durch Nachdenken können sie herausfinden, ob und wie sich die aversive Situation vermeiden oder verändern lässt. Die fokussierte Selbstaufmerksamkeit und Selbstreflexion hilft ihnen, schnelle einfache Fluchtwege aus der Situation zu finden.

Reflexion hemmt Affekte

Nach Kuhls PSI-Theorie können starke negative Affekte durch die Aktivierungen bewusster Reflexionen über die Affekte gehemmt werden. Dazu genügt es beispielsweise, dass der Coach den Klienten auffordert, seine Empfindungen zu beschreiben („Wie fühlen Sie sich in der Situation? Bitte versuchen Sie ihre Empfindungen so genau wie möglich zu beschreiben."). Durch diese und andere Interventionen kann man der Person helfen, den negativen Affekt zu verringern. Wenn sie sich dadurch, wie man so sagt „abgeregt" hat, kann sie ihren Fokus erweitern und die Situation oder sich selbst ganzheitlicher analysieren.

Positive Affekte

Um den Selbstzugang als Grundlage für bewusste Selbstreflexionen weiter zu öffnen ist nach der PSI-Theorie ein mittlerer positiver Affekt optimal. In diesem affektiven Zustand hat die Person die Möglichkeit, ihr komplexes assoziatives Netzwerk des Erfahrungswissens über sich selbst umfassend zu explorieren und sich ganzheitlich und systematisch „in Ruhe" selbst zu reflektieren.

Gemäßigt positiver Affekt

Der positive Affekt darf allerdings wiederum nicht zu stark sein. Solange wie die Person aktuell (z.B. durch ein kürzliches Erfolgserlebnis) sehr euphorisch oder sehr glücklich gestimmt ist, z.B. durch eine großes Erfolgserlebnis oder frisches Verliebtsein aufgewühlt ist, wird sie kaum motiviert sein, sich in der erforderlichen Differenziertheit und Distanz vielschichtig und konzentriert selbst zu reflektieren. Zur Förderung der ganzheitlichen Selbstaufmerksamkeit wäre nach der PSI-Theorie ein „gemäßigt positiver" Affekt optimal. Zur ganzheitlichen Selbstwahrnehmung ist nach Kuhl (2001, S. 125 ff.) im Ideal eine integrative Balance zwischen Denken und Fühlen zu fördern.

3.2.3 Kalibrieren der Affekte und Selbstberuhigung

Praxis erfahrene Coachs

Um beim Coaching umfassende und ganzheitliche Selbstreflexionen zu ermöglichen, sollen nach den Annahmen der PSI-Theorie negative oder stark positive Affekte gehemmt werden. Für alle psychologisch erfahrene Coachs ist diese Erkenntnis im Prinzip nicht neu. Aber durch die Annahmen können Coachs das eigene Vorgehen theorieorientiert genau analysieren und begründen[9]. Im Gespräch achten erfahrene Coachs sehr genau auf nonverbale Symptome oder Symptome negativer Affekte ihres Klienten, wie Stressreaktionen, Ärger oder Ängstlichkeit. Wenn sie bemerken, dass der Klient mit negativen Affekten durch akute externe Stressoren oder affektiv aufgeladene Gedanken zum Coaching kommt, wissen sie,

[9] Ich danke Frau Brigitte Fritschle, Anke Finger-Hamborg und Bernd Runde für wertvolle Hinweise zu diesem Thema.

wie sie sie auflösen können, um ihm zu helfen, die Situation effektiver zu verarbeiten.

Emotionsarbeit, Wohlbefinden und Stressbewältigung

Manager höherer Ebenen sprechen häufig über unterdrückten Ärger über andere Personen z.B. bei Fehlverhalten oder Fehlentscheidungen, mit denen sie sich konfrontiert sehen oder über andere Gefühle, die sie nicht zeigen dürfen. Die Klärung und Bearbeitung der konkreten Auslösesituation der Affekte des Klienten hat dann normalerweise Vorrang vor allen anderen Themen. Das Unterdrücken eigener Gefühle wird auch als Emotionsarbeit angesehen, die mit Stresssymptomen einhergeht (Hochschild, 1983). Wenn es aber gelingt, negative Emotionen zu bewältigen und sich freundlicher zu verhalten, hat dies positive Folgen für das allgemeine Wohlbefinden und die Stressbewältigung (Zapf et al., 2003).

Dampf ablassen

Die Klienten müssen zunächst einmal über die erlebte Situation erzählen dürfen und darüber was sie aufgeregt hat. In der Alltagssprache wird dies bildhaft und treffend als „Dampf ablassen" bezeichnet. Wenn dies für den Coach möglich und vertretbar ist, sollte er Verständnis für die Affekte seines Klienten äußern. Er soll dabei aber seine professionelle Distanz wahren und sich nicht von den Gefühlen anstecken oder mitreißen lassen. Nach der PSI-Theorie können sich die beim Erzählen wach gewordenen Affekte bereits durch das Sprechen über die Situation etwas beruhigen.

Fokussierung und Affekthemmung

Wenn die erwartete Wirkung nicht erzielt wird, kann der Coach den Klienten eingehender darüber befragen, wodurch die negativen Gefühle ausgelöst wurden und ihn auffordern, seine Gefühle genau zu beschreiben. Solche verständnisvollen reflexiven Fragen hemmen nach der PSI-Theorie zum einen negative Affekte und fördern zum anderen die fokussierte Reflexion und Selbstreflexion des Klienten. Diese einfache Technik genügt im Normalfall, extrem positive Affektzustände zu reduzieren, sie kann auch bei aktuellen intensiven Erfolgserlebnissen eingesetzt werden, in denen die Person dazu neigt sich und die Umwelt undifferenziert positiv zu sehen. Durch die Fragen verringert sich der Affekt normalerweise auf ein für die Motivation zur realistischen Selbstreflexion nach der PSI-Theorie gefordertes optimales „gemäßigt positives" Niveau.

Techniken zur Selbstberuhigung

Es kann allerdings vorkommen, dass die negativen Affekte des Klienten so intensiv und nachhaltig sind, dass sie sich durch die oben beschriebenen einfachen Interventionen nicht reduzieren. Der Coach kann hier versuchen, den Klienten durch kurze suggestiv vermittelte Aufforderungen zu beruhigen, zu beeinflussen oder wenn er dazu bereit ist, mit ihm Entspannungsübungen durchführen oder andere aus der Psychotherapie adaptierte einfache psychologische Techniken zur Förderung der Selbstberuhigung.

Fokussierte Reflexionen und Lösungen

Wenn der Klient sich beruhigt hat, ist es im Anschluss daran möglich, durch Fragen zur Analyse des Problems und Beratung etwa zur aktuellen Stress-Situation mit ihm zusammen zumindest eine vorläufige Lösung des

Problems zu entwickeln. Nach akuten und nicht intensiv verarbeiteten Problemsituationen, sollte man sich zunächst nur auf eng umgrenzte Probleme und Lösungen konzentrieren. Wenn dies aus der Sicht des Klienten erfolgreich gelingt, wird sich sein Affekt im Normalfall deutlich aufhellen.

Affekte in der Sitzung

Negative Affekte werden nicht nur in die Coachingsitzung mitgebracht, sondern können sich auch im Verlauf der Sitzung herausbilden. Beim Coaching werden sensible, oft unangenehme Erinnerungen wach gerufen. Wie oben erklärt, aktivieren die Selbstaufmerksamkeit und bewusste Selbstreflexionen meist auch negative Gefühle. Erfahrene Coachs achten auf solche Affektveränderungen im Verlauf jeder Sitzung. Sie können fördernd mit solchen beim Coaching natürlichen Affektveränderungen umgehen. Sie versuchen, wie beschrieben, ruhig dazu beizutragen, dass der Klient seine negativen Affekte zulässt, sich aber immer wieder selbst beruhigt (zu den persönlichkeitspsychologischen Dispositionen zu dieser Fähigkeit siehe unten in Abschnitt 3.5.5 bis 3.5.8).

Positive Affekte aktivieren

Erfahrene Berater wissen, dass Problemlösungen und Selbstveränderungen nicht vorrangig von guten rationalen Argumenten, sondern von der Offenheit abhängt, mit der unangenehme ichnahe Erfahrungen und Gefühle ausgesprochen und verarbeitet werden. Die Aktivierung positiver Affekte und ein gutes Selbstwertgefühl kann der Coach z.B durch Erinnerungen an Erfolgserlebnisse beeinflussen („Zählen Sie sich einmal auf, was Sie alles schon geschafft haben!“). Geeignet sind auch glaubwürdige Anerkennung oder Bewunderung des Klienten für seine beruflichen Leistungen und Fähigkeiten oder die im Coaching erzielten Erkenntnisse und Veränderungen. Manche Coachs können schwierige Situationen durch dosierten Humor auflockern, indem sie das Komische an manchen Problemsituationen und Verhaltensmustern ansprechenden und den Klienten zum Schmunzeln oder Lächeln bringen.

Empathie und gegenseitige Ermutigung

Eine Grundvoraussetzung und ein indirekter Einfluss auf die Affekte und das Wohlbefinden des Klienten ist – analog, aber im Verhalten nicht identisch wie in der Psychotherapie – eine wertschätzende Haltung gegenüber dem Klienten. Nach der Theorie kann man annehmen, dass sich die Klienten erst dann für eine vertrauensvolle Selbstexploration öffnen können, wenn sie die positiv wertschätzende Haltung des Coachs ihnen gegenüber wahrnehmen. Die Herstellung einer positiven Beziehung zwischen Klient und Coach gehört nach der Expertenbefragung von Heß und Roth (2001) zu den grundlegenden Qualitätsmerkmalen. Wie Runde (2004, S. 169) beschreibt, ist die Qualität der Beziehung zwischen Coach und Klient für das Ergebnis wesentlich. Im Einzelnen führt er dabei die folgenden Hauptmerkmale an: „Sorge, Empathie, Wärme, Akzeptanz, gegenseitige Bestätigung und Ermutigung zum Eingehen von Risiken und Können“. Wertschätzung und Ermutigung können die Aktivierung der

Ressourcen von Klienten sich zu verändern fördern, wie oben beim Prozessmodell zur Selbstaufmerksamkeit und Selbstreflexion, gestützt auf die Untersuchungen von Grawe et al. (1994a; Grawe, 1998, 2004; siehe Abschnitt 3.6) dargelegt wurde. So gesehen, dient die Beziehungsqualität beim Coaching dazu, über Vertrauen und durch einen positiven Affektzustand des Klienten seinen Selbstzugang zu erweitern und seine Ressourcen für selbstkongruente Veränderungen zu akzeptieren.

Kasten 3.1: Optimales Kalibrieren der Affekte zur Förderung der bewussten Selbstreflexion

1. Reduktion negativer Affekte:

a) Affektauslösende Situation schildern lassen und Verständnis zeigen („Dampf ablassen“).

b) Selbstberuhigungen (Entspannungsübungen, Selbstinstruktionen wie „Ruhig bleiben!“).

c) Selbstablenkungen (an etwas anderes denken). Förderung der Reflexion über den negativen Affekt und die Situation, die ihn ausgelöst hat, durch verständnisvolle direkte und zirkuläre Fragen. Erarbeiten einer vorläufigen Affektbewältigungsmöglichkeit.

d) Positive Selbstbewertungen oder Bewertungen fördern (z.B. Aufzählen wichtiger positiver Merkmale und Erfahrungen).

2. Reduktion starker positiver Affekte:

a) Fragen zur Beschreibung und Reflexion der Gefühle und Situation, die sie ausgelöst hat.

b) Fragen zu konkreten Folgerungen und Plänen für künftige konkrete Handlungen.

3. Förderung gemäßigt positiver Affekte:

a) Deutlich gezeigte und glaubwürdige Wertschätzung und Sympathie des Coachs für den Klienten.

b) Empathie des Coachs bei Schwierigkeiten des Klienten.

c) Glaubwürdige Anerkennung und Bewunderung der Stärken und Fähigkeiten oder bereits erzielter Erkenntnisse und Veränderungen im Coaching.

d) Humor und gemeinsames Schmunzeln und Lächeln…

Ausbalancieren oder Kalibrieren der Affekte

Wie beschrieben ist beim Coaching eine kontinuierliche Beobachtung der Affekte des Klienten, Beeinflussung und Förderung der Selbstberuhigung und Verrbesserung der Affekte erforderlich. Angestrebt werden dadurch gleichzeitig eine Ausbalancierung der Affekte in einem theoretisch angenommenen Optimalbereich sowie eine Förderung des Wohlbefindens. Das kontinuierliche Beeinflussen der Affektlage des Klienten kann als eine Art Kalibrieren der Affekte bezeichnet werden. Kasten 3.1 listet verschiedene Möglichkeiten oder Beeinflussung der Affekte beim Coaching auf. Die meisten wirken indirekt.

Tiefer gehende Selbstreflexionen

Ob Selbstreflexionen nach einer optimalen Kalibrierung tiefer gehen und ganzheitlicher sind, kann man lediglich an subjektiven Merkmalen erkennen. „Tiefer" gehend und „ganzheitlich" bedeutet, dass die Reflexion nicht bei äußerlichen und unwichtigen Einzelmerkmalen stehen bleibt (z.B. „Ich spreche etwas zu leise."), sondern zugrunde liegende biografische Erfahrungen oder kritische persönliche Verhaltensmuster im Zusammenhang mit auslösenden Situationen analysiert. Dabei kann auch ein einzelnes kritisches Kernproblem oder Einzelmerkmal im Mittelpunkt stehen, aber bei einer ganzheitlichen Selbstreflexion wäre es in eine umfassende Beschreibung und Analyse eingebettet. Das wichtigste Kennzeichen ist, dass der Klient eine für ihn neue Selbsterkenntnis entwickelt hat, die er als sehr wichtig und für sich zutreffend annimmt. Beim Coaching können die Klienten „Aha-Erlebnisse" haben und Perspektivenwechsel oder Wendepunkte in der Selbstsicht erleben, die ihr Leben nachhaltig verändern.

Methoden zur Selbstberuhigung

Es gibt systematische Programme zur Selbstberuhigung, deren Wirkungen empirisch überprüft wurden. Als populäres Beispiel in den USA propagiert das HeartMath-Institut im kalifornischen Boulder Creek so genannte Herzintelligenz-Übungen als Methode zur Selbstberuhigung für Manager nach Ärger oder andere Stressoren im beruflichen Alltag (Childre & Rozman, 2006, vgl. die Titelgeschichte des Magazins Fokus von Sachse, 2006). In fünf Übungsschritten lernen die gestressten Manager verbunden mit Biofeedbacktechniken (Erfassung und Rückkopplung der Messwertkurven zur Atmung, Variabilität der Herzfrequenz und Pulswellenlaufzeit) gelassener zu reagieren. In die Übungen werden klassische Techniken zum Gedankenstopp, zur Entspannung und Ablenkung der Aufmerksamkeit auf positive Gefühle aufgenommen. Das Besondere an der Methode ist, dass die Aufmerksamkeit bewusst auf die Empfindungen in der Herzgegend fokussiert, um sich von den negativen Gedanken abzulenken. Die Gestressten sollen mehr Energie durch das Herz aktivieren („Atmen Sie mit dem Herzen") und „auf die Antwort des Herzens" lauschen, ob es sich lohnt, in die Situation starke negative Gefühle zu investieren. Durch Anwendung der Methode in Unternehmen lassen sich nach vorliegenden ersten Untersuchungen anscheinend Ärgerreaktionen verringern. In einer Untersuchung bei Motorola gaben 20 Prozent der

Manager und 10 Prozent der Arbeiter an, seltener unter Nervosität zu leiden. Die theoretische Erklärung der Autoren, dass das Herz „ein Gedächtnis“ und „Intelligenz“ besitzt, ist allerdings absurd. Wie Weber im Magazin Fokus (Universität Greifswald, damals Präsidentin der Deutschen Gesellschaft für Psychologie) kritisiert, ist die theoretische Erklärung der Wirkungen nach vorliegenden wissenschaftlichen Erkenntnissen „ärgerlich“. Die Empfindungen der Herzreaktionen werden im Gehirn verarbeitet und nicht im Herzen. Die beobachteten Wirkungen der beschriebenen Interventionen lassen sich mit der PSI-Theorie von Kuhl (2001) auch als Selbstberuhigung beschreiben. Der Klient erwirbt wichtige Kompetenzen, die er im Alltag zur Verbesserung seines Wohlbefindens und zum Stressmanagement einsetzen kann.

Psychophysiologische Untersuchungen

Erste experimentelle Voruntersuchungen zur Überprüfung der Wirkungen der aufgeführten Coaching-Methoden zur Selbstberuhigung hat Gleich (2007) durchgeführt[10]. Dabei hat sie Fragebogenskalen zur Erfassung der Befindlichkeit und Selbststeuerung, probeweise physiologische Indikatoren und Verhaltensbeobachtungen eingesetzt. Die Untersuchungen können als Beginn psychophysiologischer Grundlagenforschung zur Wirkung von Coaching bewertet werden.

Übungen zur Selbstberuhigung

Übungen zur Selbstberuhigung sind auch Teil eines umfassenden Programms zur Diagnose und Förderung der Selbststeuerung auf der Grundlage der PSI-Theorie (Kuhl, 2005a). Um sich von kreisendem Grübeln über negative Gefühle abzulenken, schlägt er unter anderem vor, in einer täglichen „Übungsviertelstunde die eigenen Ziele und Tätigkeiten in Beruf und Freizeit aufzulisten und dabei zu prüfen, mit welchen man sich voll identifizieren kann. Ziel dieser Übung ist, sich mehr auf die eigenen intrinsisch motivierten Ziele auszurichten und dadurch die Motivation und Selbstregulation zu stärken (vgl. auch ähnlich die Ressourcenaktivierung nach Grawe, 2004 und Flückiger et al., in Vorber.).

3.2.4 Ordnung und Verbalisierung der Gedanken

Flüchtige Prozesse

Selbstreflexionen sind sehr flüchtige und leicht störbare introspektive Prozesse. Sie beziehen sich auf Selbstbilder, die durch beiläufige implizite Erfahrungen und Beobachtungen entwickelt wurden. Diese Selbstbilder sind schwer verbalisierbar, weil sie nur zu einem geringen Anteil bewusst sind. Ähnlich spontan wie andere vom Aufmerksamkeitssystem organisierte Prozesse werden sie durch Auslöser für Selbstaufmerksamkeit und Selbstreflexionen aktiviert. Um sie für andere Personen zugänglich zu machen, sind wir an eine Informationsübermittlung durch Sprache gebun-

[10] Unterstützt durch Karen Franke, einer wissenschaftlichen Mitarbeiterin des Fachgebiets Arbeits- und Organisationspsychologie an der Universität Osnabrück und Studierende nach unserer Coaching-Ausbildung.

den. Den meisten Menschen fällt es sehr schwer, sich ihr Selbstbild bewusst zu vergegenwärtigen und es sprachlich zu beschreiben. Dies ist ein Grund dafür, warum Menschen bei der Selbstreflexion das Gespräch mit Personen suchen, denen sie vertrauen und die ihnen helfen können, durch das Sprechen über sich selbst „Ordnung in ihre Gedanken" zu bringen. Wer gut zuhören kann und Verständnis zeigt, bringt gute Voraussetzungen mit. Aber das reicht nicht. Erforderlich sind Fähigkeiten und Kompetenzen, wie sie unten als Coaching-Kompetenzen beschrieben werden (siehe Abschnitt 3.4).

Bildhafte Methoden

Rationale und intuitive Phasen

Der Coach hilft dem Klienten besonders dabei, schwer verbalisierbare Gefühle und Erfahrungen sprachlich zu explizieren. Zur Unterstützung der Selbstreflexion und Verbalisierung typischer Verhaltensmuster im Rahmen des Selbstkonzepts skizzieren manche Coachs die Verhaltensmuster zeichnerisch (z.B. einen Aufschaukelungsprozess zwischen zwei Personen als eine größer werdende Spirale). Andere greifen zu bildhaften Methoden (siehe Beispiele unten in Abschnitt 3.3.1). Gleichzeitig helfen sie aber immer, die Ergebnisse mit den Worten des Klienten oder auch mit geeigneten Fachbegriffen zu charakterisieren, wenn sie vom Klienten als treffend angenommen werden.

Führungskräfte beginnen oft mit wichtigen aktuellen Zielen und Problemen. Erst nach einer Analyse und Bewertung der Ziele und situativen Bedingungen sowie Verhaltensweisen und Erwartungen der beteiligten anderen Personen und optimaler Kalibrierung ihrer Affekte lassen sie intuitiv-assoziative Gedanken zu und sprechen auch über ihre mit den Situationen verbundenen Gefühle und impliziten Erfahrungen. Wenn der Coach dem Klienten bei seinen Selbstexplikationsversuchen aufmerksam zuhört, die angesprochenen Aspekte wiederholt und schrittweise durch Nachfragen hilft geeignete Formulierungen zu finden, fördert dies die Ordnung des Selbstkonzepts auf der Basis sorgfältiger Überlegungen. Gleichzeitig prägen sich die Ergebnisse der Selbstreflexion intensiver im Gedächtnis ein.

3.2.5 Wie Scharlatane Affekte manipulieren

Ausnutzen von Affekten

Was kann passieren, wenn negative Affekte stark aktiviert werden und eskalieren? Eine Antwort auf diese Frage können wir geben, wenn wir Scharlatane mit ihren Tricks beobachten, mit denen sie die Affekte leichtgläubiger Menschen manipulieren und ausnutzen. Die folgende Beschreibung basiert auf Beobachtungen einer Fernsehshow eines bekannten selbsternannten „Motivationstrainers" und einem Gespräch mit einem ungenannten früheren Mitarbeiter über sein Vorgehen.

Show mit Spinnenangst

Der Motivationstrainer konfrontiert in seiner Show naive Menschen, die bereit sind „freiwillig" mitzumachen, öffentlich mit Situationen, die bei ihnen spontan starke negative Affekte auslösen. Fast alle Menschen haben

Angst vor sehr großen Spinnen. Der selbsternannte Trainer kann deshalb sehr sicher sein, dass er in seiner Show Leute findet, die sagen, dass sie Angst vor Vogelspinnen haben. Bevor er nun sein Opfer mit einer solchen Spinne konfrontiert, redet er über irgendetwas Ablenkendes und bittet es, die Augen zu schließen. Unvermittelt und ohne dass es dies erwartet, setzt er ihm nun eine Vogelspinne auf den Arm. Dabei hält er sein Opfer leicht umarmend fest, während er es auffordert, die Augen wieder zu öffnen. Er nutzt den Überraschungseffekt (auch eine Schreckreaktion braucht Zeit) und nimmt die Spinne rasch wieder weg, bevor sein Opfer anfangen kann zu schreien.

Wechselbad von Affekten

Durch suggestives Zureden und den sozialen Druck durch die Aufmerksamkeit des Publikums versucht er den bei der Person auch nach dem Erlebnis anschwellenden negativen Affekt zu blockieren. Wenn dies klappt, kann es auf diese Weise durchaus gelingen, dass sich die Person gewissermaßen „umpolt" und unterstützt durch suggestive Kommandos („Du kannst das!") in einen positiven Affekt hineinsteigert. Durch diese Affekt-Manipulation kann der Scharlatan die normale Distanz zu fremden Personen kurzfristig durchbrechen, ihre Kritik ausschalten und sie für weitere Suggestionen öffnen.

Menschen abhängig machen

Wenn wir das Verhalten kritisch analysieren und dazu die PSI-Theorie heranziehen, schockt der Scharlatan sein Opfer und aktiviert beim Opfer so dominante Affekte, dass sein bewusstes Denken blockiert wird. In diesem Zustand kann er ihm fremde Ziele und Intentionen induzieren. Eine überlegte Selbstreflexion, Explikation und ruhige Klärung der eigenen Ziele, Bedürfnisse, Merkmale und Entwicklungspotenziale, wie sie oben definiert und gefordert wurden, wird dadurch unmöglich gemacht. Manche Menschen lassen sich auf diese Weise sehr weitgehend manipulieren und am Ende regelrecht abhängig machen.

Psychogurus

Forschung und Aufklärung

Problematische Aktivierungen extremer Affekte nutzen auch andere so genannte Psychogurus in ihrer „Arbeit". Leider gibt es bisher noch keine Möglichkeit, ihnen dies zu untersagen, solange ihre Opfer bereitwillig mitmachen. Um ihnen die Arbeit zu erschweren, wäre eine wissenschaftliche Untersuchung der psychischen Folgen der extremen Affekt-Manipulationen und Aufklärung der potenziellen Opfer hilfreich. Als problematische Folgen können bei einzelnen Personen massive Angstattacken und sogar psychotische Zustände ausgelöst werden. Ein Motivationstrainer, der, wie beschrieben, gearbeitet hat, wurde von geschädigten Opfern erfolgreich verklagt und hat seine berufliche Existenz und die Beachtung durch die Medien verloren.

3.2.6 Zusammenfassung, Annahmen und Folgerungen

Theoretische Quintessenz

In den vorangehenden Abschnitten des Kapitels 3.2 wurden zunächst die Auslöser von Selbstreflexionen behandelt, danach die Kalibrierung der Affekte des Klienten zur Förderung des Selbstzugangs und gleichzeitig zur Verbesserung seines Wohlbefindens und seiner Stressbewältigungskompetenzen. Am Ende des Kapitels wurde das extrem problematische Aufschaukeln und Ausnutzen von Affekten durch Scharlatane theoretisch analysiert. Zu jedem dieser Komplexe werden im Folgenden in der Annahmengruppe A 3.2 Hypothesen formuliert.

Annahmengruppe A 3.2:
Auslöser von Selbstreflexionen und Affektkalibrierung

1. Es gibt besondere Ereignisse und Situationen, die bei den meisten Menschen Selbstreflexionen auslösen (siehe Tabelle 3.1).
2. Durch geeignete Interventionen des Coachs (siehe Kasten 3.1) können negative Affekte und stark positive Affekte des Klienten gehemmt und gemäßigt positive Affekte gefördert werden.
3. Wenn sich der Klient in einem gemäßigt positiven affektiven Zustand befindet, sind seine Selbstreflexionen im Allgemeinen ganzheitlicher und ermöglichen eine überlegte Auseinandersetzung des Klienten.
4. Wenn der Coach dem Klienten bei Explikationsversuchen seines Selbstkonzepts aufmerksam zuhört, die angesprochenen Aspekte wiederholt und durch Nachfragen hilft, geeignete Formulierungen insbesondere für seine Affekte und Gefühle sowie Verhaltensmuster zu finden, fördert dies die Klärung und Bewältigung der eigenen Gefühle, die eigenaktive Ordnung und Einprägung der Ergebnisse der Selbstreflexion sowie eine Entwicklung von Kompetenzen zur Selbstberuhigung sowie Verbesserung des Wohlbefindens und der Stressbewältigung.
5. Interventionen, die zum Eskalieren der Affekte führen oder zu starken Affektwechseln, verengen oder blockieren die Selbstreflexion und die überlegte Auseinandersetzung. Die Risiken einer suggestiven Beeinflussbarkeit und Abhängigkeit der Person nehmen zu.

Empirische Überprüfung

Die Annahme, dass die in der Tabelle 3.1 aufgeführten Ereignisse und Situationen Selbstreflexionen auslösen, lässt sich teilweise empirisch durch Befragungen bestätigen (Berg, 2007). Die übrigen Annahmen beziehen sich als „Wenn-dann-Aussagen" auf die Wirkungen bestimmter Interventionen. Sie können durch Beobachtungen in Coachingprozessen oder durch experimentelle Untersuchungen mit coaching-ähnlichen Interventionen überprüft werden (vgl. Gleich, 2007).

Effiziente Organisation der Selbstreflexionen

Die Klienten können mit Unterstützung des Coachs ihre Selbstreflexionen methodisch ordnen und das Selbstreflektieren reflektieren (Double Loop Lernen). In dem Maße, wie der Klient allgemeine Meta-Schemata zur ergebnisorientierten Selbstreflexion erwirbt und einübt, erweitern sich seine Autonomie und Potenziale für höhere Formen reflexiven Lernens (siehe oben Kapitel 1.3) und gleichzeitig seine Selbstberuhigungskompetenzen in Stresssituationen.

Praktische Folgerungen

Aus den theoretischen Annahmen werden die unter P 3.2 wiedergegebenen praktischen Folgerungen abgeleitet.

Praktische Folgerungen P 3.2:

Möglichkeiten zur Auslösung von Selbstreflexionen nutzen, und sorgfältig mit Affekten umgehen

1. Der Coach soll die alltäglichen Auslöser für Selbstreflexionen seines Klienten kennen, und wenn möglich, zur Förderung ergebnisorientierter Selbstreflexionen nutzen!
2. Ein Coach muss seinem Klienten aufmerksam zuhören können, über sehr gute sprachliche Fähigkeiten verfügen und fähig sein, dem Klienten durch geeignete Methoden, Nachfragen, und Formulierungsangebote zu helfen seine Vorstellungen über sich selbst und Problemsituationen sprachlich treffend zu formulieren!
3. Der Coach soll dem Klienten methodisch helfen, seine Affekte zu kalibrieren, Klarheit über seine Gefühle zur gewinnen und ganzheitlich über sich selbst zu reflektieren, sowie seine Selbstreflexions- und Selbstberuhigungskompetenzen zu entwickeln!
4. Wer Menschen durch Ausnutzen natürlicher Ängste und Aufschaukeln von Affekten oder starke Affektwechsel hindert selbständig zu überlegen und von sich abhängig macht, ist ein gefährlicher Scharlatan! Wer ein derartiges Verhalten beobachtet, soll es durch Aufklärung und alle rechtlichen Möglichkeiten verhindern!

3.3 Methoden zum ergebnisorientierten Coaching

Probleme, Selbstreflexionen und Lösungen

Offermanns (2004, S. 120 ff.) hat ein einfaches systemisches Wirkmodell zum Coachingprozess entwickelt. Das Modell beschreibt die allgemeinen Hauptwirkungen als Wechselspiel von Problemklärungen und Problemlösungen mit Selbstreflexionsprozessen. Ausgangspunkt sind im *ersten Schritt* Probleme des Klienten und sein Wunsch sie erfolgreich zu bewältigen. Durch die anschließenden Reflexionen und Selbstreflexionen beim Coaching *im zweiten Schritt* können neue Sichtweisen entstehen. Sie bilden die Grundlage für den *dritten Schritt*, in dem neue Handlungsmöglichkeiten und Problemlösungen erarbeitet werden, die wiederum durch Selbstreflexionen (einschließlich der vorhandenen Ressourcen) bewertet und ausgewählt werden. Die bevorzugte Lösung muss im *vierten Schritt* umgesetzt werden. Auch diese Phase wird durch Selbstreflexionen begleitet, um mögliche Schwierigkeiten in der Umsetzung zu überwinden und die Möglichkeiten zu ihrer Bewältigung zu erkennen. Nach der Umsetzung folgt als *fünfter Schritt* eine Bewertung der Folgen. Über die dabei laufenden Selbstreflexionsprozesse entscheidet der Klient, ob er mit den Folgen zufrieden ist und was er weiter macht (z.B. die Lösungen verbessert, sich einem neuen Problem zuwendet oder das Coaching abbricht).

Zwei Methodengruppen

Um beim Coaching Wirkungen zu erzielen, wären nach diesem idealisierten Modell zumindest zwei miteinander zu verbindende allgemeine Methoden erforderlich: 1. Methoden zur Förderung von Problem- und Selbstreflexionen sowie Ressourcenaktivierung sowie 2. Methoden zur Analyse und Beratung bei der Erarbeitung und Umsetzungen von Problemlösungen oder Veränderungen. Die Förderung von Reflexionen ist beim ergebnisorientierten Coaching allerdings kein Selbstzweck, sondern ein für die Zielfindung oder Lösungssuche wichtiges Mittel zum Zweck, wie Problemanalysen im Allgemeinen die vorausgehende Grundlage für die Problemlösung und Zieldefinition bilden. Nicht bei jedem Coaching und nicht bei jeder Sitzung sind Selbstreflexionen im engeren Sinn des Begriffs angemessen. In den meisten Sitzungen stehen eher konkret situationsbezogene Problemanalysen oder Problemlösungen im Mittelpunkt. Die Selbstreflexion ist aber die hohe Schule beim Coaching. Sie gibt der Lösungsfindung die für den Klienten angemessene Ausrichtung auf seine wichtigen Ziele, orientiert am Selbstkonzept des Klienten, zu finden. Ohne Selbstreflexion fehlt der Lösungssuche oder Zielbildung, bildlich ausgedrückt, der richtungweisende Kompass.

Es gibt viele Methoden und Techniken

Im Folgenden werden exemplarisch professionelle Methoden und Techniken für die beiden Hauptgruppen vorgestellt. Zu jeder Methode wird dargelegt, für welche Aufgaben und Probleme oder in welcher Phase beim Coaching sie geeignet erscheint und welche Effekte jeweils erwartet werden. Es gibt zahlreiche weitere Methoden und Techniken. Hierzu kann auf die von Rauen (2004b) herausgegebene Zusammenstellung von Coaching-Tools verwiesen werden (siehe auch Stober & Grant, 2006).

Nachweise für die Wirksamkeit bei speziellen Problemen

Die Idee von Grant und Stober (2006), alle Interventionen beim Coaching analog zu medizinischen Therapien durch evidenzbasierte Forschung zu evaluieren, ist eine programmatische Forderung. Bisher gibt es allerdings nur allgemeine Nachweise zur Wirkung von Coaching (siehe unten Abschnitt 3.6.1). Spezifische Nachweise über die Wirkungen einzelner beim Coaching eingesetzter Methoden bei speziellen Problemen fehlen weitgehend. Als Grundlage wäre eine empirisch fundierte Unterscheidung verschiedener Coaching-Aufgaben und -Probleme erforderlich[11]. Vorläufig könnten die Unterscheidungen verschiedener Anlässe für Coaching nach der Untersuchung von Böning und Fritschle (2005) herangezogen werden.

3.3.1 Förderung der Reflexion und Ressourcenaktivierung

Reflexives Lernen und Coaching

Im Folgenden werden exemplarische Methoden und Techniken zur Förderung von ergebnisorientierten Problem- und der Selbstreflexion beim Coaching beschrieben. Einige Techniken sind sehr einfach und alltäglich, andere dagegen sind anspruchsvoll und erfordern methodische Erfahrungen. Die Reflexion über Ressourcen lässt sich beim Coaching nur schwer von anderen Reflexionen abtrennen und wird deshalb in diesem Abschnitt mitbehandelt.

Reflexionstraining durch direkte Fragen

Reflexion muss geübt werden

Wie Grant (2006a, S. 154 f.) feststellt, benötigen die Klienten Anleitungen und Übungen im Coachingprozess, um Selbstreflexionen zu lernen. Beispiele für einfache Übungen finden sich im Bereich des so genannten Reflexionstrainings. Trainiert wird hier die Reflexion über konkrete eigene Handlungen und ihre Wirkungen.

Reflexionstechniken

Den Teilnehmer/innen werden Reflexionstechniken erklärt, die sie anschließend zunächst unter Anleitung an Übungsbeispielen und später selbständig, möglichst bei allen neuen Aufgaben oder Lernaufgaben einsetzen sollen. Eine einfache Reflexionstechnik besteht darin, die bei der Bearbeitung neuer Aufgaben oder Probleme die *Lösungsschritte vor der Ausführung zu durchdenken und zu begründen.* Dies führt zu mehr Sorgfalt und Detailberücksichtigung bei den zu bearbeiten Lösungen (Berardi-Colletta et al., 1995) und zu ganzheitlicheren Problemlösungen (Reither, 1979).

---

[11]Bernhard Zimolong hat dazu in einer anregenden Nachdiskussion nach einem Vortrag über Coaching an der Universität Bochum vorgeschlagen, Typologien aus der Dienstleistungsforschung zu verschiedenen Arten von Dienstleistungen auf das Coaching zu übertragen.

Lernende Organisationen

Weitere Methoden und Techniken zum Reflexionstraining werden im Zusammenhang mit lernenden Organisationen beschrieben (vgl. Sonntag, 1996, S. 161 ff.; Kluge, 1999, Kap. 5). Besonders gebräuchlich sind drei Hauptgruppen von Techniken:

W-Fragen

1. W-Fragen (Was, Wo, Wie oder Warum?),

Selbstinstruktion

2. Selbstinstruktionstechniken (Leitsätze zur Selbstanleitung) und

Meta-Strategien

3. Ableitung allgemeiner Strategien und Folgerungen.

Beispiele

Die einfachste Technik zur Förderung der Reflexion ist, direkte W-Fragen zu stellen, z.B.“Was ist in Ihnen in der Situation vorgegangen?“, „Wo hat das stattgefunden und wer war alles anwesend?“, „Wie haben Sie reagiert und wie haben sich die anderen verhalten?“, oder „Warum hat Sie das Verhalten der anderen so aufgeregt?“. Bei den so genannten Selbstinstruktionstechniken werden mit den Personen Leitsätze erarbeitet, mit denen sie problematisches Verhalten in kritischen Situationen stoppen, reflektieren und sich selbst anleiten sollen, z.B. „Ruhig bleiben!“ oder „Überlege jeden Lösungsschritt!“ (vgl. Skell, 1996, S. 88). Ein Beispiel für allgemeine Strategien und Folgerungen (so genannte Metakognitive Strategien) wäre die Erarbeitung einer generellen Vorgehensweise zur Bearbeitung von Konflikten mit einer Führungskraft: „Bevor sich die Konflikte zwischen zwei Mitarbeiter/innen aufschaukeln, führe ich ein gemeinsames Klärungsgespräch, bei dem beide Seiten ihre Sicht vortragen können. Dabei achte ich strikt darauf, dass sie sich gegenseitig nicht persönlich pauschalisierend kritisieren.“

Empirische Ergebnisse

Evers (1999, S. 35 ff.) fasst die empirisch nachweisbaren Ergebnisse der Anwendung dieser Reflexionstechniken zusammen. Danach fördern W-Fragen und Selbstinstruktionstechniken die Problemlöseleistungen (Sonntag & Schaper, 2006). Metakognitive Strategien führen zu größeren Leistungsverbesserungen als problemorientierte Strategien, bei denen die Lernenden lediglich aufgefordert werden, über ihre Ziele, Probleme und Lösungsschritte nachzudenken (Berardi-Colletta et al., 1995).

Lernberater oder Programm

Um diese Techniken zu üben, können Fragen und Hinweise von einem Lernberater oder durch ein Programm (z.B. durch Leitfragen und Leittexte) vorgegeben werden. Ziel ist die Einübung der Techniken zur nachhaltigen Förderung selbständiger Reflexionen und zur Veränderung des eigenen Handeln und Lernens.

Selbstreflexion

Die Techniken lassen sich auch zur Selbstreflexion und Veränderung bewusst wahrgenommener, typischer persönlicher Verhaltensgewohnheiten oder anderer selbstbezogener Probleme übertragen. Voraussetzung sind dabei konkrete Verhaltensbezogenheit, bewusste Selbstwahrnehmung und Veränderungsbereitschaft.

Zirkuläre Fragen

Reflexive Fragen

Perspektivenwechsel

Wenn man eine Person direkt zu ihren möglicherweise problematischen Handlungen befragt, reagiert sie oft abwehrend oder mit langen Erklärungen über ihre Gefühle oder macht sofort Schuldzuweisungen. Um dies zu vermeiden, kann man so genannte zirkuläre Fragen einsetzen. Der Begriff „zirkulär" ist etwas irreführend. Gemeint sind damit Fragen, die auf die handelnden Personen reflexiv oder rekursiv zurückbezogen sind. In der Systemtheorie wird diese Rückkopplung oft symbolisch durch einen kreisförmig zurückgebogenen Pfeil, z.B.↺ dargestellt. Beispiele sind offene Fragen, die zur Reflexion anregen, etwa über eigene Handlungen und die dabei vorher nicht beachteten Gefühle und Motive sowie inneren Konflikte. Hierher gehören aber auch Fragen zur den möglichen Wirkungen ihrer Handlungen auf andere Personen. Durch diese Fragen wird ein Perspektivenwechsel gefördert. Das subjektive „soziale Selbst" (s.o.) wird erkundet. Im Kasten 3.2 wird diese Fragetechnik an einem Beispiel veranschaulicht.

Woran man den Erfolg erkennt

Durch die Antworten auf die zirkulären Fragen können Klient und Coach neue Hypothesen über die wechselseitigen Beziehungen entwickeln. Der Erfolg der Methode zeigt sich typisch, wenn der Klient feststellt, dass er das so noch nicht gesehen habe (vgl. Schäper, 2004). Durch relativ einfache Fragen kann er angeregt werden selbst Annahmen über komplexe systemische Interaktionen zu explizieren. Dadurch erweitert sich seine Perspektive bei der Reflexion über sein soziales Selbstkonzept.

Soziales Selbst

Dass die Selbstreflexion des Klienten über sein soziales Selbstkonzept gefördert wird, kann daran festgestellt werden, dass er spontan über bisher nicht thematisierte Aspekte seines Selbstkonzepts in Beziehungen zur Gruppe nachdenkt und überlegt, wie er sich ändern könnte. Bähre (2001) beobachtet in einer Evaluationsstudie, dass die Offenheit für Selbstreflexionen nach zirkulären Interviews über Konfliktsituationen zunimmt.

Kasten 3.2: Zirkuläres Fragen beim Coaching

In einem Einzelcoaching schildert eine Führungskraft ihrem Coach eine Gruppendiskussion, in der ein heftiger Konflikt mit einem Mitarbeiter entstanden ist. Die folgenden Karikaturen zeigen eine Momentaufnahme aus dieser Situation. Die Führungskraft erzählt, wie sie einen Mitarbeiter kritisiert. Der Coach beginnt nun, wie in der Bildfolge beschrieben, zuerst mit einer direkten, dann mit zirkulären Fragen, den Ablauf und die Perspektiven der Beteiligten in dieser Situation zu analysieren.

Fortsetzung Kasten 3.2: Zirkuläres Fragen beim Coaching

Fortsetzung Kasten 3.2: Zirkuläres Fragen beim Coaching

Kein Standardschema

Für die Formulierung direkter und zirkulärer Fragen gibt es kein Standardschema. Beim Coaching sind insbesondere die folgenden Fragen interessant (Schäper, 2004):

Interessante Fragen

1. Wie beschreibt der Klient sein Problem aus der eigenen Sicht und aus der Perspektive anderer Personen?
2. Was geschieht konkret in der Problemsituation? Was tun, denken oder fühlen die handelnden Personen vermutlich?
3. Was wurde bereits zur Lösung versucht?
4. Welche weiteren Lösungsmöglichkeiten ergeben sich (unter Berücksichtigung der Antworten auf die zirkulären Fragen)?

Mentoring Beratung der Mitarbeiter

Zirkuläre Fragen können nicht nur beim Coaching eingesetzt werden, sondern nach kurzer Ausbildung auch beim Mentoring oder von Führungskräften in der Beratung ihrer Mitarbeiter/innen. Im Unterschied zu typischen Beratungsgesprächen im Alltag versucht hier der Berater den Ratsuchenden nicht mit seinem Beratungswissen zu überzeugen. Er aktiviert den Ratsuchenden, sein implizites Erfahrungswissen zu aktivieren, seine Perspektiven zu erweitern und dadurch angemessenere Lösungen zu generieren.

Systemische Intervention

Zirkuläre Fragen gehören nach systemischen Interventionskonzepten (Schlippe & Schweitzer; 1996, Bamberger, 1999; Simon & Rech-Simon, 1999) zu den wichtigsten Techniken zur Förderung der Reflexion über die zirkuläre Verbundenheit der Handlungen der Menschen in sozialen Kontexten. Durch die Fragen kann die gegenseitige Verbundenheit der Handlungen, die meist nur implizit wahrgenommen wurde, bewusst expliziert werden. Die selbstreflexionsfördernde Wirkung dieser Technik lässt sich auch auf der Grundlage der PSI-Theorie erklären (Kuhl, 2001, S. 1004 f). Da zirkuläre Fragen mehr Zeit benötigen und es schematisch wirkt, wenn man nur damit arbeitet, sollte man sie auch im späteren Verlauf immer mit direkten Fragen kombinieren. Erfahrungen zeigen, dass es sich bei vielen Klienten empfiehlt, zunächst nur mit direkten W-Fragen zu beginnen. Wenn die ungeduldigen Manager im Verlauf des Coachings gelernt haben, dass ergebnisorientierte Selbstreflexionen für sie nützlich sind und bereit sind, sich dafür mehr Zeit zu nehmen, kann man zirkuläre Fragen einsetzen. Man sollte aber erklären, warum man diese anfangs als merkwürdig empfundene indirekte Fragemethode verwendet.

Feedforward und Feedback

Klassische Feedbackregeln

Die Klienten erwarten vom Coach oft, dass er ihnen ein persönliches Feedback zu ihrem Verhalten gibt. Nach einer klassischen Analyse zur Funktion des Feedbacks von Semmer und Pfäfflin (1978, S. 151 ff.) soll optimales Feedback so genau formuliert werden, dass die Lernenden erfassen können, worauf es ankommt, worauf sie beim Handeln und Lernen achten und woran sie selbständig erkennen und bewerten können, dass sie sich verbessert haben. Dazu ist immer sowohl positives wie negatives Feedback erforderlich. Das Verhältnis muss aber ausgewogen sein. Negatives Feedback wird in der Fachliteratur oft als problematisch oder zweischneidig angesehen (vgl. Kluger & DeNisi, 1996; Kluger, 2006). Aber auch positives Feedback kann problematisch sein. Wenn es undifferenziert gegeben wird, unterminiert es die Motivation und führt zu Leistungseinbußen (Goodman & Wood, 2004). Damit langfristige Leistungsverbesserungen erzielt werden, ist es erforderlich, dass anfänglich intensives Feedback im Lernprozess allmählich wieder zurückgenommen und autonomes Selbstfeedback des Lernenden gefördert wird (Goddman & Wood, in print).

Förderliches negatives Feedback

Positive Reaktionen auf negatives Feedback?

Wer seinem Klienten als Coach immer nur positives Feedback gibt, wirkt nicht glaubwürdig. Beim negativen Feedback ist es wichtig, worauf es sich bezieht und wie es formuliert wird. So hat Kluger (2006) kürzlich in der Diskussion in einem Kongress-Symposium über eine psychologisch interessante Beobachtung eines Coachs berichtet. Danach reagieren die Klienten sehr empfindlich, „fast als würde man einen Stein auf sie werfen", wenn der Coach wagt, ihnen negatives Feedback zu irgendwelchen marginalen Äußerlichkeiten zu geben (verrutschte Kleidung, ein offenes Schuhband oder dergleichen). Überwiegend positiv verhalten sich die Klienten dagegen, wenn man ihnen negatives Verhaltensfeedback gibt (z.B. Verhalten mit problematischen Folgen). Wie Leder (Leder, 2005a) berichtet, ist beim Coaching von „ergebnis- und zahlenorientierten Führungskräften“ der Einstieg über persönliches Feedback aus ungewohnter Perspektive leichter als selbstreflexive Fragen.

Höhere Managementebenen

In Gesprächen mit Kollegen über positive Reaktionen von Klienten auf negatives Feedback[12] sind wir schnell übereingekommen, dass besonders höhere Managementebene vom Coach erwarten, dass er ihnen auch klares negatives Feedback gibt. Sie sind es leid, im Alltag von Einschmeichlern ständig nur Komplimente zu hören und selbstbewusst genug, auch deutliches negatives Feedback anzunehmen und daraus zu lernen. Natürlich ist es wichtig, dass eine klare Wertschätzung die Grundlage bildet und dass das Feedback kompetent fachlich begründet wird. Bei jungen und noch wenig selbstbewussten Führungskräften muss man dagegen vorsichtiger und aufbauender vorgehen.

Selbstwertgefühl und Lernen aus negativem Feedback

Argyris (1964) liefert in seiner klassischen persönlichkeitspsychologischen Analyse der Beziehungen zwischen Individuum und Organisation eine passende Erklärung. Danach entwickeln Manager, weil sie sich auf viele Erfolge stützen und in ihrer Arbeit über ein hohes Maß an Selbstverantwortung und Selbstkontrolle verfügen, ein besonders hohes Selbstwertgefühl. Je höher ihr Selbstwertgefühl ist, desto eher sind sie in der Lage, negatives Feedback anzunehmen und daraus zu lernen. Personen, die dagegen nur ein geringes Selbstwertgefühl besitzen, erleben negatives Feedback als bedrohlich und wehren es ab. Durch diese Annahmen können die Hypothesen der Annahmegruppe A 3.1 erweitert werden. (Für weitere Besonderheiten beim Top-Management-Coaching siehe Böning, 2006a; Böning, in Vorber.).

Regulatorischer Fokus

Van-Dijk und Kluger (2004) fassen die Forschungsergebnisse über die Wirkungen von positivem und negativem Feedback auf Leistungsverbesserungen zusammen. Im Unterschied zu früheren Theorien und Erkenntnissen zeigen sie, dass die Wirkung des Feedbacks vom regulatorischen Fokus abhängt. In Anlehnung an Higgins (1998) unterscheiden sie zwei grundlegende Selbstregulationssysteme. Das erste dient dazu, negative Folgen der eigenen Handlungen, z.B. Misserfolge oder Bestrafungen zu vermeiden. Das zweite reguliert im Unterschied dazu das Erreichen von positiven Handlungsfolgen, z.B. von Erfolgen oder Anerkennungen. Wenn der Fokus einer Person das Vermeiden negativer Folgen ist, führt dies im Allgemeinen zu eng begrenzten, eher kurzfristigen Zielen. Ein positiver regulatorische Fokus fördert dagegen die Entwicklung sehr reichhaltiger und langfristiger Ziele. Welche Art Feedback wirksamer ist, hängt von der Aufgabe, Problem und vom Kontext sowie insbesondere vom Regulationsfokus ab, den die Person beim Feedbackgeben aktiviert

[12] Ich bedanke mich bei Uwe Böning, Christopher Rauen und Andreas Steinhübel!

hat. Nicht alle Menschen können aus Fehlern oder Misserfolgen lernen, aber auch nicht alle aus Erfolgen.

Feedforward

Zuerst Feedforward, dann erst Feedback

Unter Feedforward versteht man eine gedankliche Vorwegnahme künftiger positiver Gefühle beim späteren Erreichen von Zielen (Kluger, 2006). Kluger hat ein Feedforward Interview entwickelt, in dem die Personen nach Situationen in der Vergangenheit gefragt werden, die ihnen Kraft sowie Energie gegeben haben („What was the most energizing situation in your work, which gave you life?"). Anschließend werden sie nach Möglichkeiten gefragt, wie sie ihre künftigen Probleme so bewältigen können, dass sie derartige energiespendende Erfolgserlebnisse erzielen können. Die Untersuchungsergebnisse bestätigen, dass diese Art vorweg empfundenen intrinsischen Feedbacks sehr leistungsförderlich ist. Nach seiner Auffassung soll, wenn möglich, zuerst das Feedforward und erst später das Feedback gegeben werden.

Forschungsaufgaben

Wertschätzung des Klienten

Coaching bietet sich als Anwendungsfeld für die aufgeführten Erkenntnisse aus der angewandten Grundlagenforschung. Es wäre eine interessante Forschungsfrage, zu erkunden, welche Art Feedforward oder Feedback unter welchen Voraussetzungen für welche Klienten förderlich ist (vgl. Wood & Beckman, 2006). Die vom Klienten wahrgenommene und als glaubwürdig eingeschätzte Wertschätzung ist eine wichtige Voraussetzung für die positive Wirkung von negativem Feedback ist (siehe Abschnitt 3.4.2).

Reflexionsförderung durch das Problem-Struktur-Interview

Subjektive Struktur des Problems

Im folgenden Abschnitt wird eine konkrete Methode zur Förderung der Problemreflexion behandelt. Offermanns (2004) hat eine Interviewmethode zur Analyse von Problemen konstruiert und im Rahmen ihrer Dissertation eingesetzt[13], die sie Problem-Struktur-Interview (P-S-I) nennt. Das Interview kann zur Beschreibung und Reflexion über die subjektive Struktur eines Problems verwendet werden, das anschließend beim Coaching bearbeitet werden soll.

Ursachen Handlungsstrategien Konsequenzen

Zu Beginn des Interviews bittet der Coach den Klienten das Problem zu schildern. Danach fragt er nach den wahrgenommenen Ursachen des Problems, nach den momentanen Handlungsstrategien und den daraus folgenden Konsequenzen. Die Antworten werden jeweils in Stichworten auf Karten festgehalten. Die Karten werden auf einem großen Blatt Papier angeordnet. Die subjektiven Ursache-Wirkungs-Zusammenhänge zwi-

---

[13] Vorbild war das Change Explorer-Interview, das wir zur Analyse organisationaler Veränderungen entwickelt haben (siehe dazu unten, Kapitel 3.6, vgl. Greif, Runde & Seeberg, 2004, S. 137 ff.).

schen ihnen werden anschließende von den Befragten mit Pfeilen eingezeichnet (siehe auch Offermanns & Steinhübel, 2006, S. 190 ff.).

Ziele

Den Klienten soll das Strukturbild des Problems helfen, sich bewusst zu werden, wie sie ihr Problem selbst wahrnehmen und erklären. Es soll außerdem zur Förderung der Problemreflexion und Reflexion über eigene Strategien zur Lösung dienen. Das Interview kann als eine Methode zur Explikation der subjektiven Wahrnehmung und des impliziten Wissens zum Problem eingeordnet werden. Nach den Beobachtungen von Offermanns (2004) wird das Interview von den Klienten als Instrument sehr positiv angenommen, weil es ihnen neue Einsichten über das Problem und auch über sich selbst vermittelt.

Neue Problem-einsichten

Evaluations-methode

Wenn man das P-S-I im Coaching-Prozess zu Beginn und am Ende nach der Bearbeitung des Problems einsetzt, kann man damit Veränderungen in der subjektiven Problemstruktur erkennen und auch diese wiederum reflektieren. Die Methode ist deshalb als reflexive Evaluationsmethode zu empfehlen (Offermanns & Steinhübel, 2006, S. 190 ff.).

Ein Selbstbild malen

Wunsch- und Realbild

Eine weniger vorstrukturierte Methode, mit der man dem Klienten helfen kann, den Zugang zu den eigenen Selbstrepräsentationen zu erweitern, ist das Malen eines Selbstbilds[14]. Gefordert wird kein naturalistisches oder künstlerisch gestaltetes Selbstbildnis, sondern eine symbolische Skizze. Der Klient kann sein Bild z.B. konkret als Strichzeichnung („Strichmännchen" usw.) mit Symbolen (+, - und dergleichen) und Texten anfertigen. Er kann aber auch abstrakte Formen und Farben verwenden. Die einzige Vorgabe ist, sich in einem Teil des Bildes so zu malen, wie man sich gegenwärtig sieht (Realbild) und in einem anderen wie man sein möchte (Wunsch- oder Idealbild). Wenn dem Klienten dazu etwas einfällt, kann er zusätzlich bedeutsame Einflüsse seiner Umgebung (Personen, Gegenstände oder anderes) sowie wichtige Einflüsse aus seiner Vergangenheit malen, die auf ihn wirken. Kasten 3.3 gibt die Instruktion wieder und die Abbildungen 3.2 a, b und c zeigen Beispiele.

Hemmungen und Skepsis der Klienten

Viele Klienten zögern anfangs, weil sie von sich glauben, dass sie nicht gut malen können. Diese Hemmungen lassen sich aber meist sehr leicht überwinden, wenn der Coach selbst beim Erläutern anfängt, sehr einfache Strichmännchen zu zeichnen und damit demonstriert, dass es nicht darauf ankommt, ein künstlerisches Bild zu malen. Schwierig ist es manchmal, nüchterne Personen zu überzeugen, die solche „Kindergartenspiele" zumindest anfangs sehr strikt und heftig ablehnen. Ich würde die Technik deshalb nur einsetzen, wenn ich erwarte, dass die Klienten dafür offen

[14] Die ersten anregenden Erfahrungen mit dieser Methode verdanke ich Ingrid Ebeling (Unternehmensberatung Ebus, Hannover), die sie zur visionsgeleiteten Strategieentwicklung eingesetzt hat.

sind oder dass ihr Vertrauen in meine methodischen Kompetenzen so groß ist, dass sie sich „auf ein Experiment einlassen", obwohl sie skeptisch sind.

Kasten 3.3: Instruktion zur Technik Selbstbild malen

Zur Förderung der Selbstexploration soll der Klient ein Selbstbild malen, in dem er sowohl sein Idealbild, Realbild und wichtige Einflüsse wiedergibt. Anschließend wird das Bild gemeinsam mit dem Coach besprochen und ergebnisorientiert reflektiert.

Vorbereitung:
Erforderlich sind mehrere große weiße Papierblätter (etwa DIN A3), farbige Stifte (Blei- oder Kohlestifte, Filzschreiber, Buntstifte), Tuben mit Akrylfarben mit Pinsel, Radiergummi, Schere und Klebstoff.

Instruktion (skizziert):
Den meisten Menschen fällt es schwer, über das Bild zu sprechen, wie sie sich selbst sehen, wie sie sind und wie sie sein möchten. Selbstbilder beruhen auf vielen intuitiven Erfahrungen und sind stark von Gefühlen geprägt. Sie lassen sich nur schwer in Worte fassen. Eine effektivere Möglichkeit ist es, ein Bild über sich zu malen. Dabei kommt es überhaupt nicht darauf an, ob Sie malen können. Ich möchte Sie deshalb bitten, diese Technik auszuprobieren und ein Selbstbild zu malen. Ich kann mir vorstellen, dass Sie skeptisch sind, aber bitte lassen Sie sich trotzdem auf dieses Experiment ein. Sie werden überrascht sein, wie durch diese Technik und die gemeinsame anschließende Auswertung sehr wichtige und nützliche Ergebnisse erzielt werden können, die auf anderem Wege nicht möglich sind. (Bei Bedarf theoretische Erklärungen ergänzen.)

Sie können Strichzeichnungen für Personen oder Gegenstände verwenden (der Coach zeichnet ein einfaches Strichmännchen auf einen Block) oder Symbole (er zeichnet und erklärt + und – und einen Blitz zur Symbolisierung eines Konflikts) oder auch Wörter zur Erläuterung ergänzen. Sie können aber auch ein Bild mit abstrakten Linien und Formen oder Farben malen, um ihre Empfindungen und Gefühle irgendwie ausdrücken können (Coach zeichnet mit dem Stift eine schwungvoll gebogene Linie – bewusst minimal, auf gar keinen Fall „künstlerisch" kompetent). Sie können dazu die Stifte oder den Malkasten verwenden. Überlegen Sie nicht zu lange, sondern malen Sie spontan darauf los. Falls Sie etwas unbedingt korrigieren möchten, können Sie einfach drübermalen oder notfalls einen Teil überkleben. Es kommt nicht auf ein schönes oder ordentliches Bild an.

Fortsetzung Kasten 3.3:

In einen Teil des Bildes malen Sie bitte Ihr Wunsch- oder Idealbild. Damit stellen Sie bitte irgendwie anschaulich oder symbolisch dar, wie Sie sein möchten. In einem anderen Teil des Bilds malen Sie bitte, wie Sie sich gegenwärtig sehen, Ihr Realbild. Sie können auch zusätzlich wichtige Einflüsse aus Ihrer Umgebung (wichtige Personen, Gegenstände oder anderes) sowie wichtige Einflüsse aus Ihrer Vergangenheit in das Bild aufnehmen, wenn Ihnen dazu etwas einfällt. Haben Sie dazu Fragen?

Blättern Sie nun bitte in Ruhe eine Weile verschiedene Bilder vor Ihrem inneren Auge durch, die Sie mit Ihrem Wunsch- und Realbild verbinden. Grübeln Sie nicht zu lange, sondern folgen Sie Ihren spontanen Einfällen. Wenn Sie mit dem Malen begonnen haben, wird Ihnen automatisch noch mehr einfallen. Wenn ich Ihnen technisch helfen kann, können Sie mich fragen. Bitte sagen Sie mir, wenn Sie fertig sind.

Durchführung:
Nicht auf inhaltliche Fragen eingehen! Nur technisch helfen und ermutigen! Am besten ist es, wenn der Coach sich vom Tisch weg in eine andere Ecke des Raums setzt und sich mit etwas anderem beschäftigt. Nur wenn der Klient längere Zeit (ca. 5 Minuten) nicht anfängt zu malen, nachfragen, worüber er nachdenkt und ihn ermutigen weiter zu machen. Die Durchführung dauert meist nur 10 bis 15 Minuten.

Gemeinsame Auswertung:
Klienten bitten, sein Bild zu erläutern und dazu direkte Fragen stellen (Was bedeutet das genau? Wie fühlen Sie sich dabei? Welches genaue Ergebnis wäre für Sie ideal?). Anschließend durch zirkuläre Fragen Perspektivenwechsel fördern (Wie empfindet Ihre Umgebung Ihr Verhalten?). Eindrücke des Bildes auf den Coach ansprechen und mögliche symbolische Bedeutungen explorieren (z.B. „Die Farben sind sehr dunkel und wirken auf mich deprimierend. Ist das beabsichtigt? Diese Figur wirkt sehr lustig. War das beabsichtigt?"). Weitere Eindrücke zur Ausgewogenheit der Bildaufteilung und Anordnung thematisieren („Der Teil mit Ihrem Wunschbild ist sehr klein, während Sie beim Realbild für viele schwierige Einflüsse viel Platz gebraucht haben. Bedeutet das vielleicht, dass Ihre Wünsche wenig Platz in Ihrem Leben haben?"). Die Auswertung dauert meist mindestens 15 Minuten oder auch länger.

Fortsetzung Kasten 3.3:

Ergebnisorientierte Zusammenfassung:
Abschließend gemeinsam eine ergebnisorientierte Zusammenfassung zur Quintessenz des Real- und Idealbilds erarbeiten und protokollieren: „Nun möchte ich versuchen, die praktische Quintessenz zu Ihrem Realbild zusammenzufassen und für das Coaching zu protokollieren. Welche wichtigen persönlichen Merkmale (z.B. Stärken und Schwächen) müssen wir beim Coaching berücksichtigen und welche wichtigen Umgebungseinflüsse (Personen oder anderes)? Welche konkreten persönlichen Ziele und Wunschvorstellungen für Ihre eigene Entwicklung können wir festhalten? Welche Umgebungseinflüsse sind dabei zu beachten?

Beispielbilder

Beim Chef bin ich „innerlich kleiner“

Die Abbildungen 3.2a, b und c sind Zeichnungen, die verfremdet, in der psychologischen Aussage aber praktischen Beispielen nachgestaltet wurden. Die erste Abbildung 3.2a gibt ein Bild einer Mitarbeiterin eines Spitzenteams aus einem bekannten Medienunternehmen wieder. Als selbstbewusst auftretende, zahlenorientierte Betriebswirtin hielt sie zunächst gar nichts von der Maltechnik, obwohl sie in der Schule gern zeichnete, wie sie erzählte. Nachdem ich sie überredet hatte, saß sie eine Weile zögernd vor dem leeren Blatt, bis sie plötzlich engagiert zu malen begann.

Erläuterung des Bildes

Im linken Teil der Abbildung 3.2a (reales Selbstbild) wird der übermächtige (sehr bekannte) Geschäftsführer wie ein Riese dargestellt. Wie die Klientin erklärt, fühlte sie sich, wenn sie ihm berichten musste, innerlich immer sehr klein. So klein geworden, kann sie ihre Fähigkeiten nicht zeigen. Informationen und Anregungen werden gehemmt und unterdrückt. Ähnlich geht es nach ihrer Einschätzung auch ihren Kolleg/innen. Außerhalb der Firma kann sie dagegen selbstbewusst auf gleicher Augenhöhe mit Dienstleistern und Kunden verhandeln. Das Unternehmen ist in ihrem Bild ebenfalls sehr mächtig, mit einer hohen, eindrucksvollen, modernen aber kalten Architektur. In ihrem Wunschbild behalten sie und ihre Kollegen ihre innere Größe. Der Geschäftsführer darf ruhig sehr viel größer sein als sie, wie sie meint. Er soll aber noch erreichbar sein. Die Umgebung und das Klima sollen natürlicher und wärmer werden. Wenn sie und die Kollegen innerlich selbstbewusster und natürlicher gegenüber dem Geschäftsführer auftreten können, erwartet sie eine wesentliche Verbesserung ihrer Leistungsfähigkeiten.

Abb. 3.2a: Selbstbild „Beim Chef bin ich kleiner als bei Kunden“

Entwicklungs-thema

Durch das Malen des Bilds hat sie ihr Selbstentwicklungsthema für das Coaching gefunden. Während sie vorher nur das Ziel hatte, ihr Selbstmanagement durch das Coaching zu verbessern, nutzt sie nun das Coaching, um innerlich zu wachsen. Sie lernt allmählich, souveräner mit dem Geschäftsführer umzugehen und beginnt ihn mit ganz anderen Augen zu sehen.

Life-Coaching

Das zweite Bild (Abb. 3.2b) stammt aus einem Life-Coaching, das André Thamm, ein Student im Hauptstudium unter meiner Supervision im Rahmen seiner Coaching-Ausbildung durchgeführt hat. Wir hatten zunächst versucht, in einer Gruppensitzung (ähnlich wie in der ersten Sitzung des Programms von Willms, 2004; s. Abschnitt 3.3.2 und Kasten 3.4) mit allen Teilnehmer/innen konkrete, kurzfristig erreichbare Ziele zu erarbeiten. In der Einzelcoachingsitzung danach war der Klient aber (wie mehrere andere) mit den dabei von ihm formulierten Zielen unzufrieden. Sein Kernproblem sei ein anderes und schwierigeres, weniger klares und hänge mit seiner Person zusammen, deutete er vorsichtig an. Um ihm zu helfen, sein diffiziles persönliches Problem zu klären, boten wir ihm die Mal-Methode an. Obwohl er, wie er sagte, nicht zeichnen könne, ließ er sich sofort darauf ein.

Abb. 3.2b: Selbstbild Familienkonflikt (Life-Coaching)

Partnerkonflikt

Das geschilderte Bild (Abb. 3.2b) gibt im linken Teil seine aktuelle Familienkonstellation wieder. Zusammen mit Frau und Kindern wohnt er mit der Mutter in einem Haus, weil sie dadurch Kosten sparen können. Weiterhin hatten sie gehofft, dass die Mutter ihnen beim Aufpassen auf die Kinder helfen könnte, wenn sie ihrer beruflichen Arbeit nachgehen. Die Situation hat sich aber anders entwickelt. Die große Figur links im Bild ist die dominierende Mutter, von deren Einfluss er sich nicht hat frei machen können. Zwischen ihr und seiner Frau gibt es täglich kleine Reibereien, manchmal auch große Konflikte. Er selbst hat versucht, zwischen beiden zu vermitteln. Das ist aber offensichtlich nicht gelungen. Inzwischen gibt es ernste Konflikte mit seiner Frau. Er fürchtet, dass sich auch die beiden Kinder von ihm abwenden. Die Stimmung ist insgesamt düster, wie die dunkle Wolke und die Mienen symbolisieren. Ein früherer Freund seiner Frau ist aufgetaucht. Wer weiß, ob sich da nicht etwas entwickelt. – Beim Malen der Situation fühlt er, wie verfahren und perspektivlos die Situation für seine Familie derzeit ist. Er träumt sehnlich von einem Neuanfang. Das Bild rechts spricht für sich. Er möchte sich von der Mutter lösen, nur mit seiner Frau und den Kindern zusammen sein. Das Haus, in das sie ziehen, muss ja nicht so groß sein. – Auf dieser Grundlage überlegt er in den nächsten Sitzungen mit dem Coach, wie er sich innerlich von der

Mutter lösen kann und wie er sich verhalten kann, wenn es wieder Ärger und Konflikte gibt und vor allem wie er die Beziehung zu seiner Frau verbessern und mit ihr zusammen ihre gemeinsame Zukunft planen kann. Das schlicht gezeichnete Bild hat er sich sehr oft angeschaut, wie er sagt und sich dadurch motiviert, sich und die Situation zu verändern.

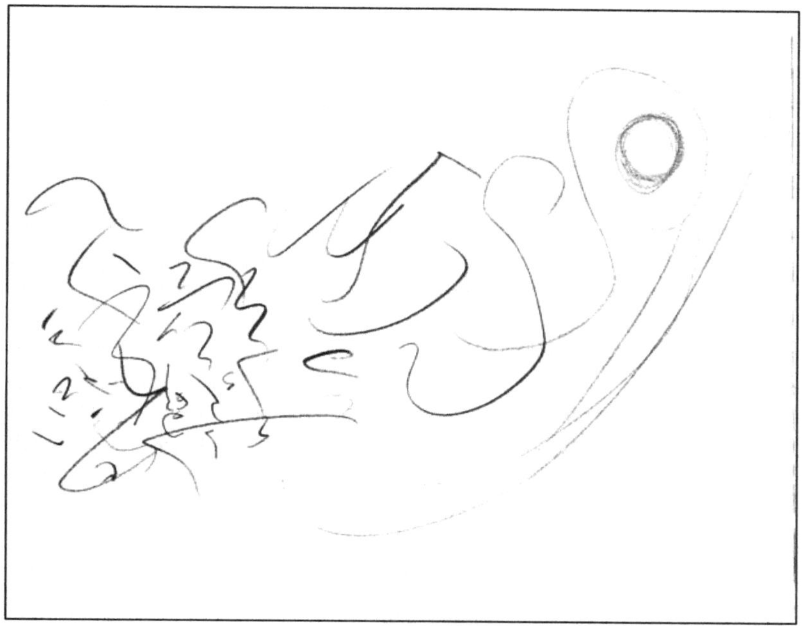

Abb. 3.2c: Selbstbild „Verzwickungen auflösen"

Verzwickte Situation auflösen

Das dritte Bild (Abb. 3.2d) liefert ein Beispiel für eine abstrakte Darstellung mit metaphorischer Bedeutung. Das Bild der realen Situation ist wieder im linken Bereich (die meisten beginnen links und zeichnen zuerst das reale Selbstbild). In diesem Fall geht es allmählich in das Idealbild rechts über. Die aktuelle Situation im Unternehmen wird durch viele kleine, unharmonisch in unterschiedliche Richtungen zielende Haken und gegeneinander laufende Linien symbolisiert. Der Klient zeichnet sie schnell, mit Kraft und ärgerlicher Miene auf das Papier. Wie er allgemein und an Beispielen erläutert, stehen sie für ständigen Druck und Gegendruck, ständigen Ärger um Nichtigkeiten. Der Alltag wird von Zeitdruck und Hektik beherrscht, viel unbefriedigender Kleinkram dominiert den Arbeitsalltag. Zwar wird viel gemacht, aber es gibt keine große Linie und keinen wirklichen Fortschritt. Alles ist verzwickt und kompliziert. Jeder Vorschlag wird sofort blockiert. – Sein großes Ziel wäre, dass er es zusammen mit seinen Kollegen schafft, die dynamische Energie zu behalten, aber in ruhigen, langen und kraftvollen Bögen zu gemeinsamen klaren Ergebnissen zu transformieren, wie die aufstrebenden Bögen widerspiegeln. Den Kreis sieht er als Symbol für ein rundes und vollkommenes Ergebnis. Er ist sich bewusst, dass das Ziel kaum erreichbar ist. Das Coachingthema ist aber, durch welche Wege und konkrete Schritte es möglich ist, diesem Ideal näher zu kommen.

Gefühlsmäßig organisierte Bilder

Die nicht-verbale, bildhafte Technik aktiviert gefühlsmäßig organisierte Bilder und Episoden aus den intuitiven Erfahrungen im Selbstsystem der Person. Die Person scannt gewissermaßen gefühlsmäßig die Bilder im intuitiven Gedächtnis, wählt danach aber bewusst aus, was sie in Bild ausdrücken könnte und möchte. Beim Malen reichert sie ihr Bild mit wichtigen Ergänzungen an, die ihr meist sehr schnell einfallen. Erst bei der Interpretation des Bilds im Gespräch mit dem Coach beginnt sie ihre gefühlsmäßigen Bilder sprachlich auszudrücken. Dadurch dass die Person diese Selbstrepräsentationen nicht sofort sprachlich ausdrücken muss und beim Malen assoziativ weitere bildhafte Ergänzungen anfügt, öffnet sich gewissermaßen die Tür zu ihrem intuitiven Selbstsystem. Der Selbstzugang wird erweitert und die Integration negativer Erfahrungen wird erleichert. Ein zusätzlicher Vorzug der Methode besteht darin, dass der Klient Kontrolle über die Selbstöffnung behält. Der Klient weiß, dass der Coach das Bild mit ihm zusammen betrachten wird und entscheidet bewusst, was er malt und welche Gedanken und Gefühle er in der Auswertung preisgibt.

Erweiterung des Selbstzugangs

Nach den bisherigen praktischen Beobachtungen können durch die Methode des Selbstbildmalens anscheinend sehr intensive Empfindungen und Gefühle aktualisiert werden. Die anschließenden Erklärungen der Klienten sind sehr ausführlich und persönlich. Sie liefern dem Coach viele Ansatzpunkte für Nachfragen, die ihm sonst fehlen würden. Weitere Fragen zur Vertiefung ergeben sich aus den Eindrücken des Bilds auf den Coach (Wie ausgewogen ist die Bildaufteilung und Anordnung? Wie wirken die Farben und Formen auf mich? Welche Assoziationen kommen mir in den Sinn, wenn ich die Figuren sehe? Was fehlt?).

Theoretisch stimmige Methode

Es wäre interessant, die genauen Wirkungen dieser Methode bei verschiedenen Personengruppen systematisch wissenschaftlich zu untersuchen. Sie wurde in der Praxis geborenen, passt aber sehr gut zu unseren theoretischen Annahmen und ergänzt andere, auf Sprache basierende Methoden.

Bezüge zur Theorie der Phantasierealisierung

Interessante Anknüpfungen ergeben sich besonders zur Theorie der Phantasierealisierung von Oettingen (1996, 1997, 2000, 2006, zur Bedeutung im Zusammenhang mit der Zielklärung beim Coaching siehe Abschnitt 3.3.2). Sie hat eine kontrastive Methode entwickelt, in der die Personen angeleitet werden positive Phantasien über die Zukunft im Kontrast zu Vorstellungen über die derzeitige negative Realität zu beschreiben. Diese theoretisch und empirisch fundierte Methode fördert die Umsetzung von Zielen sehr. Es wäre interessant herauszufinden, ob sich die Effekte durch vorausgehendes Selbstbild malen noch weiter verstärken lassen.

Coaching-Landkarten

Konas (2004) schildert eine Landkarten-Technik, die zur Förderung der Selbstreflexion über die Ist-Situation und das ideale Selbstkonzept eingesetzt werden kann. (Sie bezeichnet es sehr anschaulich als „Lebens-Wunsch-Situation"). Ziel ist eine umfassende Analyse, Neuorientierung und bewusste Veränderung der Gesamt-Lebenssituation der Person. Zur Unterstützung der Explikation setzt sie Kartentechnik, Anordnungen der Karten als Landkarte im Raum und zirkuläre Fragen ein. Die Technik wird in neun Schritten durchgeführt:

Umfassende Selbstreflexion

Lebensbereiche

1. Alle subjektiv wichtigen aktuellen Lebensbereiche auf Karten schreiben (z.B. Ich, Arbeit, Hobby, Familie, Gesundheit, Pflege der eigenen Eltern usw.)

Reales Selbstkonzept als Landkarte

2. Die Karten als Landkarte auf dem Fußboden im Raum anordnen, für die Lebensbereiche je nach Bedeutung unterschiedlich große Bereiche reservieren, die Beziehungen durch Nähe und Entfernung symbolisieren und beim Umhergehen und Betrachten die durch die Bereiche aktivierten Gefühle aussprechen.
3. Übertragung der Landkarte mit Buntstiften auf ein DIN-A3-Blatt. Die entdeckten Gefühle auf dem Bogen notieren.
4. Befragung und Notizen zum Zeit- und Energieaufwand für die Bereiche. Nützliches und Positives durch Smileys und Negatives durch Blitze veranschaulichen.

Ideales Selbstkonzept

5. Wunschbild auf dem Fußboden erarbeiten, Umhergehen und Bereiche in der Größe und ihren Beziehungen verändern. Gefühle verbalisieren und Smileys hinzufügen.
6. Übertragung des Wunschbilds mit Ergänzungen auf ein Blatt Papier.
7. Alles im Wunschbild ergänzen, was in den Bereichen wichtig ist.

Veränderungen

8. Klient auffordern, den Bereich auszuwählen, der am leichtesten oder am besten zuerst verändert werden kann.
9. Reflexionen fördern, wie die Veränderungen in den ausgewählten Lebensbereichen erzielt werden können und welche Auswirkungen sich dadurch für die anderen Bereiche ergeben können.

Bildhafte Techniken

Die Technik soll besonders beim Anordnen und Kommentieren der Karten im Raum ohne Zeitdruck durchgeführt werden. Sie dauert erfahrungsgemäß etwa zwei Stunden. Wie die Autorin schildert, wird durch die bildhafte Technik eine sehr umfassende Selbstreflexion angeregt. Auch andere Techniken in der Zusammenstellung der Coaching-Tools (Rauen, 2004b) stützen sich auf Visualisierungstechniken. So empfiehlt Glatz (2004), das persönliche Wertesystem zunächst ohne Worte als Bild zu zeichnen (auch wenn man meint, nicht gut zeichnen zu können) und erst danach durch Nachfragen zu erklären. Oben wurde die Methode zum Malen des Selbstbilds vorgestellt. Ich teile die Erfahrungen, dass es anfangs starkes Vertrauen in die Kompetenz des Coachs erfordert, „nüchtern denkende" Menschen zum Ausprobieren solcher „Kindergarten-Methoden" zu animieren. Gerade die Skeptiker lassen sich aber durch die anregenden Reflexionen und nützlichen Folgerungen sehr schnell überzeugen, dass sie „sehr viel bringen" (s.o.).

Schwer auszudrückendes intuitives Wissen

Die Bevorzugung bildhafter Techniken zur Erarbeitung von Aspekten des Selbstsystems passt sehr gut zu unserer Annahme in Anlehnung an die PSI-Theorie (Kuhl, 2001), wonach das Selbstkonzept auf intuitiv basierten Selbstrepräsentationen beruht, die nicht leicht zugänglich und ohne professionelle Unterstützung schwer sprachlich explizierbar sind.

Selbstreflexion und Ressourcenaktivierung

Aktivierung der Ressourcen

Im Prozessmodell zur Aktivierung intuitiver Selbstaufmerksamkeit und bewusster Selbstreflexion (siehe Kapitel 3.1.2) wurde angenommen, dass der spontan aktivierte Zustand der Selbstaufmerksamkeit zu einer Aktualisierung und Intensivierung der beachteten Aspekte des idealen Selbstkonzepts führt. Dadurch nimmt die Motivation der Person zu, die wahrgenommen Diskrepanzen zwischen dem realen eigenen Verhalten und dem idealen Selbstkonzept zu verringern (entweder durch Verhaltensänderungen oder Abwehr- und Selbstverteidigungsreaktionen). Da sich hier deutliche Bezüge zur wegweisenden Forschung über allgemeine Erfolgsfaktoren in der Psychotherapie von Grawe, Donati und Bernauer (1994a) und der darauf basierenden neuropsychologischen Theorie (Grawe, 2004) ergeben, wurde sein Konzept der Ressourcenaktivierung in das Prozessmodell eingeführt. Die Annahme ist, dass die Person, wenn sie ihr Verhalten zu ändern versucht, zunächst über die eigenen Ressourcen reflektiert (eigene Möglichkeiten oder Hilfen der Umgebung) und die vorhandenen Ressourcen aktiviert. Als vorläufiger Oberbegriff wurde dafür *Selbstreflexion und Ressourcenaktivierung* verwendet. Wie angekündigt, müssen allerdings die Bezüge zwischen unserem Konstrukt der ergebnisorientierten Problem- und Selbstreflexion und Grawes Wirkfaktoren genauer analysiert und systematisiert werden.

Vier allgemeine Wirkfaktoren

Wie Grawe, Donati und Bernauer (1994a) durch zusammenfassende Meta-Analysen der empirischen Forschung zu den Wirkfaktoren in der

Psychotherapie herausgefunden haben (vgl. auch Grawe, 1998, 2004, S. 392 ff.), hängt der Erfolg einer Psychotherapie (unabhängig von der therapeutischen Schule) von den folgenden vier allgemeinen Wirkfaktoren ab:

1. *Ressourcenaktivierung* (Therapeut als Ressource durch Vertrauen und Wertschätzung – Fähigkeiten und Möglichkeiten des Klienten als seine Ressourcen),
2. *Problemaktualisierung* (aktive Auseinandersetzung mit dem Problem, Gefühlen und wunden Punkten des Klienten),
3. *motivationale Klärung* (Klärung der Zusammenhänge des eigenen Verhaltens, der Beziehungen zu anderen Personen und der eigenen Ziele) und
4. *Problembewältigung* (Unterstützung bei der Zielerreichung, Bewältigung der Probleme und Entwicklung erforderlicher Handlungskompetenzen).

Beobachtungsmethoden

Zur Erfassung dieser Wirkfaktoren werden systematische Beobachtungsmethoden eingesetzt (Grawe, Regli & Schmalbach, 1994b; Grawe, 1998). Dazu werden Beobachter trainiert, die das beobachtete Verhalten in per Video aufgezeichneten Therapiesitzungen nach den Wirkfaktoren einschätzen. Kasten 3.4 gibt die Einschätzungsskalen zu den Wirkfaktoren mit der so genannten *Cubus-Analyse* wieder (Grawe et al., 1994b; modifiziert für Coaching nach Behrendt, 2004, S. 234 ff.). Die einzelnen Beobachtungsmerkmale müssen jeweils mit 5-stufigen Ratingskalen danach eingeschätzt werden, inwieweit sie im beobachteten Zeitabschnitt vom Coach gezeigt wurden (kaum – wenig und oberflächlich – intensiv, ausführlich oder beides mittel – intensiv und ausführlich – besonders intensiv und ausführlich).

Fragebogen

Grawe hat mit seiner Doktorandin Trösken einen Fragebogen zur Erfassung der Ressourcen des Klienten entwickelt (Grawe, 2004, S. 396 f.). Er empfiehlt ihn als Instrument zur systematischen Ressourcenanalyse in der Psychotherapie. Seine Skalen sind so allgemein, dass sie mit erforderlichen Abwandlungen nach Überarbeitung der Items auch zur Ressourcenanalyse im Coaching interessant erscheinen. Die Skalen beziehen sich auf die Reflexion des negativen oder positiven Selbstkonzepts, auf die Fähigkeiten für die Realisierung des positiven Selbstkonzepts, Analyse der Unterstützung durch andere Personen, die Stress- und Krisenbewältigung sowie Leistungs- und Aufgabenorientierung.

Kasten 3.4: Cubus-Analyse zur Einschätzung der allgemeinen Wirkfaktoren nach Grawe et al. (1994b; Übertragung auf Coaching von Behrendt, 2004, S. 234 ff., leicht abgewandelt)

1. Ressourcenaktivierung

- Der Coach vermittelt dem Klienten, „du kannst mir vertrauen".
- Der Coach zeigt sich mitfühlend.
- Der Coach zeigt sich wertschätzend.
- Der Coach lässt den Klienten erfahren, was er selbst aktiv zum Coaching beitragen kann.
- Der Coach richtet sein Vorgehen gezielt auf die besonderen Möglichkeiten des Klienten aus.
- Der Coach nutzt Gelegenheiten, damit der Klient seine positiven Fähigkeiten erleben und zeigen kann.
- Der Coach bemüht sich aktiv darum, den Klienten darin zu unterstützen, wie er gern sein möchte.

2. Problemaktivierung

- Der Coach arbeitet darauf hin, dass der Klient sich aktiv mit seinen Themen auseinandersetzt.
- Der Coach arbeitet gezielt darauf hin, den Klienten gefühlsmäßig zu involvieren.
- Der Coach rührt an wunde Punkte des Klienten.
- Der Coach wirkt darauf hin, dass dem Klienten seine Themen unmittelbar erfahrbar werden.
- Der Coach wirkt darauf hin, dass der Klient Gefühle erlebt, die er sonst vermeidet.

3. Motivationale Klärung

- Der Coach arbeitet aktiv darauf hin, dass dem Klienten wichtige Zusammenhänge seines Erlebens und Verhaltens klarer werden.
- Der Coach arbeitet mit dem Klienten daran, dass dieser sich über seine Beziehungen zu anderen Menschen besser verstehen kann.

Fortsetzung Kasten 3.4:

- Der Coach arbeitet darauf hin, dass der Klient sich über seine Ziele und Motive klarer wird.
- Der Coach arbeitet aktiv darauf hin, dass der Klient seine Probleme in neuen Zusammenhängen sehen kann.

4. Problembewältigung

- Der Coach bemüht sich ausdrücklich darum, dass der Klient etwas unternimmt, um seine Ziele zu verwirklichen.
- Der Coach arbeitet darauf hin, dass der Klient sich einem bestimmten Thema besser gewachsen fühlen kann.
- Der Coach versucht aktiv, die allgemeine Handlungskompetenz des Klienten zu verbessern.
- Der Coach arbeitet aktiv darauf hin, dass der Klient eine für ihn herausfordernde Situation besser bewältigen kann.

Wie man Ressourcen aktiviert

Zur Ressourcenaktivierung zählt Grawe (1996, 2004) die Förderung der Reflexion des Klienten über Probleme und Ziele sowie eigene Stärken. Außerdem soll er ihn dabei beraten, intrinsisch motivierte, realistische Ziele auszuwählen (sie mobilisieren ihn stärker). Er soll ihn ermutigen, die Ziele konsequent zu verfolgen. Er soll den Klienten unterstützen, positive bedürfnisbefriedigende Erfahrungen zu suchen und sie bewusst zu erleben. In der Folge wird der Klient den Therapeuten als eine wichtige positive Ressource wahrnehmen (jemand, der ihn und seine Probleme versteht, ihm eine sichere Basis gibt, weil er sich vertrauensvoll und unterstützend verhält, fähig ist und für sein Wohlergehen engagiert, Grawe, 2004, S. 403 f.).

Schwer zu verstehen?

Manche Klienten können die Wirkung der Ressourcenaktivierung in der psychotherapeutischen Beratung schwer verstehen. Bei oberflächlicher Betrachtung meinen sie, dass ihnen der Therapeut bei ihren Problemen „nicht wirklich helfen kann“. Sie erkennen nicht, dass die Hilfe des Therapeuten, ähnlich wie die Hilfe zur Selbsthilfe eines Coachs eher indirekt ist und darin besteht, die eigenen Möglichkeiten die Probleme zu bewältigen zu aktivieren und zu unterstützen.

Übertragung auf Coaching

Grawe (2004) begründet diese Interventionen durch Erkenntnisse aus der allgemeinen neuropsychologischen Forschung und motivationspsychologischen Erkenntnissen. Sie gelten nicht nur für psychotherapeutische Interventionen, sondern für jede personenorientierte Beratung. Wir nehmen deshalb allgemein an, dass sich Personen eigenaktiv und bewusst erfolgreich in Richtung auf ihr Selbstideal zu verändern versuchen und dabei ihre vorhandenen Ressourcen nutzen, wenn sie erwarten, dass sie über die dafür erforderlichen Ressourcen verfügen (siehe oben die Annahmegruppe A 3.1). Wie Behrendt (2004) empirisch belegt (s.u. Kapitel 3.6), ist die Ressourcenaktivierung eine wichtige Wirkvariable beim Coaching. In den neueren Arbeiten der Berner Forschergruppe steht die Ressourcenaktivierung im Zentrum und ein spezielles Rating-Manual konzentriert sich auf die Beobachtung des darauf bezogenen Verhaltens von erfahrenden Therapeuten und Novizen (Flückiger et al., in Vorber.).

Offene Fragen

Wenn wir die Zuordnung der einzelnen Ratings der Cubus-Analyse zu den vier Wirkfaktoren inhaltlich betrachten, ergeben sich allerdings einige Fragen. Eine erste Frage ist, ob die positive, wertschätzende und fördernde Beziehung des Therapeuten oder Coachs zum Klienten nicht besser als eine besondere Ressource angesehen werden muss, die von den anderen aufgeführten Ressourcen zu unterscheiden ist. Die zweite Frage ist, ob Ratings, die Grawe anderen Faktoren zuordnet inhaltlich nicht ebenfalls eher als Ressourcen einzuordnen wären, beispielweise die Beratung und Unterstützung bei Planung der Zielerreichung und Problembewältigung. Drittens kann man fragen, ob es nicht besser wäre, die Reflexion über Ressourcen und die Ressourcenaktivierung in der Umsetzungsphase als verschiedene Faktoren zu trennen, etwa die Ratings zur Problem- und Selbst*reflexion* von der Ressourcen*aktivierung* in der Umsetzung der Pläne und Verbesserung. In Abschnitt 3.3.3 wird eine Systematisierung und Erweiterung der Ratings und Faktoren vorgeschlagen, die diese Überlegungen weiterführt. Die Fragen werden dabei auch mehr auf das Anwendungsfeld Coaching ausgerichtet.

3.3.2 Ziele klären, Problemlösungen entwickeln und umsetzen

Reflexion und Beratung

Beratung als Unterstützung der Problemlösung

Reflexionen über Probleme oder Selbstreflexionen sind kein Selbstzweck. Sie sind Mittel zum Zeck und dienen beim Coaching als Grundlage für die Beratung des Klienten beim Lösen von Problemen und Erreichen der selbst gesteckten Ziele. Wie oben definiert, wird Beratung als Unterstützung der Eigenbemühungen des Klienten bei der Lösung von Problemen verstanden. Der Problemlöseprozess wird dabei vom Berater nach methodischen Gesichtspunkten gestaltet. Die Klärung der Ziele, die der Klient dabei verfolgen will, ist ein besonders wichtiger Teil des Prozesses. Er gibt die Richtung vor. Im folgenden Abschnitt wird die Beratung des Klienten bei der Analyse der Probleme, Klärung der Ziele, Entwicklung und Umsetzung von Lösungen systematisch beschrieben.

Komplexe Probleme

Probleme, bei denen Beratung gesucht wird, sind oft komplex und die Lösungen ungewiss. Im Folgenden wird der Problemlöseprozess mit seinen typischen Phasen und den dabei verwendbaren Methoden kurz zusammenfassend beschrieben (ausführlicher zum Bewältigen komplexer Probleme vgl. Greif, Runde & Seeberg, 2004, S. 178 ff.). Zuvor wird definiert, was mit einem Problem gemeint ist.

Problemlösungen und Umsetzung als Komplexiätsmanagement

Menschliche Schwäche?

Dietrich Dörner (1989) hat sich in seinem provokanten Buch über die „Logik des Mißlingens" mit den Schwächen und Misserfolgen des Menschen beim Lösen komplexer Probleme auseinandergesetzt. Nach seiner Analyse sind Menschen oft nicht in der Lage, Probleme erfolgreich zu lösen, wenn sie sehr komplex werden. Wir stützen uns auf die Definitionen von Dörner (1979, S. 10 ff.) um zu klären, was unter einem Problem und unter der Komplexität eines Problems zu verstehen ist.

Definition Problem
Eine Person, Gruppe oder Organisation hat ein Problem, wenn sie sich in einem unerwünschten Ausgangszustand befindet und einen wünschenswerten Ziel- oder Endzustand erreichen will, aber im Moment nicht über Möglichkeiten oder Mittel zur Zielerreichung verfügt (nach Dörner, 1979).

Unbekannte Ziele oder Mittel

Während bei einer „Aufgabe" die Ziele und Mittel zur Zielerreichung bekannt sind, sind bei einem „Problem" dagegen entweder die Mittel zur Zielerreichung oder die Ziele unbekannt (Dörner, 1979, S. 10 ff.). Wenn z.B. ein Klient eine für ihn neues Projekt, die Führung einer neuen Arbeitsgruppe, übernimmt, begibt er sich auf ein Terrain mit vielen Unbekannten. Er muss erst herausfinden, mit welchen besonderen Anforderungen und Schwierigkeiten, Menschen und Situationen er es hier zu tun hat. Er muss sowohl klären, welche Ziele er erreichen kann und will, als auch welche Mittel dabei Erfolg versprechen. Bei der Umsetzung der Mittel können neue Probleme entstehen, wenn die Mittel nicht wie erwartet zum Ziel führen. Oft müssen die Ziele überarbeitet und realistisch an die vorhandenen Möglichkeiten und Ressourcen angepasst werden.

Einfache und komplexe Probleme

Wenn die Ziele stabil sind und konkret definiert und durch einfache Mittel erreicht werden können, wäre dies als eine vergleichsweise einfache Problemlösung einzuordnen. Probleme, bei denen Coaching gewünscht wird, sind aber meist erheblich komplexer (Cavanagh, 2006). Mit Dörner (1979, S. 18 f.; 1989, S. 60 ff.) können wir sehr übersichtlich definieren, woran die „Komplexität" eines Problems festgemacht werden kann (vgl. auch Greif, Runde & Seeberg, 2004, S. 78 ff.).

Definition Komplexität eines Problems

Die Komplexität eines Problems hängt 1. von der Zahl der zu beachtenden Merkmale, 2. der Zahl der Beziehungen zwischen den Merkmalen (Vernetztheit), 3. der Veränderung der Beziehungen der Merkmale (Dynamik) und 4. der Intransparenz der Beziehungen zwischen den Merkmalen ab (Dörner, 1979 u. 1989).

Maximale Komplexität

Ein Problem wäre nach dieser Definition *maximal komplex,* wenn es auf einer unüberschaubaren Menge von Merkmalen beruht, die alle miteinander vernetzt sind, wobei sich diese Beziehungen dynamisch verändern und obendrein noch nicht klar erfassbar (intransparent) und dadurch nicht vorhersehbar sind.

Komplexität als Möglichkeiten

Komplexität wird von Fachvertretern, die sich in ihrem Wissenschaftsverständnis an Luhmann ausrichten (vgl. Neuberger, 2002, S. 610 ff.), durch die „Möglichkeiten" beschrieben, die es stets mehr gibt, „als aktualisiert werden können" (Luhmann, 1980, S. 1065 f.).

Ungewissheit

Man könnte auch sagen, dass bei komplexen Problemen die Ungewissheit groß ist, ob die Analysen und Lösungen Erfolg versprechen. Menschen müssen oft handeln, obwohl die Konsequenzen ihrer Handlungen ungewiss sind.

Kann man komplexe Probleme lösen?

Kann man Ziele erreichen?

Eine heute viel diskutierte Grundsatzfrage ist, ob man komplexe Probleme überhaupt „lösen" kann. Kann man Lösungen erzielen, wenn die Probleme mit ihren Merkmalen und Beziehungen vielfältig und nicht vorhersehbar sind? Nach Dörner (1989) haben Menschen Schwierigkeiten, komplexe Probleme zu verstehen, ganz egal um welche Art Problem es sich dabei handelt. Viele Menschen verleugnen oder vereinfachen Probleme, setzen sich unrealistische Ziele, machen Fehler im Prozess. Ist es nur durch Zufall erklärbar, wenn sich Lösungen ergeben? Oder behaupten Menschen nur, dass das Ergebnis ihrer Bemühungen das angestrebte Ziel war? Dörner (2003) ist ein Skeptiker und meint, dass die Erfolgschancen von Menschen beim Lösen sehr komplexer Probleme eher gering sind. Die nach seiner Theorie relativ beste Strategie kann durch eine einfache praktische Regel wiedergegeben werden:

Praktische Regel

Analysieren Sie die Problemsituation immer wieder neu und fragen Sie sich immer wieder, ob es nicht auch bessere Lösungen gibt!

Durch Anwendung dieser Regel, kann man Probleme trotz hoher Komplexität und Ungewissheit erfolgreich managen. Nach Dörners Regel werden ständig neue Situationsanalysen gefordert, auf deren Grundlage die Ziele und Lösungen überarbeitet und verändert werden sollen. In unserer Terminologie wären dazu immer wieder neue Problem- und Selbstreflexionen als Basis für die Beratung und Veränderungen der Ziele und Mittel erforderlich. Dies kann als Ungewissheits- oder Komplexitätsmanagement angesehen werden (vgl. Greif, Runde & Seeberg, 2004).

Ungewissheits- und Komplexitätsmanagement

Der Coach kann als „Sparringpartner" zur Überprüfung, der Angemessenheit der Ziele und Lösungen sowie der Erfordernis dienen, sie zu verändern. Durch direkte und zirkuläre Fragen und sein eigenes Erfahrungswissen kann er zum Entstehen nützlicher neuer Perspektiven und Lösungsideen beitragen. Lösungen, die neu und nützlich sind, werden als Innovationen bezeichnet (vgl. Farr & West, 1990). Innovationen müssen keineswegs ohne jede Vorbilder absolut neu sein, sondern nur neu für den Anwendungsbereich oder die betroffenen Personen.

Der Coach als Sparringpartner

Als praktische Grundregel zu einem Erfolg versprechenden Komplexitätsmanagement reformulieren wir Dörners Regel entsprechend:

Wenn Sie Veränderungen der Problemsituation oder Misserfolgsrisiken bei der Zielerreichung wahrnehmen, reflektieren Sie die Problemsituation und Ihre persönlichen Stärken und Schwächen neu, passen Sie die Ziele und Lösungen an oder verbessern Sie sie!

Regel zum Komplexitätsmanagement

Eine wichtige Aufgabe des Coachs ist es, den Klienten für erforderliche erneute Überprüfungen der Problemsituation immer wieder neu zu motivieren und zu aktivieren. Es fällt vielen Menschen schwer dafür allein immer wieder die Kraft und Energie zu mobilisieren (siehe Kapitel 3.5.6).

Für Reanalysen motivieren

Das Erstgespräch

Wichtige Grundlage

Bereits im ersten Gespräch zwischen Klienten und Coach erfolgt im Allgemeinen eine Vorklärung der Probleme, Ziele und Erwartungen des Klienten. Gleichzeitig bildet es eine entscheidende Grundlage für die Kontaktaufnahme („Come together") den Aufbau einer vertrauensvollen Beziehung und dient zur Klärung offener Fragen zum Vorgehen beim Coaching und zu organisatorischen und formalen Fragen. Im Erstgespräch soll das Anliegen oder Problem geklärt und präzisiert werden, damit keine vorschnellen Entscheidungen getroffen werden. Wichtige von den Experten genannte Anforderungen sind Situationsschilderung, Zielkonkretisierung, Erwartungsklärung und Erkunden möglicher Tabuzonen. Ausführliche Beschreibungen zur Bedeutung des Erstgesprächs und wie der Coach mit dem Klienten die allgemeinen Ziele des Coachings, seine Methoden und insbesondere sein Coachingkonzept besprechen kann, finden sich bei König und Volmer (2003, S. 26 ff.) und Rauen (2001, S. 65 ff.; 2004).

Methodisch strukturiert

Das Erstgespräch muss sehr vielschichtige Anforderungen erfüllen und ist vermutlich für den Erfolg des Coachings besonders wichtig. Es empfiehlt sich, im Gespräch methodisch sorgfältig strukturiert vorzugehen und keine wichtige Anforderung zu vernachlässigen. In Kasten 3.5 geben wir einen Leittext zum Erstgespräch wieder, den wir in der Coaching-Ausbildung verwendet haben.

Kasten 3.5: Leittext zum Erstgespräch (verkürzt nach einer Version von S. Greif & I. Seeberg)

Zielsetzung

Das Erstgespräch hebt sich von den übrigen Coachingsitzungen durch eine besondere Struktur und die Inhalte ab. Es hat eine grundlegende Bedeutung für den Coachingprozess und soll idealerweise die folgenden sieben Themen behandeln.

1. Persönliche Kontaktaufnahme und gegenseitiges Vorstellen,
2. Anlass und Erwartungen an das Coaching,
3. Orientierung des Coachs über Studium und berufliche Tätigkeiten sowie die aktuelle Situation des Klienten,
4. erste Vorklärung über die Voraussetzungen, Probleme, Lösungsversuche und Ziele des Klienten,
5. Information des Klienten über Vorgehen und Regeln beim Coaching im Vergleich zu seinen Erwartungen (mit der Möglichkeit zum Nachfragen),
6. Aufbau einer vertrauensvollen Beziehung, gegenseitige Akzeptanz und erste Entlastung schaffen („Cooling down") sowie Hoffnung auf Erfolg fördern und
7. Klärung organisatorischer und formaler Fragen.

Kurzbeschreibung

Im Erstgespräch sollen alle sieben Themen in dem Ausmaß so behandelt werden, dass sie für Coach und Klient eine Basis für den Start des eigentlichen Coachingprozesses ermöglichen. Ein sehr strukturiertes Vorgehen ist daher sehr zu empfehlen. Ausführlichere Fragen und Anknüpfungen schließen sich in den Folgesitzungen an.

Fortsetzung Kasten 3.5:

Die folgende Beschreibung liefert nur eine stichpunktartige Aufstellung und beispielhafte Formulierungen. Welche Formulierungen gewählt oder konkreten Fragen gestellt werden, soll an den Klienten und die Ausgangssituation sowie an bereits erfolgte Vorgespräche angepasst werden. Der Coach kann die Gliederungsüberschriften und einzelne Stichpunkte als Erinnerungshilfe handschriftlich auf einen vorbereiteten Protokollbogen mit Platz für Notizen übertragen und in die Sitzung mitbringen.

0. Gesprächsvorbereitung

- Geeigneter störungsfreier Raum, Tisch und Stühle (übereck)
- Papier, Karten, Stifte
- Wasser und Gläser
- *Protokollbogen (Name Coach und Klient, Ort, Datum, Uhrzeit, etc.)*

1. Kontaktaufnahme und Vorstellung des Coachs

- Freundlicher und interessierter Smalltalk
- Vorstellung des Coachs (berufliche Erfahrungen, Coaching-Ausbildung und -praxis)
- Tätigkeit und Position des Klienten

2. Anlass und Erwartungen

- Wodurch sind Sie auf das Coaching aufmerksam geworden?
- Was hat Ihr Interesse an einem Coaching geweckt?
- Welche Erwartungen haben Sie an das Coaching?

3. Berufstätigkeit und berufliche Ziele des Klienten

- *Berufliches Tätigkeitsfeld und Position des Klienten*
- Wichtige berufliche Ziele mit Zusammenhang zum Coaching

4. Vorklärung der Probleme und Ziele

- *Welche Themen und Probleme sollen wir beim Coaching bearbeiten?*
- *Bisherige Lösungsversuche? Welche (negativen) Folgen hatte das bisher?*
- *Wie sehen das andere Personen (Vorgesetzte/Kollegen/Freunde)?*

Fortsetzung Kasten 3.5:

- Was möchten Sie verändern? Und wie stark ist Ihr Wunsch, diese Situation zu verändern? (Skala von 1= sehr gering bis 10= sehr hoch)
- Welche Ziele haben Sie? Was wollen Sie mit dem Coaching erreichen? Woran würden Sie merken, dass das Coaching für Sie erfolgreich ist?

5. Erläuterung des Vorgehens und der Regeln beim Coaching

- Strenge Vertraulichkeit und Diskretion
- Transparenz: Worum geht es beim Coaching, Rolle des Coachs?
- *Hauptsächlich:* Zeit nehmen Probleme, Ziele und Lösungen gründlicher zu besprechen als üblich, Unterschied zu Gesprächen mit Freunden: methodisches Vorgehen, gründlicheres und gemeinsames Erarbeiten praktisch umsetzbarer Lösungen
- Moralische Unterstützung bei der Umsetzung
- Prinzip der Eigenverantwortung: Sie entscheiden, geben die Ziele vor, wir analysieren die Probleme und Lösungsmöglichkeiten gemeinsam und Sie wählen die Lösungen – „Hilfe zur Selbsthilfe“
- Erwartungen an den Klienten: Veränderungsbereitschaft, Eigenverantwortung, Offenheit und Vertrauen
- Passt das zu Ihren Erwartungen? Haben Sie Fragen dazu? Nachfragen sind jederzeit auch später möglich. Sind Sie mit dem Vorgehen einverstanden und können es sich vorstellen?
- Coaching ist keine Psychotherapie! Da wäre der Schwerpunkt Behandlung psychischer Störungen (langer Prozess, besondere Ausbildung). Ein Coach setzt voraus, dass Sie sich mit seiner Beratung selbst helfen können.

6. Akzeptanz und Hoffnung auf Erfolg

- Nach dem, was wir bis hierher besprochen haben: Können Sie sich eine gemeinsame Zusammenarbeit mit mir als Coach vorstellen? Wollen wir es miteinander versuchen? (Einverständnis sichtbar protokollieren!)
- Wie bewerten Sie unseren Start heute? Wie haben Sie das Gespräch wahrgenommen?

Fortsetzung Kasten 3.5:

- Haben Sie bis hierher Fragen? (Fragen können jederzeit im Prozess gestellt werden!)
- Mut machen: „Durch Coaching können nicht alle Probleme gelöst werden, aber ich bin überzeugt, dass Sie Ihren Ziele deutlich näher kommen werden!" (Nur wenn der Coach das wirklich erwartet!)

7. Organisatorische und formale Fragen

- Abstimmung der Termine und Zeiten
- Honorar und Beleg
- Adressenaustausch und Erreichbarkeit

Ergebnis

Klient und Coach haben sich in einem ersten informativen Gespräch persönlich kennen gelernt. Der Coach hat im Idealfall durch sein wertschätzendes Verhalten und glaubwürdiges Interesse und seine Unterstützungsbereitschaft eine förderliche Beziehung hergestellt. Durch das strukturierte Vorgehen, seine fachlichen Anregungen und eine ergebnisorientierte Gesprächsgestaltung hat er fachliche und methodische Kompetenzen gezeigt. Klient und Coach haben die Basis für eine gemeinsame Zusammenarbeit gelegt und begonnen, Vertrauen und die wechselseitige Akzeptanz aufzubauen.

Mögliche Probleme

Das Erstgespräch kann erschwert werden, wenn sich der Klient sehr zurückhaltend und unsicher oder aber provozierend kritisch verhält. Wenn der Klient wichtige Antworten blockiert oder bis zum Ende eine unangemessene Erwartungshaltung an das Coaching und den Coach zeigt, kann dies ggf. gegen ein Coaching sprechen.

Der Problemlösekreis

Ablauf beim idealen Lösen von Problemen

Der optimale Ablauf beim Lösen von Problemen wird in der Fachliteratur oft idealtypisch als Kreisprozess beschrieben. Abbildung 3.2 gibt einen solchen Problemlösekreis (vgl. Greif, 1996, S. 269) wieder, wie er beim idealen Problemlösen methodisch durchlaufen wird. Dieser Kreis kann auch als Grundlage zur Beschreibung des Ablaufs des Problemlösungsprozesses in der Beratung beim Coaching herangezogen werden. Er beschreibt gewissermaßen die methodische Seite der *Aufgabenlogik* beim Problemlösen (siehe Kap. 3.3.2).

Gültig für Indiviuden, Gruppen und Organisationen

Der Problemlösekreis gilt sowohl für die individuelle Bearbeitung von Problemen, als auch für Gruppen. Er kann zur Planung des Ablaufs der Bearbeitung nahezu beliebiger Probleme herangezogen werden. Er kann aber auch verwendet werden, um zu beschreiben, wie man unvorhergesehene Problemsituationen beim Umsetzen der Lösungen managen kann. Zur Erläuterung wird das Beispiel der Führungskraft herangezogen, die ein neues Tätigkeitsfeld und neue Mitarbeiter/innen erhalten hat und zur Beratung einen Coach aufgesucht hat.

1. Schritt: Analyse

Beginn

Der Problemlöseprozess beginnt im 1. Schritt nach dem Problemlösekreis in Abbildung 3.1 mit einer Analyse des Problems und der Situation. Dieser Schritt kann im Allgemeinen mit der bereits oben beschriebenen ergebnisorientierten Problemreflexion gleich gesetzt werden. Zu dieser Problemanalyse können dementsprechend die Methoden und Techniken herangezogen werden, wie sie oben unter Reflexionstechniken beschrieben wurden (etwa das Problem-Struktur-Interview von Offermanns, 2004). Wenn es sich um eine Problemsituation handelt, bei der die Beziehungen zwischen Handlungen mehrerer Personen analysiert werden müssen, empfiehlt sich zirkuläres Fragen (siehe Abschnitt 3.3.1).

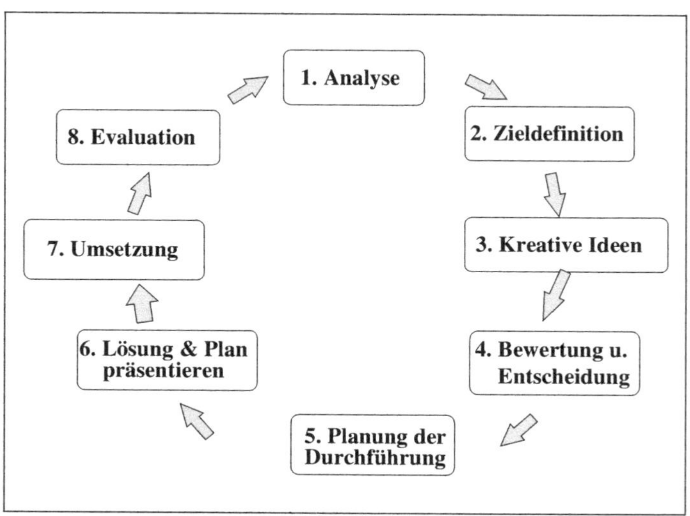

Abb. 3.3: Der Problemlösekreis (nach Greif, 1996)

Nach Grawe et al. (1994a) hängt der Erfolg der Psychotherapie von der Unterstützung des Klienten bei der Problemaktualisierung ab. Gemeint ist damit die Aktivierung, Analyse und bewusste Reflexion problematischer eigener Verhaltensmuster oder typischer Interaktionen mit Personen in der Umgebung. Diese Faktoren sind sicher auch beim Coaching wichtig.

Problemaktualisierung

Ein üblicher Fehler beim Coaching ist es nach Grant (2006a, S. 172 ff.), dass der Coach zu hektisch drängt, Ziele und Handlungsschritte festzulegen. Wenn sich der Klient zu Anfang noch in einer präkontemplativen Phase befindet und noch sehr ambivalent ist, was er machen soll, steigert das zu frühe Drängen den Widerstand und es könnte passieren, dass der Coach mit seinen Vorschlägen abgelehnt wird. Hier empfiehlt Grant entweder einfache direkte Reflexionen über die Ambivalenzen oder provozierende systemische Fragen und bewusste Überzeichnungen der Änderungswiderstände, z.B. „Wollen Sie mir damit sagen, dass Sie sich *niemals* verändern wollen oder können?“ Erst wenn der Klient seine Ambivalenzen durchgearbeitet hat, ist es sinnvoll, die Ziele zu klären.

Ambivalenzen reflektieren

Kuhl (2001, S. 1006 ff.) analysiert einzelne Phasen beim Problemlösen nach dem systemisch orientierten „lösungsorientierten Problemlöseprozess“ von Bamberger (1999) auf der Grundlage seiner PSI-Theorie. Danach kommt es in der *Problemanalyse* darauf an, die Klienten auf das *Empfinden* (Erkennen von Abweichungen vom Erwarteten oder Gewünschten) zu fokussieren, ohne das Nachdenken allzu sehr zu verstärken. Wer eher lageorientiert ist und zum Grübeln neigt, dem fällt die Phase der Problemanalyse leicht. Schwer fällt dieser Schritt dagegen der ungeduldigen handlungsorientierten Person (siehe unten Kapitel 3.5.7).

PSI-Theorie

2. Schritt: Zielklärung

Nach dem idealisierten Modell des Problemlösekreises soll nach der Problemanalyse im 2. Schritt eine Klärung oder Konkretisierung der Ziele folgen. Die Bedeutung der Klärung der Ziele für die Zielerreichung ist ein klassisches Forschungsthema der Psychologie. Nach der Zielsetzungstheorie von Locke und Latham (1984) und zahlreichen Untersuchungen sollen Ziele nicht vage (z.B. „Ich möchte wieder mehr Sport betreiben.“), sondern konkret und spezifisch, möglichst messbar formuliert werden (z.B. „Mein Ziel ist, jede Woche mindestens zweimal 40 Minuten Fahrrad zu fahren.“). Ziele sollen erreichbar, aber nicht zu leicht, sondern herausfordernd sein. Nach Grant (2006a, S. 160) stützen sich viele Coaching-Programme beim Entwickeln von Zielen auf Locke und Latham (2002). Danach sollen die Ziele **SMART** sein:

Zielsetzungstheorie

SMART

1. **S**pecific and streching
2. **M**easurable
3. **A**chievable or attractive and agreed

4. **R**ealistic and
5. **T**ime framed.

Schriftliche Instruktion zur Zielklärung

Die Zielklärung sollte schrittweise mit ständigem Rückgriff auf Ergebnisse der Problemanalyse erarbeitet werden. Kasten 3.6 zeigt ein methodisch sehr sorgfältig gestaltetes Vorgehen, das sich an der Zielsetzungstheorie von Locke und Latham (1984) und an kognitiv-behavioralen Methoden zur Verbesserung des Selbstmanagements orientiert (siehe unten Kapitel 3.6 zur Darstellung der Untersuchung und der Hauptergebnisse).

Kasten 3.6: Instruktionen zur Zielklärung im Programm von Willms (2004)

Willms (2004, S. 82 ff.) fordert die an seinem Programm zum Einzelcoaching teilnehmenden Studierenden bereits in der ersten Sitzung auf, jeweils fünf aktuelle *„Anliegen"* zu notieren, die momentan wichtig sind. Was unter einem Anliegen zu verstehen ist, wird schriftlich erläutert: „Ziele, Probleme oder Sachen, die Sie längere Zeit beschäftigen und längere Zeit brauchen, um sie zu erreichen".

Ergänzend werden als Reflexionshilfe vier *Lebensbereiche* mit beispielhaften 5-11 Erläuterungen für mögliche Anliegen aufgeführt:

1. Selbstentwicklung, Persönlichkeitsfähigkeiten oder eigene Werte ändern (z.B. „Ich möchte meine Zeit besser nutzen." „Ich möchte in der Lage sein, mich besser zu motivieren."),

2. Beziehungen zur Familie, zu Freunden, Bekannten oder zu Partnern (z.B. „Ich möchte eine Beziehung zu einem Freund/einer Freundin aufbauen."),

3. Tätigkeit im Studium, in der Ausbildung, im Beruf oder zu Hause (z.B. „Einen Artikel oder ein bestimmtes Buch durcharbeiten.") und

4. Freizeit und Alltag, Wohnen bzw. häusliche Situation (z.B. „Sich das Rauchen abgewöhnen." „Mehr gesundheitliche Fitness: gesund ernähren, körperliche Kondition.").

Um *konkrete Zielformulierungen* zu erhalten, sollen die Teilnehmer/innen anschließend zu jedem der fünf Anliegen überprüfen (Willms, 2004, S. 84), welche Ziele in 16 Tagen (die Dauer des Programms) durch sie selbst erreichbar sind.

Fortsetzung Kasten 3.6:

Zu den Zielen sollen sie jeweils *drei Sätze* formulieren:

1. Das Ziel: Worum geht es konkret?
2. Was will ich tun (einzelne ganz konkrete erste Schritte)?
3. Wozu? Warum beschäftigt es mich?

Bevor die Teilnehmer/innen entscheiden, welche Ziele sie im Programm weiterverfolgen, sollen sie mit vorgegebenen Skalen einschätzen,

1. wie wichtig ihnen das Ziel ist,
2. wie entschlossen ihre Absicht ist, das Ziel zu erreichen,wie enttäuscht sie wären, wenn sie es nicht schaffen,
3. wie konkret die Schritte sind, die sie sich jetzt bereits vorstellen können, um das Ziel zu erreichen,
4. wie beharrlich sie beim Verfolgen des Ziels sein werden,
5. wie viele günstige Gelegenheiten sie für das Ziel haben werden und
6. wie sie die Realisierungs- und Erfolgschancen einschätzen.

Durch die methodisch gestalteten Instruktionen sollen die Findung und Formulierung subjektiv wichtiger und erreichbarer Ziele erleichtert werden. Gleichzeitig sollen motivierende Zielschwierigkeiten bzw. Problemkomplexitäten und Zielcommitment gefördert werden, wie dies die Zielsetzungstheorie von Locke und Latham (1984) empfiehlt.

Methodisches Vorgehen

Ein methodisches Vorgehen zur Formulierung der Ziele, wie dies im Kasten 3.6 beschrieben wird, ist auch im persönlichen Einzelcoaching förderlich. Allerdings sollte der Coach im persönlichen Gespräch niemals starr und schematisch vorgehen. Er kann teilweise schneller auf den Punkt kommen oder kritische Punkte durch direkte und zirkuläre Fragen abgewogener und genauer zu klären helfen.

Verschiedene Arten von Zielen

Wie Grant (2006a, S. 160 ff.) weiterführt, lassen sich die Ziele mancher Klienten beim Coaching nicht in das SMART-Schema nach Locke und Latham (2002) hineinpressen. Manche bevorzugen *abstrakte Ziele* oder vage Visionen, die ungenau formuliert sind. Ziele, die in der *Zielhierarchie* auf höherer Ebene angesiedelt werden, sind zwangsläufig abstrakter.

Weitere Zielarten, die nach Grant (2006a, S. 161 f.) beim Coaching Bedeutung haben, sind *konkurrierende* oder *konfligierende Ziele* (z.B. mehr Zeit für die Arbeit oder für die Familie), *Vermeidungsziele* (z.B. weniger Stress bei der Arbeit), *positive Ziele* (z.B. mehr Freude in der Arbeit), *Leistungsziele* (z.B. effizienter arbeiten) oder *Lernziele* (z.B. von den Besten lernen). Abhängig von der Art der Ziele sind Besonderheiten bei der Zielklärung zu berücksichtigen. So muss der Klient bei konfligierenden Zielen schwierige Entscheidungen darüber treffen, welches Ziel ihm zurzeit wichtiger ist. Positive Ziele zu verfolgen, ist im Allgemeinen motivierender als Vermeidungsziele. Beim Entwickeln realisierbarer Leistungs- und Lernziele sollten vorher die individuellen Potenziale überprüft werden.

Selbstkonkordante Ziele

Selbstbestimmung

Eine wichtige Frage, die beim Coaching abgeklärt werden soll, ist, ob der Klient seine Ziele nach Erwartungen anderer Personen übernommen hat oder, ob er sie selbst bestimmt hat. Grant (2006a, S. 162 ff.) hält es für notwendig, dem Klienten zu helfen, selbstkonkordante (bzw. selbstkongruente) Ziele zu entwickeln, die mit seinen persönlichen Werten und seinem idealen Selbstkonzept übereinstimmen. Dadurch steigen intrinsische Motivation und Bereitschaft sich bei der Zielverfolgung stärker anzustrengen. Er stützt sich dabei auf die Selbstbestimmungstheorie von Deci und Ryan (2000) und empirische Untersuchungen, die belegen, dass die Motivation, die Ziele zu erreichen, steigt, wenn sie nicht als fremd-, sondern als selbstbestimmt wahrgenommen werden.

Phantasien zur Zielerreichung

Wichtige methodische Erweiterungen zur Aktivierung motivationaler Voraussetzungen für eine erfolgreiche Zielerreichung werden bereits bei der Klärung der Ziele in der Theorie der Phantasierealisierung von Oettingen (1996) vorgenommen. Um positive Phantasien zu aktivieren, kann man die Klienten auffordern, sich gedanklich vorzustellen, welche positiven Ergebnisse mit dem Erreichen der Ziele verbunden sind (z.B. „Was wird besser sein, wenn Sie das Ziel erreicht haben?“ „Versuchen Sie sich gedanklich auszumalen, wie es Sie aktiviert, wenn Sie daran denken, die Ziele zu erreichen.“) oder welche positiven Beziehungen zu anderen Personen dadurch entstehen können (z.B. Anerkennung durch höhere Managementebenen, Harmonie in der Arbeitsgruppe).

Mentale Kontrastierung und Erfolgserwartungen

Diese positiven Phantasien werden danach mit der negativen Realität kontrastiert (z.B. „Solange ich das Ziel nicht erreicht habe, bleibt die Situation für mich und meine Umgebung nicht befriedigend.“ „Mir fehlen die erforderlichen Fähigkeiten, um das Ziel zu erreichen.“). Nach der empirisch gut belegten Theorie der Phantasierealisierung (Oettingen, 1997, 2000, 2006; Oettingen & Mayer, 2002; Pak, 2002) fördert ihre Methode der mentalen Kontrastierung die Motivierung und Umsetzung von Zielen deutlich. Voraussetzung ist dabei allerdings wiederum, dass die Erfolgserwartungen des Klienten hoch sind (siehe oben Annahmengruppe A 3.1).

Wer ohne realistische Erfolgserwartungen vor seinem geistigen Auge in seinen positiven Phantasien schwelgt, entwickelt nur eine schwache Zielverbindlichkeit und aktiviert kaum Handlungen zur Zielerreichung. Besonders kritisch ist bloßes Grübeln über die negative Realität und Hindernisse für die Zielerreichung. Dies reduziert die subjektiv erlebte Notwendigkeit oder Möglichkeit etwas zu tun, um das Ziel zu erreichen.

Die folgenden Fragen und Aufforderungen liefern Beispiele für die verschiedenen oben angesprochenen Möglichkeiten zur Förderung der Reflexion und Klärung der Ziele sowie zur Motivierung für die Umsetzung beim Coaching:

- „Welche Ergebnisse oder Ziele wollen Sie erreichen?" –„Fallen Ihnen noch weitere Ergebnisse ein, die Sie hierzu für sich oder andere gern realisieren würden?" **Direkte Fragen**
- „Was genau wäre anders, wenn das Ziel erreicht wird?" – „Wie merken Sie, dass das Problem gelöst wurde?" „Wie merken das Ihre Mitarbeiter/innen?" **Zirkuläre Fragen**
- „Welche positiven Konsequenzen ergeben sich daraus für Sie persönlich?" – „Können daraus auch Nachteile entstehen?" „Welche Konsequenzen entstehen für Ihre Mitarbeiter/innen bzw. für Ihre Kollegen/innen, die höheren Führungsebenen?" – „Malen Sie sich die positiven Ergebnisse gedanklich aus!" **Positive Phantasien**
- „Welche negativen Konsequenzen hat es, wenn Sie das Ziel nicht erreicht haben? Schildern Sie konkret alle negativen Punkte." **Kontrastieren**
- „In welchen Bereichen oder von welchen Personen erwarten Sie die größten Widerstände? Wie können Sie sie erfolgreich überwinden?" **Überwindung der Widerstände**
- „Wie hoch schätzen Sie Ihre Chancen ein, die Ziele zu erreichen?" **Erfolgserwartung**

Formulierungsprobleme

Es gibt Klienten, denen klare schriftliche Formulierungen sehr schwer fallen. Hier ist eine Unterstützung durch Coachs, die gute sprachliche Fähigkeiten mitbringen (Wortflüssigkeit, genaues Sprachverständnis und sprachliche Verarbeitungskapazität) erforderlich. Allerdings müssen die Coachs immer vorsichtig alternative Formulierungsangebote zur Wahl stellen und durch zusätzliche zirkuläre Fragen absichern, dass die Zielformulierungen die Vorstellungen der Klienten treffen.

Problem-Struktur-Interview

Möglich wäre in diesem Falle, zuvor ein Problem-Struktur-Interview zur Problemanalyse (siehe oben Abschnitt 3.3.1) durchzuführen. Danach kann man den Klienten auffordern, darüber nachzudenken, wie sich das Problem im Idealfall ändern sollte und könnte. Anschließend können vor diesem Hintergrund die Ziele in das Strukturbild übertragen werden.

Selbstbild-Malen vor der Zielkonkretisierung

In einem Studienprojekt haben wir ein Life-Coaching-Programm mit Gruppensitzungen und Einzelcoaching-Sitzungen entwickelt und insgesamt recht erfolgreich durchgeführt, wie die Bewertungen der Teilnehmer/innen zeigen (Lachmann et al., 2006). Die erste Sitzung war teilweise ähnlich gestaltet, wie bei Willms (2004). Teilnehmer/innen waren im ersten Kurs Betriebswirtschaftsstudenten und im zweiten meist berufstätige Mütter der LangeoogKlinik, einer Reha-Klinik der AWO auf der Insel Langeoog für besonders belastete Mütter und Väter mit ihren Kindern[15]. In beiden Gruppen gab es Teilnehmer/innen, die vorrangig mit persönlichen Problemen oder Beziehungsproblemen zu kämpfen hatten, die vorrangig geklärt werden mussten, bevor die Teilnehmer/innen dazu konkrete Ziele entwickeln konnten. Hier hat sich als vorausgehender Schritt der Einsatz der oben beschriebenen Selbstbild-Mal-Methode bewährt. Im nächsten geplanten Studienprojekt soll diese Methode deshalb standardmäßig eingesetzt werden. Bei den Studierenden gab es wie bei Willms (2004) ebenfalls viele mit Problemen in der zielgerichteten Selbstorganisation beim Studium oder Aufschiebeverhalten (Procrastination, s. Abschnitt 3.1.2). Um Ergebnisse beim Coaching zu erzielen, erschien es uns aber bei mehreren Klienten erforderlich, sie zur Selbstreflexion über ihre Motivation und ihre Persönlichkeitsdispoitionen anzuregen.

3. Schritt: Kreative Ideen

Was ist kreativ?

Nach der Zielklärung sollen im 3. Schritt kreative Ideen dazu generiert werden, wie der Klient die Ziele erreichen kann. „Kreativ" sind Ideen, die für die Person und den Anwendungsbereich relativ neuartig sind. Sie sollen keineswegs „absolut neu" (originell oder gar patentwürdig) sein. Wer sich hier zu hohe Anforderungen stellt, blockiert seine Ideenproduktion.

Kreativitätstechniken

Zur Förderung kreativer Ideen kann der Coach ein schnelles Brainstorming anleiten und die Ideen des Klienten für ihn sichtbar mitnotieren. Zur Ideengenerierung (individuell und in Gruppen) gibt es eine Vielzahl interessanter Kreativitätstechniken (vgl. die Zusammenstellung von 101 Kreativitätstechniken von Higgins, 1994).

Brainstorming

Das klassische Brainstorming von Osborn (1953) zählt aber zu den einfachsten und praktisch sehr bewährten Techniken. Es wird aber oft falsch angewandt. Normalerweise bewertet die Person sofort jede Idee, die von ihr oder anderen produziert wird. Negative Bewertungen blockieren nachweisbar die Zahl und Qualität der Ideen. Osborn hat Regeln entwickelt, um dies zu verhindern und empfiehlt die Bewertung der Ideen in eine nachfolgende Phase zu verschieben. Um die Produktion kreativer Ideen zu fördern, muss der Coach konsequent darauf achten, dass der

---

[15] Wir danken der Klinikleitung und besonders Stefan Kröger, der das Projekt angeregt und als psychologischer Psychotherapeut sehr intensiv beraten und supervidiert hat.

Klient die Brainstorming-Regeln einhält, die in Kasten 3.7 wiedergegeben werden.

Der Coach kann selbst auch Ideen beisteuern, sollte sich aber dabei zurückhalten, um den Klienten nicht zu blockieren. Wenn der Klient allerdings überhaupt keine Vorschläge macht oder alle eigenen Vorschläge sofort wieder kritisiert, sollte der Coach den „Eisbrecher spielen" und gute alternative Ideen vorbringen.

Ideen des Coachs

Kasten 3.7: Regeln zum Brainstorming

Regeln zum Brainstorming

1. Während der Ideensammlung ist jede Art von Kritik an anderen und an eigenen Vorschlägen verboten!
2. Während der Ideensammlung geht Menge vor Qualität! – Jede/r sollte so viele Ideen wie möglich produzieren, gleichgültig, wie gut die Ideen sind.
3. Auch unsinnige oder verrückt erscheinende Ideen ohne Hemmungen aussprechen!
4. Möglichst oft Ideen, die vorher genannt worden sind, aufgreifen, verändern und mit anderen Einfällen kombinieren!

(nach Osborn, 1953)

Die Brainstorming-Regeln passen zu den Annahmen der PSI-Theorie über die Hemmung negativer und Förderung positiver Affekte, um die Person für neue Handlungen zu öffnen. Die spontane (Selbst-)Kritik und Reflexion bei der Ideenproduktion würde zwangsläufig negative Affekte aktivieren und einen Zustand, in dem der Zugang zur eigenen Kreativität behindert wird. Der „psychologische Trick" bei der Technik ist, dass Menschen im Allgemeinen durch die Hemmung der spontanen Bewertungen der Ideen und dadurch, dass ihnen insbesondere die absurden Ideen Spaß machen, mehr kreative Ideen generieren können.

Bezug zur PSI-Theorie

4. Schritt: Bewertung und Entscheidung

Im 4. Schritt erfolgt die erforderliche Bewertung und Entscheidung über die Auswahl geeigneter Ideen. Hierzu werden die Ideen noch einmal gemeinsam durchgesehen und eventuell konkretisiert oder nachgebessert. Anschließend folgt die Bewertung der Ideen nach Kriterien wie Umsetzbarkeit und erwartete Zielerreichung sowie erwartete Vor- und Nachteile. Dies kann der Coach mit direkten und zirkulären Fragen abklopfen. Wenn er zu den Lösungen selbst Erfahrungen und sichere Bewertungen einbrin-

Auswahl der besten Idee

gen kann, sollte er sie nicht zurückhalten. Abschließend wählt der Klient den als besten bewerteten Vorschlag aus.

Motivationale Klärung

Nach der Zusammenfassung der Untersuchungen zu den allgemeinen Erfolgsfaktoren in der Psychotherapie von Grawe et al. (1994a) ist es erforderlich, dass der Therapeut den Klienten in seinen Abwägungs- und Entscheidungsprozessen bei der Entwicklung von Selbstveränderungsabsichten unterstützt. Diesen Wirkfaktor nennen sie motivationale Klärung. Man kann annehmen, dass er auch beim Coaching von Bedeutung ist (vgl. Behrendt, 2004; siehe unten Abschnitt 3.6.2).

Strukturierte Bewertung

Wenn ausreichend Zeit dafür eingeräumt werden kann oder wenn sehr viel von einer sorgfältigen Entscheidung abhängt, empfiehlt sich eine strukturierte Bewertungsmethode. Dazu werden zuerst geeignete Bewertungskriterien erarbeitet. Im zweiten Schritt werden die Ideen oder Lösungen anhand dieser Kriterien bewertet. Erst im dritten Schritt wird die nach den Bewertungskriterien am besten geeignete Lösung des Problems ausgewählt. Beispiele für Bewertungskriterien wären 1. Wirksamkeit (Sicherheit, mit der die Lösung zum Ziel führt), 2. Umsetzbarkeit, 3. Kosten und Zeitaufwand und auch das 4. „Bauchgefühl“ bzw. die intuitiv eingeschätzten Vor- und Nachteile der Lösung.

Bewusste Entscheidung des Klienten

Absicht zur Umsetzung

Bei den erforderlichen Entscheidungen darf der Klient den Coach zwar psychologisch als „Rückhalt“ zur Absicherung komplexer Bewertungen und Entscheidungen in Anspruch nehmen. Er muss aber die Entscheidungen immer sehr bewusst selbst treffen. Der Coach kann dies durch pointierte Fragen fördern, z.B. „Ist das jetzt Ihre eindeutig getroffene Entscheidung oder wollen Sie noch einmal überlegen, welche Alternative Sie am besten finden.“ Hier wären auch die Fragen von Willms (2004) leicht verändert übertragbar: „Wie entschlossen sind Sie in ihrer Absicht, die Idee/Lösung umzusetzen?“

PSI-Theorie

In diesem Schritt schaltet die Person durch die analysierenden Fragen und Bewertungen nach den Modulationsannahmen der PSI-Theorie in einen Zustand um, in der sie bewusste rationale Überlegungen und Prüfungen vornehmen kann. Nach Kuhl (2001, S. 1006 ff.) soll bei der *Lösungssuche* das intuitive Extensionsgedächtnis angeregt werden, Erfahrungen und Vorschläge zu generieren.

5. Schritt: Planung der Umsetzung

Ohne und mit Planung

Im nächsten Schritt soll die Umsetzung der ausgewählten Lösung geplant werden. Hier muss nach der PSI-Theorie (Kuhl, 2001, S. 1006 ff.) das *Absichtsgedächtnis* aktiviert werden. Wenn die Lösung auf einfach umsetzbaren Maßnahmen beruht, ist keine aufwendige Planung erforderlich. Falls bei der Lösung eine komplexe Serie von Einzelmaßnahmen durchgeführt werden muss und insbesondere, wenn mehrere Personen koordiniert zusammenarbeiten müssen, sollte der Coach den Klienten auffordern, nach Erfahrungsregeln zur Projektplanung einen genauen Plan auszuarbeiten und in die nächste Sitzung zur Besprechung mitzubringen.

Vorbereitung auf neue Probleme

Bei komplexen und auch bei sehr einfach erscheinenden Lösungen ist immer ein gedankliches Vorwegnehmen der möglicher Schwierigkeiten und Widerstände erforderlich. Die Schwierigkeiten können in der Lösung selbst liegen (z.B. wenn sie kompliziert ist oder nicht wie erwartet funktioniert), in der Person des Klienten (z.B. inneren Widerständen) oder in der Umgebung (Widerstände andere Personen oder fehlende Ressourcen). Jede vor der Planung übersehene gravierende Barriere ist ein neues Problem, das es wiederum konsequent zu analysieren und zu lösen gilt. Die meisten Menschen unterschätzen die Probleme beim Umsetzen selbst entwickelter Problemlösungen. Wenn ihnen der Coach nicht hilft, sich darauf vorzubereiten, kann die Umsetzung der besten Lösung an einem kleinen demotivierenden Problem scheitern. Nach den bisher vorliegenden Ergebnissen zur Evaluation der Ergebnisse beim Coaching (siehe unten, Abschnitt 3.6.3) liegen die Stärken vieler Coachs anscheinend eher in der Förderung der Reflexion der Ziele und Prioritäten der Klienten. Künftig sollte in der Ausbildung und Praxis deshalb mehr auf die methodische Unterstützung der Umsetzung geachtet werden. Davon hängt am Ende der praktische Nutzen von Coaching ab.

6. Schritt: Lösung und Planung präsentieren

Falls nötig

Nicht immer kann die Lösung vom Klienten allein und ohne Abstimmung mit anderen umgesetzt werden. In diesem Fall müsste er in einem 6. Schritt die Lösung und Planung den Personen vorstellen, die über die Umsetzung entscheiden. Der Klient kann die Vorbereitung mit seinem Coach durchsprechen. Wenn eine Ablehnung der Lösung und schwierige Konflikte zu erwarten sind, lohnt es sich, die Probleme in gesonderten Sitzungen zur Problemanalyse und -lösung zu bearbeiten.

7. Schritt: Umsetzung der Lösung

Gedächtnis und Beharrlichkeit

Nach Kuhl (2001, S. 1006 ff.) wird für die Umsetzung von geplanten Handlungen ein spezielles Gedächtnis für die Absichtsausführung benötigt. In dieser Phase ist Beharrlichkeit gefordert (Willms, 2004, siehe Abschnitt 3.5.5 und 3.6.2).

Unerwartete Probleme

Die Umsetzung der im Coaching erarbeiteten Lösungen ist selten einfach. Oft treten kleine und große unerwartete Probleme auf. Einige liegen in der Verantwortung des Klienten: Er hat wenig Zeit, verschiebt den Beginn der Umsetzung immer wieder und demotiviert sich dadurch selbst. Andere Probleme liegen in unerwarteten Widerständen dritter Personen. Sie glauben nicht an die Lösung, haben keine Lust zusätzliche Arbeit zu investieren oder es gibt technische Pannen oder Fehler.

Wechselbad der Gefühle

In der Umsetzungsphase können die Gefühle in manchen Situationen schnell von Optimismus zur Deprimiertheit wechseln. Um dieses Wechselbad der Gefühle auszuhalten, ist die oben angesprochene Fähigkeit gefordert, die eigenen Emotionen und Energien immer wieder neu positiv und optimistisch aufzubauen. Die unerwarteten Probleme müssen ernst genommen und nach der oben formulierten praktischen Regel zum Komplexitätsmanagement erneut analysiert und gelöst werden (siehe ausführlich Abschnitt 3.5.6).

Durch flexible Beharrlichkeit zum Ziel

Feedback

Der Coach hat in dieser sensiblen Phase eine sehr wichtige stützende psychologische Funktion. Gerade bei wichtigen neuen Lösungen gibt es häufig dritte Personen, die die Lösungen und gleichzeitig den Initiator pauschal ablehnen. Der Coach sollte gerade auch in schwierigen Phasen sehr klar zu seinem Klienten als Person stehen. Durch zirkuläre Fragen hilft er ihm neue Situationen neu zu reflektieren und realisierbare Maßnahmen zu entwickeln und umzusetzen oder die Ziele realistischer zu formulieren oder dritten Personen besser zu vermitteln. Durch differenziertes ermutigendes Feedback aktiviert und bekräftigt er die Beharrlichkeit des Klienten. Oft führt nur flexible Beharrlichkeit am Ende zum Ziel.

Unterstützung in der Problembewältigung

Wie Grawe et al. (1994a) in ihrer zusammenfassenden Analyse allgemeiner Erfolgsfaktoren in der Psychotherapie festgestellt haben, ist die Unterstützung der Handlungsorientierung und Umsetzung der Veränderungsabsichten des Klienten durch den Therapeuten einer der wichtigen, empirisch nachweisbaren allgemeinen Wirkfaktoren. Sie nennen ihn Problembewältigung. Auf die Ergebnisse einer ersten empirischen Untersuchung der Bedeutung des Wirkfaktors beim Coaching durch Behrendt (2004) wird in Abschnitt 3.6.2 eingegangen.

Shadowing

Eine aufwändige, aber außerordentlich wirksame Förderung ist die Begleitung des Klienten durch den Coach bei der Umsetzung in der Praxissituation. Die Anwesenheit des Coachs wird dabei oft durch eine andere Aufgabe kaschiert. Man kann den Coach z.B. als Fachexperten für ein spezielles Thema oder als Co-Moderator vorstellen. Die verdeckte Anwesenheit des Coachs als Beobachter wird bildlich Shadowing genannt. Sehr systematisch wurde diese Methode der Umsetzungsunterstützung in der Führungskräftebegleitung bei der deutschen Bundeswehr eingesetzt (Sauer et al., 2004). Die Ergebnisse sind sehr beeindruckend (siehe dazu Abschnitt 3.6.2).

Telefonshadowing

Flexibler einsetzbar und weniger zeitaufwändig ist das Telefonshadowing. In der von uns konzipierten einfachen Form der Technik, die sich in mehreren mit einer Grundausbildung als Coach verbundenen Studienprojekten sehr bewährt hat, vereinbart man dem Klienten Telefongespräche kurz vor und nach dem ersten Umsetzungsversuch. Das Vorgespräch dient zur emotionalen Kalibrierung, Motivierung und Vorbereitung des Klienten und das Nachgespräch zur Nachanalyse der Situation, z.B. der aufgetretenen Schwierigkeiten und Veränderung des Umsetzungsplans oder im Erfolgsfall zur Bekräftigung und Motivierung auch in der Zukunft „dran zu bleiben". Die Telefonate können sehr kurz sein und ab der zweiten Umsetzung genügt es meist bereits, nur ein Nachgespräch zu führen. Im weiteren Verlauf soll sich der Coach immer weiter ausblenden und dem Klienten vermitteln, wie er sich selbst motivieren und seine Erfahrungen analysieren kann.

Umsetzungswiderstände analysieren und abbauen

Nach den vorliegenden praktischen Erfahrungen ist Telefonshadowing besonders bei der verbreiteten Neigung von Klienten sehr nützlich, die Umsetzung aufzuschieben, obwohl sie dadurch Nachteile haben (Procrastination). Die meisten Klienten sind überrascht, wie einfach sie dadurch ihre Umsetzungswiderstände überwinden. Gleichzeitig wird ihnen bewusst, wodurch und wie sie konkret in der Situation von der geplanten Umsetzung durch eigene affektive Reaktionen und Gedanken oder das Verhalten anderer Personen abgehalten werden. Durch können sie lernen trotz situationstypischer Widerstände und Schwierigkeiten konsequenter zu handeln. Es gibt aber auch einzelne Klienten, die diese Interventionstechnik als zu großen Druck erleben und Reaktanz entwickeln. Hier empfiehlt sich ein sensibles Vorgehen mit mehr Zeit für gemeinsame psychologische Analysen und Reflexionen der Situations- und Motivationsprobleme sowie Hinterfragen und eventuell grundlegendes Verändern der Umsetzungsziele.

8. Schritt: Evaluation und Neubeginn des Kreises

Rückblickende Bilanz

Den Abschluss des Problemlösekreises bildet im Idealfall eine rückblickende Gesamtbewertung der Zielerreichung. Fachlich wird diese Bewertung als Evaluation bezeichnet. Bei manchen Problemlösungen kann man keinen Zeitpunkt festlegen, an dem sie beendet werden, weil sie weitergehen. Ein Beispiel ist eine Verbesserung des Selbstmanagements oder der Entwicklung der eigenen Potenziale. An diesen Aufgaben kann und sollte man ein Leben lang arbeiten. Aber auch hier kann der Klient mit dem Coach ein Zeitpunkt vereinbaren, an dem er eine Zwischenbilanz zur Evaluation des Erfolgs zieht.

Zielerreichungsgrad als Oberkriterium

Diese Bewertungen werden zunächst vom Klienten selbst vorgenommen. Je nach Problem und Ziel können dazu unterschiedliche Kriterien herangezogen werden. Bei der Beschreibung unserer theorieorientierten Methode zur Evaluation des Erfolgs beim Coaching in Kapitel 3.6. kommen wir darauf zurück. Üblich sind subjektive Einschätzungen der Zufriedenheit mit dem Coaching oder zum Prozentsatz der Zielerreichung.

Differenzierte Evaluationen

Die Gesamtbewertung der Ergebnisse der Problemlösungen ist einfach und wird von vielen Coachs wo sie passt routinemäßig, als einfache Evaluationsmethode zur Einschätzung des Erfolgs ihrer Beratung durch den Klienten verwendet. Bei einer genaueren Evaluation wird man sich mit subjektiven Einschätzungen aber nicht zufrieden geben. Auch im Coaching kann man zur Evaluation der Problemlösung im Problemlösekreis genauer direkt und zirkulär nachfragen, um ein differenziertes Bild der Ergebnisse der Veränderungen zu erhalten. Wenn zu Beginn ein Problem-Struktur-Interview durchgeführt wurde, kann man es wieder vorlegen und gemeinsam ein neues Strukturbild erstellen, das die veränderte Problemstruktur wiedergibt (und falls vorhanden, mit dem idealen Strukturbild vergleichen). Neben subjektiven Einschätzungen sollten, wenn möglich, auch objektivierbare Kriterien erfasst werden (siehe Abschnitt 3.6.1).

Offene Probleme und Misserfolge als Lernchancen

Selbst wenn die Lösungen insgesamt als sehr erfolgreich eingeschätzt wurden, zeigen sich bei genauer Analyse in einer differenzierten Evaluation fast immer kleinere oder größere offene Probleme. Evaluation schließt deshalb den Problemlöseprozess keineswegs ab, sondern kann als reflexives Lernen für künftige Verbesserungen des Handelns und Lernens genutzt werden. So gesehen sind auch Misserfolge Lernchancen.

Job oder Aufträge verlieren

Allerdings sollte man Lösungen, die vom Klienten oder seinem Umfeld als Misserfolg eingeschätzt werden, nicht schönreden. Die demotivierenden Wirkungen und negativen Folgen eindeutig negativer Bewertungen sind hier vermutlich sowohl für die Klienten, als auch den Coach sehr nachhaltig (vgl. die Interviews über Misserfolge von Krebs, 2007 Vorber. und Mellmann, 2007). Klienten können ihren Job verlieren, wenn sie sich „trotz Coaching" nicht verändern. Die Coachs verlieren ihren Auftraggeber. Das kann sehr unfair sein, weil für eine nicht erfolgreiche Lösung komplexer Probleme selten nur der Klient als einzelne Person oder gar der Coach verantwortlich ist, sondern ein System von Personen mit ihren Handlungen und Beziehungen. Und trotzdem: Coaching mit Analysen und Reflexionen ist auch gerade bei so genannten Misserfolgen durchführbar und hilft, die Folgen zu verarbeiten und damit so gut wie möglich umzugehen. Psychologisch ist Coaching zur Förderung der Selbstreflexion und Bewältigung der Folgen gravierender Misserfolge vermutlich eine der wenigen Möglichkeiten für den Klienten, die Situation konstruktiv und ohne Schädigung des Selbstbewusstseins zu bewältigen.

Schwierige Erfolge als prägende Erfahrungen

Wenn die Umsetzung der Problemlösungen vom Klienten und seinem Umfeld als eindeutiger Erfolg eingeschätzt wird, treten die Anstrengungen auf dem Weg und das Wechselbad der Gefühle zwischen Erfolgshoffnungen und unerwarteten Problemen bald in den Hintergrund. Nach der PSI-Theorie (Kuhl, 2001, S. 1006 ff.) ist zur *Lösungsverstärkung* bei der Evaluation nicht nur ein Feedback mit nüchternen Ist-Soll-Vergleichen erforderlich, sondern eher ein Feedback, das eine ganzheitliche *gefühlsmäßige Verarbeitung* und *Bewertung* der erzielten Ergebnisse fördert, damit sich die Erfahrungen nachhaltig in das *Extensionsgedächtnis* einprägen können. Dazu kann der Coach seinem Klienten ein einprägsam formuliertes persönliches Feedback geben. Im Gedächtnis bilden Erfolge wichtige, jederzeit wieder aktivierbare Erfahrungen. Besonders die Erfolge, bei denen große Schwierigkeiten zu überwinden waren und starke Affekte aktiviert wurden (siehe Greif, in Vorber., Kapitel 2) bleiben beim Klienten (und beim Coach) unauslöschlich bewusst im Gedächtnis eingeprägt. Sie prägen die Persönlichkeit und ihre Stärken und werden bei jeder passender Gelegenheit stolz berichtet.

Der Problemlösekreis als idealtypischer Prozess

Flexibilität im Ablauf

Der Problemlösekreis ist eine idealtypische Darstellung des Ablaufs beim Lösen von Problemen. Die Wirklichkeit folgt allerdings selten dem beschriebenen „idealtypischen" Ablauf. Der beobachtbare Ablauf kann als eine sich selbst organisierende häufig nicht-lineare Abfolge von Problemlöseaufgaben beschrieben werden. Wie oben dargestellt, ergeben sich oft unvorhergesehene Probleme. Sie stehen beim Managen der Ungewissheit im Mittelpunkt. Das bedeutet, dass der Problemlöser immer wieder neue Analysen durchführen muss und seine Ziele, Lösungen und ihre Bewertungen sowie Pläne, Maßnahmen und ihre Umsetzung anpassen muss. Abbildung 3.4 gibt die Bedeutung der neuen Situationen und typische Rückkopplungen zwischen den ersten vier Schritten wieder.

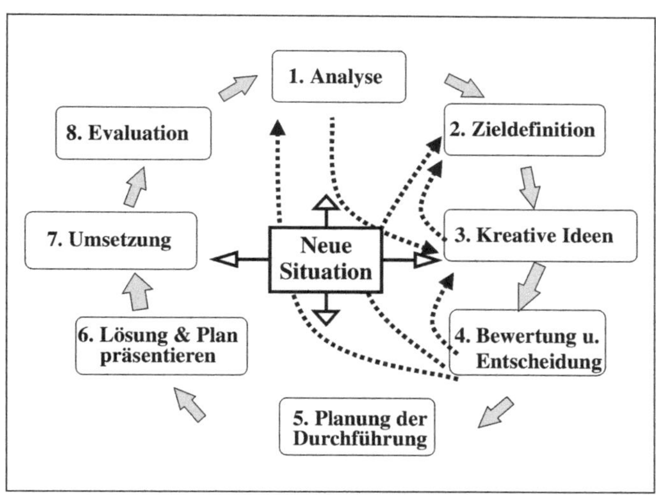

Abb. 3.4: Komplexer Problemlösekreis

Kommunikationsaufwand

Wenn in neuen Situationen andere Personen die Entscheidungen mittragen müssen oder betroffen sind, müssen sie einbezogen werden. Der Kommunikationsaufwand kann mit jeder neuen Situationsanpassung exponentiell zunehmen. Es ist nachvollziehbar, dass die meisten Klienten hier nach Abkürzungen suchen. Führungskräfte besprechen die neue Lage oft nur mit ihrem engsten Kreis und hoffen, dass alle übrigen sich schon irgendwie selbst informieren und trotz der Veränderungen weiter mitmachen. Genau dies führt aber oft zu empörter Kritik für diese Missachtung bei den Entscheidern und Betroffenen. Ein guter Coach kann seinem Klienten helfen, die Einsicht in die Notwendigkeit der Kommunikation über Anpassungen der Ziele und Problemlösungen zu erkennen.

Abkürzungen im Prozess

Natürlich gibt es auch hier pragmatische Abkürzungen etwa per Email-Rundbrief. Wichtig ist dabei, dass diese oder andere Abkürzungen nach zirkulärer Reflexion als unproblematisch bewertet werden und dass man die Beteiligten etwa im Rundschreiben fragt, ob sie damit einverstanden sind. Je häufiger man lernt die Lösungen und Ziele auf neue Situationen anzupassen, desto effizienter und schneller wird man dabei. Ungewissheitsmanagement ist im Grunde eine professionelle Routine, die man erlernen kann und sollte.

Methodisches Erfahrungswissen und Theorien zu den Methoden

Nicht an Methoden klammern!

Anfänger/innen klammern sich beim Bearbeiten von Problemen, die für sie neu und verunsichernd sind, oft strikt an vorgegebene Methoden. Sie versuchen alles sehr gründlich vorauszuplanen und halten sich an jede methodische Regel. Dörner (2003) kritisiert solche Methodenfixierungen, die der Spezifität der Situation selten gerecht werden kann, als problematische Vereinfachung der Komplexität des Problems. Ironisch kommentiert er, dass dadurch das Problem zwar nicht gelöst wird, dass man aber immerhin das beruhigende Gefühl haben kann, „streng nach der Methode" vorgegangen zu sein.

Durchgangsphase

Die Methodenorientierung hilft den Anfänger/innen, Entscheidungen zu ihrem Vorgehen im Coachingprozess zu treffen, bevor sie dies auf der Basis von Erfahrungswissen treffen können. Als Durchgangsphase, die bald überwunden werden sollte, kann der Einsatz bewährter Methoden zur Zielkonkretisierung in unkritischen „Übungsfällen" durchaus Erfolg versprechend sein (siehe Abschnitt 3.6.3). Wichtig ist aber, dass den Anfänger/innen bereits in der Ausbildung vermittelt wird, dass dies eine Lern- und Durchgangsphase ist und nicht für alle Klienten und Probleme geeignet ist.

Profis gehen flexibel und intuitiv methodisch vor

Erfahrene Coachs und Berater/innen gehen beim Lösen von Problemen eher flexibel und pragmatisch vor. Sie können intuitiv auf ihr Erfahrungswissen zurückgreifen und entscheiden oft erst in der Beratungssituation wie sie vorgehen. Dadurch können sie sehr flexibel handeln und bleiben nahe bei den aktuellen Problemen und Handlungen ihrer Klienten. Eine sehr erfahrene Beraterin, die ich interviewt habe, meinte, dass sie keine Methoden verwendet. Bei genauer Analyse eines konkreten Fallbeispiels zeigte sich aber, dass sie zwar nicht streng nach Methoden, aber sehr methodisch vorgegangen ist. So hat sie beispielsweise ihrem Klienten, der als Führungskraft ein neues Team zusammenstellen musste, weil er genau das brauchte, eine einfache Methode zur Potenzialanalyse vorgeschlagen und mit ihm zusammen umgesetzt. Ihr methodisches Vorgehen wurde ihr erst im Interview bewusst. Wie am Beispiel beschrieben wurde, sind Profis aufgrund ihrer breiten Methodenerfahrungen in der Lage, den Beratungsprozess intuitiv methodisch zu gestalten und dabei aus dem Moment heraus personen- und situationsangemessene Vorgehensweisen zu entwickeln.

Methoden theoretisch reflektieren

Nicht nur Anfänger, sondern auch Profis interessieren sich sehr für die Methoden ihrer Kolleg/innen. Die erste Auflage der Zusammenstellung der Coaching-Tools von Rauen (2004) hat sich in wenigen Wochen verkauft. Aber ich nehme an, dass Profis die Beschreibungen der Methoden und Tools, wenn sie Zeit finden sie zu lesen, vor dem Hintergrund ihres Erfahrungswissens mit der erforderlichen Distanz reflektieren. Wenn sie sich zum Ausprobieren anregen lassen, werden sie die Methoden so abwandeln, wie sie es für angemessen halten.

Nicht mit Beschreibungen zufrieden geben

Nach dem Warum fragen

Reflexives Lernen des methodischen Vorgehens

Auch Anfängern/innen wäre zu empfehlen, dass sie Methoden und Vorgehensweisen nicht einfach nach Beschreibungen von „Autoritäten" übernehmen, sondern auf einer Erklärung dafür bestehen, warum die Vorgehensweise so und nicht anders gewählt wurde. Warum-Fragen zu Methoden fordern theoretisch begründete Erklärungen nach der Theorie hinter der Vorgehensweise. Die theoretischen Erklärungen zu den exemplarischen Methoden in diesem Kapitel lassen sich durch praktische Beobachtungen oder wissenschaftliche Untersuchungen überprüfen. So kann man beispielsweise prüfen, ob die Selbstreflexion, wie oben angenommen, durch bildhafte Methoden erleichtert wird oder ob Kritik an den Lösungsideen des Klienten seinen Ideenfluss bremst. Genaue theoretische Erklärungen und Annahmen über die praktischen Wirkungen konkreter methodischer Vorgehensweisen sind die Grundlage für die Evaluation und Weiterentwicklung von theoretisch fundierten und methodisch gestalteten Coachingprozessen (siehe unten Abschnitt 3.6.3). Anfänger/innen und Profis sollen deshalb in der Ausbildung nicht Methoden lernen, sondern lernen, Reflexions- und Beratungsprozesse mit erklärbaren Wirkungen methodisch und reflektiert durchzuführen.

Theorie hinter den Methoden ist wichtiger als ihre Darstellung

Wer sich als Coach starr an die in diesem Kapitel beschriebenen Methoden und Techniken oder auch an den komplexen Problemlösekreis orientiert, wird damit in der praktischen Anwendung Probleme bekommen. Der komplexe Problemlösekreis beschreibt so gesehen nur die „allgemeine Aufgabenlogik" des Vorgehens beim Lösen von Problemen. Diese Aufgabenlogik expliziert gewissermaßen die Theorie hinter den praktischen Methoden und Techniken. Sie ist wichtiger als die Beschreibung der Techniken.

Methodenorientierte Forschung

Das Anliegen der vorangehenden Darstellung ist, eine allgemeine praktisch-psychologische Theorie zur methodisch erfolgreichen Intervention beim Coaching zu entwickeln, die exemplarisch methodische Vorgehensweisen mit den angestrebten Wirkungen und Nebenwirkungen erklärt. Die Effekte verschiedener Interventionsmethoden wurden zwar noch nicht im Bereich Coaching, aber in anderen Anwendungsfeldern teilweise bereits sehr eingehend erforscht. Die Coachingforschung sollte hier Anschlüsse suchen. In der vorliegenden Darstellung wurden dazu lediglich übersichtsartig interessant erscheinende methodenorientierte Theorien und Forschungsergebnisse behandelt. Für das Thema wäre jedoch eine umfassende eigene Darstellung wünschenswert.

3.3.3 Systematisierung der methodischen Erfolgsfaktoren im Coachingprozess

Andere Systematisierung der Wirkfaktoren nach Grawe

In Abschnitt 3.3.1 wurde festgestellt, dass die allgemeinen Wirkfaktoren im Prozess der Psychotherapie nach Grawe et al. (1994a) mit erforderlichen Anpassungen grundsätzlich auf den Coachingprozess übertragen werden können. Um anschaulich zu beschreiben, welche methodischen Interventionen des Therapeuten Erfolg versprechen, haben wir oben das Instrument zur Beobachtung des Therapeutenverhaltens von Grawe et al. (1994b, von Behrendt, 2004, für den Coachingprozess übertragen) mit allen einzelnen Ratings in Kasten 3.8 wiedergegeben. Dabei zeigte sich allerdings, dass die einzelnen Ratings des Beobachtungsinstruments für den Coachingprozess umformuliert werden müssen und manche nicht geeignet erscheinen (insbesondere Items zur Aktivierung und Bearbeitung von Gefühlen). Allerdings erscheint eine andere Systematisierung und Erweiterung der Items vor dem Hintergrund unserer theoretischen Grundlagen und nach den Methoden im vorangehenden Kapitel erforderlich.

Empirische Überprüfung erforderlich

Im Folgenden wird eine erste zusammenfassende Systematisierung und Erweiterung der methodischen Erfolgsfaktoren vorgestellt. Sie ist allerdings empirisch noch nicht erprobt und eher als tentative erste Beschreibung zu verstehen. Es ist geplant, sie in den anlaufenden Untersuchungen zu erproben (vgl. Schmidt & Thamm, in Vorber.). Gedacht ist dabei, sie parallel zur Verhaltensbeobachtung von per Video aufgezeichneten Sitzungen durch trainierte Beobachter sowie nach den Sitzungen zur Selbsteinschätzung für die Coachs und als Fragebogen für die Klienten zu verwenden. Dabei werden auch die neueren Beobachtungsskalen zur Ressourcenaktivierung der Berner Forschergruppe und Rating-Manuals herangezogen (Flückiger et al., in Vorber.)[16].

---

[16] Die einzusetzende Beobachtungsversion muss allerdings erheblich eingekürzt und auf eindeutig beobachtbare Merkmale reduziert werden (vgl. Schmidt & Thamm, in Vorber.). Wir danken Christoph Flückiger aus der Berner Forschergruppe für die freundliche Beratung und Zusendung von Manuskripten und dem aktuellen Manual zur Ressourcenorientierten Mikroprozess Analyse (ROMA).

7 methodische Erfolgsfaktoren

Unterschieden werden hypothetisch sieben methodische Erfolgsfaktoren im Coachingprozess. Analog zu Grawes Wirkfaktoren fassen sie die im vorliegenden Kapitel angesprochenen Erfolg versprechenden Interventionen auf der Meta-Ebene zusammen. Die einzelnen Ratings zu den Faktoren werden unten in Kasten 3.8 wiedergegeben.

1. Wertschätzung und emotionale Unterstützung
2. Affektreflexion und -kalibrierung
3. Ergebnisorientierte Problemreflexion
4. Ergebnisorientierte Selbstreflexion
5. Zielklärung
6. Ressourcenaktivierung und Umsetzungsunterstützung
7. Evaluation der Fortschritte im Verlauf

Wertschätzung und Unterstützung

1. Die Wertschätzung und emotionale Unterstützung des Klienten durch den Coach und sein förderndes Feedback ist ein besonders wichtiges, sicher auch für den Coachingerfolg grundlegendes Merkmal für die Beziehungsqualität (siehe ausführlicher Kapitel 3.4). In der Psychotherapie und beim Coaching wird die Beziehungsqualität schulenübergreifend als grundlegende „Psychotherapeutenvariable" gesehen (Stober, 2006). Mit Grawe et al. (1994b) wird das Vertrauen des Klienten, vom Coach unterstützt zu werden als wichtige Ressource für den Klienten eingeordnet. Das Vertrauen entwickelt sich durch die vom Coach im Prozess wiederholt gezeigte Wertschätzung und Unterstützung. Die Unterstützung durch den Coach ist eine besondere Ressource, die für die Coachingbeziehung kennzeichnend ist. Sie wird daher von den anderen Gruppen von Ressourcen unterschieden und bildet allein den Erfolgsfaktor 1. Die Aktivierung eigener Ressourcen des Klienten oder die Hilfe durch Freunde, Kollegen und Vorgesetzte gehen in die anderen Faktoren ein. Gut von anderen unterscheidbar ist die Unterstützung in der Phase der Zielrealisierung und Umsetzung. Sie wird im Erfolgsfaktor 6 angesprochen.

Affektreflexion und -kalibrierung

2. Erhebliche inhaltliche Modifikationen der Items des Beobachtungsinstruments von Grawe et al. (1994b) sind beim Faktor Problemaktualisierung erforderlich. In der Cubus-Analyse wird hier nach einer intensiven Aktivierung und Bearbeitung von Gefühlen gefragt. Wie bereits bei der Unterscheidung von Coaching und Psychotherapie herausgestellt wurde, ist es beim Coaching nicht typisch, sich über mehrere Sitzungen vorwiegend mit den Gefühlen des Klienten zu beschäftigen oder intensive Gefühle zu evozieren. Wie oben in Kapitel 3.2 dargestellt wurde, erscheint es aber für einen besseren Selbstzugang erforderlich, beim Coaching Affekte und Gefühle zuzulassen und sie anschließend bewusst zu reflektieren und zu kalibrieren. Die Ratings zu diesem Faktor wurden

deshalb vor diesem theoretischen Hintergrund vollständig umformuliert und als Affektreflexion und -kalibrierung bezeichnet.

Kasten 3.8: Rating der methodischen Erfolgsfaktoren im Coachingprozess

1. Wertschätzung und emotionale Unterstützung

- Der Coach zeigt sich wertschätzend.
- Der Coach gibt dem Klienten positives Feedback (z.B. durch glaubwürdige Anerkennung der Stärken und Fähigkeiten oder bereits erzielter Ergebnisse und Veränderungen im Coaching).
- Der Coach vermittelt dem Klienten, „Sie können mir vertrauen".
- Der Coach zeigt Verständnis für Verhalten und Gefühle des Klienten.
- Der Coach spricht positive Bewertungen des Klienten durch andere Personen an.

2. Affektreflexion und -kalibrierung

- Der Coach fordert den Klienten auf, seine Affekte und Gefühle in Problemsituationen zu beschreiben.
- Der Coach fördert die zielgerichtete Reflexion des Klienten über seine Affekte und Gefühle in Problemsituationen und wodurch sie ausgelöst werden.
- Der Coach hilft dem Klienten methodisch, sich aktiv selbst zu beruhigen (z.B. durch Beruhigungsübungen oder Entspannungstechniken).
- Der Coach fördert gemeinsames Schmunzeln über Affekt auslösende Problemsituationen oder problematisches Verhalten des Klienten.

3. Ergebnisorientierte Problemreflexion

- Der Coach arbeitet darauf hin, dass der Klient sich aktiv mit seinen Problemen auseinandersetzt und daraus konkrete Folgerungen ableitet.

Fortsetzung Kasten 3.8:

- Der Coach arbeitet aktiv darauf hin, dass der Klient seine Probleme in neuen Zusammenhängen sehen kann und dies in praktischen Folgerungen berücksichtigt.
- Der Coach arbeitet darauf hin, dass der Klient darüber nachdenkt, wie er seinen Alltag besser organisieren und konkrete Verbesserungsmöglichkeiten finden kann.
- Der Coach überlegt mit dem Klienten, wie der Klient andere Personen beeinflussen kann, ihr Verhalten zu ändern.

4. Ergebnisorientierte Selbstreflexion

- Der Coach arbeitet darauf hin, dass der Klient sich über seine Bedürfnisse und Motive klarer wird und daraus Folgerungen ableitet.
- Der Coach arbeitet darauf hin, dass der Klient sich über seine persönlichen Werte und Normen klarer wird und daraus Folgerungen ableitet.
- Der Coach arbeitet darauf hin, dass der Klient sich über seine Stärken und Schwächen klarer wird und konkret überlegt, wie er seine Stärken effektiver nutzen oder seine Schwächen überwinden kann.
- Der Coach arbeitet aktiv darauf hin, dass dem Klienten wichtige Zusammenhänge seines Erlebens und Verhaltens klarer werden und dass er daraus Folgerungen ableitet.
- Der Coach arbeitet mit dem Klienten daran, dass dieser sich über seine Beziehungen zu anderen Menschen besser verstehen kann und dies konkret zur Verbesserung der Beziehungen nutzt.
- Der Coach arbeitet darauf hin, dass der Klient über sein Verhalten in Konflikten mit anderen Personen nachdenkt und Möglichkeiten findet, wie er sein Verhalten ändern kann.

5. Zielklärung

- Der Coach arbeitet darauf hin, dass der Klient die mit dem Coaching angestrebten Ziele oder Problemlösungen klärt und genau beschreibt.
- Der Coach arbeitet darauf hin, dass der Klient die Wichtigkeit und Erreichbarkeit der angestrebten Ziele oder Problemlösungen überprüft.

Fortsetzung Kasten 3.8:

- Der Coach arbeitet darauf hin, dass der Klient Prioritäten setzt, welche Ziele oder Problemlösungen er zuerst auswählt.
- Der Coach fordert den Klienten auf, die angestrebten Ergebnisse und Situation im Kontrast zur realen Situation zu analysieren. Der Coach fördert, dass der Klient Ziele auswählt, die für ihn persönlich erreichbar, aber herausfordernd sind.

6. Ressourcenaktivierung und Umsetzungsunterstützung

- Der Coach analysiert mit dem Klienten seine Möglichkeiten und Kompetenzen zur Zielerreichung.
- Der Coach richtet sein Vorgehen gezielt auf die besonderen Möglichkeiten und Kompetenzen des Klienten aus.
- Der Coach analysiert mit dem Klienten, welche Strategien in der Vergangenheit oder nach seinen Erfahrungen zum Erfolg geführt haben und wie diese übertragen werden können.
- Der Coach analysiert mit dem Klienten frühere Situationen, in denen er seine positiven Fähigkeiten gezeigt hat und zeigt, wie sie übertragbar sind.
- Der Coach arbeitet darauf hin, dass der Klient sich Gedanken macht, was er bereit ist, für das angestrebte Ziel zu investieren.
- Der Coach regt an, dass der Klient bei seinen Plänen zur Zielerreichung den Austausch mit Anderen sucht und ihm darüber berichtet.
- Coach analysiert mit dem Klienten frühere Situationen, die ihm Kraft und Energie gegeben haben, und zeigt, wie er dies auf die künftige Zielumsetzung übertragen kann.
- Der Coach analysiert mit dem Klienten mögliche Schwierigkeiten und Probleme in der Umsetzung der geplanten Veränderungen und wie sie überwunden werden können.
- Der Coach arbeitet darauf hin, dass der Klient sich weiterentwickelt, um einem bestimmten Problem besser gewachsen zu sein.
- Der Coach versucht aktiv, Handlungskompetenzen des Klienten zu verbessern.
- Der Coach fragt den Klienten ausdrücklich nach der Umsetzung der besprochenen Pläne und fördert dabei, dass der Klient seine Pläne umsetzt oder wenn nötig verändert und das Erforderliche unternimmt, um seine Ziele zu verwirklichen.

Fortsetzung Kasten 3.8:

- Der Coach ermutigt und bestärkt den Klienten bei seinen Umsetzungsversuchen und gibt ihm förderndes Feedback.
- Der Coach arbeitet aktiv darauf hin, dass der Klient für ihn herausfordernde Situationen in der Umsetzungsphase besser bewältigen kann.
- Der Coach analysiert mit dem Klienten, was er selbst aktiv zum Erfolg des Coachings beitragen kann.

7. Evaluation der Fortschritte im Verlauf

- Der Klienten sagt, dass er mit der Sitzung oder dem gesamten bisherigen Coaching allgemein zufrieden ist.
- Der Klient nennt konkrete positive Ergebnisse des Coachings, mit denen er zufrieden ist.
- Der Klient schätzt den bisher erreichten Zielerreichungsgrad oder Erfolg des Coachings auf Ratingskalen eindeutig positiv ein.

Ergebnisorientierte Problemreflexion

3. Der Faktor ergebnisorientierte Problemreflexion umfasst Reflexionen und spezifisches Feedback oder allgemein Analysen zu Problemen, die nicht ausdrücklich das reale oder ideale Selbstkonzept des Klienten (z.B. auf seine Stärken und Schwächen) oder die Veränderung seines, von ihm als problematisch eingeschätzten Verhaltens bezogen sind. In diesen Faktor wurden drei Ratings aus der Cubus-Analyse übernommen, allerdings stärker auf Ergebnisorientierung hin umformuliert. Aufgenommen wurden auch Items aus dem Fragebogen zur ergebnisorientierten Problem- und Selbstreflexion (Berg, 2007).

Ergebnisorientierte Selbstreflexion

4. Zur ergebnisorientierten Selbstreflexion zählen die im vorangehenden Faktor ausgeschlossen Reflexionen zum Selbstkonzept des Klienten oder Analysen und Feedback zur Veränderung kritischen Verhaltens. Der Katalog möglicher Gegenstände ist vielfältig. Er reicht von der Reflexion über die eigenen Motive oder Werte, Normen und Regeln, Selbsteinschätzungen und Feedback zu Stärken und Schwächen bis hin zu Analysen persönlich wichtiger Beziehungen oder des Verhaltens bei Konflikten mit relevanten Personen. Aufgenommen wurden hier Ratings aus der Cubus-Analyse und unserem Fragebogen zur Selbstreflexion (Berg, 2007). Entscheidend ist immer, dass die Selbstreflexion nicht ohne Folgerungen für andere Ergebnisse hin erfolgt. Die Ratings sind deshalb immer auf Ergebnisorientierung hin formuliert. Feedback wird nicht ausdrücklich ange-

sprochen, die Formulierung „der Coach arbeitet darauf hin" umfasst aber als eine Möglichkeit immer auch Feedback!

Zielklärung

5. Wie oben beim Problemlösekreis dargestellt wurde, ist die Zielklärung ein für das Coaching anscheinend besonders wichtiger methodischer Erfolgsfaktor. Im Unterschied zur Klärung der Motivation geht es hier um die Konkretisierung und möglichst genaue Beschreibung der beim Coaching angestrebten Ziele oder Problemlösungen. Zusätzlich werden weitere nach wissenschaftlicher Erkenntnis Erfolg fördernde Merkmale bei Zielklärungen, wie Überprüfung der Wichtigkeit, Erreichbarkeit (bzw. Fähigkeit des Klienten sie zu erreichen, Fachbegriff: Selbstwirksamkeitserwartung), Kontrastierung der gewünschten Ergebnisse mit der realen Situation sowie Auswahl persönlich herausfordernder Ziele.

Ressourcenaktivierung und Umsetzungsunterstützung

6. Die Ressourcenaktivierung wird in der vorliegenden Systematisierung insbesondere auf die Unterstützung der Entwicklung und Umsetzung von Plänen zur Zielerreichung oder Lösung der Probleme bezogen. Zu diesem komplexen Bereich habe ich eine lange Liste von insgesamt 15 Ratings zusammengestellt, um zu zeigen, was alles als Ressource zur Unterstützung der Umsetzung der Pläne des Klienten eingesetzt werden kann. Förderliches Feedback des Coachs zu den Umsetzungsbemühungen seines Klienten zählt auch als Ressourcenaktivierung (siehe Frage 13 des Faktors). In einer konkreten Coachingsitzung werden jeweils nur spezielle Ressourcen aktiviert.

Beispiele für Ressourcen

Ausgangspunkt für die Ressourcenaktivierung bei der Umsetzung ist die Klärung der Möglichkeiten und Kompetenzen des Klienten zur Zielerreichung und der Frage, wie er sie einsetzen kann. Aber auch die Hilfe des Coachs bei der gemeinsamen Ideenfindung für geeignete Strategien, systematischen Klärung förderlicher Voraussetzungen und natürlich die Beratung der Planung der Zielerreichung sind für den Klienten wichtige konkrete Ressourcen. Inspiriert von Klugers (2006) Feedforward-Interview (siehe oben in diesem Kapitel) wurde die Frage aufgenommen, ob der Coach mit dem Klienten frühere Situationen analysiert, die ihm Kraft und Energie gegeben haben, und wie er dies auf die künftige Zielumsetzung übertragen kann. Wenn die Pläne mit Zeitangaben versehen werden, ist die Erwartung des Klienten, dass er dem Coach berichten soll, wie er sie umgesetzt hat, eine vermutlich außerordentlich wirksame Ressource. Feedback und Bekräftigung gehören ebenfalls dazu, wenn nötig aber auch realistische Anpassung der Ziele und Pläne an unerwartete Schwierigkeiten und Probleme. Die abschließende allgemeine Frage aus der Cubus-Analyse, was der Klient selbst zum Coachingerfolg beiträgt, kann dem Klienten seine eigene Verantwortung bewusst machen und zur Aktivierung seiner Ressourcen beitragen.

Evaluation der Fortschritte

7. Im Problemlösekreis wurde angesprochen, dass zu jeder umgesetzten Lösung eine Evaluation der resultierenden Ergebnisse im Vergleich zu

den Zielen erforderlich ist. An dieser Stelle geht es jedoch nicht um eine Abschlussevaluation, sondern um die Zufriedenheit des Klienten mit den durch das Coaching erzielten Fortschritten oder andere Bewertungen im Verlauf der Sitzungen. Wenn diese Bewertungen eindeutig positiv sind, können sie im Coachingprozess helfen, schwierige Phasen, die immer möglich sind zu überwinden. Solche Zwischenevaluationen in jeder Sitzung fördern demnach den Erfolg. Wenn sie negativ werden, sind sie ein Problem, dass im Coaching bearbeitet werden muss.

3.3.4 Zusammenfassung, Annahmen und Folgerungen

Flexibles methodisches Vorgehen

Nach der vorangehenden theoretischen Analyse der Wirkungen praktischer Methoden oder methodischer Vorgehensweisen beim Coaching müssen ihre Wirkungen jeweils sehr differenziert personen- und kontextbezogen betrachtet werden. Dieselbe Technik kann bei verschiedenen Personen und in verschiedenen Situationen sehr unterschiedlich wirken. So kann zirkuläres Fragen bei einer dafür offenen Person für sie wichtige ergebnisorientierte Selbstreflexionen anstoßen, bei einem zahlenorientierten Manager aber anfangs heftige Ablehnung hervorrufen (vgl. Leder, 2005), im späteren jedoch bei derselben Person wiederum positive Wirkungen erzielen. Erfahrene professionelle Coachs gehen methodisch flexibel vor und passen ihr Vorgehen an die Person und Situation an. Für ihren Methodenbezug erscheint die Bezeichnung „methodisches Vorgehen“ angemessener, als „Methodenanwendung“.

Übersicht

Die folgende Annahmengruppe A 3.3 behandelt die folgenden vier Themen:

1. Flexible Anpassung des methodischen Vorgehens
2. Ergebnisorientierte Problem- und Selbstreflexion durch bildhafte Techniken, Fragentechniken, Feedforward und Feedback
3. Zielklärung oder Problemlösung und Umsetzung durch Methoden zum Problemlösekreis
4. Coachingerfolg und methodische Erfolgsfaktoren

Annahmengruppe A 3.3
Methodisches Vorgehen beim Coaching

1. Die Wirkungen beim Coaching hängen von einer flexiblen Anpassung des methodischen Vorgehens an die Person und Situation ab.
2. Zur Förderung von ergebnisorientierten Problem- und Selbstreflexionen sowie Ressourcenaktivierung eignen sich bildhafte Techniken, direkte und zirkuläre Fragen sowie Feedforward und differenziertes Feedback.
3. Zur Zielklärung oder Erarbeitung von Problemlösungen und zur Unterstützung der Umsetzung der Lösungen oder Veränderungen eignen sich die Methoden zum Problemlösekreis.
4. Der Coachingerfolg hängt von einer flexibel an die Klienten und ihre Probleme angepassten Realisierung der methodischen Erfolgsfaktoren im Coachingprozess ab (vgl. die Ratings zu den methodischen Erfolgsfaktoren in Kasten 3.8).

Empirische Überprüfung

Es ist nicht einfach, die erste Annahme der Annahmengruppe 3.3 empirisch zu bestätigen. Dazu müsste man nachweisen, dass starre Methodenanwendungen andere Wirkungen haben, als ein flexibles methodisches Vorgehen. In der bisherigen empirischen Evaluationsforschung zum Coaching (siehe Abschnitt 3.6.3) werden jedoch nur Vorgehensweisen überprüft, die eine Anpassung auf einzelne Klienten erlauben. Die anderen, in der Annahmengruppe A 3.3 wiedergegebenen Annahmen, sind durch Wirkungsvergleiche verschiedener Vorgehensweisen prüfbar. Empirisch bestätigt wurde insbesondere die positive Wirkung der Zielkonkretisierung (siehe Abschnitt 3.6.3).

Untersuchung der methodischen Erfolgsfaktoren

Eine wichtige offene Frage ist, ob sich die übrigen teilweise an Grawe et al. (1994b) angelehnten, aber für den Coachingbereich neu systematisierten, überarbeiteten und erweiterten methodischen Erfolgsfaktoren empirisch bestätigen lassen. Eine erste Überprüfung der Anwendbarkeit der Ratings wurde bereits begonnen (Schmidt & Thamm, in Vorber.). Erst wenn dazu Ergebnisse vorliegen, können Untersuchungen zu den Zusammenhängen zwischen den methodischen Erfolgsfaktoren und den Ergebnissen beim Coaching durchgeführt werden. Bis aussagekräftige positive Ergebnisse vorliegen, sind die darauf bezogenen Annahmen noch als ungeprüft anzusehen. Immerhin wird vor den Ergebnissen offen gelegt, welche Wirkungen erwartet werden.

Zu wenig Wissen

Wir wissen zu wenig über die Wirksamkeit verschiedener alternativer Methoden bei verschiedenen Problemen und Personen. Eine methodische Professionalisierung von Coaching erfordert wissenschaftliche Systematisierungen und vergleichende Evaluationen der Wirkungen verschiedener Interventionen bei bestimmten Problemtypen und Personengruppen unter Berücksichtigung der spezifischen Situationen. Erst wenn auf einer solchen differenzierten empirisch-wissenchaftlichen Grundlage die Wirkungen alternativer Methoden nachgewiesen werden, kann man streng genommen von einem nachweisbasierten (evidence based) Coaching (Grant & Stober, 2006) sprechen.

Vorsichtige Empfehlungen

Solange die Wirkungen der einzelnen Methoden beim Coaching nicht nachgewiesen werden, können wir nur allgemeine und vorsichtig formulierte praktische Empfehlungen geben. Sie werden in den Folgerungen P 3.3 wiedergegeben.

Praktische Folgerungen P 3.3:
Methodisch flexibel und pragmatisch vorgehen

1. Coachs sollen Methoden und Techniken nicht starr anwenden, sondern unter Anwendung wissenschaftlicher Analysen und reflektierter eigener Erfahrungen methodisch, aber flexibel angepasst an Person und Situation vorgehen!

2. Zur Förderung von ergebnisorientierten Problem- und Selbstreflexionen sowie Ressourcenaktivierung können bildhafte Techniken, direkte und zirkuläre Fragen sowie Feedforward und Feedback eingesetzt und weiterentwickelt werden.

3. Zur Zielklärung und Erarbeitung von Problemlösungen oder Umsetzung der Lösungen oder Veränderungen können flexibel angepasste Methoden zum Problemlösekreis verwendet werden.

4. Zur Unterstützung bei der Zielerreichung oder Lösung der im Coaching bearbeiteten Probleme sollen die Coachs die methodischen Erfolgsfaktoren im Coachingprozess überprüfen und auf ihre Wirksamkeit hin beobachten (sie können dazu die Ratings zu den methodischen Erfolgsfaktoren in Kasten 3.7 zur Selbsteinschätzung oder Befragung von Klienten testen).

Um die Methoden kompetent anzuwenden, braucht der Coach Methodenkompetenzen. Diese und andere Kompetenzen des Coachs werden im folgenden Kapitel 3.4 behandelt.

3.4 Coach und Coaching-Kompetenzen

Offene Fragen

Was muss ein Coach mitbringen, um beim Coaching erfolgreich zu sein? Welche Persönlichkeitseigenschaften, Fähigkeiten und Kompetenzen, welche Ausbildung, welches Wissen und welche Erfahrungen? Im vorangehenden Kapitel wurden das Methodenwissen und die erforderlichen Erfahrungen behandelt. In diesem Kapitel werden weitere Anforderungen an die Person und Kompetenzen des Coachs behandelt. Da die empirisch-wissenschaftliche Forschung zu diesem Thema noch relativ schmal ist (siehe Abschnitt 3.6.3), werden die Antworten noch sehr vorläufig ausfallen.

3.4.1 Professionelle Qualitätsanforderungen

Experten-befragung

Heß und Roth (2001) haben eine grundlegende Expertenbefragung zu den professionellen Anforderungen und Qualitätsstandards beim Coaching durchgeführt. Nach einer qualitativen Auswertung der Expertenmeinungen unterscheiden sie in Anlehnung an Donabedian (1985) drei gleichberechtigte Qualitätsdimensionen: 1. Struktur-, 2. Prozess- und 3. Ergebnisqualität mit insgesamt über 50 Einzelkriterien (Heß & Roth, 2001, S. 62 ff.). Da alle drei Dimensionen Anforderungen an den Coach enthalten, werden sie hier zusammenfassend wiedergegeben. Schwerpunktmäßig werden dabei die Anforderungen an den Coach aufgeführt.

Strukturqualität

(1) Die *Strukturqualität* betrifft die Frage, *was beim Coaching benötigt wird*. Sie bezieht sich auf die erforderlichen personellen Ausstattungen mit geeigneten Coachs und ihren Qualifikationen, Anforderungen an den Klienten und das Unternehmen, aber auch an die erforderliche materielle und räumliche Ausstattung. Die meisten der hier genannten Qualitätsmerkmale sind zugleich Anforderungen an den Coach. Im Folgenden werden hierzu alle Kategorien aus der Expertenbefragung wiedergeben, die von mehr als drei der insgesamt zwölf befragten Experten angesprochen wurden (Heß & Roth, 2001, S. 190 f.).

Qualifikationen, Erfahrungen und Ausbildung

Die mehrfach von den Experten genannten *Qualifikationsanforderungen* an den Coach lassen sich den folgenden Oberkategorien zuordnen: Coaching-Erfahrungen/Spezialisierung, Feldkompetenz, betriebswirtschaftliche Kenntnisse/Erfahrungen, psychologische Kenntnisse und eigene Führungserfahrungen. Zum Bereich *Eigenschaften/Erfahrungen* werden angesprochen: Alter/Lebenserfahrung, interessierte Haltung, Erfahrungen mit Menschen, Offenheit, Ressourcenorientierung Mut und Risikobereitschaft sowie Zuverlässigkeit. Als *methodische Qualifikations-*

anforderungen werden thematisiert: Methodenkompetenz, Kommunikationsfähigkeit, psychologisch-diagnostische Kompetenz, Wissen um die Grenzen des Coachings, Selbstreflexion/Selbstkenntnis/Selbsterfahrung sowie analytische und vernetzte kognitive Fähigkeiten. Als *Beziehungsgestaltungskompetenz* genannt werden: Empathiefähigkeit, Autonomie, Wertschätzung und Zurückhaltung.

Hohe Anforderungen

Wie die Zusammenstellung zeigt, sollen die Coachs nach Expertenmeinung nicht nur Fachwissen, Erfahrungen und Feldkompetenz sondern als Person besondere Fähigkeiten wie Offenheit, Kommunikationsfähigkeit und Selbstreflexion mitbringen. Sie sollen außerdem in der Lage sein, durch Zeigen von Empathie und Wertschätzung, zugleich aber auch Zurückhaltung und Förderung der Autonomie des Klienten eine unterstützende Beziehung zu ihren Klienten aufzubauen. Diese besonders wichtige Anforderung wird als Beziehungsqualität bezeichnet.

Beziehungsqualität

Prozessqualität

(2) Die *Prozessqualität* bezieht sich auf die Frage, *wie das Coaching ablaufen soll.* Dazu gehören alle Anforderungen an die Interaktionen mit dem Klienten im gesamten Verlauf des Coachings, vom ersten Kontakt, im Erstgespräch und allen folgenden Gesprächen und Maßnahmen bis zum Abschluss- und Nachgespräch (Heß & Roth, S. 65 f., Ergebnisse siehe S.142 f., zum Erstgespräch vgl. Abschnitt 3.3.2 in diesem Buch).

Weiterer Verlauf

Im weiteren Verlauf des Coachings muss entschieden werden, welche Interventionen eingesetzt werden und wie methodisch vorgegangen wird. Nach der Meinung der Experten ist es dabei nicht nur erforderlich, das Anliegen des Klienten als Grundlage zu verwenden, sondern auch seine persönlichen Voraussetzungen und die spezifischen Unternehmensbedingungen. Außerdem soll der Coach gegebenenfalls überprüfen, ob Coaching oder andere Interventionen indiziert sind. Alle Schritte und Interventionen sollen dem Klienten transparent vermittelt werden (Methoden und Maßnahmen, Menschenbild, theoretische Basis, Werte und Coaching-Definition). Wichtig sind ferner die Einhaltung aller Vereinbarungen (Mitbestimmung des Klienten, Schweigepflicht des Coachs, Spielregeln der Zusammenarbeit, Zahl der Sitzungen, Zeitrahmen etc.) sowie Zwischen- und Abschlussresümee (Evaluationsmethoden).

Ergebnisqualität

(3) Die *Ergebnisqualität* behandelt die Frage, *was beim Coaching herauskommen soll.* Eingeschätzt werden sollen nach Expertenmeinung (möglichst in einer Evaluation im Abschlussresümee) insbesondere die Zufriedenheit des Klienten sowie seine emotionale Entlastung durch das Coaching, die Zielerreichung, die Zunahme der Bewusstheit und Verantwortung des Klienten, Erweiterungen seines Handlungsrepertoires oder Einstellungsänderungen (Heß & Roth, 2001, S. 143).

Beziehungsqualität

Nach der Expertenbefragung von Heß und Roth (2001) zur Struktur-, Prozess- und Ergebnisqualität sind die Anforderungen an den Coach außerordentlich komplex. Wie bei einer derartigen Befragung zu erwarten, werden relativ allgemeine Merkmale angesprochen. In den Erläutungen zeigen sich insbesondere bei der Problemklärung und Zielklärung deutliche Übereinstimmungen zu den methodischen Anforderungen, wie sie in Kapitel 3.3 konkret dargelegt wurden. Die Ergebnisse stellen die Bedeutung der Beziehungsqualität besonders heraus. Sie wird zunächst als eine Kompetenz gesehen, die ein Coach mitbringen muss und daher als Strukturmerkmal eingeordnet. Weil sich die Beziehung zwischen Coach und Klient normalerweise erst im Verlauf des Coachings herstellt, wäre sie neben der Qualifikationsseite aber vorwiegend als Prozessqualität einzuordnen. Die Bedeutung der grundlegenden Merkmale der Beziehungsqualität wie Wertschätzung und Empathie wurde bereits in der vorangehenden theoretischen Analyse angesprochen (siehe zur Ressourcenaktualisierung in der erweiterten Selbstaufmerksamkeitstheorie Abschnitt 3.1.2 und zur PSI-Theorie Abschnitt 3.2.3). Sie wird uns als wichtiger Erfolgsfaktor in der Evaluationsforschung erneut begegnen (siehe Abschnitt 3.6.2 und 3.6.3). Die Merkmale der Ergebnisqualität werden ebenfalls in der Evaluationsforschung berücksichtigt (siehe Abschnitt 3.6.1).

3.4.2 Coaching-Kompetenzen

Leistungsdispositionen oder -potenziale

Wie lassen sich die Anforderungen an den Coach systematisch zusammenfassen? Um diese Frage zu beantworten, sollten die dabei verwendeten allgemeinen Grundbegriffe klar unterschieden werden. Ich orientiere mich dazu an der in der psychologischen Forschung und an in diesem Feld auch im Angloamerikanischen gebräuchlichen Fachbegriffen Wissen, Erfahrungen, Fähigkeiten und Kompetenzen von Personen. Sie können zusammenfassend als Leistungsdispositionen (performance dispositions) oder wie in der Praxis gebräuchlicher als Leistungspotenziale von Personen bezeichnet werden.

Wissen

Wissen wird verstanden als eine subjektive Abbildung oder Repräsentation der Umgebung oder Welt im Gedächtnis einer Person sowie der Voraussetzungen, Ursachen und Folgen von Handlungen. Auch das reale Selbstbild der Person kann als „Wissen über sich selbst“ eingeordnet werden (zum Wissensbegriff und verschiedene Arten von Wissen siehe Greif, in Vorber.). Wie oben erläutert, wird beim Coaching spezielles Fachwissen und besonders auch Methodenwissen benötigt.

Explizites und implizites Wissen

Neben dem expliziten (bewussten) Wissen, wie z.B. Faktenwissen über bestimmte Untersuchungen der Evaluationsforschung, wird in den letzten Jahren zunehmend die Bedeutung des impliziten (unausgesprochen oder stillschweigend vorhandenen) Wissens untersucht. Klassische Untersuchungen zum *impliziten Lernen (implicit learning)* hat Reber (1967) durchgeführt. Er definiert es durch zwei Charakteristika: (1) das Wissen wird ohne Absicht *beiläufig* erworben und (2) das Gelernte, die „Wissensbasis“, ist *nicht bewusst.* Das so genannte Wie-Wissen (wie man etwas macht, z.B. wie man sich in der Muttersprache richtig ausdrückt, wie man Fahrrad fährt oder wie man ein Gespräch mit einer fremden Person anknüpft) und die heimlichen kulturellen Regeln werden vermutlich vorwiegend implizit gelernt. Implizites Wissen kann man daran erkennen, dass die Person ihr erworbenes Wissen nur schwer verbalisieren (explizieren) kann. Es wurde unbewusst beiläufig beim Ausführen der Handlungen erworben und wird intuitiv und gefühlsmäßig genutzt.

Erfahrungswissen

Erfahrungswissen kann als eine besondere Art von implizitem Wissen angesehen werden. Im Unterschied zum fachlich vollständigen und theoretisch begründeten Wissen wird es aus eigenem Erleben gewonnen und ist subjektiv geprägt. Menschen lernen ständig beiläufig bei allem, was sie tun und prägen sich ihre Erfahrungen unbewusst im Gedächtnis ein. Der Coach lernt unbewusst mit jedem Coaching immer weiter, auch wenn er schon „hundert Mal" Zielkonkretisierungen durchgeführt hat. Damit er sein Lernen reflektieren kann und sich mit Kolleg/innen über seine Erfahrungen austauschen kann, ist es aber erforderlich, dass er seine Erfahrungen zu explizieren versucht. Das ist keineswegs einfach. Qualitative Interviewmethoden, die er dafür nutzen kann, werden in Abschnitt 3.6.1 beschrieben. Eine ausführliche Darstellung zur Ausbildung und selbständigen Weiterentwicklung des Fach- und Erfahrungswissens von Coachs haben Rauen und Steinhübel (2005) veröffentlicht.

Fähigkeiten und Persönlichkeitseigenschaften

Mit dem Begriff Fähigkeit oder Persönlichkeitseigenschaft werden im Allgemeinen basale und relativ stabile und situationsunabhängige allgemeine Leistungsdispositionen oder -potenziale von Personen angesprochen, wie etwa die Intelligenzfaktoren ‚sprachliches' oder ‚mathematisches Denken' und ‚räumliches Vorstellungsvermögen'. Die in der Sozialisation und Schule erworbenen grundlegenden Fähigkeiten zu sprechen sowie sich mündlich und schriftlich sprachlich korrekt und genau auszudrücken, wären hier ebenfalls einzuordnen. Ein Coach braucht, wie oben in Abschnitt 3.2.4 dargelegt wurde, gutes *sprachliches Denken* und sehr gute *mündliche Kommunikationsfähigkeiten.* Da er oft mit komplexen Problemen konfrontiert ist, benötigt er vermutlich auch eine hohe intellektuelle *Verarbeitungskapazität*[17]. Dieser allgemeine, bereichsübergreifende Intelligenzfaktor wurde von Jäger entdeckt (vgl. Jäger et al., 1997). Weitere grundlegende Fähigkeiten, die beim Coaching gefordert werden, sind *allgemeines Einfühlungsvermögen* (die allgemeinen Fähigkeiten, sich in andere hineinzuversetzen, Empathie und Wertschätzung zu zeigen), allgemeine *Selbstreflexionsfähigkeiten* (insbesondere Klarheit über eigene

[17] Die Verarbeitungskapazität und das sprachliche Denken lassen sich mit mehrdimensionalen Intelligenztests, wie dem Berliner Intelligenzstrukturtest (BIS, Jäger et al., 1997) mit Subtests wie z.B. zur Wortgewandtheit und Wortanalogien erfassen. Es wäre eine interessante Forschungsfrage, ob Coachs in diesen Subtests deutlich überdurchschnittliche Leistungen zeigen.

Gefühle, vgl. unten Abschnitt 3.5.6) sowie die Fähigkeiten zur Förderung der *Selbstregulation* und *Selbstberuhigung des Klienten* (Kuhl & Fuhrmann, 1998, vgl. unten Abschnitt 3.5.5 und 3.5.9).

Kompetenzen

Der Begriff der Kompetenz wird heute für alles Mögliche verwendet aber selten genau. Viele Autoren unterscheiden Kompetenzen nicht von Fähigkeiten. Der Begriff Kompetenz oder auch Handlungskompetenz wurde in der empirischen psychologischen Forschung als Oberbegriff für instabile und veränderliche Leistungsdispositionen eingeführt (Greif, 1983), die sich auf spezifische Situationen oder praktische Aufgaben beziehen.

Sozialkompetenz oder soziale Kompetenzen?

Ein Beispiel ist die so genannte „Sozialkompetenz". In der frühen empirischen Forschung in diesem Feld suchte man am Vorbild der Intelligenzforschung nach einer allgemeinen, stabilen situationsübergreifenden „sozialen Intelligenz". Nachdem man aber eine solche allgemeine Fähigkeit und auch keine generellen Teilfähigkeiten finden konnte, wurde in diesem Gebiet der Begriff der sozialen Kompetenzen bevorzugt (Greif, 1983). Soziale Kompetenzen beziehen sich nach dieser Begriffsdefinition speziell auf die erfolgreiche Bewältigung der Anforderungen bestimmter Situationen und Aufgaben. So kann eine Führungskraft über sehr gute soziale Kompetenzen zur Leitung der Diskussion in einer Arbeitsgruppe verfügen, bei einer „Familienkonferenz" zu Hause in der Familie aber durch sein ergebnisorientiertes Vorgehen Widerstand auslösen. Wie aufgabenspezifisch soziale Kompetenzen sind, zeigen Beobachtungen in Assessment Centers. Wer Gruppengespräche moderieren kann, kann keineswegs automatisch schwierige Mitarbeitergespräche führen. Um die Anforderungen bestimmter Situationen und praktischer Aufgaben im Beruf zu bewältigen, benötigt die Person verschiedene allgemeine und spezielle Fähigkeiten, Faktenwissen und Erfahrungen und spezifische Handlungskompetenzen. Es ist demnach nicht sehr treffend, von *der* Sozialkompetenz (im Singular) zu reden, so als wäre dies im Kern eine einzige situations- und aufgabenübergreifende Fähigkeit oder Kompetenz. Eine differenzierte Klärung des Begriffs der sozialen Kompetenzen und einen Überblick über die Methoden zu ihrer Untersuchung sowie zur empirischen Forschung liefert Runde (2001).

Interkulturelle Kompetenzen

Ähnliches gilt für die interkulturellen Kompetenzen. Je nach kulturellem Hintergrund der Mitarbeiter/innen gelten hier sehr spezifische implizite und explizite Regeln für Gruppengespräche. Wenn die Mitarbeiter/innen aus unterschiedlichen Kulturen kommen, sind deshalb jeweils spezifische interkulturelle Kompetenzen erforderlich. (Vereinfacht formuliert kann man darunter die sozialen Kompetenzen beim erfolgreichen Umgang mit Menschen aus anderen Kulturen verstehen.) Eine universell auf alle Kulturen anwendbare allgemeine „Interkulturelle Intelligenz" gibt es sicher nicht. Strittig ist, ob es Sinn macht, analog zum „Intelligenzquotienten“ einen als „Cultural Intelligence Quotient (CQ)“ zu konstruieren. Er soll das Vermögen einer Person messen, sich erfolgreich an neue kulturelle Kontexte zu adaptieren (Earley & Ang, 2003). Rosinski (2003, Rosinski & Abbott, 2006) hält es für nützlich, den CQ der Coachs zu ermitteln, die kulturübergreifend arbeiten. Ich kann es mir nicht vorstellen, dass es Coachs gibt, die über Fähigkeiten verfügen, Klienten aus allen, teilweise extrem verschiedenen Kulturen zu verstehen und Kultur angemessen zu beraten. Realistischer erscheint es mir, für Auslandsentsendungen Coachs zu suchen, die über kulturspezifisches Fachwissen und bestimmte spezifische kulturelle Erfahrungen und Kompetenzen verfügen, die jeweils relevant sind. Für Auslandsentsendungen und viele Kooperationen genügen meistens sogar bikulturellen Kompetenzen.

Methodenkompetenzen

Analoges gilt für die Methodenkompetenzen. Die Grundlage der Methodenkompetenzen bildet Faktenwissen über Techniken und Methoden und wissenschaftliche Erkenntnisse über ihre Wirkungen. Erforderlich sind aber darüber hinaus basale Fähigkeiten, praktisches Lernen, eigene Erfahrungen mit Klienten und Reflexion der Erfahrungen.

Coaching-Kompetenzen

Coachs benötigen, je nachdem mit welchen Klienten sie arbeiten und welche konkreten Anliegen oder Probleme dabei bearbeitet werden, für die spezifischen Anforderungen im Coachingprozess besondere soziale, interkulturelle und methodische Kompetenzen sowie Selbstreflexionskompetenzen. Basis sind allgemeines und spezifisches Fakten- und Erfahrungswissen und allgemeine Fähigkeiten und Persönlichkeitseigenschaften. Für potenzielle Klienten ist es schwierig, die fachlichen Fähigkeiten und Kompetenzen eines Coachs einzuschätzen. Umso wichtiger ist sein fachlicher Ruf, die Akzeptanz und Anerkennung seiner fachlichen Kompetenzen durch Kollegen, potenzielle Vermittler (z.B. Personalentwickler) und Auftraggeber (z.B. Vorgesetzte der Klienten) oder frühere Klienten. Die Gesamtheit der berufstypischen aufgabenbezogenen Leistungsdispositionen für die erfolgreiche Bewältigung der professionellen Anforderungen beim Coaching kann man als Coaching-Kompetenzen bezeichnen. Tabelle 3.2 gibt einen systematischen Überblick.

Vertrauen und Akzeptanz als Fachautorität

Coaching ist ein für verschiedene Disziplinen offenes Berufsfeld. Um als Coach von Führungskräften oder andere Personen mit akademischer Ausbildung als fachkompetent akzeptiert zu werden, ist im Allgemeinen ein Hochschulabschluss erforderlich. Als Grundlage für eine Ausbildung zum Coaching sind alle Fächer geeignet, die starke inhaltliche Schwerpunkte in den in der Tabelle 3.2 aufgeführten Wissensbereichen und Methodenkompetenzen aufweisen. Dazu zählt insbesondere ein Psychologiestudium (mit dem Anwendungsfach Arbeits- und Organisationspsychologie oder Wirtschaftspsychologie). Andere Studiengänge wie Betriebswirtschaftslehre oder berufliche Weiterbildung sind nur dann eine gute

Grundlage, wenn gleichzeitig wesentliche Schwerpunkte in den angesprochenen Bereichen der Psychologie studiert oder nachgeholt wurden.

Tab. 3.2: Systematisierung der Coaching-Kompetenzen

1. Fachwissen:
• Wissen über psychologische Theorien und Erkenntnisse über Coaching (Definitionen, Grundlagen, Möglichkeiten und Probleme, Stand der Forschung durch Fachliteratur und Tagungen)
• Wissen über Prozesse und Interventionsmethoden beim Coaching (Prozessmodelle, Methoden und Techniken, jeweils mit ihren Anwendungsvoraussetzungen, möglichen Problemen und Nebenwirkungen, siehe Kapitel 3.3 und 3.6, Stand der Methodenentwicklungen und Evaluationsforschung durch Fachliteratur und Tagungen, siehe Kapitel 3.6)
• Informationen über die aktuelle Situation zum Arbeitsfeld und zur Kultur und Tätigkeit des Klienten (allgemeine wirtschaftliche und persönliche berufliche Chancen und Risiken, laufende organisationale Veränderungen, kulturelle Regeln usw.)
2. Fähigkeiten und Persönlichkeitseigenschaften:
• Sprachliche Fähigkeiten (sprachliches Denken, Wortflüssigkeit und mündliche kommunikative Fähigkeiten)
• Allgemeine intellektuelle Verarbeitungskapazität
• Allgemeines Einfühlungsvermögen (allgemeine Fähigkeiten, sich in andere hineinzuversetzen, Empathie und Wertschätzung zu zeigen)
• Selbstreflexionsfähigkeiten (insbesondere Klarheit über eigene Gefühle und ihre Verhaltenwirkungen, s.u. Abschnitt 3.5.6)
• Selbstregulation und Selbstberuhigung (s.u. Abschnitt 3.5.5 und 3.5.9)
3. Soziale und interkulturelle Kompetenzen
• Einfühlung in Kultur, Situationen und Probleme des Klienten
• Empathie und Wertschätzung für die jeweiligen konkreten Klienten
• Bereichsspezifische und kulturell angemessene kommunikative Kompetenzen

Fortsetzung Tab. 3.2:

4. Methodenkompetenzen (an den Klienten flexibel angepasstes methodisches Vorgehen, siehe die Abschnitte 3.2, 3.3 und 3.6):
• Kalibrierung der Affekte
• Förderung der Problem- und Selbstreflexion
• Zielklärung und Zielkonkretisierung
• Problemlösemethoden
• Unterstützung der Umsetzung
• Evaluation
5. Erfahrungswissen und Lernbereitschaft
• zum Praxisfeld
• zur Kultur und Tätigkeit des Klienten
• Coaching mit unterschiedlichen Klienten und Problemen
• Supervision durch Kollegen
6. Anerkennung als fachliche Autorität und Vertrauen
• durch die Kolleg/innen
• durch Vermittler und Auftraggeber
• durch frühere Klienten

Praktische Erfahrungen

Berufspraktische Erfahrungen können in vielen Feldern erworben werden. Optimal für das Coaching von Führungskräften sind eigene Führungserfahrungen. Außerdem soll der Klient beim Coaching so offen wie möglich mit dem Coach über Probleme und sich selbst sprechen. Dies erfordert Vertrauen in die Verschwiegenheit des Coachs.

Qualität der Coaching-Weiterbildung

Weiterbildungsangebote zum Coaching gibt es heute in einer kaum noch überschaubaren Zahl und Vielfalt privater und universitärer Anbieter (siehe Rauen & Steinhübel, 2005). Offensichtlich kann man mit solchen Weiterbildungsangeboten sehr gut verdienen. Die Qualität der Ausbildungsleistungen ist leider zu oft eher fragwürdig. Es gibt aber auch sehr seriöse Anbieter. In die von Christopher Rauen gepflegte Coaching-Ausbildungsdatenbank („Coaching-Index":www.coaching-index.de) werden nur Institutionen aufgenommen, die Minimalstandards erfüllen und sich von esoterischen Praktiken jedweder Art eindeutig distanzieren. Das ist ein Anfang. Wie Rauen und Steinhübel (2005) fordern, ist die Überprüfung der Qualität der Aus- und Weiterbildungsangebote zum Coach ein wichtiger Schritt in der Professionalisierung.

Umfassende Untersuchung

Rauen (in Vorber.) hat eine umfassende Untersuchung zur Qualität der Coaching-Ausbildung durchgeführt. Dazu hat er über 300 Qualitätsmerkmale zusammengestellt und von über 70 Expert/innen in ihrer Bedeutung bewerten lassen.

Qualitätsanforderungen

Sehr wichtige Qualitätsanforderungen an die in der Ausbildung eingesetzten Dozent/innen oder Referent/innen sind (Auswahl):

- Praktische Coachingerfahrungen
- Selbstreflexion
- Kommunikationsfähigkeiten
- Erweiterung des Handlungsrepertoires der Teilnehmer/innen
- Kompetenter Marktauftritt
- Wertschätzender Umgang mit den Teilnehmer/innen
- Durchführung von Übungen zu konkreten Coachingsitzungen
- Empfehlung durch Teilnehmer/innen früherer Ausbildungen
- Toleranz bei Fehlern der Teilnehmer/innen
- Verbesserung der Selbstreflexionsfähigkeit der Teilnehmer/innen
- Gute Vorbereitung auf jeden einzelnen Weiterbildungsblock

Die Merkmale passen teilweise perfekt zu den oben zusammengestellten Anforderungen an Coachs. Das ist plausibel, denn Coaching-Ausbilder müssen selbst Erfahrungen als Coachs mitbringen. Sie müssen diese Erfahrungen den Teilnehmer/innen aber außerdem didaktisch kompetent weitergeben und deren Coaching-Kompetenzen fördern. Das ist keine einfache Aufgabe. In seiner Abschlussbefragung an über 1.000 Teilnehmer/innen und Dozent/innen entwickelt Rauen (in Vorber.) mit exploratorischen Faktorenanalysen empirisch trennbare und zuverlässige Skalen zur Bewertung der Coaching-Ausbildung. Es wäre wünschenswert, dass diese Skalen routinemäßig zur Evaluation aller Coaching-Weiterbildungsangebote eingesetzt werden. Die folgende Übersicht gibt seine Faktoren und ihre Zuordnung zu den allgemeinen Qualitätsdimensionen wieder.

Strukturqualität:
- Dozent/innen-Kompetenz
- Image allgemein
- Kompentenzimage
- Räumlichkeiten und Ausstattung

Prozessqualität:
- Beziehungsqualität der Dozent/innen zu den Teilnehmer/innen

- Gegenseitige Erwartungs- und Zielklärung
- Transparenz der Teilnahmebedingungen
- Know-how-Transfer

Ergebnisqualität:
- Vermittlung von Coaching-Methoden
- Vermittlung von Basaltechniken
- Eigenständige Coaching-Kompetenz
- Persönliche Entwicklung
- Gesamtzufriedenheit

Selbst- und Fremdüberprüfung

Die Anforderungen an den Coach sind insgesamt sehr vielschichtig und hoch. Wer sich in dieses Feld wagt, sollte die eigenen Grundlagen und Potenziale systematisch prüfen oder durch erfahrene Experten und Methoden überprüfen lassen. Man kann nicht erwarten, dass alle Menschen mit einschlägigem Hochschulabschluss, die gern Coach werden möchten, diese Anforderungen erfüllen können. Coachingausbilder haben mir offen gesagt, dass sie bei manchen Teilnehmer/innen, die die Ausbildung formal erfolgreich absolviert haben, dennoch starke Bedenken haben, ob sie die erforderlichen Fähigkeiten mitbringen. Um teure Fehlinvestitionen in die eigene Ausbildung und spätere berufliche Misserfolge zu vermeiden, sollte man allen, die eine Ausbildung als Coach anstreben, dringend anraten die eigenen Potenziale sorgfältig zu überprüfen oder besser noch psychodiagnostisch durch Experten untersuchen zu lassen. Zwar gibt es noch keine speziellen Diagnoseinstrumente für Coaching-Kompetenzen, es wäre aber zumindest möglich, die oben angesprochenen Instrumente (Persönlichkeitsfragebogen und Fähigkeitstests) sowie strukturierte Interviews über einschlägiges Grundwissen und Erfahrungen sowie geeignet erscheinende Rollenspielübungen zusammenzustellen. Es wäre sicher ein besonderes Qualitätsmarkenzeichen für einen Anbieter von Coaching-Weiterbildungen, wenn er nur Teilnehmer/innen in seine Coaching-Ausbildung aufnimmt, die nach einer solchen Untersuchung geeignet erscheinen.

3.4.3 Coaching-Kompetenzen für Lehrer/innen und Führungskräfte

Normalerweise kein Coaching

Der populäre Container-Begriff Coaching wird heute für jedes persönliche Fördergespräch in Anspruch genommen. Wenn man die Kriterien unserer anspruchsvollen Coachingdefinition und die hohen Anforderungen an die vom Coach mitgebrachten Coaching-Kompetenzen anlegt, wäre aber noch nicht einmal ein sehr intensives und systematisches Fördergespräch durch einen Vorgesetzten als Coaching einzuordnen. Die erforderliche offene Selbstreflexion wird erschwert, weil die berufliche Rolle von Lehrer/innen oder Führungskräften im Allgemeinen fordert, die schulischen oder beruflichen Leistungen der Ratsuchenden zu benoten oder zu bewerten und auf dieser Grundlage Entscheidungen über ihre Zukunft zu treffen. Es wäre normalerweise unklug vom Ratsuchenden, wenn er seinem Lehrer oder Vorgesetzen rückhaltlos vertraut und offen auch die diesem bisher nicht bekannten Leistungsschwächen oder Fehler erzählt.

Coaching-Episode

Wenn ich als Hochschullehrer, was öfter vorkommt, auf ihren Wunsch hin kurze persönliche Fördergespräche mit einzelnen Studierenden führe, klären wir vorher, dass dies in unserer Rollenkonstellation nur sehr kurz und oberflächlich bleiben kann, gewissermaßen nur als eine begrenzte Coaching-Episode anzusehen ist. Wenn das Gespräch tiefer und weiter gehen soll, empfehle ich ihnen ein „richtiges" Coaching mit einem unabhängigen Coach. Eng begrenzte Coaching-Episoden können auch Führungskräfte mit ihren Mitarbeiter/innen durchführen, ohne Abhängigkeitskonflikte zu erzeugen. Dadurch können schnelle und wichtige Anstöße gegeben werden. Als Coachs im Sinne der Definition können aber Beratungslehrer oder Führungskräfte nur dann fungieren, wenn sie nicht für die Benotung und Bewertung der Ratsuchenden zuständig sind.

Coaching-Kompetenzen für Lehrer/innen und Führungskräfte

Die Schwerpunkte der beruflichen Tätigkeiten von Lehrer/innen oder Führungskräften liegen normalerweise nicht in der systematischen Förderung der Selbstreflexion und Beratung ihrer Schüler/innen oder Mitarbeiter/innen. Eine vollständige Aus- und Weiterbildung zu professionellen Coachs wäre kaum zu rechtfertigen. Für Lehrer/innen und Führungskräfte kann es aber zur Verbesserung von Zielvereinbarungs- und Fördergesprächen und zur Förderung des eigenverantwortlichen Lernens außerordentlich nützlich sein, grundlegende Coaching-Kompetenzen zu erwerben. So sollen sie über Wissen und eigene Erfahrungen verfügen, wann und wozu sie ihren Schüler/innen oder Mitarbeiter/innen gezielt Coaching empfehlen können.

Seminar mit Probecoaching

So haben wir in einem Studienprojekt ein Konzept zur Vermittlung grundlegender Coaching-Kompetenzen an Führungskräfte entwickelt (Wissen über Coaching und Überprüfung der Qualität von Coaching, Auswahl von Coachs, Coachingprozess, Methoden und Techniken mit praktischen Übungen sowie Evaluation und abschließend drei bis fünf Probesitzungen mit ausgebildeten Coachs). Unter dem Motto „Heute schon lernen, was morgen gebraucht wird", haben wir das Konzept mit BWL-Studierenden erprobt, die Führungstätigkeiten anstreben. Das Konzept wurde fast durchgängig mit sehr gut bewertet. Nicht nur für heutige und künftige Führungskräfte wäre das Konzept zur Vermittlung elementarer Coaching-Kompetenzen interessant, sondern auch für Personalentwickler/innen oder Lehrer/innen und Lehramtstudierende.

3.4.4 Worin unterscheiden sich Alltagsratgeber von einem Coach?

Nervige Fragen

Professionelle Coachs werden immer wieder kritisch gefragt, was denn eigentlich das Besondere am Coaching im Vergleich zu einem Beratungsgespräch mit einem Freund oder anderen nicht als Coach ausgebildeten

Beratern sei. Die Schwierigkeit, diese Frage überzeugend zu beantworten liegt darin, dass die gewünschte einfache und schnelle Antwort nicht möglich ist. Eine schnelle Antwort wäre, auf die formale Ausbildung und Erfahrung von Coachs hinzuweisen. Manche lassen sich dadurch auch überzeugen, aber manche wollen immer noch wissen, wo konkrete Unterschiede liegen.

Reflexionsfördernde Gegenfragen

Wenn sich eine Führungskraft etwas Zeit für eine sorgfältige Antwort nimmt (man kann sie dazu vielleicht durch Fragen herausfordern), kann man sie zuerst einmal nach ihren konkreten Erfahrungen mit freundschaftlichen Ratgebern bei eigenen wichtigen Problemen erinnern. Interessant ist, wenn manche lange nachdenken müssen, bis ihnen ein freundschaftliches Beratungsgespräch zu einem wichtigen Thema einfällt. Manchen fällt überhaupt kein Gespräch ein! Sehr häufig scheinen solche Gespräche demnach nicht zu sein. Meiden die Befragten solche Gespräche, weil sie niemanden Geeigneten kennen oder weil sie sich wenig davon versprechen?

Wie haben Sie das empfunden?

Was ist dabei herausgekommen?

Bei denjenigen die ein Beispiel schildern, lohnt es sich genau nachzufragen, wie ihr Ratgeber dabei vorgegangen ist. Die (zirkuläre) Anschlussfrage wäre, wie der Ratsuchende das empfunden hat und wie er reagiert hat. Die nächste Frage wäre, was dabei herausgekommen ist. Dabei interessiert vor allem, ob der freundschaftliche Ratgeber sehr schnell und ohne Analyse und Abwägen verschiedener Vorschläge direkte Ratschläge gegeben hat. „Mach doch einfach in Zukunft mal das und das!“ Freunde, die glauben, den Ratsuchenden sehr gut zu kennen, neigen zu dieser Abkürzung. Wie empfindet der Ratsuchende aber solche schnellen Vorschläge? Eher selten wird er dies als verständnisvoll und den schnellen Rat als praktikabel einschätzen. Psychologisch naheliegend wäre, dass er mit Kritik am Vorschlag reagiert. Wenn der Freund daraufhin an seinem guten Rat umso beharrlicher festhält und ihn vielleicht sogar mit ein paar Kritiken am typischen Verhalten des Ratsuchenden zu untermauern versucht, kann das Ganze sogar in einen immer persönlicher werdenden Streit unter Freunden eskalieren. Was ist dabei herausgekommen? Selten ein angenommener, oft aber ein zurückgewiesener Ratschlag und manchmal sogar ein Konflikt unter Freunden. Der eine denkt hinterher: „Mein Freund hat mich in der schwierigen Situation nicht verstanden und wollte, dass ich etwas tue, was ich nicht tun kann oder will.“ Der andere meint: „Ich verstehe nicht, warum er das nicht macht, was vernünftig und gut für ihn wäre. Ich kenne ihn doch und habe mir so viel Mühe gegeben.“

Was der Coach anders macht

Der Coach wird normalerweise anders vorgehen. Er gibt bei wichtigen Themen keine schnellen Ratschläge, sondern fördert erst einmal eine wesentlich sorgfältigere methodische Analyse, Selbstreflexion und Zielklärung des Klienten, ehe er mit dem Klienten *zusammen* Lösungen erarbeitet. Er fordert den Klienten auf, selbst die Lösung auszuwählen, die er umsetzen will und kann und sollte ihn auch in der immer schwierigen Phase der Umsetzung beraten. Wenn er schnelle Vorschläge macht, was manchmal gefordert wird, behält er die Distanz zu seinen eigenen Vorschlägen und hält nicht starr an ihnen fest, wenn der Klient sie ablehnt.

Es gibt auch positive Beispiele

Der rekonstuierte „typische" Verlauf einer „freundschaftlichen Beratung" ist natürlich nur ein möglicher, aber vermutlich nicht gerade seltener. Es gibt auch ganz andere Gesprächsverläufe. Es gibt Gespräche, die nach den oben angesprochenen Qualitätskriterien für Coaching gute Gespräche sind. In diesem Fall kann man dem Rastsuchenden zu so einem Freund nur gratulieren, positive Vergleiche zum professionellen Coaching ziehen und ihn fragen, ob seine anderen Freunde das auch so gut können.

Eskalation von Affekten

In freundschaftlichen Beratungsgesprächen kann man durch Nachfragen nach meiner Erfahrung häufig gravierende Probleme aufdecken (vielleicht wäre das ein interessantes Forschungsthema). Freunde versuchen mitunter starke Affekte ihrer ratsuchenenden Freunde zu beruhigen, was im Prinzip sinnvoll ist. Es gibt allerdings nicht selten Freunde, die dabei zu schnell vorgehen („Nun beruhige dich aber mal!"). Das hilft überhaupt nicht. Andere lassen sich von negativen Affekten anstecken und hetzen ihren Freund ohne Rücksicht auf die Folgen sogar auf („Das ist ja unglaublich fies! Das darfst du nicht mit dir machen lassen. Gib ihm Kontra!"). Solche Ratgeber eskalieren den Ärger des Ratsuchenden, anstatt ihm zu helfen, sich zu beruhigen. Ohne dies zu wollen, blockieren sie dadurch die Selbstreflexion und überlegtes Handeln. Der Ratsuchende fühlt sich verstanden, aber es ist für ihn gefährlich, wenn er sich unreflektiert in seinen Handlungen vom aufgeschaukelten Ärger leiten lässt. Die Beispiele zeigen, weshalb professionelle Distanz und professionelle Kompetenzen nützlich sind.

Übergang zum Coaching

Wenn man, wie beschrieben, skeptischer durch Nachfragen und Erläutern der eigenen Erfahrungen mit freundschaftlichen Beratungsgesprächen zum Nachdenken anregt kann man sie nachhaltiger überzeugen, als durch allgemeine Rechtfertigungen. Durch das Nachfragen zum Problem des Skeptikers kann sogar schrittweise eine regelrechte Coaching-Episode beginnen. Spätestens dann sollte man ihn fragen, ob er sich vorstellen kann, dass eine systematische Weiterführung als formelles Coaching für ihn nützlich sein könnte.

Professionelle Distanz

Professionelle Coachs sollen im Unterschied zum beschriebenen Freund oder zum Kollegen immer in der Lage sein, die nötige Distanz zu halten, nicht unreflektiert eigene Erfahrungen oder Lösungen übertragen und sich nicht in Verstrickungen hineinziehen lassen. Das gelingt allerdings keineswegs allen, die sich als Coachs verstehen. Eine gute Ausbildung genügt hier nicht. Wem es persönlichkeitsbedingt schwer fällt, diese Distanz zu halten, sollte nicht als Coach arbeiten. Auch Coachs brauchen

Coaching und Supervision, um die beschriebene professionelle Distanz und ihre Coaching-Kompetenzen immer wieder neu ausbalancieren zu können.

Fachliche Autorität des Coachs

Wie bei den Coaching-Kompetenzen (siehe oben, Tab. 3.2) angesprochen wurde, erwarten die Klienten vom Coach, dass er über eine gute Ausbildung verfügt und in seiner Profession ein Experte ist (vgl. die Expertenbefragung von Heß & Roth, 2001). Freunde oder Kollegen können darin normalerweise nicht mit einem angesehenen Coach konkurrieren. Wie Sue-Chan und Latham (2004, siehe ausführlich Abschnitt 3.6.2) herausgefunden haben, erzielen Kollegen, die die gleiche Ausbildung wie Fachautoritäten erhalten haben, deutlich geringere Wirkungen!

3.4.5 Zusammenfassung, Annahmen und Folgerungen

Coaching-Kompetenzen

Im vorangehenden Kapitel haben wir uns mit den Coaching-Kompetenzen auseinandergesetzt. Unter diesem Oberbegriff wurden die vielschichtigen und hohen Anforderungen in sechs Merkmalsbereichen systematisiert, die an professionelle Coachs gestellt werden (s. Tab. 3.2).

Übersicht

Die Annnahmegruppe A 3.4 behandelt die folgenden Themen:

1. Coaching-Kompetenzen und Erfolg
2. Coaching-Ausbildung und Coaching-Kompetenzen
3. Probleme von Lehrer/innen oder Vorgesetzte als Coachs
4. Probleme bei Beratungen durch Freunde

Annahmengruppe A 3.4:
Coaching-Kompetenzen

1. Bei Coachs die über die erforderlichen Coaching-Kompetenzen verfügen (Fachwissen, soziale und interkulturelle Kompetenzen, Methodenkompetenzen, Erfahrungen und Lernbereitschaft sowie Anerkennung als fachliche Autorität und Vertrauen besitzen, siehe Tab. 3.2) und sie umsetzen, nimmt im Allgemeinen der Erfolg beim Coaching zu.

2. Die Entwicklung der Coaching-Kompetenzen hängt bei hinreichenden Fähigkeiten von der Qualität der Coaching-Ausbildung ab (siehe Rauen, in Vorber.).

Fortsetzung der Annahmengruppe A 3.4:

3. Lehrer/innen oder Vorgesetzte, die ihre Schüler/innen oder Mitarbeiter/innen in Leistungen benoten oder bewerten und Entscheidungen über ihre Zukunft treffen, hemmen die Offenheit der Selbstreflexionen ihrer Schüler/innen oder Mitarbeiter/innen.

4. Die Beratung durch Freunde unterscheidet sich vom professionellen Coaching im Allgemeinen durch eine geringere Distanz, schnellere und direktere Ratschläge, direktere Beruhigungsversuche oder teilweise auch Verstärkung der Affekte und Konflikte sowie eine allgemein geringere fachliche Autorität als kompetente Berater.

Praktische Folgerungen

Aus den Annahmen ergeben sich praktische Folgerungen, an denen sich professionelle Coachs und Coaching-Weiterbildner orientieren sollten.

Praktische Folgerungen P 3.4:

Coaching-Kompetenzen von Coachs und anderen Personen fördern

1. Wer als Coach arbeiten will, soll seine Potenziale zur Entwicklung erforderlicher Coaching-Kompetenzen überprüfen und untersuchen lassen! Coaching-Akademien sollten darauf Wert legen und nur geeignet erscheinende Personen in ihre Ausbildung aufnehmen!

2. Eine gute Coaching-Ausbildung soll die erforderlichen Coaching-Kompetenzen so umfassend und nachhaltig wie möglich vermitteln und die Qualität der Weiterbildung regelmäßig überprüfen!

3. Um die in den Coaching-Kompetenzen enthaltenen praktischen Erfahrungen und kontiunierliches Lernen in der Praxis zu fördern sollen Coachs ihre Arbeit durch Selbst- und Fremdevaluationen überprüfen und regelmäßig mit erfahrenen Coachs kollegial besprechen oder supervidieren lassen!

Fortsetzung der praktischen Folgerungen P 3.4:

4. Lehrer/innen oder Vorgesetzte sollen durchaus grundlegende Coaching-Kompetenzen erwerben! Wenn sie diese Kompetenzen in Fördergesprächen mit ihren Schüler/innen oder Mitarbeiter/innen nutzen, sollen sie sich bewusst sein, dass deren Offenheit für Selbstreflexionen durch das Abhängigkeitsverhältnis begrenzt ist und dass ein Coaching durch unabhängige, frei gewählte Coachs weitergehend sein kann.

5. Dem Argument, dass Beratungsgespräche durch Freunde oder Kollegen genauso wirksam sind, wie professionelles Coaching sollen Coachs durch Nachfragen und Erkenntnisse aus der Evaluationsforschung offensiv begegnen!

3.5 Motivation, Eigenschaften und Fähigkeiten der Klienten

Verantwortung des Klienten

Ein Coach ist kein Wunderdoktor. Er kann über die besten Coaching-Kompetenzen verfügen und dennoch nicht bei allen Klienten die gewünschten Erfolge erzielen. Kein Coach kann seine Klienten verändern. Er kann ihnen aber helfen, die Risiken und Chancen in der Situation und die eigenen Potenziale einzuschätzen und sich unter den gegebenen Voraussetzungen selbstorganisiert zu verändern. Auftraggeber, die den Coach für den Erfolg oder insbesondere für den Misserfolg des Coachings verantwortlich machen möchten, überschätzen seinen Einfluss. Der Coach unterstützt seinen Klienten bei der Selbstveränderung und -entwicklung. Die Hauptverantwortung und -leistungen für den Erfolg oder Misserfolg dieser Veränderungen liegen jedoch in der Regel beim Klienten und in seiner sozialen Umgebung. Das folgende Kapitel behandelt die motivationalen Voraussetzungen, Persönlichkeitseigenschaften, Fähigkeiten und Kompetenzen des Klienten, die für die bewusste Selbstveränderung und Selbstentwicklung förderlich oder erforderlich sind. Die Einflüsse der Umgebung werden in Abschnitt 3.5.4 und in Kapitel 4 angesprochen.

Was ist Freiwilligkeit?

Freiwilligkeit wird oft als eine erforderliche Grundvoraussetzung beim Coaching gesehen. Der Klient soll nicht zum Coaching gezwungen werden, sondern sich freiwillig für das Coaching entscheiden. Manche halten Freiwilligkeit für so wichtig, dass sie dies in ihre Definition aufnehmen.

Klassische Frage

Aber was genau ist mit Freiwilligkeit beim Coaching gemeint? Die Frage, unter welchen Voraussetzungen Menschen freie Entscheidungen treffen können und was unter einer freien Willensentscheidung zu verstehen wäre, ist eine der großen klassischen Fragen der Philosophie und Psychologie. Durch Erkenntnisse aus der motivations- und willenspsychologischen sowie neurobiologischen Forschung hat diese Frage heute eine neue Aktualität gewonnen. Im Folgenden wird eine kurze zusammenfassende Darstellung zu klassischen und neueren wissenschaftlichen Antworten zu dieser Frage gegeben. Daraus und aus ersten empirischen Untersuchungsergebnissen ergeben sich Folgerungen für eine genauere Klärung und Neubewertung der Bedeutung der Freiwilligkeit beim Coaching. Im Kapitel werden jedoch auch andere motivationale Voraussetzungen für erfolgreiches Coaching behandelt.

Bedeutung von Persönlichkeitseigenschaften

Zusätzlich zur Motivation bringen die Klienten ihre persönlichen Erfahrungen und Persönlichkeitseigenschaften in das Coaching mit ein. Gibt es bestimmte Eigenschaften der Klienten, die ein erfolgreiches Coaching erschweren oder sogar verhindern können? Die empirische Forschung zu diesen Fragen hat erst ab ca. 1990 begonnen und ist zum Coaching noch sehr schmal (vgl. die Übersicht von Grant & Cavanagh, 2004; Grant,

2006b). Nach der PSI-Theorie, die wir oben herangezogen haben, ist zu erwarten, dass die Handlungs- und Lageorientierung sowie Fähigkeiten zur Selbstregulation und -kontrolle von Bedeutung sind. Es gibt Erkenntnisse aus verwandten Anwendungsfeldern, die zu unseren Annahmen passen und in der künftigen Forschung berücksichtigt werden sollen.

Zuerst wird im Folgenden das Thema Freiwilligkeit und Willensfreiheit behandelt. Danach werden Theorien der Motivations- und Willenspsychologie herangezogen und auf die motivationalen Voraussetzungen beim Coaching bezogen. Anschließend werden theoretische Annahmen zur Bedeutung der Persönlichkeitsmerkmale des Klienten entwickelt.

3.5.1 Freiwilligkeit und Willensfreiheit

Freier Wille als großes Thema

Freiwilligkeit ist kein einfaches Problem. Es berührt das komplexe Thema der Willensfreiheit, das bereits in der klassischen Philosophie und Ethik erörtert wurde. Durch neuere Experimente und Theorien der Hirnforschung über bewusste willentliche Entscheidungen hat das große Thema an Aktualität gewonnen.

Philosophie und Kultur

Antike

Die Frage, ob der Wille des Individuums frei ist, hat die Religionen, die Philosophie und Ethik bereits in der Antike beschäftigt. Platon war der Auffassung, dass sich der Mensch sein Lebensmuster selbst wählen kann. Dagegen stand die Position des Determinismus, wonach es Willensfreiheit im strikten Sinne nicht gibt, weil die Entscheidungen der Menschen immer durch irgendwelche inneren oder äußeren Ursachen bestimmt werden. Seit der Renaissance wurde die Idee der freien, unabhängigen und selbstbestimmten Persönlichkeit schließlich zunehmend zu einem allgemeinen Leitbild westlicher Weltanschauungen.

Willensfreiheit als kulturelles Prinzip

Freiwilligkeit gilt in individualistischen Kulturen (siehe Kapitel 1.1.3) bei vielen praktischen Wahlentscheidungen und Handlungen als moralisch selbstverständliches Grundprinzip. Wer sich öffentlich gegen das Prinzip der Freiwilligkeit bei mündigen Individuen ausspricht (z.B. Teilnahme an Mitarbeiterbefragungen, Weiterbildungen und Feedback oder Coaching von Führungskräften), riskiert sehr grundsätzliche Gegenargumente. In den beziehungsorientierten konfuzianischen Kulturen wird dagegen die Unterordnung aller „edlen“ Menschen unter gemeinsame Normen- und Regelsysteme als selbstverständlich gesehen (siehe Kapitel 1.1.3). Wenn die Vorgesetzten hier die Teilnahme an bestimmten Maßnahmen fordern, würde das vor diesem kulturellen Hintergrund nicht als Einschränkung von Willensfreiheit gewertet werden. In der griechischen Antike gab es klassische philosophische Richtungen, die eine ähnliche Position vertreten.

Willensfreiheit als psychologisches Problem

Keine vollkommene Freiheit

Rohracher (1963, S. 471 ff.) hat in den 1960er Jahren zum Problem der Willensfreiheit eine psychologische Analyse vorgetragen, die bis heute aktuell erscheint. Er beginnt seine Analyse mit der Ausgangsfrage, ob es eine vollkommene Willenfreiheit gibt. Diese Frage hält er in dieser Allgemeinheit für nicht beantwortbar. Um eine Antwort geben zu können, präzisiert Rohracher die Frage. Psychologisch exakter formuliert fragt er, ob der Wille des Menschen in einer gegebenen Wahlsituation vollkommen frei ist, sich für jede beliebige Verhaltensmöglichkeit zu entscheiden. Die so gestellte Frage beantwortet er eindeutig mit *nein.* Menschen treffen Entscheidungen und werden dabei immer durch ihre Umgebung oder aber durch eigene starke Bedürfnisse und Interessen beeinflusst.

Freie Entscheidungen

Vollkommen freie Entscheidungen wären nach Rohracher nur dann möglich, wenn alle Verhaltensmöglichkeiten und ihre Konsequenzen für die Person gleichwertig sind und wenn für sie keine unterschiedlichen Folgen (Vor- und Nachteile) zu erwarten sind. Derartige Voraussetzungen sind aber nur im theoretischen Ausnahmefall vorstellbar. Freiheit bei Entscheidungen kann es wie Rohracher (1963, S. 472 f.) folgert, nur dann geben, wenn die Person keine starken Motive oder Interessen hat. Auch wenn sich eine Person durch andere in ihrer Umwelt, durch versprochene oder erwartete positive Konsequenzen entscheidet, kann sie dabei aber subjektiv den Eindruck haben, dass sie sich „frei" entschieden hat. Sie hätte sich, wie sie meint, im Prinzip ja auch zu ihrem eigenen Nachteil entscheiden können! Hätte sie das aber wirklich vollkommen frei tun können? Rohracher bezweifelt dies. Nach seiner Auffassung beruht die vermeintlich freie Willensentscheidung im Allgemeinen auf einer gefühlsmäßigen subjektiven Überschätzung der individuellen Entscheidungsfreiheit.

Trostloser Fatalismus?

Persönlichkeit als aktiver Faktor

Rohracher (1963, S. 483) erläutert, dass die Konsequenzen seiner nüchternen Analyse, wonach die „freien Willensentscheidungen" streng genommen nur auf subjektiven Gefühlen basieren, „nicht so trostlos" fatalistisch sind, wie dies auf den ersten Blick erscheinen mag. Bewusste individuelle Willensentscheidungen laufen keineswegs mechanisch und unbeeinflussbar ab, sondern wie Rohracher herausstellt, durch einen komplexen Motivationsprozess, bei dem „die Persönlichkeit selbst" ein „aktiver Faktor" bei der Entschlussbildung ist. Menschen können sich im Widerstreit ihrer Motive bewusst gegen die eigenen Interessen entscheiden und sogar starke Triebe hemmen, um anderen Menschen zu helfen. Auch diese „Willensstärke" ist allerdings wiederum ein Merkmal der Persönlichkeit und kein Argument für die Existenz individueller Willensfreiheit.

Die psychologisch wichtige und interessante Frage wäre danach nicht die Frage nach einer vermeintlich grundsätzlich vorhandenen Freiheit der Entscheidungen (die sehr schwer interkulturell gültig zu definieren und zu begründen wäre), sondern die eher psychologische Frage nach der Bewusstmachung der eigenen Abhängigkeiten und Entscheidungsgründe oder Selbstreflexion über die eigenen Motive und die Erwartungen der Umgebung. Nach der klassischen stoischen Philosophie kann der Mensch sogar gegenüber einem unabwendbaren Schicksal seine innere Freiheit bewahren, indem er sein Schicksal bejahend hinnimmt. Er bleibt damit Herr über seine Vorstellungen, über sich selbst und seine Abhängigkeiten.

Selbstreflexion über Abhängigkeiten und Motive

Nach Rohrachers strikter Definition von Wahlfreiheit gibt es kein vollkommen freiwilliges Handeln und entsprechend auch kein vollkommen freiwilliges Coaching, sondern immer nur eine partielle Entscheidungsfreiheit. Die Entscheidung eines Klienten, bei einem bestimmten Coach ein Coaching zu beginnen, wäre nur im absurden Ausnahmefall eine „vollkommen freie Willensentscheidung", wenn es der Umgebung, aber auch dem Klienten selbst gewissermaßen egal wäre, ob er sich coachen lässt oder nicht und wenn durch das Coaching keine wichtigen praktischen Folgen erwartet werden.

Coaching ist niemals vollkommen freiwillig

Neuere Hirnforschung und Willensfreiheit in der Theorie von Roth

Der Philosoph und Neurobiologe Gerhard Roth (2003, S. 494 ff.) macht die subjektiv empfundene Willensfreiheit bei Handlungen an drei Kriterien fest: (1) der Gewissheit, dass die Handlung „von uns, bzw. unserem Willen erzeugt und gelenkt wird", (2) der „Überzeugung, wir könnten auch anders handeln (…) oder hätten auch anderes handeln können, wenn wir nur (…) gewollt hätten" und (3) einem Gefühl der Verantwortung für die Handlungen und ihre Konsequenzen (Roth, 2003, S. 195). Die aktuelle Forschungsfrage ist nun, ob diese subjektiv durch den eigenen freien Willen bestimmen Handlungen nachweisbar, durch einen bewussten Willensakt oder durch vorausgehende unbewusste Hirnvorgänge aktiviert werden.

Empfundene Willensfreiheit

Laborexperimente zur Willensfreiheit

Roth und andere Hirnforscher (vgl. Geyer, 2004) stützen sich auf Aufsehen erregende Laboruntersuchungen von Libet et al. (1983). Libet et al. (1983) fordern in ihren Untersuchungen ihre Versuchspersonen auf, sich in einem vorgegebenen Zeitraum bewusst willentlich zu entscheiden, ob sie die ganze Hand oder nur einen Finger bewegen wollen (so genannte Willensakte). Sie wurden zuvor trainiert, auf einen rotierenden Sekundenzeiger zu schauen und sich den Zeitpunkt zu merken, an dem sie sich bewusst entschieden hatten. Der Bewegungsbeginn wird durch Elektroden an den Handmuskeln (EMG) zeitlich exakt gemessen. Zusätzlich werden die nicht bewussten Bereitschaftspotenziale zur Aktivierung der Hand-

Elementare Willensakte

lungen durch das Hirnstrombild (EEG) erfasst. Wenn der bewusste Willensakt die ausgewählte Handlung aktiviert, wie Libet ursprünglich erwartete, müssen die Bereitschaftspotenziale auf die Willensakte folgen. Nach den Ergebnissen liegen aber die Potenziale zeitlich *immer vor* den Willensakten. Den bewussten willentlichen Entscheidungen gehen demnach immer irgendwelche unbewussten „Vorentscheidungen" anderer Systeme des Gehirns voraus. Die Ergebnisse wurden durch weiterführende Experimente von Haggard und Eimer (1999) und Haggard et al. (2002) bestätigt. Danach treten diese Effekte nicht nur bei vorbereiteten Bewegungsentscheidungen auf, sondern zeigen sich auch bei der „freien" Wahlentscheidung, eine von mehreren möglichen Tasten zu drücken.

Theoretische Folgerungen und praktische Konsequenzen

Entscheidet das limbische System?

Wenn sich diese Untersuchungsergebnisse auf andere Willensakte übertragen lassen, folgt daraus, dass subjektiv freie Willensentscheidungen nicht durch den subjektiv erlebten „Willensakt" oder Vorsatz etwas zu tun gestartet werden, sondern durch vorausgehende unbewusste Prozesse anderer Hirnsysteme. „Der unmittelbare Anstoß etwas zu tun, kommt nicht von diesem Vorsatz, sondern aus den »Abgründen« des limbischen Systems[18]." (Roth, 1999, S. 310). Nach Roth beruht das, was wir „freie Willensentscheidungen" nennen, auf nachträglichen subjektiven Rechtfertigungen gefühlsmäßiger Wahlentscheidungen. Die Entscheidungen werden unbewusst getroffen.

Weit reichende Konsequenzen?

Wenn sich definitiv nachweisen ließe, dass alle vermeintlich freien Willensentscheidungen immer durch das limbische System getroffen werden, hätte das sehr weit reichende Konsequenzen für alle Lebensbereiche (Geyer, 2004). Eine Frage, über die heute in den Medien und manchen Grundsatzdebatten diskutiert wird, ist, ob unser Strafrecht noch aufrecht erhalten werden kann, da es auf der angreifbaren Grundannahme beruht, dass Straftäter für ihre Handlungen verantwortlich gemacht werden können und dadurch „schuldfähig" sind (abgesehen von einzelnen Tätern, deren Unzurechnungsfähigkeit nach psychiatrischer Begutachtung festgestellt wurde). Müssen wir nicht nur alle Straftäter, sondern generell alle Menschen, die allein und mit anderen gemeinsam Entscheidungen treffen, nach dieser Theorie von ihrer Verantwortung für ihre Entscheidungen frei sprechen, z.B. Politiker für die von ihnen verabschiedeten Gesetzte, Manager für zu hohe Zielvorgaben, Mitarbeiter/innen für unfreundliches Verhalten gegenüber Kunden oder Lehrer/innen für langweilig gestaltete Unterrichtsstunden und Schüler/innen, wenn sie lieber Fernsehen statt Schularbeiten zu machen?

---

[18] Das limbische System aktiviert die elementaren Empfindungen und Gefühle.

Veränderte Begründungen

Roth (2003, 2004) und andere, die sich auf die oben geschilderten Untersuchungen stützen, gehen keineswegs so weit. Sie verwerfen jedoch Begriffe wie „Verantwortung" und „freie Willensentscheidung" oder „freie Entscheidung zwischen Recht und Unrecht" oder persönliche „Schuld" als unhaltbar. Roth (2003, S. 541 f.) hält es für angemessener, Strafen als „Verletzung gesellschaftlicher Normen" als „Maßregeln" zur Besserung der Täter oder zur Sicherung der Gesellschaft vor sozial gefährlichen Personen zu verhängen. Die praktischen Konsequenzen liegen demnach im Wesentlichen in einer Reform durch eine Reformulierung der Gesetze und der Alltagssprache. Wie Singer (2004, S. 63 f.) feststellt, kann die Berücksichtigung neurobiologischer Erkenntnisse zu einer humaneren Beurteilung bestimmter Personen führen. Eine Person, die sich aggressiv verhält, weil sie durch genetische Disposition oder einen Tumor im Gehirn Schwierigkeiten hat soziale Regeln zu lernen und abzurufen, ist deshalb nicht „schlecht" oder „böse". Aber die Gesellschaft darf nicht aufhören, Verhalten zu bewerten und zu sanktionieren, um problematisches Verhalten unwahrscheinlicher werden zu lassen und die Rechtsprechung wird nicht ohne pragmatische Regelwerke auskommen. Wie er meint, wäre es aber lohnenswert, die Bewertungen und die Rechtspraxis auf Übereinstimmung mit dem wissenschaftlichen Erkenntnisstand zu überprüfen.

Autonomie des gesamten Systems

Roth (1999, S. 310; 2003, S. 531 ff.) gibt die Idee der Autonomie menschlicher Handlungen keineswegs vollkommen auf. Ähnlich wie Rohracher (1963) folgert er, dass die partielle Autonomie nicht „im subjektiv empfundenen Willensakt begründet" ist, sondern „in der Fähigkeit des gesamten Gehirns" des Menschen, Handlungen „aus innerem Antrieb" durchzuführen (Roth, 1999, S. 310). Die Möglichkeiten verschiedener Personen, in der gleichen Situation unterschiedlich zu handeln, führt er neben angeborenen Reaktionen vor allem auf jeweils spezielle individuelle Erfahrungen der Personen zurück. Im Unterschied zu Maschinen besitzen Menschen (und die meisten Tiere) nach Roth (2003, S. 531) die Fähigkeit zum gedanklichen Abwägen von Situationen und Handlungen sowie zur „Selbstbewertung der eigenen Handlungen und der daraus abgeleiteten Selbststeuerung". Was er damit meint, erläutert er am Beispiel der Abwägungen und anschließender Entscheidung, die Straße bei einer roten Fußgängerampel zu überqueren, um auf dem Weg zum Bahnhof gerade noch einen Zug zu erreichen. Beim Abwägen überlegt er, welche Risiken er eingeht (z.B. er geht nicht über die Straße, wenn viele Autos vorbeibrausen und die Überquerung gefährlich wäre) oder ob er ein schlechtes Vorbild für Kinder wäre, die ihn sehen können. Sein Gehirn entscheidet sich nach schneller Abwägung und Bewertung seiner gesamten Erfahrungen für eine Handlung. Eine von den eigenen Erfahrungen „freie" willkürliche Entscheidung, über die Straße zu rennen, könnte dagegen außerordentlich gefährlich werden.

Diskussion

Kritik

Die Theorie von Roth ist keineswegs unumstritten (vgl. Geyer, 2004; Lauken 2006). Wie Roth (2003, S. 524) selbst meint, kann man nicht behaupten, dass die Existenz der Willensfreiheit „empirisch widerlegt“ sei. Bevor wir aus ihnen grundlegende Konsequenzen ableiten, müssen die Erkenntnisse nicht nur im Forschungslabor, sondern unter Alltagsbedingungen überprüft und eindeutig bestätigt werden. Wie verlaufen aber solche Prozesse bei wichtigen Entscheidungen im Alltag? Im Alltag werden wichtige Wahlentscheidungen, wie z.B. Berufsentscheidungen, nicht in einem kurzen konkreten Moment der Entscheidung und nach einem einzelnen handlungsaktivierenden Gefühlsimpuls und vielleicht immer nachträglichem Willensakt getroffen. Sie basieren auf vielen ambivalenten Gefühlen und oft viele Tage dauernden rationalen Abwägungen. Die Frage ist, ob solche tagelangen rationalen Entscheidungsabwägungen die handlungsaktivierenden Gefühlsimpulse beeinflussen können. Wie sind hier die zeitlichen Verhältnisse und Einflüsse? Macht es hier noch Sinn, zu fragen, ob die Entscheidungen vorwiegend nur durch das limbische System oder den bewussten Verstand getroffen werden?

Entscheidungen im Coachingprozess

Coaching als Beispiel

Das Beispiel von Roth zum vorausgehenden Abwägen der Handlungskonsequenzen beim Überqueren einer Straße ist ein einfaches Beispiel, es geht aber bereits deutlich über die Laborexperimente hinaus. Das beschriebene Abwägen bezieht ja durchaus bewusste rationale Prozesse ein. Bereits hier kann man nicht behaupten, dass die Handlung nur durch Gefühlsimpulse bestimmt wird. Noch komplexer wird die Situation, wenn wir Entscheidungen von Personen über persönlich wichtige Ziele und ihre konsequente Realisierung betrachten. Nehmen wir als Beispiel die typische Coaching-Konstellation. Ein Klient sagt, er will unterstützt durch seinen Coach ein persönlich wichtiges Ziel erreichen. Statt sich in allen Situationen, wo das Ziel aktuell ist, spontan gefühlsbestimmt zu entscheiden, reflektiert er nach vom Coach angeleiteten Fragen zunächst über sich und seine Möglichkeiten, verändert und elaboriert seine Ziele und trifft damit Entscheidungen. Der Coach protokolliert die Ziele und hilft ihm damit, die Ziele im Gedächtnis zu behalten. Er versucht sich bewusst auf diese Ziele und die im Coaching geplanten Handlungen festzulegen und sie trotz ungünstiger Bedingungen zu verfolgen. Wie oben dargelegt, gehen wir davon aus, dass für den Erfolg beim Coaching die Reflexion über die eigenen Gefühle und ihre Handlungswirkungen in den kritischen Situationen eine große Bedeutung hat. Im Idealfall versteht der Klient sich selbst besser und kann die handlungsaktivierenden und -hemmenden Wirkungen der eigenen Gefühle in seinen Entscheidungen berücksichtigen. Auf diese Weise kann er versuchen, seine spontanen, gefühlsbedingten Entscheidungen auf komplexe Weise zu Gunsten seiner bewussten (gefühlsmäßig bewerteten) Ziele bewusst willentlich zu beeinflussen.

Dialektisch verbundene Prozesse

Wenn wir das Beispiel betrachten, wird es schwierig die Frage zu beantworten, ob Gefühlsimpulse bewussten willentlichen Entscheidungen vorausgehen oder nachfolgen. Was kam zuerst, was kam danach? Ich meine, dass die Frage im Grunde zu einfach gestellt ist, weil die Prozesse untrennbar dialektisch miteinander verwoben sind und nur zusammen die am Ende getroffene Wahlentscheidung erklären (vgl. auch Kuhl, 2001, S.175 ff.). Auch wenn sie subjektiv als „freie Entscheidung" erlebt wird, bedeutet das allerdings nicht, dass sie als „freie" Entscheidung zu werten ist. Die beschriebenen komplex verwobenen Entscheidungen umfassen gleichzeitig Aspekte emotional beeinflusster und „bewusst gewollter Entscheidungen". Wie am Beispiel gezeigt, wird das Konzept der Förderung bewusster willentlicher Entscheidungen bei der Wahl wichtiger Handlungen keineswegs aufgegeben. Diese Folgerungen gelten auch für die komplexe Entscheidung ein Coaching zu beginnen.

Die Selbstorganisationstheorie des Gehirns von Singer

Unbewusste und bewusste Entscheidungen des Gehirns

Unbewusste und bewusste Entscheidungen

Wolf Singer (2004) untersucht ebenfalls die Frage, ob es subjektiv freie Willensentscheidungen gibt (vgl. Engel, Fries & Singer, 2001). Ausgangspunkt ist die Klärung der Frage, worin die Unterschiede zwischen unbewussten und bewussten Entscheidungen des Gehirns bestehen (Singer, 2004, S. 39 ff.). Die weitaus meisten Prozesse und Entscheidungen des menschlichen Gehirns beruhen auf Einflüssen unbewusster Prozesse. Bewusste Entscheidungen sind beim Menschen dadurch gekennzeichnet, dass sie Systeme aktivieren, die für die bewusste Aufmerksamkeit zuständig sind, im deklarativen Gedächtnis für Fakten abgelegt und sprachlich ausgedrückt werden können. Diese stammesgeschichtlich relativ jungen Areale sind im menschlichen Gehirn besonders ausgeprägt.

Coachingmethoden fördern vollständiges Abwägen bei Entscheidungen

Wie Roth (2003) folgert Singer (2004, S. 61 f.), dass Entscheidungen vorwiegend auf unbewussten Prozessen beruhen. Er betont aber zugleich die Vorteile des bewussten Abwägens von Entscheidungen. Sie sind mitteilbar, ermöglichen dadurch Bewertungen durch andere Personen und tragen dadurch „vermutlich entscheidend zur Entwicklung und Stabilisierung sozialer Systeme" bei. Die unbewussten Entscheidungen im Allgemeinen basieren auf einem wesentlich größeren und vielfältigeren Wissens- und Erfahrungshintergrund. Es wäre unvollständig und riskant sich beim Abwägen von Entscheidungen nur auf die bewussten Entscheidungsgründe oder nur auf die unbewussten Handlungsimpulse zu verlassen. Ähnlich wie im Konzept der dialektischen Integration unbewusster, gefühlsbestimmter und bewusster rationaler Entscheidungen (vgl. Kuhl, 2001, S. 175 ff.) empfiehlt er bei Entscheidungen beide Arten zu nutzen.

Zur praktischen Frage, wie eine Exploration und Explikation vorher nicht bewusster Gefühle und Handlungsimpulse möglich ist, wurden in Abschnitt 3.3.1 Methoden zur Förderung der Problem- und Selbstreflexion mit bildhaften Techniken vorgestellt. Wie dort beschrieben, lassen sie sich mit sprachlichen Fragetechniken zur Klärung und Elaboration von Zielen und Problemlösungen verbinden. Vor dem Hintergrund der neurobiologischen Theorien der Hirnforschung sind mit diesen Methodenkombinationen relativ „vollständige" Abwägungen bei Entscheidungen möglich. Es wäre interessant, im neurobiologischen Versuch zu untersuchen, welche Hirnareale dabei in welcher Reihenfolge aktiviert werden.

Autonomes Selbstmodell und Selbstkonzept

Bewusste Metarepräsentationen

Die Nervenzellen in der menschlichen Großhirnrinde funktionieren nach den gleichen Prinzipen wie die von Schnecken. Die unbewussten und die bewussten Prozesse vernetzen und beeinflussen sich nach gleichen Grundprinzipien ohne steuernde Zentrale untereinander dezentral selbstorganisiert. Die Grundstruktur des menschlichen Gehirns des Menschen ist nur wenig von anderen Lebewesen verschieden. Erhebliche Unterschiede zeigen sich lediglich in der größeren Zahl und Ausdifferenzierung der Neuronen in der Großhirnrinde. Der Mensch ist aber fähig, die verschiedenen verteilten aber gleichzeitig ablaufenden Prozesse zu vernetzen und präzise zeitlich zu synchronisieren und „zusammenzubinden" (vgl. Engel & Singer, 2001). Nur ein Bruchteil der vernetzten Prozesse im Gehirn wird bewusst verarbeitet und ist bewusst willentlich beeinflussbar. Es gibt kein „Ich" oder „Selbst", das wie eine Kommandozentrale fungiert. Die Gehirne von Menschen und zumindest höherer anderer Lebewesen sind aber in der Lage, Netzwerke höherer Ordnung (analog zum Double Loop Lernen, siehe Abschnitt 1.3.2) zu entwickeln, durch die sie die durch hochsynchroninsierte Netzwerke aktivierten eigenen Handlungen über ihre Wahrnehmungssysteme bewusst beobachten und reflektieren können. Singer (2004, S. 42 f.) nennt diese Netzwerke Metarepräsentationen (vgl. die Metaschemata in Kapitel 1.1).

Selbstkonzept als Konstruktion des Gehirns und der sozialen Umgebung

Singers Erklärung steht im Kontrast zur alltäglichen subjektiven Selbstwahrnehmung vieler Menschen, wonach es im Gehirn eine Art „autonomes Zentrum" gibt, das dem „Ich" entspricht. Diese intuitive Erklärung beruht nach Singer (2004, S. 43 f.) auf einer Art Fehlschluss des Bewusstseins. Es kann ja prinzipiell nur bewusste Prozesse wahrnehmen und unterschätzt dadurch die unbewussten Handlungsdeterminanten. Zur Erklärung der eigenen Handlungen konstruiert das Gehirn ein Selbstmodell (als Metarepräsentation), das auf den beobachteten bewussten Entscheidungen beruht. Es vervollständigt das Modell zu einem in sich stimmigen Selbstkonzept, indem es sich selbst als autonom und zumindest teilweise durch eigene freie Willensentscheidungen bestimmtes Individuum beschreibt. Gefördert wird diese Selbstkonzept-Konstruktion des

Gehirns in der frühkindlichen Sozialisation und durch die Kommunikation mit anderen Personen (Singer, 2004, S. 49 f.).

Frühe Kindheit

So erziehen die Eltern ihre Kinder, indem sie ihnen sagen, was sie tun oder lassen sollen, um erwünschte Ergebnisse zu erzielen oder unerwünschte Konsequenzen zu vermeiden. Sie verbinden ihre Hinweise mit Sanktionen. Dabei vermitteln sie dem Kind implizit, dass es autonom unter verschiedenen Verhaltensweisen entscheiden könne. (Im Grunde ist es paradox, wenn Eltern ihren Kindern bedeuten: „Warum willst du nicht tun, was du tun sollst, weil es am besten für dich ist ...“).

Bespiegelung und Kommunikation unter Erwachsenen

Im Erwachsenenalter setzt sich die implizite und explizite Förderung der Vorstellung fort, dass Menschen ihre Entscheidungen autonom und frei treffen. Menschen beobachten sich gegenseitig, entwickeln so genannte „Theorien des Geistes“ (subjektive Theorien darüber, wie Menschen denken und handeln) und tauschen sich darüber aus. Sie kommunizieren sehr differenzierte gegenseitige Selbstbespiegelungen (z.B. „Ich weiß, dass du weißt, dass ich weiß...“). In den Theorien, an die sie glauben und die sie untereinander kommunizieren, überschätzen sie die Autonomie und Willensfreiheit.

Soziale und kulturelle Konstruktion

Das Selbstmodell bzw. Selbstkonzept und die Vorstellung eines nach freiem Willen autonom handelnden Individuums ist nach Singer eine Konstruktion des Gehirns. Diese Vorstellung wird durch soziale Interaktionen gefördert und aufrechterhalten, aber auch durch die jeweilige Kultur beeinflusst (siehe ähnlich unsere Annahmen in Abschnitt 1.1.3). Das Selbstkonzept kann deshalb auch als soziale und kulturelle Konstruktion angesehen werden. Wie Singer aber betont, erhalten soziale und kulturelle Konstruktionen, die durch zwischenmenschliche Interaktionen entstehen, den Status von sozialen Realitäten (Singer, 2004, S. 49). Wenn man sie missachtet, bleibt dies nicht ohne Folgen.

Coaching und Zwangscoaching

Im Coaching treffen Führungskräfte und andere Klienten Entscheidungen über selbstkonzeptbezogene Ziele oder Veränderungen. Entscheidungen in diesem realen Umgebungskontext können nicht unabhängig und „frei“ von sozialen und kulturellen Einflüssen sein und – scheinbar paradox – nicht „frei“ von sozial konstruierten idealen Selbstkonzepten und der kulturellen Konstruktion „freiwillige Entscheidungen“. Wenn eine Person mit heimlichem oder offenem Widerstand reagiert, weil sie sich gezwungen fühlt, ein Coaching zu beginnen und erwartet, dass dieser Widerstand den Verhaltenserwartungen ihrer kulturellen Bezugsgruppe entspricht, handelt sie nach einem kulturelles Schema. Wenn sie Zwangscoaching ohne jeden Widerstand akzeptiert, würde sie zumindest in der westlichen Kultur in den meisten sozialen Bezugsgruppen und vor sich selbst Ansehen verlieren.

Empirische Untersuchungen zur subjektiven Freiwilligkeit

Subjektive Freiwilligkeit

Wie wir gelernt haben, erscheint es generell vorsichtiger, statt von „freier Willensentscheidung" von einem „Gefühl der freien Willensentscheidung" oder „subjektiver Freiwilligkeit" zu sprechen. Die subjektive Freiwilligkeit beim Coaching lässt sich sehr einfach durch subjektive Befragung erfassen und empirisch untersuchen.

59% nicht freiwillig?

Brauer (2006) hat die Freiwilligkeit in einer Befragung von 93 Klienten durch die einfache Frage operationalisiert: „Wer gab bei Ihnen den Anstoß ein Coaching in Anspruch zu nehmen?" Bei der Antwort mussten sich die Befragten zwischen zwei klar formulierten Möglichkeiten entscheiden: Alternative 1 = Selbstentscheid und 0 = Fremdentscheid. Von den insgesamt 47 Personen, die diese Frage beantwortet haben, gaben deutlich mehr als die Hälfte (59%) Fremdentscheid an. Vier haben das Coaching sogar explizit durch Zusatzkommentare als „verordnet" bzw. „Zwangscoaching" bezeichnet. Bemerkenswert ist, dass die Autorin den erwarteten positiven Zusammenhang der Freiwilligkeit zur Zielbindung nicht finden konnte. Der Zusammenhang ist im Gegenteil schwach negativ (nicht signifikant), so als wäre die Zielbindung beim Fremdentscheid etwas höher! Wie immer sich das Ergebnis theoretisch interpretieren lässt, es bekräftigt, dass subjektive Freiwilligkeit beim Coaching differenziert analysiert werden muss.

Nur 24% nicht freiwillig?

In einer Befragung von Mäthner et al. (2005, siehe unten Abschnitt 3.6.2) geben 86% der Klienten an, dass sie ihr Coaching freiwillig begonnen haben und ebenfalls 82%, das sie Einfluss auf die Auswahl des Coachs hatten. Im Unterschied zu den Ergebnissen von Brauer (2006) ist in dieser Stichprobe Zwangscoaching eher selten. Allerdings wurden hier die Klienten nur auf einem Weg über die Coachs gewonnen, bei Brauer dagegen auf mehreren Wegen. Weitere klärende Untersuchungen zur Frage der Freiwilligkeit wären wünschenswert. Die empirische Forschung steht noch in ihren Anfängen.

Intrinsische und extrinsische Motivation beim Coaching

Selbst bestimmte Handlungen

Grant (2006a, s. Abschnitt 3.3.2) hat die empirisch fundierten Erkenntnisse der Theorie der Selbstbestimmung von Deci und Ryan (2000) auf Coaching übertragen. Danach ist die vom Klienten mobilisierte Energie Handlungen auszuführen erheblich größer, wenn er die Ziele und Handlungen selbstbestimmt gewählt hat, bzw. wenn sie von ihm intrinsisch und ohne externe Verstärkung angestrebt werden. Werden die Ziele und Handlungen dagegen nicht selbst gewählt, sondern durch andere vorgegeben und nur wegen der erwarteten Belohnung ausgeführt, sinken die Motivation und Energie. Wie passen die Untersuchungsergebnisse zur Theorie der Selbstbestimmung mit den neurobiologischen Analysen überein, wonach Autonomie nur auf einer subjektiven Überschätzung beruht?

Neurobiologische Interpretation

Eine mögliche Erklärung wäre, dass Handlungen und Ziele, die als „intrinsisch motiviert" angesehen werden, auf einer intensiveren Abwägung der ganzheitlichen persönlichen Erfahrungen der Person und Bezüge zum Selbstkonzept beruhen. Wenn wir die Person fragen, welche Handlungen sie von sich aus und ohne Druck oder Belohnung durchführen möchte, aktiviert sie zumindest elementare Selbstreflexionsprozesse. Sie überprüft gefühlsmäßig und rational ihre Erfahrungen und versucht herauszufinden, was zu ihr passt und welche Handlungen sie bevorzugt umsetzen kann. Auch nach der neurobiologischen Erklärung bewertet die Person Ziele und Handlungen und führt schließlich das nach „vollständiger Abwägung" subjektiv nach ihrer Erfahrung am besten passende Handlungsschema aus. Wenn ihr dagegen Entscheidungen vorgegeben werden, die sie nicht positiv bewertet und Handlungen ausführen muss, ist es plausibel, dass sie dies nur auf sozialen Druck hin oder nur wegen einer Belohnung tun wird. Das würde man nach der neurobiologischen Erklärung auch nicht anders sehen[19]. Wie in Abschnitt 3.3.1 erläutert wurde, erwarten wir, dass nach negativem und positivem Feedback zu Fehlern oder Misserfolgen trotz des dabei sicher vermittelten „Änderungsdrucks" intensive ergebnisorientierte Selbstreflexionen und eine starke Veränderungsmotivation aktiviert werden können. Die Stärke der Motivation sich zu verändern hängt demnach nicht allein von der „subjektiven Freiwilligkeit" der Veränderung ab, sondern kann auch unter dem Druck von Kollegen oder Vorgesetzten sehr stark sein, wenn das Feedback als angemessen und förderlich erlebt wurde.

Kultur und Selbst

Zur Erklärung des Widerstands auf erzwungenes Coaching kann man die Bedeutung der Kultur für das Selbstkonzept heranziehen. Personen mit einem independenten Selbstkonzept, denen ihre eigene Entscheidungs- und Willensfreiheit sehr wichtig ist, werden nach ihrer kulturellen Sozialisation auf sozialen Druck, ein Coaching zu beginnen, mit negativen Affekten, Widerstand oder Reaktanz reagieren[20]. Je nach Möglichkeiten werden sie dies offen zeigen oder aber sich heimlich widerständig verhalten. Wie in Kapitel 3.2 (siehe auch Annahmengruppe 3.2) theoretisch erklärt wurde, wird dadurch der Zugang zur offenen Selbstreflexion gehemmt. Coaching muss nicht unmöglich werden, aber diese Hemmung erschwert den Prozess. Die Person wird sich nur auf enge Bereiche und

---

[19] Schwer neurobiologisch erklärbar ist dagegen der so genannte Effekt der Korrumpierung einer intrinsisch motivierten Handlung durch eine Belohnung (Deci & Ryan, 2000). Wenn man z.B. Schulkindern, die von sich aus gern malen, für das Malen eine Belohnung gibt, malen sie weniger! Dieser interessante Befund wird zur Kritik der klassischen behavioristischen Verstärker-Annahme herangezogen. Neurobiologisch könnte man dann den Effekt spekulativ auf eine hemmende Wirkung der Belohnung auf das bevorzugte Handlungsschema zurückführen.

[20] Personen aus beziehungsorientierten Kulturen mit interdependentem Selbst werden sich vermutlich anders bei sozialem Druck durch ihren Vorgesetzten verhalten. Voraussetzung ist dabei voraussichtlich, dass der Vorgesetzte als vom Mitarbeiter akzeptiert und der Druck als legitim und im Stil nach den Regeln der Kultur erlebt wird.

sehr spezifisches Verhalten beziehen (z.B. beobachtbares Verhalten in Leistungssituationen, von denen der Vorgesetzte erfährt, der Coaching erzwungen hat). Diese Erklärung ließe sich durchaus auch neurobiologisch durch Wirkungen von Metarepräsentationen erkären, die als gelernte Konstruktionen des Gehirns wirken.

Motivklärung im Coaching

Im Coachingprozess kann die Auseinandersetzung und Förderung der Selbstreflexion des Klienten über seine möglicherweise widersprüchlichen Gefühle und Motive sowie seine Erwartungen an das Coaching und externen sozialen Einflüsse auf seine Entscheidung sehr wichtig sein. Der Coach kann dem Klienten helfen herauszufinden, warum er sich mit oder ohne wahrgenommenen inneren oder äußeren Druck für das Coaching entschieden hat. Klienten sprechen diese Fragen oft selbst zu Beginn des Coachings an. Für den Coach ergeben sich daraus nützliche Hinweise. Allerdings wäre es kaum empfehlenswert, bei ergebnisorientierten Managern diese Fragen zu ausführlich zu Beginn des Coachings zu bearbeiten, weil dadurch statt über die Probleme und Ziele des Klienten über Coaching und seine Entscheidungsunsicherheit reflektiert wird und sein Unbehagen, ein Coaching zu beginnen, verstärkt werden kann.

Probleme und Lösungen beim erzwungenen Coaching

Zwangscoaching als letzte Chance vor der Kündigung

Wenn Coaching bei einer einzelnen Person durch bewusst erlebten starken sozialen Druck – durch wen auch immer – erzwungen wurde, verweist dies nicht nur in individualistischen Kulturen in der Regel auf gravierende Probleme. Ein extremes Negativbeispiel ist der keineswegs seltene Fall, dass der Klient auf Druck seines Vorgesetzten oder der Geschäftsführung „als letzte Chance vor der Kündigung" zum Coaching gepresst wird. Für den Klienten ist dies sehr erniedrigend und man kann kaum erwarten, dass er ohne weiteres bereit ist, über seine Probleme und über sein ideales und reales Selbstkonzept offen zu sprechen.

Vertrauen gewinnen

Es ist für den Klienten außerordentlich schwierig, wenn nicht unmöglich, das erforderliche Vertrauen zu gewinnen und eine positive affektive Einstimmung zu aktivieren, wenn das Coaching gegen seinen Willen begonnen wurde. Wie können sie sich auf eine nicht gewollte oder nicht als erforderlich gesehene „individuelle Behandlung" einlassen. Es ist anzunehmen, dass dieser Druck zumindest anfänglich den Zugang zum Selbstkonzept blockiert. Es gibt aber auch Personen, die von außen vorgegebene Aufgaben und persönliche Ziele weniger stark oder gar nicht abwehren (teilweise gilt dies für lageorientierte Personen, siehe unten). Manche sind ihrem Vorgesetzen vielleicht sogar „dankbar dass er Druck ausübt, dass ich mich ändere".

Verhalten bei erzwungenem Coaching

Erzwungenes Coaching muss keineswegs immer negativ verlaufen. Es gibt erfolgreiche Fälle, in denen der Coach mit dem Klienten und Vorgesetzten, der das Coaching gefordert hat, sehr klare Regeln und Rahmenbedingungen vereinbart hat. Dazu gehört eine selbst bestimmte jederzeit akzeptierte Abwahl des Coachs und Suche eines anderen Coachs, ein jederzeit möglicher und nicht sanktionierter Abbruch, eine besonders konsequente Orientierung an den Zielentscheidungen des Klienten und natürlich absolute Vertraulichkeit. Diese Prinzipien gelten an sich für jedes Coaching. Hier müssen sie aber sehr genau diskutiert, präzise ausformuliert und sehr strikt (demonstrativ!) umgesetzt werden. Der Coach sollte dem Klienten anfangs wiederholt „die Vertrauensfrage stellen" und ihn auffordern bewusst Verantwortung für ein intensives Coaching und die Umsetzung der Lösungen zu übernehmen, bis sich beide sicher sind, dass sie miteinander ein reguläres und für den Klienten nützliches Coaching durchführen können.

Verhärtungen und Blockaden

Wenn sich die Konstellation und der Klient verhärtet haben und Versuche, offene Gespräche und Problemreflexionen zu führen, chancenlos blockiert sind, macht es allerdings wenig Sinn, ein Coaching zu beginnen oder weiterzuführen. Ehe man sich als Coach auf ein erzwungenes Coaching einlässt, vergewissert man sich deshalb im Interesse des Klienten und auch im Eigeninteresse selber sehr sorgfältig, welche Möglichkeiten für den Klienten in seinem Umfeld überhaupt noch bestehen, die Probleme erfolgreich zu bewältigen und ob ihm im sozialen Umfeld noch Chancen eingeräumt werden. Eine wichtige Frage ist auch, ob dem Coach die erforderliche Unabhängigkeit eingeräumt wird, dem Klienten bei seinen persönlichen Zielen und nicht nur den Erwartungen der Unternehmensleitung zu unterstützen.

Coaching nicht über die Problemträger einführen!

Schäden für alle Beteiligten

Es ist niemals zu empfehlen, in einem Unternehmen oder in anderen Organisationen, Coaching zuerst über Problemträger einzuführen. Die Erfolgschancen sind deutlich geringer. Das Risiko für den Klienten ist hoch, bei einem Misserfolg gewissermaßen als „trotz Coaching lernunfähig" klassifiziert zu werden. Dies kann ein zusätzlicher Makel sein, an dem er schwer zu tragen hat. Es genügen bereits ein oder zwei Coachings, bei denen eine Entlassung im Gespräch ist und die Meinung wird sich verfestigen, dass, wer Coaching erhält, eine Entlassung befürchten muss. Nach solchen Erfahrungen wird sich kaum noch jemand auf ein Coaching einlassen wollen. Auch der Coach geht ein hohes Risiko ein. Ein Anfangsmisserfolg genügt und er verliert sein Ansehen als kompetenter Coach oder er gibt Wasser auf die Mühlen der immer vorhandenen Kritiker, dass Coaching keine wirksame Methode ist. Wenn die Erfolgschancen niedrig sind, ist es für alle Beteiligten besser, der Unternehmensleitung vorzuschlagen, nicht den „Problemfall", sondern die Führungskraft zu coachen, die als sein direkter Vorgesetzter für Lösungen verantwortlich ist. Man kann dem Vorgesetzten helfen, mit dem kritischen Mitarbeiter eine Potenzialanalyse durchzuführen und faire Lösungen zu erarbeiten und konsequent umzusetzen. Dem Mitarbeiter kann man raten sich außerhalb des Unternehmens selbst einen Coach zu suchen und dies niemandem zu verraten.

Über Potenzialträger einführen

Coaching sollte möglichst immer zuerst über die Potenzialträger eingeführt werden. Ideal ist es, wenn die oberste Leitungsebene mit gutem Beispiel vorangeht und die hoffentlich positiven Erfahrungen offen kommuniziert. Oft werden Neuerungen an den Nachwuchsführungskräften erprobt. Coaching kann hier z.B. als zusätzliche Maßnahme allen Mitgliedern des Nachwuchsförderkreises empfohlen werden.

Seminare für Führungskräfte

Unter dem Motto „Heute schon lernen, was morgen gefordert wird!" haben wir für BWL-Studenten in einem Studienprojekt ein Seminarkonzept zur Vermittlung von Grundwissen über Coaching, zur Auswahl von Coachs und zur Qualität von Coaching (siehe oben, Kapitel 3.4) durchgeführt, in dem die Teilnehmer/innen drei bis fünf Coaching-Probesitzungen erhielten. In ähnlicher Form können Seminare verbunden mit Coachingerfahrungen in der Führungskräfteausbildung eingeführt werden. Nur Führungskräfte, die über Coaching Bescheid wissen und selbst Erfahrungen mit Coaching haben, können anderen glaubwürdig ein Coaching empfehlen.

Wenn alle Potenzialträger mitmachen sollen

Es gibt Unternehmen, in denen Coaching von den Potenzialträgern gern genutzt wird. Wenn die Teilnahme an Coachings gewissermaßen zur Kultur der Organisation gehört, kann sich eine einzelne skeptische Person dem sozialen Druck der anderen Potenzialträger kaum entziehen. Coaching wäre hier im Grunde ebenfalls nicht mehr „freiwillig". Als kollektive Regel wäre Coaching hier jedoch motivationspsychologisch anders zu bewerten, als das oben beschriebene Zwangscoaching für einzelne Problemträger. Hier wäre zu erwarten, dass die Bereitschaft, sich auf Coaching einzulassen, unabhängig von der individuellen Motivation allgemein hoch ist und dass nur einzelne selbstbewusste Skeptiker Coaching ablehnen.

3.5.2 Erwartungen und Motive beim Coaching

Besondere Motivation

Coaching ist heute, trotz zunehmender Verbreitung für viele etwas so Besonderes, dass sie meinen, dass ein besonderer meist psychologischer Grund vorliegen müsse, dass jemand Coaching „benötigt". Die zum erzwungenen Coaching beschriebenen Schwierigkeiten sind deshalb genau betrachtet gar nicht so außergewöhnlich. Es gehört immer noch ein gewisser Mut oder eine besondere Motivation oder Bereitschaft dazu, sich „freiwillig" auf ein Coaching einzulassen.

Sind besondere Anlässe und Auslöser erforderlich?

Wie entsteht Coaching-Motivation?

Erste allgemeine Hinweise zur Frage wie die Coaching-Motivation und -Bereitschaft entsteht, lassen sich aus den Ergebnissen von Befragungen über die Anlässe für Coaching erschließen (siehe Abschnitt 2.1). Nach

Böning und Fritschle (2005, S. 88) sind die Hauptanlässe für Coaching organisationale Veränderungsprozesse, persönliche und berufliche Probleme, Karriereplanung und Neuorientierung bei neuen Aufgaben und Positionen, Führungskompetenzentwicklung, Bewältigung und Regelung von Konflikten und Persönlichkeits- oder Potenzialentwicklung. Wie diese Liste und weitere Befragungen zeigen, wird die Coaching-Bereitschaft anscheinend auf außergewöhnliche Anlässe zurückgeführt. Dies passt zu der Annahme, dass Coaching eine besondere Motivation erfordert. Die Frage, wie die Motivation entsteht und aufrechterhalten wird, kann auf dieser Grundlage allerdings noch nicht abschließend beantwortet werden.

Auslöser für Selbstreflexionen

In Abschnitt 3.2.1 wurden Annahmen über alltägliche Auslöser von Selbstreflexionen entwickelt. Es ist nahe liegend anzunehmen, dass die Coaching-Motivation und -Bereitschaft zunimmt, wenn starke Auslöser, intensive und anhaltende kritische Selbstreflexionen aktiviert haben, die für die Person kein Ergebnis erzielen und die Personen erwarten, dass ein Coaching für sie nützlich ist.

Erwartungen und Bedürfnisse bei komplexen Dienstleistungen

Theorie von Schneider und Bowen

Coaching ist eine komplexe Dienstleistung. Zur Klärung der Frage, welche Kundenerwartungen und -bedürfnisse durch Coaching befriedigt werden, können wir Erkenntnisse aus der Dienstleistungspsychologie heranziehen. Schneider und Bowen (1995; Schneider, 2006) haben eine Theorie über die allgemeinen Motive und Erwartungen von Kunden bei der Nutzung von Dienstleistungen entwickelt und empirisch überprüft.

Erwartungen und Coaching-Kompetenzen

Kundenerwartungen können durch Befragungen erfasst werden. Sie beinhalten Qualitätsmerkmale der jeweiligen Dienstleistung und Nutzenerwartungen im Vergleich zu anderen Dienstleistungen. Die Qualitätsmerkmale, die Schneider und Bowen (1995, S. 26 ff.) aufführen, betreffen 1. den *Inhalt der Dienstleistung* (Was wird geleistet?), fachliche Qualifikationsmerkmale, Kommunikationsfähigkeiten und hohe fachliche und soziale Kompetenzen des Dienstleisters, und besonders 2. die *Form der Dienstleistung* (Wie wird die Leistung erbracht?). Hier nennen sie Merkmale zur Beziehungsqualität, wie Höflichkeit und Freundlichkeit, Glaubwürdigkeit, Vertraulichkeit und Sicherheit vor Risiken. Die Qualitätsmerkmale ähneln den oben in Abschnitt 3.4.1 nach der Expertenbefragung zur Qualität von Coaching genannten Anforderungen und den aufgeführten Coaching-Kompetenzen (siehe Abschnitt 3.4.2).

Rationale Entscheidung

Nach Schneider und Bowen (1995) entwickeln die Kunden ihre Erwartungen auf der Grundlage von Informationen (durch Meinungsführer und Werbung) sowie eigenen Beobachtungen. Es gibt Kunden, die sich rational auf der Grundlage der ihnen vorliegenden Informationen entscheiden. Das heißt, sie wählen diejenige Dienstleistung, die ihren Erwartungen am besten entspricht und am wenigsten kostet. Die Bedeutung des Preises hängt aber vom Marktsegment ab. Bei komplexen, auf hohem Vertrauen basierenden Dienstleistungen wie Coaching, bei denen die Kosten von den Unternehmen getragen werden, hat der Preis für die Entscheidung der Klienten eine geringere Bedeutung. Je besser die aus Klientensicht erwarteten Qualitätsmerkmale bei einem akzeptablen Preis sind, desto eher wird er sich für ein Coaching entscheiden. Es gibt aber auch Kunden, die sich beziehungsorientiert entscheiden und die Dienstleister bevorzugen, zu denen sie eine gute persönliche Beziehung entwickelt haben und denen sie vertrauen.

Grundlegende Bedürfnisse

Kunden treffen ihre Entscheidungen keineswegs ausschließlich rational und bewusst. Psychisch grundlegender sind nach Schneider und Bowen (1995, S. 54 ff.) ihre zumindest teilweise unbewussten Bedürfnisse. Wenn ein Dienstleister eine Erwartung des Kunden nicht erfüllt hat, kann er den Kunden eventuell noch halten, wenn er die Dienstleistungsqualität verbessert. Wenn er dagegen ein grundlegendes Bedürfnis des Kunden verletzt, verliert er ihn als Kunden (wenn er wechseln kann). Der Kunde bewertet die Verletzung und Befriedigung gefühlsmäßig. Schneider und Bowen (1995, S. 59 ff.) unterscheiden drei grundlegende Bedürfnisse, die der Kunde mit der Dienstleistung zu befriedigen trachtet:

1. *Sicherheit* (Bedürfnis nach Sicherheit vor physischen, psychologischen und ökonomischen Schäden),
2. *Soziale Anerkennung (Bedürfnis nach Aufrechterhaltung und Stärkung des Selbstwertgefühls) und*
3. *Gerechtigkeit (Bedürfnis fair und gerecht behandelt zu werden).*

Sicherheitsbedürfnis beim Coaching

Übertragen auf Coaching muss sich der Klient sicher fühlen, dass die vom Coach zugesicherte Vertraulichkeit unbedingt gewahrt bleibt, dass das Coaching verlässlich und vorhersehbar abläuft und ihn auf mögliche Risiken durch Probleme und Konflikte vorbereitet (a.a.O., S. 66).

Anerkennung

Das was Bowen und Schneider (1995, S. 74) zur Bedeutung der sozialen Anerkennung ausführen, lässt sich sehr gut auf Coaching übertragen. Durch seine Wertschätzung trägt der Coach zur Befriedigung des Bedürfnisses seines Klienten nach Anerkennung bei, indem er ihm hilft, durch Einsatz seiner Ressourcen Erfolge und Anerkennung durch andere Personen zu erzielen.

Gerechtigkeit und Fairness

Kunden fühlen sich schnell unfair behandelt, wenn sie den Eindruck haben, dass andere Kunden bevorzugt werden. Beim Coaching kann es durchaus vorkommen, dass einzelne Führungskräfte sehr sensibel auf vermeintliche Zurücksetzungen gegenüber höheren Ebenen reagieren. Wie Schneider und Bowen (1995, S. 75 ff.) betonen, müssen alle impliziten psychologischen Kontrakte pedantisch eingehalten werden, um das Bedürfnis des Kunden nach Gerechtigkeit oder fairer Behandlung nicht zu frustrieren. Coaching kann hier vermittelnd wirken.

Forschung erforderlich

Die Motivationstheorie von Schneider und Bowen (1995) wurde für alle Arten von Dienstleistungen entwickelt und empirisch untersucht. Man kann insofern annehmen, dass sie auch auf Coaching anwendbar ist. Da Coaching aber eine sehr persönliche Dienstleistung ist, wäre es erforderlich, die Übertragbarkeit systematisch zu überprüfen und die Theorie für diesen Bereich genauer zu formulieren. Ein beim Coaching typisches motivationales Problem wird im folgenden Abschnitt behandelt.

Motivationseinbrüche

Zahlenorientierte Führungskräfte

Leder (2005) schildert die Ambivalenzen und veränderliche Coaching-Bereitschaft zahlorientierter Führungskräften. Diese Führungskräfte sind allgemein schwer zu motivieren, sich auf ein tiefgehendes Coaching einzulassen. Wenn man aber ihr Vertrauen gewonnen hat, muss es schnell gehen. Sie setzen sich und den Coach unter enormen Druck. „Ich muss mich verändern und zwar sofort!" Wenn der Coach diesen Druck nicht souverän kanalisieren kann, blockiert dies die Energie sich zu ändern. Auch eine zu starke individuelle Motivation kann demnach problematisch sein. Wichtig ist es bei diesen Führungskräften nach Leders Erfahrung, in Zwischenevaluationen regelmäßig alle kleinen und großen Fortschritte Prozess begleitend gemeinsam festzuhalten. Dabei sollte man möglichst mit Zahlen arbeiten (z.B. mit Einschätzungsskalen zur Verhaltensänderung) und ihnen positives Feedback für erzielte Veränderungen geben.

Motivationskrisen nutzen

In vielen Coachingprozessen gibt es schwierige und kritische Motivationseinbrüche. Soll man dann als Coach auf jede Einflussnahme verzichten und das Coaching sofort abbrechen? „Ich warte schon darauf, wann die Kritik am Coaching endlich kommt" berichtet Leder (2005). Möglicherweise haben die Kollegen oder Ehepartnerinnen den Klienten kritisch gefragt, ob beim Coaching schon irgendetwas herausgekommen sei. Unsicher geworden, gibt der Klient die Kritik direkt an den Coach weiter. Leder (2005) erklärt, dass man diese Kritik nicht auf das Coaching beziehen soll, sondern als Wunsch nach eindeutigen Ergebnissen bei den Veränderungen und dass man sie als Energie zur Förderung des Prozesses nutzen kann. Mit „unerschütterlicher Konstruktivität" erinnert sie den Klienten an die bereits erzielten und dokumentierten Veränderungen, lobt seine Fortschritte („Sie sind auf einem guten Weg!") und fragt, was er sich als nächsten Schritt zur Veränderung vornehmen möchte. Erleichtert und mit neuer Energie kann er sich nun diesem Problem zuwenden.

Unerschütterliche Konstruktivität

Die Schilderung von Leder (2005) passen sehr gut zu unseren theoretischen Grundlagen und Analysen. Die Aufgabe des Coachs ist es, typische motivationale Probleme vorherzusehen, „mit unerschütterlicher Konstruktivität" immer wieder neu negative Affekte und Befürchtungen auszugleichen (vgl. das Kalibrieren von Affekten in Abschnitt 3.2.2 sowie Unterstützung der Selbstberuhigungsfähigkeiten, siehe unten in Abschnitt 3.5.5), Zweifel und Verunsicherungen auf dem Weg durch motivierendes

Feedback für kleine und große Selbstveränderungen zu überwinden sowie große Ziele in umsetzbare konkrete Ziele und kleine Veränderungsschritte zu transformieren und die Formulierung konkreter Handlungsabsichten zu fördern (siehe Abschnitt 3.3).

Aktivierung vernetzter Prozesse

Erfolgreiche Coachs haben die schwer allgemein beschreibbaren Kompetenzen, intuitiv flexibel auf ihre Klienten angepasste und komplex vernetzte Prozesse zu aktivieren, in denen die Klienten Probleme analysieren, intensive Affekte und Gefühle aufbauen und sich wieder beruhigen, Veränderungsziele entwickeln und sich schrittweise bewusst motivieren sich selbst verändern und dafür zumindest vom Coach Anerkennung erfahren. Solche Prozesse können sich möglicherweise beim Klienten, wenn sie sich untereinander und mit dem Selbstkonzept vernetzen, ausgesprochen motivierend organisieren. Wie Klienten konkrete Handlungsabsichten entwickeln und umsetzen uns welche Persönlichkeitsmerkmale der Klient einbringt, damit er seine Veränderungsziele erreichen kann, wird in den folgenden Abschnitten behandelt.

3.5.3 Handlungsabsichten des Klienten

Ziele und Handlungsabsichten

Eine landläufige Vorstellung ist, dass Menschen ihre Ziele unmittelbar in Handlungen umsetzen können. Diese Vorstellung beruht auf einer zu einfachen und seit längerem überholten Motivationstheorie. Nach neueren Erkenntnissen entwickeln sich aus Zielen im Allgemeinen aber nur dann konkrete Handlungen, wenn die Person zuvor den willentlichen Entschluss fasst, die erforderlichen Handlungen umzusetzen, um das Ziel zu erreichen. Dieser Handlungsentschluss ist ein bewusster Willensakt und wird in der neueren Motivations- und Willenspsychologie als Handlungsabsicht bezeichnet (vgl. Heckhausen, 1989 und Gollwitzer, 1991). Ziele führen erst dann zu konkreten Handlungen, wenn ihnen eine bewusste Handlungsabsicht vorausgeht („Ich will das jetzt tun!“).

Neurobiologische Interpretation

Nach den oben wiedergegeben neurobiologischen Analysen nehmen wir an, dass hier nicht nur der „bewusste Willensakt“ allein wirkt. Wie dargestellt, basieren handlungswirksame Entscheidungen bei komplexen Alltagshandlungen nicht auf einem einzelnen „reinen Willensakt“, sondern auf einem längeren dialektischen Prozess der Abwägung, der sowohl auf unbewussten handlungsaktivierenden Gefühlen und Erfahrungen, als auch auf bewussten willentlichen Analysen der eigenen Gefühle und auf rationalen Entscheidungen beruht. Diese „vollständigere“ Abwägung kann durch das Coaching gefördert werden und bildet die Grundlage für gefühlsmäßig und rational abgewogene Handlungsabsichten.

Absichtsgedächtnis

Handlungsabsichten werden nach Kuhl (2001, S. 145) in einem speziellen Absichts- oder Intentionsgedächtnis (a.a.O. S. 210 f.) für unerledigte Handlungsabsichten aufgenommen. Es wird als ein Subsystem des so genannten Arbeits- oder Kurzzeitgedächtnisses (Baddeley, 1996) angesehen. Nach Kuhl (2001, 212 ff.) werden Absichten allerdings nur dann im Kurzeitgedächtnis „wach" gehalten werden, wenn dies erforderlich ist. Erforderlich ist die Aktivierung des Absichtsgedächtnisses, wenn die Absichten schwierig umzusetzen sind. Beim Coaching kann man davon ausgehen, dass die Umsetzung der Absichten fast immer schwierig ist.

Vom Ziel zur Handlung

Wir können die Theorie am Beispiel eines Ziels eines Klienten erläutern, der im Führungsteam mehr Initiative zeigen möchte. Damit ein Klient nach der Benennung eines Ziels Handlungen folgen lässt, sind drei Schritte und Abwägungen erforderlich:

1. Der Klient setzt sich erreichbare konkrete Ziele (Zielkonkretisierung: Was kann ich tun? Welches Verhalten kann ich zeigen, wenn ich „Initiative zeigen" möchte? Mit welchen Gefühlen sind die Ziele im Unterschied zur jetzigen Situation verbunden?),
2. er plant konkrete Handlungen zur Zielerreichung (Handlungsplanung: Wie und wann plane ich das Verhalten unter Berücksichtigung meiner Gefühle und Widerstände der Umgebung bei Umsetzungsversuchen zu zeigen?) und
3. er fasst den Entschluss, die geplanten Handlungen tatsächlich umzusetzen (Handlungsabsicht: In der nächsten Teamsitzung werde ich „Initiative zeigen" und dabei meine widerstrebenden Gefühlsimpulse unterdrücken!).

Voraussetzungen

Um seine Handlungsabsicht umzusetzen muss er drei weitere Voraussetzungen erfüllen:

1. Der Klient muss seine Handlungsabsicht beharrlich im Gedächtnis behalten,
2. er darf seine Absicht nicht voreilig ausführen (zu einem ungeeigneten Augenblick, etwa „Initiative zeigen", wenn er damit niemanden beeindrucken kann), sondern
3. er soll die Absicht zum optimalen Zeitpunkt ausführen, wenn die Gelegenheit günstig ist (bei einem Tagesordnungspunkt in der Sitzung, bei dem „Initiative gefragt ist").

Vergessen von Absichten

Menschen lassen sich leicht durch Stress, neue Ereignisse oder vordringlich erscheinende Aufgaben von ihren Handlungsabsichten ablenken und davon abbringen. Sie „vergessen" dadurch, ihre „festen Absichten" tatsächlich umzusetzen. Wenn man z.B. durch andere Personen, etwa an die Ausführung unerledigter Absichten erinnert wird, braucht man sie sich nicht einzuprägen.

Coach

Der Coach übernimmt mitunter die Aufgabe, die konkretisierten Ziele und Handlungsabsichten zu notieren. Er fungiert damit gewissermaßen als eine Art externes Gedächtnis des Klienten und hilft ihm, seine Handlungsabsichten auch unter Stress im Alltag nicht zu

„vergessen“, sondern sie immer wieder zu erinnern und konsequent zu verfolgen.

3.5.4 Umsetzung von Handlungsabsichten

Ist die Situation stärker als das Ziel?

Im Alltag ist es sehr schwer, Handlungsabsichten einzuhalten. Auch konkrete und scheinbar einfache Absichten sind nicht immer leicht umzusetzen. Jeder kennt z.B. die Redner, die ihre Zeit nicht einhalten können. Das sind ja keineswegs nur unerfahrene, sondern insbesondere die eloquenten Redner, die eine hohe Position einnehmen und „viel zu sagen haben“. Ohne dass ihnen dies bewusst ist, überstrapazieren sie ständig die Aufmerksamkeit ihrer Zuhörer und bringen die Zeitplanung durcheinander. Wer sie aber als Freund oder Coach aus der Nähe kennt, weiß, dass sie sich vor jeder Rede fest vorgenommen haben, die vereinbarte Zeit nicht zu überschreiten und nicht zu schnell zu reden. Aber in der Redesituation „vergessen sie“ ihre Vorsätze. Für die Einleitung haben sie zu lange gebraucht. Sie haben zu viele Folien mitgebracht, weil sie sich in der hektischen Vorbereitung nicht entscheiden konnten, welche sie weggelassen könnten. Komplexe Inhalte beanspruchen ihre volle Aufmerksamkeit und „sicherheitshalber“ behandeln sie die wichtigen Themen genauer oder gehen zu ausführlich auf Fragen ein. Jedes Mal wieder geraten sie unter Zeitdruck und Stress, reden zu schnell und kommen doch mit der Zeit nicht aus! Wie kann ihnen der Coach dabei helfen, die eigenen Veränderungsziele und Vorsätze besser umzusetzen?

Vorbereitung auf Probleme

In Abschnitt 3.3.2 wurden Methoden angesprochen, die zur Förderung der Zielerreichung beim Coaching herangezogen werden können. Sie können als Grundlage dienen. Damit der Klient seine darauf basierenden Handlungsabsichten situationsangemessen, aber konsequent umsetzen kann, empfiehlt es sich, ihn zu motivieren, sich vorausschauend auf die Situation und mögliche Umsetzungsprobleme vorzubereiten.

Erwartungs-Erwartungen nutzen

Im oben angesprochenen Beispiel eines wichtigen Redners, der es nicht schafft, die Redezeit einzuhalten, wäre es förderlich, wenn der Coach mit ihm zunächst die Reaktionen seiner Zuhörer analysiert, wenn er wieder viel zu lang und zu schnell redet. Wie würde er selbst so ein Verhalten empfinden? Wie lange kann er konzentriert zuhören? Wie viele seiner Zuhörer schauen zwar freundlich, haben aber längst „abgeschaltet“? Wie viele weniger wohlgesonnene Zuhörer nutzen die Zeit, um über seine „Unfähigkeit“ zu sinnieren, sich an die Zeit zu halten und lästern heimlich hinterher mit anderen darüber? Die Motivation, sich nachhaltig zu ändern wird stark zunehmen, wenn sich der Klient über die Erwartungen der Zuhörer in unserer deutschen, sehr auf Zeiteinhaltung geprägten Kultur bewusst wird. Er sollte wissen, dass auch freundliches Feedback nach seiner Rede wenig aussagt, sondern oft nur der Wichtigkeit seiner Position geschuldet wird. Wenn er seine „Erwartungs-Erwartungen“ verändert und

Hinweise sensibel beachtet, die ihm die Zuhörer geben, wenn er zu lang redet, kann er sein Verhalten leichter ändern. Solche Erwartungs-Erwartungen zählen nach systemischen Interventionskonzepten (Schlippe & Schweitzer, 1996, S. 76 ff.) zu den wirksamsten Einflüssen.

Erinnerungshilfen

Es gibt viele Möglichkeiten, sich gewissermaßen „selbst zu überlisten" und sich an die eigenen Vorsätze und ihre Umsetzung besser zu erinnern. Man schreibt sich Vornahmen in verschlüsselter Form (z.B. „L" für „langsamer Reden") an mehrere Stellen auf das Redemanuskript. Solche Hinweise nutzt man als Erinnerungshilfen für das eigene Absichtsgedächtnis bei Selbstveränderungen.

Öffentliches Commitment

Wer sich traut, kann sich auch durch gezielte öffentliche Ankündigungen bewusst selbst unter Umsetzungsdruck setzen. So kann man öffentlich vor Mitarbeiter/innen verkünden, dass man sich vorgenommen hat, künftig z.B. in kritischen Situationen vor Maßnahmenentscheidungen eine kurze gemeinsame und möglichst ruhige Lagebesprechung durchzuführen. Solche Ankündigungen werden auch öffentliches Commitment genannt. Dadurch setzt man sich unter selbst erzeugten Erwartungsdruck der eigenen sozialen Umgebung. Man erwartet, dass die Personen, die diese Ankündigung gehört haben, die Erwartung entwickeln, dass man das angekündigte Verhalten zeigt (als Erwartungs-Erwartungen).[21] Die Person konstruiert sich bewusst selbst die soziale Realität, die ihr hilft, ihre Ziele zu erreichen!

Umsetzungsbeobachter

Eine der wirksamsten Methoden zur Förderung der Umsetzung ist es, befreundete Kollegen oder den Coach (unter einem Vorwand) als Beobachter für die Umsetzung der vorher besprochenen Veränderung in die Situation mitzunehmen (so genanntes Shadowing, siehe Abschnitt 3.3.2). Diese Umsetzungsbeobachter sind ideale Feedbackpartner für eine anschließende gemeinsame Evaluation der Veränderungen. Wenn man sein Ziel erreicht hat, kann man nun überlegen, wie man es stabilisieren kann. Hat man es nicht erreicht, kann man anhand der Auswertung der konkreten Beobachtungen mit einer erneuten genaueren Problemreflexion beginnen. Was lief nicht wie erwartet? Wie realistisch waren die Ziele? Was kann man besser oder anders machen?

---

[21] Öffentliches Commitment funktioniert nicht nur bei einer freundlich gesonnenen Öffentlichkeit. Möglicherweise ist es sogar wirksamer, sich vor einer kritischen Öffentlichkeit festzulegen. Einen psychologisch raffinierten Kontrakt haben sich einmal zwei starke Raucher einer Projektgruppe ausgedacht, die sich gegenseitig nicht mochten, um sich das Rauchen abzugewöhnen. Sie verabredeten und verkündeten vor der Gruppe, dass derjenige, der nicht mit dem Rauchen aufhört, dem anderen bei einer Arbeitsaufgabe helfen müsse, die dieser auswählen könne. Die Vorstellung, sich dem anderen so ausliefern zu müssen, war so schrecklich, dass beide ihre Änderungsvornahme sehr konsequent umgesetzt haben (allerdings nur für die Dauer des Projekts).

Person und organisationale Umgebung

Soziale und organisationale Umgebung

Der Erfolg der bewussten Selbstveränderung oder Selbstentwicklung hängt keineswegs allein vom Klienten und dem ihn dabei unterstützenden Coach ab. Der Klient hat eine besonders große Verantwortung, weil er seine Ziele und Handlungsabsichten bestimmt und den Coach und das Vorgehen auswählt. Der Coach ist mit seinen Erfahrungen und seinem methodischen Know-how eine einzelne fördernde Person in der Umwelt, der der Klient sich anvertrauen kann, wenn er versucht, sich zu verändern. Besonders wichtig ist der Coach, wenn die Organisation und das direkte soziale Umfeld für die erforderlichen Veränderungen wenig förderlich sind. Beide zusammen sind aber machtlos, wenn die organisationale Umgebung alle erstrebten Veränderungen unmöglich macht. In diesem Fall bleibt beiden nur die Reflexion und Einsicht in die Chancenlosigkeit ihrer vereinten Bemühungen.

Chancenlosigkeit

Transferklima

Beim Erfolg von Weiterbildungsseminaren wurde empirisch nachgewiesen, dass die Umsetzung wesentlich von einem positiven Transferklima in der Organisation abhängt. Rouiller und Goldstein (1993) untersuchen die einschlägigen *(1) Situationsfaktoren* und *(2) Konsequenzen.* Zu den nachweislich förderlichen Situationsfaktoren gehören Hinweise, die die Lernenden am Arbeitsplatz daran erinnern, ihr erworbenes Wissen anzuwenden. Hierzu werden beispielsweise Umsetzungsvereinbarungen mit den Vorgesetzten gezählt. Konsequenzen haben erwartungsgemäß auch positives, negatives oder fehlendes Feedback zur Umsetzung des Gelernten. Ein sehr wirksames Umsetzungshindernis ist negatives Feedback durch die „erfahrenen Kollegen“ die alle Versuche des Lernenden lächerlich machen, ihr neu erworbenes Seminarwissen anzuwenden.

Übertragbare Klimafaktoren

Holton et al. (1997) erklären die Entstehung eines positiven Transferklimas durch die subjektiv wahrgenommenen Möglichkeiten der Lernenden, ihre neu erworbenen Qualifikationen praktisch zu nutzen. Per Fragebogen können sie für die folgenden Einzelfaktoren empirische Zusammenhänge finden: 1. Vorgesetztenunterstützung und Sanktionen für Transfer, 2. Unterstützung der Anwendung durch bereitgestellte Ressourcen oder Informationen, 3. Unterstützung durch Peers, 4. erlebter persönlicher Nutzen (z.B. leistungsbezogenes Entgelt, Karriere-Entwicklung), 5. antizipierter persönlicher Schaden, 6. subjektiv erwarteter Widerstand durch Gruppennormen und 7. inhaltliche Übereinstimmung der Lernaufgaben mit den praktischen Anforderungen (Übungsmöglichkeiten, an realen und praktisch relevanten Problemstellungen). Diese Faktoren lassen sich auch auf die Umsetzung von Veränderungsabsichten beim Coaching übertragen.

3.5.5 Persönlichkeitseigenschaften, Fähigkeiten und Kompetenzen

Professionalisierung durch wissenschaftliche Theorien

Wie Grant und Cavanagh (2004) feststellen, ist es eine der wichtigsten Zukunftsaufaben für die Professionalisierung von Coaching die theoretischen Grundlagen, insbesondere zu Persönlichkeitseigenschaften des Klienten weiterzuentwickeln. Die empirische Forschung in diesem Bereich ist aber noch relativ jung und schmal. Dass dies auch aus praktischer Sicht eine wichtige Aufgabe ist, zeigt sich auf Coaching-Kongressen, wo manche Praktiker/innen Persönlichkeitstypologien vortragen, die selbst nach eigenen Beobachtungen erstellt haben.

Das Rad nicht neu erfinden

Professionelle Persönlichkeitstheorien

Wenn jemand öffentlich antritt, eine Persönlichkeitstypologie oder Persönlichkeitseigenschaften der Klienten zu entwickeln, muss man von ihm fordern dürfen, dass er dabei die aktuelle psychologische Fachliteratur zum Erkenntnisstand der Theorieentwicklung und Forschung zumindest elementar berücksichtigt und diskutiert. Oft stellt sich aber heraus, dass die mutigen Referent/innen an diese Aufgabe sehr naiv herangehen und ohne jedes Literaturstudium „das Rad neu erfinden". In diesem klassischen Kerngebiet der Psychologie ist es außerordentlich schwer, neue Persönlichkeitstypen zu entdecken, zu denen es nicht bereits Vorbilder und Forschung gibt. Wie wir ebenfalls aus der Forschung wissen, entwickeln viele reflektierte Menschen eine so genannte „naive Persönlichkeitstheorie". Coachs scheinen nicht frei davon zu sein. Für eine Professionalisierung von Coaching auf wissenschaftlicher Grundlage ist dies aber kein geeigneter Weg. Wie die folgende Darstellung zeigt, gibt es bereits Persönlichkeitstheorien, Erkenntnisse und viele Untersuchungsinstrumente zu Persönlichkeitseigenschaften und -fähigkeiten, die sich inhaltlich sehr gut auf die Klienten beim Coaching übertragen lassen. Manche davon werden Praktiker/innen nicht als überraschend ansehen, manche dürften aber unerwartete Differenzierungen enthalten, die für die meisten interessant und neu sein werden. Manche Merkmale sind günstige, andere ungünstige Voraussetzungen für erfolgreiches Coaching. Andere Merkmale erfordern, dass der Coach im Coaching mit diesen Personen methodisch anders umgeht. Zu einzelnen Eigenschaften und Fähigkeiten gibt es bereits erste Ergebnisse aus der empirischen Evaluationsforschung im Coachingfeld (siehe Abschnitt 3.6.2).

Übersicht

Die folgende Darstellung beginnt mit der Handlungs- und Lageorientierung, als den bereits mehrfach angesprochenen grundlegenden Merkmalen nach der PSI-Theorie. Danach folgt eine zusammenfassende Darstellung über allgemeine Fähigkeiten zur Klarheit über eigene Gefühle und Selbstberuhigung, wie sie unter anderem in der Theorie der emotionalen Intelligenz von Salovey, Mayer et al. (1995) untersucht wurden. Anschließend wird die problematische Tendenz mancher Extravertierter behandelt, Veränderungen zu beschönigen. Am Schluss des Kapitels wird die Beharrlichkeit als eine Eigenschaft im Bereich der Selbststeuerung behandelt. Was niemanden überraschen wird, ist sie für die Zielerreichung vermutlich sehr förderlich.

Handlungs- und Lageorientierung

Handlungsorientierung

Manager sind nach ihrem Idealbild sehr zielorientierte und tatkräftige Persönlichkeiten. Sie sollen auch unter Stress in der Lage sein, nach kurzer Prüfung der Alternativen schnelle Entscheidungen zu treffen und eine effiziente Umsetzung der Entscheidungen zu organisieren. Zeit für langes Grübeln über frühere Misserfolge oder Reflektieren bleibt ihnen dabei selten. Sie schauen immer wieder nach vorn, setzen Ziele und handeln. Sie unterscheiden und erinnern sich genau, welche Ziele sie selbst erreichen wollen und welche ihnen von anderen Personen vorgegeben wurden. Diese Beschreibung charakterisiert handlungsorientierte Personen (Kuhl, 2000; Kuhl & Beckmann, 1994). Nach ihren Selbstbeschreibungen haben sie, wenn sie vorhaben, eine umfassende Arbeit zu erledigen, „keine Probleme loszulegen“. Auch wenn ihnen einmal sehr viele Dinge am selben Tag misslingen, bleiben sie tatkräftig.

Lageorientierung

Im Unterschied dazu neigen lageorientierte Personen dazu, vor umfassenden Aufgaben sehr lange darüber nachzudenken, womit sie anfangen sollen. Sie grübeln über Misserfolge oder schwierige Probleme und finden nur schwer einen Absprung zum Handeln. Sie übernehmen bereitwillig Ziele und Aufgaben, die ihnen von anderen vorgegeben wurden und haben anscheinend kein gutes Gedächtnis für eigene Ziele und Absichten (Kuhl, 2000).

Fragen zur Selbsteinschätzung

Der Hakemp-Fragebogen (Hakemp-90; Kuhl, 2000) umfasst verschiedene Skalen zur Erfassung der gegenpoligen Handlungsorientierung und Lageorientierung nach Misserfolgserfahrungen und zusätzlich zwei weitere Skalen. Im Kasten 3.9 werden typische Beispielfragen und -antworten wiedergegeben. Dabei wird jeweils angegeben, zu welchem der beiden Pole die jeweilige Antwortalternative gehört.

Wie man diese Fragen nutzen kann

Manager wird man kaum dazu bewegen können, zu Beginn des Coachings einen Fragebogen auszufüllen. Sie antworten aber erfahrungsgemäß gern auf direkte Fragen zur Selbsteinschätzung der eigenen Person, wenn man ihnen anschließend erklärt, was ihre Antworten praktisch bedeuten. Durch solche Fragen kann man (auch bei zahlenorientierten handlungsorientierten Personen) in der ersten oder zweiten Sitzung wichtige Selbstreflexionen aktivieren. Dem handlungsorientierten Manager kann man erklären, dass er möglicherweise ein Problem damit hat, sich auf Selbstreflexionen einzulassen und ihm erklären, dass dies nützlich ist, aber versprechen, dass man auf ergebnisorientierte Reflexionen achten wird. Den Lageorientierten kann man sagen, dass man ihnen helfen kann, ihr kreisendes Grübeln zu stoppen und erfolgreich zu handeln.

Kasten 3.9: Beispielfragen aus dem HAKEMP-Fragebogen zur Erfassung der Handlungs- und Lageorientierung nach Kuhl (2000)

1. Handlungsorientierung nach Misserfolgserfahrungen (HOM) versus misserfolgsbezogene Lageorientierung (LOM)

„Wenn einmal sehr viele Dinge am selben Tag misslingen, dann …

- weiß ich manchmal nichts mit mir anzufangen (LOM)“
- bleibe ich fast genauso tatkräftig, als wäre nichts passiert (HOM)“

2. Handlungskontrolle in Planungs- und Entscheidungsprozessen (HOP) versus prospektive Lageorientierung (LOP)

„Wenn ich vorhabe, eine umfassende Arbeit zu erledigen, dann …

- denke ich manchmal zu lange nach, womit ich anfangen soll (LOP)“
- habe ich keine Probleme loszulegen (HOP)“

3. Handlungsorientierung bei erfolgreicher Tätigkeitszentrierung (HOT) versus Aktionismus

„Wenn ich mit einer interessanten Arbeit beschäftigt bin, dann …

- suche ich mir zwischendurch gern eine andere Arbeit (Aktionismus)“
- könnte ich unentwegt weitermachen (HOT)“

Zeit für Reflexionen nehmen

Es gibt Situationen und Probleme, bei denen langes Grübeln unnötig und unangemessen ist. Extrem handlungsorientierte Personen, die immer ohne nachzudenken handeln und Reflexions- und Selbstreflexionsprozesse vollkommen vermeiden und jeden selbstkritischen Gedanken über sich selbst und ihre Lage verdrängen, haben aber ein Defizit. Es kann sie nicht nur die berufliche Karriere kosten, sondern auch die Entwicklung guter Beziehungen zu Freunden und Partner/innen verhindern.

Extrembeispiele

Beispiele für extrem handlungsorientierte Personen sind die von Leder (2005) beschriebenen ungeduldigen, ergebnis- und zahlenorientierten Manager. Für sie sind länger dauernde und insbesondere ergebnislose Selbstreflexionen sehr unangenehm und sie unterdrücken oder meiden sie im Allgemeinen (siehe oben Kapitel 3.1). Man sollte sie zu Beginn beim Coaching nicht überfordern. Durch direkte Fragen und Feedback zu ihrer

Person können sie aber beim Coaching schrittweise lernen, wie sie durch ruhige ergebnisorientierte Selbstreflexion vorschnelles Handeln und Fehleinschätzungen verringern und bessere Beziehungen zu anderen Menschen aufbauen können.

Weniger extreme Beispiele

Auch weniger ausgeprägt Handlungsorientierte können die Coachingtermine nutzen, um sich in ihrem hektischen Arbeitsalltag Zeit zu nehmen, in Ruhe nachzudenken und abgewogenere Entscheidungen zu treffen und mit erneuerter Energie und Tatkraft umsetzen.

Lageorientierte können leicht abgelenkt werden

Wie Ciupka (1991) in einem Experiment mit Führungskräften herausgefunden hat, lassen sich lageorientierte Personen sehr leicht von einer vorher getroffenen Entscheidung abbringen. Im Rollenspiel können sie z.B. durch unsinnige oder unwichtige Argumente einer Person abgelenkt werden, die einen Vorgesetzten spielt. Handlungsorientierte lassen sich dagegen nur durch wichtige Argumente beeinflussen. Kuhl (2001, S. 205) sieht darin eine Bestätigung seiner Annahme, dass Lageorientierte sehr leicht durch Gegenargumente einen negativen Affekt aufbauen und unwichtigen Argumenten gegen ihre Entscheidung nicht mit einer selbstbewussten Haltung entgegentreten können. Durch Gegenargumente nimmt ihr negativer Affekt besonders stark zu und ihr Zugang zu ihrer Selbstrepräsentation wird blockiert. Sie wissen in dieser Situation nicht mehr, was sie selbst wollen.

Handlungsorientierte können sich gegen Kritik wehren

Handlungsorientierte Führungskräfte sind in der Lage, negative Affekte selbst herabzuregulieren. Sie können sich selbstbewusst gegen unsinnige Kritik wehren und auf wichtige Argumente angemessen reagieren. Beim Coaching kann man ihnen dementsprechend mehr kritisches Feedback zumuten, während man bei lageorientierten Klienten sehr vorsichtig und sensibel vorgehen sollte.

Grübeln stoppen

Bei lageorientierten Klienten sind spezielle Vorgehensweisen zur optimalen Kalibrierung der Affekte (siehe Abschnitt 3.2.3) und zur Hemmung kreisender Grübeleien und Selbstreflexionen erforderlich. Durch die beim Coaching gebräuchlichen Fragen und Interventionen können lageorientierte Personen sehr leicht in ihr gewohntes zielloses Grübeln verfallen. Um dies zu verhindern, wäre es hier erforderlich, Lernprozesse zu fördern, die dem Lageorientierten helfen, sich trotz aufkommender negativer Affekte zu beruhigen und unsystematisches Grübeln zu stoppen. Der Coach kann mit ihnen Übungen durchführen und ihnen die „Hausaufgabe“ mitgeben, ihre Affekte in kritischen Situationen unter Kontrolle zu halten. Hauptziel ist hier, kurze ergebnisorientierte Reflexionen und Selbstreflexionen durchzuführen und danach auf dieser Grundlage schnelles zielbezogenes Handeln einzuleiten. Bei dieser Gruppe ist beim Coaching die Beratung und Unterstützung beim Aufrechterhalten und Erinnern an die eigenen Ziele und Handlungsabsichten und besonders beim

Umsetzen ihrer Absichten durch Aktivierung von praktischen Handlungen trotz vieler aufkommender Bedenken entscheidend.

Kompensatorisches Vorgehen

Zum Aufbrechen einseitiger Persönlichkeitsfixierungen empfiehlt Kuhl (2001, S. 1013 ff.) ein kompensatorisches Vorgehen. Problemfixierte Lageorientierte erwarten vom Coaching eine Intensivierung ihrer Reflexionen. Der Coach kann ihnen aber nur helfen, wenn sie ihre Grübelfixierung erkennen und überwinden und schneller in selbstkongruente Handlungen umzusetzen lernen. Im Gegensatz dazu profitieren nüchterne handlungsorientierte Problemlöser, die gewohnt sind, ihre Affekte und Emotionen zu unterdrücken und dies gern beibehalten wollen, nur wenn sie lernen, ihr aufkommendes Unbehagen bei Selbstreflexionen und negative Gefühle auszuhalten und intensiver über belastende Probleme nachzudenken, bevor sie handeln.

Emotionale Intelligenz und Selbstberuhigung

Emotional Repair

Kuhl und Fuhrmann (1998) haben eine Fragebogenskala entwickelt, die eine Fähigkeit erfasst, sich trotz negativer Affekte immer wieder zu entspannen und aus negativen Affekten herauszuholen. Salovey, Mayer et al. (1995) bezeichnen diese Fähigkeit anschaulich als „Emotional Repair“. Personen, die sie besitzen, sind in der Lage, eigene negative Gefühle schnell immer wieder selbst zu „reparieren“. Die Autoren ordnen diese Fähigkeit der so genannten Emotionalen Intelligenz zu. Sie kann im Rahmen der *Trait Meta-Mood Scale* per Fragebogen erfasst werden (TMMS, Mayer, Salovey et al., 2000; die deutsche Version wurde von Otto et al., 2001, veröffentlicht).

Die besten Problemlöser beeinflussen ihre Gefühle

Lantermann, Döring-Seipel und Seip (2003) haben Führungskräfte Planspiele bearbeiten lassen. Nach Dörner (2003, siehe oben Abschnitt 3.3.1) waren sie ständig mit neuen intransparenten und komplexen Problemsituationen konfrontiert und mussten trotzdem Entscheidungen treffen. Viele Führungskräfte verwenden in dieser Situation problematische Strategien und scheitern. Wie nach der Theorie erwartet, erreichen Führungskräfte die besten Gesamtleistungen bei dieser komplexen Aufgabe, die hohe Werte in der Emotional-Repair-Skala aufweisen. Man kann dies dadurch erklären, dass sie sich durch ständige Frustrationen und Belastungen beim Managen ungewisser Situationen und Probleme emotional nicht „herunterziehen“ lassen, sondern wie Stehaufmännchen immer wieder neu beruhigen, emotional aufbauen und motivieren können. Übrigens mindern Personen bei intellektuell anspruchsvollen Aufgaben, die sich über sich selbst ärgern, wie Krone (2005) in Laborexperimenten nachweist, ebenfalls ihre Leistungen. Ärger lenkt sie von einer konzentrierten Bearbeitung der Aufgabe ab. Wer in der Lage ist, sich „schnell wieder abzuregen“ hat Vorteile!

Förderung der Selbstberuhigung durch Coaching

Wie diese Untersuchungen zeigen, können die Fähigkeiten, die eigenen Affekte und Gefühle positiv zu beeinflussen oder zu beruhigen für das Lösen komplexer Probleme von entscheidender Bedeutung sein. Hier ergeben sich Bezüge zur beschriebenen Kalibrierung der Affekte beim Coaching, wenn immer wieder neue aufregende Situationen beim Lösen komplexer Probleme bewältigt werden müssen (siehe oben Abschnitt 3.2.3).

Forschungsaufgaben

Es wäre interessant zu untersuchen, ob Coachs durch ihr methodisches Vorgehen Führungskräften oder Projektmanagern helfen können, Defizite in diesen Fähigkeiten zu kompensieren oder zu lernen diese besonderen Fähigkeiten zu aktivieren, wenn sie mit solchen emotional extrem belastenden Problemen konfrontiert sind. Der Begriff „Emotional Repair" ist ein eher technischer Begriff und daher etwas unglücklich. Die Bezeichnung dieser Fähigkeit oder Funktion als „Selbstberuhigung", wie dies Kuhl in seiner PSI-Theorie (Kuhl, 2001) vorschlägt, erscheint angemessener.

Emotionale Klarheit

Emotionale Klarheit

Die TMMS zur Erfassung der Fähigkeiten der emotionalen Intelligenz (Mayer, Salovey et al., 2000; Otto et al., 2001) enthält noch zwei weitere Subskalen: Attention (Aufmerksamkeit) und Clarity (Klarheit). Bei der letztgenannten Skala finden sich Bezüge zu den oben entwickelten Annahmen zur Förderung der bewussten Selbstreflexion über eigene Affekte und Gefühle durch Coaching. Die Skala enthält Fragen dazu, ob man sich über die eigenen Gefühle im Klaren ist (z.B. „Ich weiß fast immer genau, wie ich mich fühle") und ob man Verknüpfungen der eigenen Emotionen mit Situationen und Ereignissen erkennt. Wie Otto et al. (2002) in einer Untersuchung mit Kontrollgruppe nachweisen können, sind die Problemlöseleistungen und die Stimmung der Personen mit hohen Werten in der Klarheitsskala bei komplexen Problemsituationen besser. In dieser Untersuchung korreliert die Skala Emotional Repair allerdings nicht mit den Leistungsergebnissen und Gefühlen.

Wichtige Komponente

Die beschriebene Klarheit über eigene Gefühle kann als eine weitere wichtige Komponente der Fähigkeiten und Kompetenzen zu Selbstreflexion angesehen werden. Zu erwarten wäre, dass es Klienten, die diese Fähigkeit mitbringen, im Allgemeinen leichter fällt, über ihre Gefühle in Problemsituationen zu reflektieren und sich unter Berücksichtigung ihrer Affekte und Gefühle bewusst zu verändern. Bei Klienten, die sich in hoch komplexen Problemsituationen nicht über ihre Gefühle und deren Auswirkungen auf ihre Entscheidungen bewusst sind, kann aber Coaching eine wichtige kompensatorische Unterstützungsfunktion haben. (Diese Wirkung ließe sich durch Umformulierungen der Fragen untersuchen, z.B. „Das Coaching hat dazu beigetragen, dass ich mir über meine Gefühle in Problemsituationen bewusst geworden bin".) Eine Verbesserung der emotionalen Klarheit könnte demnach, wie Grant (2003) nachweist (siehe unten, Abschnitt 3.6.1), auch ein Ergebnis von Coaching sein.

Ergebnisorientierte Selbstreflexivität

Praktisches Beispiel

Wenn man Coachs nach Persönlichkeitsmerkmalen des Klienten fragt, die eine große Bedeutung für Vorhersage von Misserfolgen beim Coaching haben, nennen sie häufig fehlende Selbstreflexionsfähigkeiten (siehe oben Abschnitt 3.6.2). Ein eigenes Interview über einen Misserfolg beim Coaching, das ich selbst im Rahmen der Arbeit von Mellmann (in Vorber.) durchgeführt habe, ist mir sehr gut in Erinnerung geblieben. Wie die Befragte sehr anschaulich und nachvollziehbar geschildert hat, fiel es ihrem Klienten, einem Manager, von Anfang an sehr schwer, die Probleme zu schildern, die er in der für ihn kritischen neuen Anforderungssituation hatte, organisationale Veränderungen in seinem Bereich einzuführen. Es war nicht möglich, ihn zu irgendwelchen Problemanalysen oder -reflexionen oder gar Selbstreflexionen anzuleiten. Hilfe suchend fragte er den Coach immer wieder nur, was er denn bei diesem oder jenem Problem konkret tun solle. Dem Coach war sofort bewusst, dass der Klient durch die komplexen Anforderungen und Probleme im Veränderungsprozess überfordert ist und dass hier streng genommen ein Coaching nicht Erfolg versprechend ist, sondern eher eine konkrete praktische Beratung verbunden mit systematischem Training. Das Coaching wurde ein kompletter Misserfolg. Das Unternehmen hat den Manager entlassen.

Selbstreflexionskompetenzen

Defizite in der Selbstreflexivität werden oft als relativ stabile Dispositionen oder fehlende Fähigkeiten angesehen. In Abschnitt 1.2.2 wurden beispielhaft Fragen zur Erfassung der ergebnisorientierten Selbstreflexion beim Coaching vorgestellt. Es ist aber eine offene empirisch zu klärende Frage, inwieweit Selbstreflexivität gelernt werden kann und wie veränderlich und situationsübergreifend die beim Coaching erforderliche Selbstreflexivität ist. Handlungsorientierte vermeiden Problem- und Selbstreflexionen, wie oben beschrieben wurde. Wenn sie aber den Nutzen erkennen, können sie schnell lernen, ergebnisorientierte Reflexionen durchzuführen. Dies spricht eher dafür, dass die Selbstreflexivität neben stabilen Fähigkeitskomponenten auch partiell veränderbare situationsbezogene Kompetenzen umfasst. Wenn die optimistische Einschätzung zutrifft, können wir erwarten, dass ergebnisorientierte Selbstreflexionen sowohl günstige Voraussetzungen, aber auch Ergebnisse von Coaching sein können (siehe Abschnitt 3.6.3). Vermutlich bildet die emotionale Klarheit hier eine wichtige Fähigkeitsgrundlage oder hängt mit Selbstreflexionsfähigkeiten und -kompetenzen zusammen.

Beschönigung

Beschöniger

Extravertierte neigen nach Kuhl (2001, S. 1013 ff.) dazu, Probleme nicht sehr lang und gründlich zu reflektieren und zu analysieren, sondern schönzureden. Nicht alle haben diese Tendenz, es gibt aber einigen, die man regelrecht als „Beschöniger“ bezeichnen kann. Auch hier empfiehlt Kuhl ein kompensatorisches Vorgehen. Wenn der Coach die starke Tendenz erkennt, dass der Klient schönfärberisch den Bezug zur Realität verloren hat, kann er dazu in der Problemreflexion direkt an diesen Beschönigungstendenzen ansetzen und durch zirkuläre Fragen herausfinden, ob der Klient erkennt, dass nicht alle die Situation so „rosig“ sehen, wie er und dass eine differenzierte Einschätzung angemessener wäre.

Beharrlichkeit und Selbststeuerung

Beharrlichkeit führt zum Ziel

Willms (2004) hat in seinem oben beschriebenen Life-Coaching-Programm die praktische Erfahrung und Annahme der PSI-Theorie bestätigt, dass der Zielerreichungsgrad von der Beharrlichkeit der Person abhängt. Sowohl in der Gruppe mit seiner Anleitung zum Selbstcoaching, als auch in der Kontrollgruppe, erreichen Personen mit großer Beharrlichkeit (durch Fragebogen erfasst) ihre Ziele mit größerer Erfolgswahrscheinlichkeit. Das Ergebnis mag trivial erscheinen, zählt aber zu den sehr klar nachgewiesenen Zusammenhängen.

Selbststeuerung

Offermanns (2004) hat in ihrer Studie einen nicht erwarteten negativen Zusammenhang zwischen der Selbststeuerung und der Zufriedenheit mit dem Einzelcoaching (nur in der Experimentalgruppe) nachgewiesen. Die verwendete Fragebogenskala (Skala Aktivierungskontrolle des SSI von Kuhl & Fuhrmann, 1998) enthält, wie: „Ich erreiche meine beste Form erst dann, wenn Schwierigkeiten auftreten.“ „Sobald Hindernisse auftreten, spüre ich, wie ich aktiver werde.“ „Ich kann meine Anspannung lockern, wenn sie störend wird.“ „Ich kann mich auch in einem Zustand innerer Anspannung schnell wieder entspannen.“ Offermanns (2004, S. 322) interpretiert den Zusammenhang als Hinweis darauf, dass die Führungskräfte, die hohe Selbststeuerungskompetenzen mitbringen, weniger vom Coaching profitieren, weil sie selbst in der Lage sind, die Probleme zu bewältigen.

3.5.6 Selbstkompetenz

Ein großes Thema in der Pädagogik und Psychologie in den letzten Jahren ist die Förderung der „Selbstkompetenz“ als Schlüsselkompetenz (vgl. Flechsig, 1996; Sprenger, 2002; Biblionetz Begriffe, 2007). Die folgenden Erläuterungen zeigen, was darunter verstanden wird.

Definitionen

Eine kurze und prägnante Definition der Selbstkompetenz haben Reiter, Grimus und Scheidl (2000, S. 207) ihrer Evaluierung der Verwendung neuer Medien in der Grundschule zugrunde gelegt: „Selbstkompetenz bedeutet, eigene Fähigkeiten und Stärken zu kennen und damit situationsgerecht umgehen zu können.“ Die Gesellschaft für Informatik formuliert in ihren Empfehlungen für ein Gesamtkonzept zur informatischen Bildung an allgemeinbildenden Schulen genauer, was zu dieser Schlüsselkompetenz gehört und wie sie sich entwickelt (Gesellschaft für Informatik, 2000, S. 4): „Selbstkompetenz ist die Fähigkeit, die eigene Identität zu erarbeiten, zu erproben und zu bewahren. Sie entwickelt sich durch das permanente Bemühen, mit eigenen Wünschen, Bedürfnissen, Stärken und Schwächen, Misserfolgen und inneren Konflikten umzugehen, das eigene Fühlen, Denken und Handeln zu reflektieren und dabei Leistungs- und Anstrengungsbereitschaft zu stimulieren."

Beispiele zur Förderung der Selbstkompetenz in der Schule und Hochschule

Wie die Fachausschussmitglieder der Gesellschaft für Informatik (2004, S. 4) meinen, wird die Selbstkompetenz gefördert, wenn die Schüler/innen im Umgang mit modernen Informatiksystemen ihre Kompetenzen erfahren und ihre Werte, Neigungen, Begabungen und Interessen entdecken. Auch in den Curricula der Hochschulen wird insbesondere für die Einführung von Bachelor- und Masterstudiengängen gefordert, Selbstkompetenz zu fördern (vgl. ZEVA, 2000). Ich kenne Beispiele für Modulbeschreibungen, in denen eine Förderung dieser Kompetenz behauptet wurde, wenn den Studierenden lediglich Faktenwissen zum Verhalten und Lernen von Menschen vermittelt wird, weil sie dadurch möglicherweise angeregt werden, über sich selbst nachzudenken. Ist eine Förderung der Selbstkompetenz so einfach, wie diese praktischen Beispiele suggerieren?

Keine einfache Kompetenz

Wenn wir unsere Definitionen oben heranziehen, könnte man die Selbstkompetenzen als komplexe Gruppe von Fähigkeiten, Kompetenzen und Erfahrungen zur realistischen Selbstreflexion sowie zur bewussten Selbststeuerung und Selbstveränderung verstehen. Hier drängt sich aber sofort die Frage auf, ob die vielfältigen aufgeführten Prozesse und Aspekte von der Person durch eine zusammenhängende Kompetenz organisiert werden. Ähnlich wie in den oben zitierten Definitionen zur Selbstkompetenz werden in unserer Selbstreflexionsdefinition die Ziele, Bedürfnisse, Merkmale und Entwicklungspotenziale der Person in und außerhalb der Arbeit angesprochen. Es geht demnach nicht nur um Veränderungen der Motivation, sondern auch der Persönlichkeitseigenschaften, Fähigkeiten, Kompetenzen und Potenziale in allen Bereichen. Die Veränderung jedes einzelnen der angesprochenen Merkmale wäre ein komplexes Problem- und Forschungsfeld. Es ist eine naive Vereinfachung, sie alle unter eine Kompetenzdefinition zu subsummieren, so als könnte man sie gleichermaßen umfassend fördern.

Komplexe Prozesse

Wenn wir Erkenntnisse der PSI-Theorie (Kuhl, 2001) heranziehen, wird der Erfolg der bewussten Selbstveränderung durch situationsabhängige Affekte, spezifische Persönlichkeitseigenschaften und Fähigkeiten beeinflusst. Nach dem oben (siehe Abschnitt 3.1.2) beschriebenen Prozessmodell der Selbstaufmerksamkeit handelt es sich hier um Prozesse, die durch Auslöser in der Umgebung und Kommunikation aktiviert und gefördert werden. Selbstreflexives Double Loop Lernen als weitere Komponente ist ein Lernkonzept, das hohe Anforderungen an die Lernberater und Lernenden stellt. Bewusste Selbstveränderung hängt in der Quintessenz der angesprochenen Erkenntnisse und Konzepte nicht nur von spezifischen fördernden Persönlichkeitseigenschaften, Fähigkeiten und Kompetenzen ab, sondern ist ein komplexer Prozess, der nur unter günstigen, sehr anspruchsvollen Kontextbedingungen möglich wird. Eine bewusste Selbstveränderung kann – gemessen am idealen Selbstkonzept – immer nur fragmentarisch und unvollkommen sein.

3.5.7 Bewusste Selbstveränderung und -entwicklung

Lebenslange Weiterentwicklung

In der Coachingdefinition oben wurde zwischen bewussten Selbstveränderungen und der Selbstentwicklung unterschieden. Der Begriff Selbstveränderung wird dabei für konkrete, handlungsbezogene Veränderungen verwendet. Der Begriff der Selbstentwicklung beschreibt dagegen längerfristige untereinander zusammenhängende Veränderungen im Lebenslauf der Klienten oder Gruppen. In der PSI-Theorie wird der Begriff der Selbstentwicklung auf die Integration der Erfahrungen in ein ausbalanciertes und kohärentes Wissenssystem als wichtige Komponente der Selbstverwirklichung bezogen (Kuhl, 2001, S. 179 ff.). Die Aufgabe sich selbst zu reflektieren und weiterzuentwickeln, besteht aus einer im Grunde lebenslangen Serie von Problemlöseaufgaben.

Alle Systeme im Gleichgewicht

Eine Voraussetzung für die Selbstentwicklung ist nach Kuhl (2001, S. 1016 ff.), dass die Person einen Zugang zum Selbst hat (Quirin, 2006), positive und negative Affekte zulässt, aber wenn erforderlich auch aktiv hemmen kann. Alle psychischen Systeme und Verarbeitungsfunktionen sollen ganzheitlich und in einer Art Gleichgewicht zwischen den Hauptsystemen (Denken/Intentionsgedächtnis, Fühlen/Extensionsgedächtnis, intuitive Verhaltenssteuerung und Empfinden) einander ergänzend aktiviert werden. Wer versucht, sich beim Handeln ständig selbst zu überwachen und zu disziplinieren, kann am Ende nicht mehr intuitiv in Situationen reagieren, wo dies erforderlich ist.

Emotionsloses Durchdenken

Für eine erfolgreiche Zielerreichung kann es allerdings auch notwendig sein, Probleme und alle Möglichkeiten zur Zielerreichung phasenweise nüchtern analytisch oder „emotionslos" zu durchdenken und beim Handeln aufkommende aversive Gefühle zu unterdrücken. Wer sich aber ausschließlich auf Zielerreichung und Unterdrückung der eigenen Affekte und Gefühle fixiert, verliert den Zugang zu eigenen Gefühlen, zu seinem Selbstsystem und seinen Fähigkeiten, sein umfassendes intuitives Wissen zu nutzen und schnell gefühlsmäßig zu verarbeiten.

Gier nach äußeren Anreizen

Ein anschauliches Beispiel für eine Abkopplung des Selbstsystems von anderen Systemen kann sich, wie Kuhl (2001, S. 1016 ff.) aufführt, z.B. in einer nicht zu befriedigenden „Gier" nach positiven äußeren Anreizen

(Geld, Ansehen und Status) oder auch einer kurzlebigen Befriedigung unersättlichen Kaufsucht zeigen.

Erfolgserlebnisse einprägen

Beim Coaching soll beispielsweise ein bewusstes und intensives Erleben von Erfolgen gefördert werden. Wer Erfolgserlebnisse nicht intensiv spürt, kann sie nicht im Extensionsgedächtnis verankern und nachhaltig zur Stärkung seines Selbstwertgefühls nutzen (Kuhl 2001, S. 1013). Auch negative Gefühle bei Misserfolgserlebnissen sollen nicht unterdrückt und verdrängt werden. Coaching in ruhiger Reflexionsatmosphäre hilft bei der Verarbeitung und bei der emotionalen Vorbereitung auf künftige belastende Situationen.

Emotionale Dialektik

Um sich als Person mit allen menschlichen Potenzialen zu entwickeln, müssen Menschen alle Systeme aktivieren und entwickeln und dabei positive wie negative Affekte und Gefühle durchleben. Kuhl (2001, S. 1016 ff.) kennzeichnet diesen Gefühlswechsel als emotionale Dialektik. Erst dadurch wird eine ganzheitlich integrierte Selbstentwicklung möglich. Es erfordert viel Sensibilität und besondere Coaching-Kompetenzen, solche komplexen dialektischen Prozesse zu fördern.

High- und Low-Performer

Zur Selbstentwicklung müssen die Klienten gewohnte Handlungsschemata zu verändern. Erforderlich sind hierfür starke Selbstmotivierung (vgl. Kuhl 2001, S. 116 ff.) verbunden mit nachhaltigen intensivenn Reflexionen und Selbstevaluationen der eigenen Entwicklungsforschritte. In ihren Untersuchungen der Unterschiede zwischen High- und Low-Performers hat Sonnentag (1998, Sonnentag & Kleine, 2000) z.B. bei professionellen Software-Designern herausgefunden, dass sich die leistungsstarken Experten intensiver mit den jeweils bearbeiteten Problemen auseinander setzen. Sie verfertigen z. B. Skizzen zur anschaulichen Visualisierung, planen (pragmatisch lokal, nicht vollständig) und holen sich mehr Feedback. Nicht allein die Dauer der Erfahrung, sondern auch die Intensität und Verarbeitungstiefe der Erfahrungen sind entscheidend. Dies gilt auch für High-Performer in anderen beruflichen Tätigkeitsfeldern oder Management-Funktionen. Nach der Zusammenfassung des Forschungsstands zu High-Performern in allen Feldern von Ericsson (2006) investieren sie zwar auch wesentlich mehr Stunden für das praktische Einüben ihrer Fertigkeiten – so brauchen beispielsweise Spitzenmusiker ca. 10.000 Stunden für ihre Ausbildung –, genauso wichtig ist aber, sich genügend Zeit für Nachdenken über die eigene Leistung zu nehmen, sich beim Handeln zu beobachten und mit den Besten zu vergleichen sowie genaue gedankliche Vorstellungen über die Prozesse und Ziele zu erarbeiten.

Potenzialentwicklung

In der Praxis wird anstelle des Begriffs der Selbstentwicklung der Begriff Potenzialentwicklung bevorzugt. Wie die theoretische Erklärung zeigt, ist Selbstentwicklung treffender.

Erfassung und Training von Persönlichkeitsmerkmalen

Selbstreflexion über die eigene Persönlichkeit

Um Persönlichkeitseigenschaften beim Coaching zu berücksichtigen, müssen sie mit geeigneten Methoden erfasst werden können. Wie erwähnt, kann der Coach dem Klienten typische Fragen als Interviewfragen stellen und die Bedeutung von Persönlichkeitsmerkmalen erklären. Dadurch wird die Selbstreflexion des Klienten über seine Persönlichkeitsmerkmale gefördert. Anschließend kann man offen darüber sprechen, wodurch die Selbst- oder Potenzialentwicklung des Klienten durch Seminare und die Übernahme neuer herausfordernder Enwicklungsaufgaben gefördert werden und welchen Beitrag Coaching dabei liefern kann. Je nach Einzelfall können, wenn dies nützlich und möglich erscheint, auch Fragen zu weiteren Persönlichkeitsmerkmalen bearbeitet werden (etwa zu den Selbststeuerungskompetenzen).

Persönlichkeitsfragebögen beim Coaching?

Die meisten deutschen Führungskräfte würden sich vermutlich weigern, Persönlichkeitsfragebögen auszufüllen oder sich auf andere psychologische Tests einzulassen, obwohl dies durchaus sinnvoll wäre. Wie Hossiep (1996) berichtet, werden in Deutschland bewährte Instrumente zur Erfassung berufsbezogener Persönlichkeitsmerkmale von vielen Menschen grundsätzlich abgelehnt. In anderen europäischen oder angloamerikanischen Ländern sind zumindest jüngere Führungskräfte sehr offen für persönlichkeitsdiagnostische Untersuchungen ihrer Stärken und Schwächen mit psychologischen Instrumenten, wenn dies mit einer psychologischen Beratung und einem gezielten Persönlichkeitstraining verbunden wird.

Persönlichkeitstraining

Die renommierte London Business School bietet jedes Semester Führungskräften und anderen „High Performance People“ Wochenkurse zur Verbesserung ihrer persönlichen Effektivität an. Das von Nigel Nicholson entwickelte Programm (er leitet das Department Organizational Behavior) besteht aus drei Komponenten: self-knowledge, insight into others und interpersonal problem solving. Als Grundlage werden bereits vor Beginn persönlichkeitsdiagnostische Instrumente, ein von sechs Kollegen ausgefüllter Fragebogen über die Kompetenzen des Teilnehmers sowie eine Fallanalyse zu einem interpersonellen Problem mitgebracht. Am Ende werden mit jedem Teilnehmer seine persönlichen Entwicklungsaufgaben für die nächsten sechs Monate erarbeitet. Zur Förderung der Umsetzung erhalten alle Erinnerungsschreiben an diese Aufgaben. Zur Evaluation der Veränderungen müssen sie und die Kollegen nach sechs Monaten erneut Fragebögen ausfüllen und an die Veranstalter schicken. Das Programm ist das älteste für Externe offene Angebot der London Business School und wird unvermindert stark nachgefragt.

Unterstützung von Selbstveränderungsabsichten

Persönlichkeitsprofile der Klienten

Die einzige deutschsprachige Autorin, die sich eingehend mit den Möglichkeiten auseinandersetzt, zu Beginn des Coachings Persönlichkeitsprofile der Klienten mit psychologischen Fragebogeninstrumenten zu erfassen, ist Kaesler (2003). Sie gibt gleichzeitig eine Übersicht zu geeigneten Instrumenten. Ihre beiden Praxisbeispiele beziehen sich aber nicht auf Führungskräfte, sondern auf eine berufliche Neuorientierung einer Sachbearbeiterin in der Personal- und Organisationsentwicklung und eine private und berufliche Veränderung einer Fachärztin. In diesem Feld ist noch viel Aufklärung über die Möglichkeiten zur Förderung der Selbstreflexion mit psychodiagnostischen Verfahren erforderlich!

Neues Erzeugungsschema zur Umsetzung

Die exemplarisch erläuterten Hilfen lassen sich fast alle auf verschiedene Arten von Selbstveränderungsabsichten anwenden. Natürlich ist es keineswegs bei jeder Absicht erforderlich, alle Hilfen einzusetzen. Flexibel und pragmatisch an die Person und Situation angepasst sollen die jeweils geeigneten Hilfen ausgewählt werden. Oft empfiehlt es sich aber, beim ersten wichtigen Veränderungsziel „alle Register zu ziehen“, die eine erfolgreiche Umsetzung gewährleisten und mit großer Beharrlichkeit zu verfolgen. Der Klient, der dazu bisher nicht in der Lage war, will und soll ein für ihn geeignetes Schema lernen, wie er seine Selbstveränderungsabsichten erfolgreich umsetzen kann. Jede/r bringt dafür bereits Erfahrungen und konkrete Handlungsschemata mit. Die neue Lernaufgabe ist, ein effizienteres Meta-Erzeugungsschema zur Entwicklung und Umsetzung von Handlungsabsichten zu erarbeiten und zu erproben. Erst wenn dies nachweisbar gelingt, kann man die heimliche Resignation mancher Klienten bei dieser schwierigen lebenslangen Problemlöseaufgabe aufbrechen.

Erfolgserlebnisse

Das Erfolgserlebnis bei ersten kleinen Veränderungen setzt sehr viel Energie und Potenziale für die Selbstveränderung frei. Das Schema, um das es hier geht, ist ein Komplement zur Entwicklung eine Meta-Erzeugungsschemas zur Selbstreflexion (siehe oben Abschnitt 1.2.2) und komplettiert die Kompetenzentwicklung auf der Seite des Klienten. Wenn der Coach mit den Klienten über die beiden allgemeinen Schemata zur systematischen Selbstreflexion sowie Entwicklung und konsequenter Umsetzung ihrer Selbstveränderungsabsichten verfügt und in der Lage ist, sie selbständig einzusetzen, kann er sich an neue und größere Selbstveränderungsprobleme heranwagen.

Handlungsorganisierende Gestaltung der Umgebung

Externe Gedächtnis- und Selbstorganisationshilfen können allgemein zur handlungsorganisierenden Gestaltung der eigenen Umgebung beim Handeln und Lernen genutzt werden. Auch die Einhaltung der im Terminkalender festgelegten Besprechung kann man als eine spezielle Art Erinnerungshilfe für das Absichtsgedächtnis ansehen. Der Termin mit dem Coach erinnert daran, was man umsetzen wollte, wozu man sich in der vorherigen Sitzung beim Coach committet hatte. Zusammen betrachtet, gibt es sehr viele Ansatzpunkte zur Förderung der Umsetzung von Selbstveränderungsabsichten.

Unterstützung durch Coaching

Die Ziele und Absichten bei Selbstveränderungen sind sehr flüchtig. Selbstveränderungsziele und Erfolg versprechende Maßnahmen sind anfangs meist noch schemenhaft. Der Weg zur konkreten Selbstveränderung führt über viele widersprüchliche Gefühle. Nur wenige können es allein und ohne Coaching lernen, Selbstreflexionen systematisch durchzuführen und ihre Selbstveränderungsabsichten konsequent umzusetzen. Wer sich selbst verändern will, braucht Distanz zu sich selbst und kann sie mit einem professionellen Coach leichter gewinnen, als mit seinen besten Freunden.

3.5.8 Zusammenfassung, Annahmen und Folgerungen

Komplexe und verschiedenartige Klienten

In diesem Kapitel steht der Klient mit Motiven, Erwartungen, Handlungsabsichten, Eigenschaften und Fähigkeiten im Mittelpunkt. Die Komplexität und Verschiedenheit von Menschen spiegelt sich in der Zusammenfassung der Hypothesen in der unten wiedergegebenen Annahmengruppe A 3.5. Die erste Hypothese behandelt die Reaktionen auf subjektiv erlebten sozialen Druck oder Zwang ein Coaching zu beginnen. Sie wird jedoch nur für Personen formuliert, die in einer individualistischen Kultur leben und ein independentes Selbstkonzept entwickelt haben. Welche Reaktionen in anderen Kulturen und bei beziehungsorientierten Selbstkonzepten auftreten, ist eine komplexe Frage, zu der hier noch keine definitive Hypothese aufgestellt wird. Die danach folgenden Hypothesen differenzieren die Annahmen in Gruppe A 3.3 zum methodischen Vorgehen (siehe Kapitel 3.3) durch neurobiologische, motivations- und willenspsychologische sowie persönlichkeitspsychologische Zusatzannahmen.

Übersicht

Die Annahmengruppe 3.5 umfasst sieben Hypothesen zu den folgenden Themen:

1. Subjektiver sozialer Druck und Zwang beim Coaching
2. Befriedigung der Bedürfnisse des Klienten nach Sicherheit, Fairness und sozialer Anerkennung durch das Coaching
3. Erwartungen an die Servicequalität beim Coaching
4. Gefühlsmäßige und rationale Abwägung und Bewertung der Ziele und Handlungsabsichten beim Coaching
5. Förderung der Umsetzung der Handlungsabsichten durch
   - Zielkonkretisierung, Handlungsplanung, Handlungsabsichten und Absichtsgedächtnis sowie
   - Transferklima
6. Kompensatorisches Vorgehen bei handlungs- und lageorientierten Klienten

7. Günstige Eigenschaften und Fähigkeiten des Klienten

Annahmengruppe A 3.5:
Motivation und Eigenschaften des Klienten

1. Wenn auf eine Person subjektiv erlebter sozialer Druck oder Zwang ausgeübt wird, ein Coaching zu beginnen, entsteht in individualistischen Kulturen bei handlungsorientierten Personen mit independentem Selbstkonzept psychischer Widerstand. Offene und intensive ergebnisorientierte Problem- und Selbstreflexionen werden dadurch erschwert.

2. Die Motivation einer Person, ein Coaching zu beginnen und weiterzuführen, hängt von ihrer gefühlsmäßigen Einschätzung der Möglichkeiten ab, ihre Bedürfnisse nach Sicherheit, Fairness und sozialer Anerkennung durch das Coaching besser zu befriedigen als ohne Coaching.

3. Je besser die vom Klienten als wichtig angesehenen Merkmale der Servicequalität beim Coaching mit seinen Erwartungen übereinstimmen, desto eher wird er sich für ein Coaching entscheiden.

4. Die Förderung von sowohl gefühlsmäßigen als auch rationalen Abwägungen und Bewertungen der Entscheidungen nach ergebnisorientierten Problem- und Zielreflexionen des Klienten erhöht die Motivation, die im Coaching entwickelten Handlungsabsichten auszuführen.

5. Die Umsetzung der im Coaching geplanten Handlungsabsichten hängt davon ab,

a) dass der Klient mit Unterstützung des Coachs nach gefühlsmäßig und rationaler Abwägung und Bewertung (1) erreichbare konkrete Ziele entwickelt, (2) konkrete Handlungen zur Zielerreichung plant und (3) bewusst Handlungsabsichten zur Umsetzung der geplanten Handlungen fasst und (4) fest im Absichtsgedächtnis einprägt und

b) dass das Transferklima für die Umsetzung der Handlungsabsichten in der Organisation förderlich ist.

6. Der Coachingerfolg bei handlungsorientierten Klienten hängt davon ab, dass beim Coaching vor zu schnellen Entscheidungen die Entwicklung von Handlungsabsichten und Problem- und Selbst-

Fortsetzung der Annahmengruppe A 3.5:

reflexionen gefördert wird, bei lageorientierten Klienten dagegen von der Hemmung kreisender Selbstreflexionen und der Förderung der Umsetzung geplanter Handlungen.

7. Günstige Persönlichkeitseigenschaften und Fähigkeiten des Klienten für den Coachingerfolg sind Ergebnisorientierte Problem- und Selbstreflexivität, emotionale Klarheit, Selbstberuhigung der Affekte, geringe Beschönigung, Beharrlichkeit und Selbststeuerung.

Empirsche Forschung

Die Hypothesen der Annahmengruppe lassen sich durch empirische Untersuchungen überprüfen. Dazu liegen noch keine Untersuchungen vor, sind aber im Fachgebiet bereits begonnen worden (Gleich, 2007; Schmidt & Thamm, in Vorber.). Die subjektive Freiwilligkeit kann, wie in der Arbeit von Brauer (2006), durch einfache Fragen erhoben werden. Schwieriger ist es allerdings, das independente Selbstkonzept in der Annahme 1. zu operationalisieren. Hierzu wäre es erforderlich, je nach Problemstellung, spezielle Interview- oder Fragebogenfragen zu konstruieren. Zu den Hypothesen 2. und 3. ließen sich Befragungsmethoden aus Kundenzufriedenheitsuntersuchungen zu Dienstleistungen übertragen (Schneider & Bowen, 1995; Schneider, 2006). Die in Hypothese 4. und 5. angesprochenen methodischen Prozessmerkmale lassen sich durch unsere Ratingsskalen zur Beobachtung von Coachingprozessen oder ähnliche Instrumente erheben. Die Handlungs- und Lageorientierung in Hypothese 6. wird durch die oben beschriebenen Skalen von Kuhl (2000) erfasst. Zur Hypothese 7. gibt es bereits Untersuchungen mit den bereits beschriebenen Skalen zur Selbsterneuerung von Kuhl und Fuhrmann (1998) und weiteren Fragebögen zum Selbstzugang von Qurin (2006).

Vorgehen beim Coaching unter Zwang

Wissenschaftliche Diagnosen

Aus den Annahmen werden zwei praktische Folgerungen abgeleitet und in der Gruppe P 3.5 wiedergegeben. Die erste betrifft das Vorgehen bei Coaching unter sozialem Druck oder Zwang. In der zweiten Folgerung wird die praktische Quintessenz zu den für das Coaching relevanten Erkenntnissen der Neurobiologie sowie Motivations- und Persönlichkeitstheorien wiedergegeben. Sie besteht in der Forderung, dass sich Coachs intensiv mit dem Stand der einschlägigen wissenschaftlichen Erkenntnisse und diagnostischen Methoden auseinandersetzen sollen. Sie sollen zum Vergleich eigene praktische Erfahrungen heranziehen und können auch selbst neue Theorien über ihre Klienten und diagnostische Methoden entwickeln und empirisch überprüfen. Sie sollen aber den wissenschaftlichen Erkenntnisstand nicht vernachlässigen und ohne den Stand der Wissenschaft zu kennen, „das Rad neu erfinden“. Das wäre nicht gerade professionell!

Praktische Folgerungen P 3.5:

Zum Coaching unter sozialem Druck und zur Berücksichtigung von wissenschaftlichen Erkenntnissen und Methoden

1. Wenn der Klient durch sozialen Druck motiviert wurde, ein Coaching zu beginnen, müssen die Regeln zur Vertraulichkeit und für den Abbruch des Coachings mit dem Klienten zu Beginn sehr sorgfältig vereinbart werden! Insbesondere in individualistischen Kulturen soll ein Coaching nur begonnen und solange weitergeführt werden, wie der Klient dem Coach vertraut und wenn der Coach unter Berücksichtigung des sozialen Umfelds konkrete Chancen für erfolgreiche Veränderungen im Interesse des Klienten sieht!

2. Coachs sollen sich intensiv mit einschlägigen Erkenntnissen und diagnostischen Methoden der Neurobiologie sowie Motivations- und Persönlichkeitspsychologie auseinandersetzen!

3.6 Stand der Evaluationsforschung

Was nützt Coaching?

Begriff Evaluation

Coaching ist eine Intervention, die praktisch nützliche Ergebnisse verspricht. Aber lassen sich die versprochenen Ergebnisse auch nachweisen? Als Evaluationsforschung können alle Untersuchungen zur Überprüfung der Wirkungen von Coaching eingeordnet werden, die wissenschaftlichen Anforderungen genügen. Nach Wottawa und Thierau (1998, S. 14) dient die wissenschaftliche Evaluation primär dem Ziel, eine „praktische Maßnahme zu überprüfen, zu verbessern oder über sie zu entscheiden." Durch Evaluationsforschung (vgl. einführend Holling & Gediga, 1999; Mittag & Hager, 2000; Wottawa & Thierau, 1998) können aber nicht nur die Ergebnisse oder Wirkungen von Interventionen wie z.B. Coaching überprüft werden, sondern auch die Voraussetzungen und Ursachen für die Wirkungen. Die hypothetischen Ursachen für die Wirkungen werden allgemein als Wirkfaktoren oder Erfolgsfaktoren bezeichnet.

Wo findet man Forschungsarbeiten?

Die Forschung über die Wirkungen, Voraussetzungen und Erfolgsfaktoren von Coaching steht noch in ihren Anfängen. Aber in den letzten Jahren ist die Zahl wissenschaftlicher Untersuchungen stark angestiegen (Grant, 2006b). Eine regelmäßig aktualisierte Literaturübersicht zur deutschsprachigen Coachingforschung publiziert Rauen im Internet (http://www.coaching-literatur.de/). Eine Übersicht der englischsprachigen Fachliteratur hat Grant (2001, 2005) publiziert. Auf dem Stand vom Juli 2007 hat er alle englischsprachigen Abstracts zusammengestellt (Grant, 2007). Bei vielen interessanten Untersuchungen handelt es sich allerdings um Master- und um Diplomarbeiten, die nicht allgemein zugänglich sind. Sie müssen bei den Autor/innen angefordert werden. Das lohnt sich aber, denn manche würden durchaus eine Veröffentlichung verdienen.

Bisher gibt es nur einzelne Fachzeitschriften, in denen theoretische und empirische Beträge über Coaching publiziert werden können. Im englischsprachigen Bereich ist hier die APA-Zeitschrift *Consulting Psychology Journal: Practice and Research* hervorzuheben (http://www.apa.org/journals/cpb/), seit 2003 auch das *International Journal of Evidence Based Coaching and Mentoring*, seit 2005 *The Coaching Psychologist* (Zeitschrift der British Psychological Society, http://www.bps.org.uk/coachingpsy/publications.cfm) und seit 2006 die Zeitschrift *International Coaching Review* (Australian und British Psychological Society, http://www.bps.org.uk/coachingpsy/publications.cfm). In deutscher Sprache ist besonders die Zeitschrift *Organisationsberatung Supervision Coaching* zu nennen (http://www.coaching-literatur.de/osc.htm, Verlag für Sozialwissenschaften, Wiesbaden). Viele empirische Untersuchungen werden im Handbuch Coaching von Rauen (2005) wiedergegeben. Einen Bericht über den Stand der Forschung zur 9. jährlichen Konferenz der International Coach Federation hat Stober (2004) gegeben. Die neusten Übersichten zur Wirkungsforschung haben Künzli (2005) und Stober und Grant (2006) in ihrem Handbook of Evidence Based Coaching[22] publiziert.

Summative und formative Evaluation

Nach einer klassischen Unterscheidung von Scriven (1980) werden summarische Untersuchungen zur Bewertung der Ergebnisse nach einer abgeschlossenen Intervention (hier Coaching) etwa durch die Klienten und Auftraggeber *summative Evaluation* oder *Ergebnisevaluation* genannt. Die *formative Evaluation* (Scriven, 1980) dient dagegen zur fortlaufenden Evaluation und ggf. Modifikation der Interventionen in laufenden Interventionsprozessen. Eine formative Evaluation wird deshalb bereits im Verlauf des Coachings durchgeführt. Man kann sie auch als *Prozessevaluation* bezeichnen.

Darstellungsübersicht

Die folgende Darstellung beginnt in *Abschnitt 3.6.1* mit den Untersuchungen zur *Ergebnisevaluation* des Erfolgs von Coaching (einschließlich einer Beschreibung der Methoden zur Ergebnisevaluation). Danach werden in *Abschnitt 3.6.2* Untersuchungen über *Voraussetzungen, Wirk- oder Erfolgsfaktoren* wiedergegeben. Abschließend wird in *Abschnitt 3.6.3* ein allgemeines Strukturmodell zu den Wirkungen beim individuellen Coaching vorgestellt. Es fasst die Ergebnisse der Untersuchungen zu den Voraussetzungen und Erfolgsfaktoren und den Kriterien vor dem Hintergrund der Annahmen der vorangehenden Kapitel zusammen. In die folgende Darstellung wurden nicht alle existierenden Untersuchungen aufgenommen, sondern nur solche, deren Ergebnisse mir zugänglich waren und die nach meiner (angreifbaren) Bewertung methodisch oder inhaltlich interessante Ergebnisse zeigen oder exemplarischen Charakter haben.

3.6.1 Ergebnisevaluation zum Erfolg von Coaching

Vielfältige Fragestellungen und Instrumente

Die meisten vorliegenden empirischen Untersuchungen dienen zur Bewertung der Ergebnisse von Coaching und sind deshalb der summativen Evaluationsforschung zuzuordnen. Eine Zusammenfassung aller Untersuchungen zum Erfolg von Coaching ist schwierig, da die Stichproben sehr heterogen, die Fragestellungen vielfältig und die untersuchten Merkmale sowie Untersuchungsmethoden sehr verschiedenartig sind. Eingesetzt werden unstandardisierte narrative Interviews, teilstandardisierte Interviews mit Strukturlegetechniken und standardisierte Fragebögen. Es gibt viele Einzelfallstudien und Untersuchungen an sehr kleinen Stichproben. Auch die größeren Erhebungen umfassen meist nicht mehr als 50 bis 100 Befragte. Die verwendeten Erhebungsmethoden werden oft aus anderen

[22] Die Autor/innen verwenden den Begriff „Evidence Based Coaching" (nachweisbasiertes Coaching, vgl. die Erläuterung in meinem Vorwort), um die Bedeutung der empirisch wissenschaftlichen Evaluationsforschung hervorzuheben.

Forschungsgebieten übertragen oder ad hoc konstruiert. Nur in einzelnen Arbeiten werden sie theoretisch begründet und im Hinblick auf ihre Gütekriterien überprüft. Die Daten werden sowohl qualitativ (mit Transkriptionen und Kategoriensystemen) und beschreibend, als auch quantitativ und statistisch ausgewertet. Oft werden nur elementare Häufigkeits- und Korrelationsstatistiken verwendet. In einzelnen Arbeiten werden aber auch komplexe mehrdimensionale Analysen oder konfirmatorische Faktorenanalysen eingesetzt und lineare Modelle der Wirkungszusammenhänge entwickelt und überprüft. In die folgende Darstellung werden exemplarisch ausgewählte Arbeiten zu diesen verschiedenen Arten von Untersuchungen wiedergegeben.

Wenige Vergleiche

Die überwiegende Zahl der vorliegenden Untersuchungen beruht auf Befragungen, in denen Befragte nachträglich die Ergebnisse beim Coaching einschätzen und bewerten. Nur in ganz wenigen Untersuchungen werden die Wirkungen der Coaching-Intervention mit Vergleichs- oder Kontrollgruppen verglichen. Ihre Ergebnisse sind besonders interessant, weil sie wesentlich aussagekräftiger sind. Sie werden deshalb in der folgenden Darstellung ausführlicher beschrieben.

Allgemeine und spezifische Kriterien

In Kapitel 2.3 wurde die Unterscheidung zwischen allgemein anwendbaren und spezifischen Erfolgskriterien oder Bewertungsmerkmalen eingeführt. Ein Beispiel für ein gebräuchliches allgemeines Bewertungsmerkmal wäre die Zufriedenheit der Klienten, für ein spezifisches dagegen etwa eine Verbesserung des Führungsverhaltens oder der Kompetenzen in einem speziellen Merkmal (z.B. Verbesserung der sozialen Kompetenzen). In der folgenden Darstellung werden im ersten Teil von *Abschnitt 3.6.1* zuerst die Untersuchungsergebnisse zu *allgemeinen Bewertungsmerkmalen* wiedergegeben. Im zweiten Teil der Darstellung folgen Untersuchungen zu den *spezifischen Bewertungsmerkmalen.* Danach folgen im dritten Teil Arbeiten, in denen die Ergebnisse von *Coaching* mit anderen Interventionen (z.B. Weiterbildungsseminaren und 360°-Feedback) kombiniert evaluiert werden.

Abschnittsübersicht

3.6.1.1 Allgemein anwendbare Kriterien und Bewertungsmerkmale

Befragungsergebnisse

Zielerreichung, Zufriedenheit und Coachingerfolg

In Befragungen zum Coaching werden zur Evaluation der Ergebnisse beim Coaching sehr oft der Zielerreichungsgrad und die Zufriedenheit des Klienten oder Einschätzungen zum Coachingerfolg verwendet. Diese Kriterien werden mit üblichen subjektiven Einschätzungsskalen erhoben (z.B. durch 5-stufige Zufriedenheitsskalen: 1= sehr unzufrieden, 2= etwas unzufrieden, 3= teils/teils, 4= zufrieden, 5= sehr zufrieden). Womit die Klienten zufrieden sind oder welche Ziele erreicht wurden, geht aus der Antwort nicht hervor (siehe dazu den zweiten Teil dieses Abschnitts unten). Im Folgenden werden die Ergebnisse ausgewählter einschlägiger

Untersuchungen vorgestellt. Tabelle 3.6.1 liefert eine Übersicht der nachfolgend genauer beschriebenen Untersuchungen.

Tab. 3.6.1: Untersuchungen zum Coachingerfolg – Allgemeine Bewertungsmerkmale

Nr.	Autor/innen (Jahr)	Stichprobe	Coaching-methoden	Kriterien und Ergebnisse
1.	Wasylyshyn (2003)	87 Top Manager (eigene Klienten)	Einzelcoaching	Erfolgsrating (63% nachhaltige Veränderungen), Erwartungen (47% positive E., 29% „enthusiastische E.")
2.	Böning & Fritschle (2005)	70 Personalmanager (P) u. 50 erfahrene Coachs (C)	Einzelcoaching	Erfolgsrating (hoher Erfolg für Klienten: 72% P u. 92% C, hoher Erfolg für das Unternehmen: 57% P u. 72% C)
3.	Brauer (2005, 2006)	92 Klienten (überwiegend Führungskräfte)	Einzelcoaching	Zufriedenheit (hoch bis sehr hoch), Coachingerfolg, Nutzen u. Zielerreichung (hoch)
4.	Mäthner, Jansen & Bachmann (2005)	89 Coachs (C) u. 74 ihrer Klienten (K)	Einzelcoaching	Zielerreichungsgrad (K: hoch bis sehr hoch), Zufriedenheit (K: hoch bis sehr hoch); „Was hat sich geändert?" (Mehr Selbstreflexion)
5.	Runde & Bastians (2005)	57 Polizei-Führungskräfte	28 Einzelcoachings, 29 in Gruppen	Erfolgsskala (Zielerreichungsgrad: gut, Zufriedenheit: gut bis sehr gut)
6.	Grant (2003)	20 Studierende	In Gruppen angeleitetes Einzelcoaching durch Peers (Life-Coaching-Programm)	Kombinierter Zielerreichungswert (drei wichtige Lebensziele, sign. Verbesserungen vorher/nachher)

Überwiegend positive Erwartungen

1. Wasylyshyn (2003) hat 87 Top Manager (Senior Executives, Vice Presidents und Directors) nach ihren Erwartungen und Bewertungen von Coaching gefragt. Allerdings waren dies durchweg eigene Klienten, die sie selbst als Coach zwischen 1985 und 2001 beraten hat. Bei 47% haben sich durch Coaching positive und 29% sogar „enthusiastische" Erwartungen erfüllt. 31% wissen nicht, was sie erwarten sollen, 3% haben sonstige

Erwartungen (z.B. Neugier) und nur 6% negative oder keine Erwartungen („didn`t expect to get anything out of it")[23]. Die negativen Erwartungen beziehen sich darauf, dass das Coaching den Manager vom praktischen Managen abhalten, dass der Coach nicht der einzige ehrliche Ratgeber der Führungskraft sein und dass Coaching nicht individuell isoliert, sondern gemeinsam mit der darüber liegenden Ebene durchgeführt werden sollte.

Erfolg beim Coaching

Den Erfolg beim Coaching machen 63% der Klienten in der Studie von Wasylyshyn (2003) allgemein daran an fest, dass, wie sie meinen, nachhaltige Verhaltensänderungen erzielt wurden.

Hoher Erfolg

2. Zur summarischen Evaluation von Coaching haben Böning und Fritschle (2005, S. 270 ff.) die Befragten mit einer summarischen Einzelfrage nach dem Erfolg des Coachings gefragt (dreistufig: hoher, mittlerer und geringer Erfolg). Nach ihren Ergebnissen bewerten 72% der befragten Personalmanager und 92% der Coachs die Ergebnisse beim Coaching insgesamt als „hohen Erfolg" für die Klienten. Der allgemeine Erfolg für das Unternehmen wird dagegen niedriger eingeschätzt. Nach den Einschätzungen der Personalmanager liegt er bei 57% und nach denen der Coachs mit 72% wesentlich höher.

Skalen Zufriedenheit und Coachingerfolg

3. Brauer (2005, 2006) hat zur Erfassung der allgemeinen Zufriedenheit mit dem Coaching und zum Coachingerfolg zwei konsistente Skalen konstruiert. Ihre Zufriedenheitsskala enthält drei Items („Ich würde Coaching als Beratungsansatz weiterempfehlen." „Ich würde meinen Coach weiterempfehlen." „Ich würde Coaching wieder in Anspruch nehmen."). Die Skala zum Coachingerfolg umfasst fünf Items (Zufriedenheit mit dem Coachingprozess und Einschätzungen der Zielerreichung, der Nachhaltigkeit der Zielerreichung, des persönlichen Nutzens sowie des betriebswirtschaftlichen Nutzens für das Unternehmen).

Hohe Zufriedenheit und hoher Coachingerfolg

Sie hat 92 Klienten befragt (über die Hälfte Führungskräfte, die übrigen Freiberufler/Selbständige, Angestellte und sonstige). Die Zufriedenheit mit dem Coaching erreicht einen Mittelwert zwischen „hoch" und „sehr hoch" (M= 4,6, 5-stufige Skala mit 5 als bestem Wert), bei einer geringen Streuung der Werte (S= 0,68). Die meisten Einzelfragen aus der Skala zum Coachingerfolg zeigen ebenfalls hohe Mittelwerte (M= 4,2/3,93/ 3,92 und S= 0,75/0,75/0,75). Die Einschätzung der Frage zum betriebswirtschaftlichen Nutzen liegt allerdings deutlich niedriger und nur bei „mittel". Dies mag auch darauf zurückzuführen sein, dass Coaching nicht unbedingt einen betriebswirtschaftlichen Nutzen aufweisen muss, um erfolgreich zu sein. Bei diesem Kriterium handelt es sich nach der Formulierung auch eher um ein spezifisches Kriterium.

---

[23] Da Mehrfachnennungen möglich waren, ergeben sich insgesamt mehr als 100%.

Hohe Zielerreichung und Zufriedenheit

4. Mäthner, Jansen und Bachmann (2005) haben 89 Coachs und 74 ihrer Klienten zu den Ergebnissen von Coaching befragt. Der Zielerreichungsgrad wurde für die drei individuell wichtigsten Ziele jeweils auf 5-stufigen Skalen eingeschätzt. Alle Mittelwerte der Klienten lagen mit 4,5 alle recht hoch. Zur Zufriedenheit der Klienten mit dem Coaching haben sie mit ähnlichen Fragen wie Brauer (2006) eine konsistente Skala konstruiert. Im Mittel werden sehr hohe Werte erreicht (im Mittel bei den Fragen 4,5, bei einem Maximalwert von 5). 47% geben ihrem Coach die Gesamtnote „sehr gut", 31% gut, 4% „befriedigend" und nur 1% „ausreichend".

Selbstreflexion als Hauptwirkung

Neben geschlossenen Fragen haben Mäthner et al. (2005) eine offene Frage zur Wirkung von Coaching gestellt: „Was hat sich durch das Coaching verändert?" Die Antworten wurden qualitativ beschreibend ausgewertet. Am relativ häufigsten wurden sowohl von den Klienten (62%), als auch den Coachs (71%) Antworten gegeben, die als eine (positiv bewertete) Zunahme der Reflexion oder Selbstreflexion eingeordnet werden können. Beispiele sind mehr Selbstreflexion („Mehr Bewusstsein über die eigene Person und Verhalten"), Rollenklärung, Perspektivwechsel (etwa „Multiperspektivität: das Gute im Schlechten, das Schlechte im Guten") sowie Prioritätensetzung (z.B. Verbesserung der „Work-Life-Balance"). Die Autor/innen folgern, dass die Förderung der Reflexion eine Hauptwirkung von Coaching ist. Das Ergebnis steht im Einklang mit der Grundannahme G 1(1), wonach die Förderung der ergebnisorientierten Selbstreflexion ein Kernmerkmal von Coaching ist. Es unterstützt die Hypothese A 3.2 (1), wonach Coaching ein starker Auslöser für Selbstreflexionen ist.

Zielerreichung Coaching bei der Polizei

5. Runde und Bastians (2005) haben den Erfolg eines internen Coachings bei der Polizei in einer Befragung von 57 Klienten in Nordrhein-Westfalen überprüft (N=28 Einzelcoaching, 29 Einzelcoaching in Gruppen). Als Instrument wurde der selbst konstruierte Fragebogen zur summativen Evaluation der Qualitätsdimensionen (S-C-Eval) von Coachingprozessen von Runde (2003) eingesetzt. Er wird unten im Abschnitt 3.6.2 über die Wirk- und Erfolgsfaktoren näher erläutert. Der Erfolg beim Coaching wird hier anhand der Einschätzungen des Zielerreichungsgrades und der Zufriedenheit durch die Klienten gebildet. Die Zielerreichung beim Einzelcoaching kann nach ihren Ergebnissen im Durchschnitt als „gut" bewertet werden.

Programm zur Verbesserung der Zielerreichung durch Life-Coaching

Coache dich selbst!

6. Grant (2003) hat die Verbesserung der Zielerreichung von 20 Studierenden nach Teilnahme an einem in Gruppen von einem externen Coach angeleiteten Co-Coaching durch Peers (Studierende) evaluiert. Das *Coach Yourself*-Programm dauerte mit wöchentlichen Treffen insgesamt 13 Wochen. Die Studierenden wurden zu Beginn aufgefordert, ihre persönlichen Ziele in Hauptlebensbereichen zu reflektieren und drei spezifische, fass-

bare und erreichbare Ziele auszuwählen und paarweise mit anderen Studierenden (PeerCoachs) zu besprechen. Die Schwerpunkte entsprechen dem eines Life-Coachings. Als Methoden wurden vom Coach kognitiv-behaviorale Techniken zur Selbstbeobachtung, kognitive Restrukturierung von Problemen und Verhaltensmodifikation angeleitet. Zusätzlich wurde zur Öffnung der Studierenden für alternative Problemlöseideen aus den systemischen Interventionstechniken (vgl. einführend Schlippe & Schweitzer, 1996), die so genannte „Wunder-Frage eingesetzt („Wenn Sie morgen aufwachen würden und ein Wunder wäre geschehen, wodurch das Problem irgendwie gelöst worden wäre, was wäre dann wohl geschehen?“).

Deutlich bessere Zielerreichung

Die drei Ziele wurden von den Studierenden vor dem Coaching in Hinblick auf die Schwierigkeit der Zielerreichung eingeschätzt sowie auch der Zielerreichungsgrad (0% bis 100%) und früherer Zielerreichungsversuche. Um eine kombinierte Goal Attainment Scale zu bilden, wurden die einzelnen Zielerreichungsgrade vor und nach dem Coaching-Programm jeweils mit der Schwierigkeit der Ziele multipliziert und durch die Anzahl der Ziele (meist 3) dividiert. Ein Vergleich dieser Zielerreichungswerte vor und nach dem Coaching ergibt hoch signifikante und starke Verbesserungen der Mittelwerte der Zielerreichung.

Zusammenfassung zu den allgemeinen Bewertungskriterien

Allgemeine Bewertungsmerkmale

In den fünf der sechs Befragungsstudien werden zur summarischen Evaluation sehr ähnliche Bewertungsmerkmale erhoben, wie Zufriedenheit der Klienten, Zielerreichungsgrad, erzielte persönliche Veränderungen, persönlicher Nutzen oder Gesamteinschätzungen des Coachingerfolgs.

Förderung der Selbstreflexion

In der Befragung von Mäthner et al. (2005) wird zusätzlich eine Zunahme der Reflexion und Selbstreflexion der Klienten als Hauptwirkung ermittelt. Man mag darüber streiten, ob dies als allgemeines oder spezifisches Bewertungsmerkmal eingeordnet werden sollte. Nach unserer Coachingdefinition und Grundannahme G 1(1) wäre die Förderung der ergebnisorientierten Selbstreflexion im Prozess als ein Kernmerkmal von Coaching anzusehen. Wie unten (S. 282 ff.) dargelegt wird, erwarten wir allerdings keine allgemeinen Effekte, sondern nur, dass gezielt diejenigen spezifischen ergebnisorientierten Problem- und Selbstreflexionen gefördert werden, die Schwerpunkt des jeweiligen Coachings sind.

Spezifische Arten der Selbstreflexion

Wie in der Hypothese A 3.5(6) formuliert, wird erwartet, dass die Förderung von Selbstreflexionen nicht bei allen Personengruppen gleich günstig ist. Bei Lageorientierten, die zum Grübeln neigen, soll der Coach zwar auch *ergebnisorientierte* Selbstreflexionen fördern, aber dabei darauf achten, dass kreisende Selbstreflexionen gehemmt werden, sich auf spezifische Probleme und die Umsetzung ihrer Handlungsabsichten konzentrieren. Außerdem gehen wir davon aus, dass je nach Ziel des Coachings jeweils sehr spezifische Arten der Selbstreflexion, jeweils nur in einem bestimmten Zeitraum aktiviert werden. Wenn sich z.B. im Coaching die Selbstorganisation des Klienten als kritisch herausstellt, wird sich die Reflexion auf diesen Faktor fokussieren. (Er kann durch den Fragebogen zur ergebnisorientierten Problem- und Selbstreflexion erfasst werden, vgl. Berg, 2007.) Wenn eine Verbesserung der Selbstorganisation erzielt wurde, sollte die Reflexion darüber wieder abnehmen. Es erscheint daher angemessen, die verschiedenen Arten der Problem- und Selbstreflexion nicht als allgemeine Kriterien, sondern als spezifische Bewertungsmerkmale einzuordnen.

Zufriedenheit als freundliches Dankeschön?

In fünf der sechs ausgewählten Studien wurden die Klienten gefragt, wie zufrieden sie mit dem Coaching sind. Diese Antworten fallen durchgehend positiv aus. Befragungen zur Zufriedenheit nach Seminaren fallen generell sehr positiv aus, weil sie ein Ausdruck eines freundlichen Dankeschöns der Teilnehmer/innen an die Seminarleiter sind. Meta-Analysen zeigen, dass die Zufriedenheit der Teilnehmer/innen mit den erzielten Lernergebnissen nicht sonderlich hoch korreliert (Arthur et al., 2003). Es ist anzunehmen, dass sich dies auch auf die Coachingforschung übertragen lässt. In einigen Untersuchungen über die Zufriedenheit der Klienten beim Coaching wurden zudem die Klienten für die Befragung von den Coachs selbst vorgeschlagen. Hier können wir nicht ausschließen, dass sich die sehr positiven Bewertungen vorwiegend auf erfolgreiche Coachings beziehen und dass unzufriedene Klienten nicht einbezogen wurden.

Anderer Zugang zur Klientenstichprobe

Künftig sollte man bei Befragungen die Coachs auffordern, sowohl Klienten vorzuschlagen, deren Coaching erfolgreich als auch wenig erfolgreich war und den Rücklauf genau zu kontrollieren (wie dies beispielsweise Mäthner et al., 2005 vorbildlich durchgeführt haben). Besser noch wären Untersuchungen, in denen der Zugang zu den Klienten nicht über die Coachs erfolgt. Mit zunehmender Verbreitung des Coachings sollte das leichter möglich werden. Dadurch können wir realistischere Werte erhalten. In den beiden letzten der oben wiedergegebenen Erhebungen wurden die Klienten nicht über die Coachs gewonnen. Hier liegen die Einschätzungen etwas niedriger, aber immer noch im Bereich „gut“. Vermutlich sind sie realistischer.

Differenziertere Skalen

Wenn zur Erhebung des Coachingerfolgs oder der Kundenzufriedenheit Skalen mit mehr als fünf Stufen verwendet werden, können die Maximalwerte etwas niedriger und die Streuungen größer werden. In unseren Befragungen zur Einschätzung des Zielerreichungsgrads und mit einem Gesamtrating des Erfolgs bei organisationalen Veränderungen in acht Ländern (Greif, Runde & Seeberg, 2004) haben wir die Erfahrung gemacht, dass zusätzliche Skalenabstufungen bei diesen Kriterien zu vorsichtigeren Bewertungen führen (die durchaus konsistent bleiben). Den Zielerreichungsgrad haben wir als Prozentsatz von 0% bis 100% oder in

Zehnerstufen skaliert und das Erfolgsrating von -5 (vollkommener Misserfolg) bis +5 (vollkommener Erfolg). Der American Customer Satisfaction Index (Fornell et al., 1996), ein praktisch und wissenschaftlich bewährtes Befragungsinstrument verwendet ebenfalls 10-stufige Skalen zur Erhebung der Kundenzufriedenheit.

Vergleichbare Kriterien und Standardskalen

Für künftige Untersuchungen ist zu empfehlen, die leicht zu erhebenden allgemeinen Kriterien standardmäßig mit den beschriebenen Skalenabstufungen zu evaluieren. Wenn möglich, sollen zur *Zufriedenheit, Bewertung des Coachingerfolgs* und zur *Zielerreichung* jeweils mit mehreren Fragen erfasst werden. Dadurch können, wie im Fragebogen S-C-Eval, statistisch zuverlässigere Skalenmesswerte gewonnen werden. In den im Folgenden beschriebenen vergleichenden experimentellen Untersuchungen werden sehr oft zusätzlich Skalen zum *psychischen Befinden* bzw. *positivem und negativem Affekt* nach dem Coaching erhoben sowie zum *allgemeinen Wohlbefinden*, etwa zur Lebenszufriedenheit. Dafür geeignete Befragungsinstrumente werden bei den einzelnen Untersuchungen dargestellt. Derartige Skalen sollten, wenn dies sinnvoll und möglich ist, ebenfalls standardmäßig als allgemeine Kriterien zur Evaluation der Wirkungen von Coaching eingesetzt werden.

Vergleichende experimentelle Untersuchungen

Methodische Zweifel ausräumen

Methodische Zweifel an der Aussagekraft nachträglicher Befragungen zu den Wirkungen von Coaching lassen sich am besten durch vergleichende experimentelle Untersuchungen ausräumen. Zum Vergleich der Ergebnisse nach dem Coaching sollen vergleichbare Ergebnisse aus Kontrollgruppen ohne Coaching herangezogen werden. Sehr aussagekräftig sind die Ergebnisse, wenn die Personen den Gruppen streng nach einem Zufallsverfahren zugeordnet werden.

Experimentelle Untersuchungen zu allgemeinen Kriterien

Bisher gibt es meines Wissens nur acht Untersuchungen, in denen die Wirkungen von Coaching ohne zusätzliche Interventionen mit allgemeinen Bewertungsmerkmalen im Unterschied zu Kontroll- oder Vergleichsgruppen überprüft wurden. Sechs werden im Folgenden zusammenfassend wiedergegeben.[24] Jede einzelne Studie verdient Beachtung, auch wenn nur kleine Untergruppen verglichen werden. Tabelle 3.6.2 gibt eine Übersicht über diese Studien. Hier werden zunächst nur die Ergebnisse zu den allgemeinen Bewertungsmerkmalen vorgestellt. Die Ergebnisse zu den spezifischen Kriterien folgen danach. Durch die getrennte Darstellung der allgemeinen und spezifischen Merkmale lassen sich die Ergebnisse systematischer und übersichtlicher ordnen.

---

[24] Grant (2007) erwähnt in seiner kürzlich mit Stand von Juli 2007 zusammengestellten Übersicht zwei weitere Studien, die leider nicht mit aufgenommen werden konnten.

Tab. 3.6.2: Vergleichende Untersuchungen zum Coachingerfolg – Allgemeine Bewertungsmerkmale

Nr.	Autor/innen (Jahr)	Stichprobe	Coachingmethoden u. Untersuchungsanordnung	Kriterien und Ergebnisse
1.	Offermanns (2004)	24 Führungskräfte	Nicht-zufällige Zuordnung zu den Gruppen Einzelcoaching (C), Selbstcoaching (S) u. Kontrollgruppe (K)	C: höhere Zufriedenheit als S u. K, C und S im Vergleich zu K: höhere Zielerreichung u. geringerer negativer Affekt
2.	Green, Oades & Grant (2005)	56 durch Werbung in lokalen Medien geworbene Personen	Zufällige Zuordnung der Personen zu einem Coaching in Gruppen mit Co-Coaching durch Peers (P) und Kontrollgruppe (Wartegruppe) (K)	P/K: Geringerer negativer Affekt
3.	Spence & Grant (2005)	64 durch Werbung in lokalen Medien geworbene Personen	Zufällige Zuordnung der Personen zu einem individuellen Coaching (I), Coaching in Gruppen mit Co-Coaching durch Peers (P) und Kontrollgruppe (Wartegruppe) (K)	Größere Zielerreichung (I /P&K, P/K), bessere Bewältigung von Problemen im Umfeld (I/P&K)
4.	Sue-Chan & Latham (2004)	2 Stichproben: 30 Studierende und 23 Manager	Einzelcoaching durch Dozent (D) oder Kollegen (K) u. Selbstcoaching (S)	D: höhere Zufriedenheit als K u. S
5.	Willms (2004)	76 Studierende	Anleitung zum Selbstcoaching in Gruppen (S) u. Kontrollgruppe (K)	S: Signifikant höherer Zielerreichungsgrad als K
6.	Steinmetz (2005)	27 Führungskräfte	Nicht-zufällige Zuordnung zu den Gruppen individuelles Coaching (I) und Kontrollgruppe (K)	I: höhere Werte in den Skala positiver Affekt und Aktivierung

Führungskräfte

1. Offermanns (2004) hat in ihrer als Buch publizierten Dissertation die Ergebnisse eines *Einzelcoachings* durch zwei ausgebildete professionelle Coachs mit einer Vergleichsgruppe und einem *Selbstcoaching-Programm* ohne Coach und beide mit einer *Kontrollgruppe* verglichen. Es war nicht einfach, Führungskräfte zu überzeugen, an einem Coaching mit dem Zusatzaufwand der Begleitforschung teilzunehmen. Insgesamt hat sie vermittelt über Firmen 24 Führungskräfte für die Mitarbeit für das

Projekt gewinnen können und in ihre drei Gruppen eingeteilt. Die Aufteilung von jeweils acht Personen auf die Gruppen konnte allerdings nicht per Zufall erfolgen, wie man nach dem methodischen Standards fordern würde. Den beteiligten Firmen konnten jeweils nur eines der beiden Programme angeboten werden. Die Teilnehmer/innen der Kontrollgruppe erhielten als Anreiz und Gegenleistung für die Mitwirkung an den Befragungen zu den gleichen Erhebungszeitpunkten wie die beiden anderen Gruppen ein Coaching nach Abschluss der Erhebungen.

Untersuchungsablauf und Bewertungsmerkmale

Alle Teilnehmer/innen wurden zu Beginn in einem Kurzinterview zu demografischen Merkmalen befragt. Außerdem mussten sie einen kurzen Fragebogen zu ihrer allgemeinen Befindlichkeit ausfüllen (BEF, Kuhl, 1999). Sie sollen darin mit 22 Adjektiven wie z.B. freudig, hilflos, aktiv, aggressiv, gereizt einschätzen, wie sie sich in der Zeit nach dem Coaching gefühlt haben (5-stufigen Ratingskalen, 1=überhaupt nicht, 5= sehr). Der Fragebogen ähnelt dem PANAS (Watson, Clark & Tellegen, 1988), der in der angloamerikanischen Forschung zur Erfassung des positiven und negativen Affekts eingesetzt wird. Die Gruppen Einzelcoaching und Selbstcoaching nahmen danach jeweils an sechs etwa einstündigen Sitzungen teil. Die Kontrollgruppe erhielt als Wartegruppe in dieser Zeit keine Intervention. Nach Abschluss der Coaching-Interventionen wurden die Teilnehmer/innen dieser Gruppen zu den erreichten Veränderungen befragt, insbesondere zum Zielerreichungsgrad (0% bis 100%), zur Zufriedenheit, zum Erfolg beim Erarbeiten neuer Handlungsmöglichkeiten und zum praktischen Nutzen (jeweils 5-stufige Einschätzungsskalen). Daneben mussten sie wiederum den Befindlichkeitsfragebogen und zusätzlich das Selbststeuerungsinventar (SSI von Kuhl & Fuhrmann, 1998, siehe oben) ausfüllen. Ferner wurde das „Problem-Struktur-Interview" (P-S-I, siehe Abschnitt 3.3.2) in den beiden Coaching-Gruppen zu einem von den Klienten ausgewählten Problem zu Beginn durchgeführt und zum gleichen Problem am Ende wiederholt und reflektiert, um Veränderungen in der Problemreflexion zu ermitteln.

Zufriedener und weniger negativer Affekt, aber keine höhere Zielerreichung als durch Selbstcoaching?

Die Ergebnisse wurden quantitativ-statistisch und qualitativ ausgewertet. Beim *Vergleich von Einzelcoaching und Selbstcoaching* ergibt sich eine signifikant *größere Zufriedenheit* bei der Beratung durch einen Coach. In der Zielerreichung finden sich jedoch zwischen diesen beiden Gruppen keine überzufälligen Unterschiede (60% und 58%). Auch beim eingeschätzten praktischen Nutzen können keine signifikanten Unterschiede nachgewiesen werden. Die statistisch geprüften Hauptergebnisse beim *Vergleich der beiden Coaching-Gruppen mit der Kontrollgruppe* zeigen allerdings im Affekt- oder Befindlichkeitsfragebogen (BEF) eine hoch signifikante *emotionale Entlastung* in den beiden Interventionsgruppen und eine prägnantere Strukturierung der Problemreflexion[25].

Braucht Coaching einen Coach?

Da das Selbstcoaching-Programm auch in anderen Ergebnissen ihrer Studie recht positiv abschneidet, fragt Offermanns provozierend: „Braucht Coaching einen Coach?“ Der Erfolg beim Coaching erfordert ja immer die aktive Eigentätigkeit und in gewisser Hinsicht ein „Selbstcoaching“. Die Teilnehmer/innen erleben allerdings die Unterstützung durch die Person des Coachs als wichtig und fördernd. Dies spiegelt sich auch in den qualitativen Auswertungen wider. Die Teilnehmer/innen der Selbstcoaching-Gruppe wünschen sich ein persönliches Coaching!

Co-Coaching durch Kollegen

2. Green, Oades and Grant (2005) untersuchten die *Effektivität eines in Gruppen angeleiteten Co-Coachings durch Kollegen* im Vergleich zu einer *Kontrollgruppe* (Wartegruppe). Die Teilnehmer/innen wurden durch Werbung in lokalen Medien in New South Wales, Australien, geworben. Von ursprünglich 107 Interessenten haben 56 an der Untersuchung teilgenommen. Ausgeschieden wurden Personen mit hohen Werten in einem Kurzfragebogen zu klinischen Symptomen. Die Zuordnung zur Coaching- und Kontrollgruppe (jeweils N=28) erfolgte per Zufall.

Peer- und Co-Coaching-Konzept

Das Konzept stützt sich auf das oben beschriebene angeleitete *Coach Yourself* Life-Coaching-Programm von Grant (2003). Es begann mit einem eintägigen Workshop in der Gruppe (kurze Vorträge über Theorien und Techniken, Selbstreflexionsübungen und Diskussionen). Danach folgten neun Wochen mit einstündigen Treffen und einem von einem ausgebildeten Coach angeleiteten Co-Coaching durch Peers. Die Treffen wurden jeweils mit einem Programmüberblick eröffnet. Danach folgten eine gemeinsame Besprechung der Problemlösepläne und Lösungen sowie ein individuelles Co-Coaching zwischen jeweils zwei Teilnehmer/innen. Zwischen den Treffen wurden zusätzliche kollegiale Co-Coaching-Termine zwischen den Co-Coaching-Paaren durchgeführt. Mit der Kontrollgruppe wurde nach 10 Wochen Wartezeit dasselbe Programm durchgeführt.

Zielverfolgung, Wohlbefinden und Affekt

Die Haupthypothese der Untersuchung zu den allgemeinen Kriterien war, dass das Life-Coaching-Programm zu signifikanten Verbesserungen der Zielverfolgung und der Lebenszufriedenheit (allgemeines Wohlbefinden) und des psychischen Wohlbefindens führt. Zur Erfassung der Zielverfolgung mussten die Teilnehmer/innen ihren Erfolg bei der Zielerreichung in acht Lebensbereichen einschätzen (fünf-stufige Skalen, 1= 0% Erfolg und 5= 100% Erfolg). Das allgemeine Wohlbefinden wurde durch die Satisfaction with Life Scale (SWLS, Pavot & Diener, 1993) erhoben.

---

[25] Möglicherweise können die „prägnanteren“ Problemreflexionen zugleich als „ergebnisorientierter“ eingeordnet werden. Eine nachträgliche „blinde“ Bewertung der P-S-I-Daten nach diesem Kriterium durch Experten wäre interessant.

Das psychische Befinden wurde durch die Psychological Well-Being Skalen (PWB, Ryff, 1989) und den PANAS (Watson, Clark & Tellegen, 1988) eingesetzt, ein Kurzfragebogen zur Einschätzung des positiven und negativen Affekts, der dem Befindlichkeitsfragebogen von Kuhl (1999) ähnelt (s.o.). Auf die Hypothesen zu spezifischen Wirkungen des Coachings wird unten näher eingegangen. Die Ergebnisse wurden statistisch mit Varianzanalysen mit Messwiederholungen oder bei schiefen Verteilungen durch parameterfreie Tests analysiert.

Verbesserungen im Vorher-Nachher-Vergleich

Nach dem Coaching ergeben sich beim Vergleich der Ergebnisse in der Interventionsgruppe vor und nach dem Coaching die erwarteten signifikanten Verbesserungen bei der Zielverfolgung und im positiven und negativen Affekt (PANAS) sowie in mehreren Subskalen des PWB, wie persönliche Entwicklung, Autonomie, Bewältigung von Problemen mit dem sozialen Umfeld, positive Beziehungen zu anderen, Lebenssinn und Selbstakzeptanz. Vorher-Nachher-Vergleiche sind allerdings nicht sehr aussagekräftig. Als Nachweise über die Wirkungen von Coaching können erst die im folgenden Absatz wiedergegebenen Unterschiede zwischen der Peer-Coaching und Kontrollgruppe liefern.

Nachweislich verringerter negativer Affekt

Beim Vergleich der Unterschiede zwischen der Coaching- und Kontrollgruppe konnten signifikante Unterschiede allerdings nur für geringere Werte im negativen Affekt nach dem Coaching nachgewiesen werden. Enttäuschend ist, dass nur dieses Einzelergebnis als eindeutig nachgewiesenes Ergebnis gelten kann.

Individuelles Coaching, Peer-Coaching und Kontrollgruppe

3. In einer Nachfolgestudie untersuchen Spence und Grant (2005) die Unterschiede zwischen drei Gruppen: *individuelles Coaching*, *Co-Coaching durch Peers* und *Kontrollgruppe* (Wartegruppe). Die Teilnehmer/innen wurden wie in der vorangehenden Untersuchung von Green et al. (2005) gewonnen. Von ursprünglich 131 Interessenten nahmen 89 an einer Vortestung mit einem Kurzfragebogen für klinische Symptome teil. Danach wurden 13 Personen mit hohen Symptomwerten ausgeschieden. Die übrigen 64 Personen wurden per Zufall einer der drei Gruppen zugewiesen (21/22/21). Die beiden Coaching-Gruppen nahmen an 10 wöchentlichen Coachingsitzungen teil. Das Co-Coaching durch Peers wurde mit dem oben beschriebenen Life-Coaching-Programm in Gruppen angeleitet. Sowohl beim individuellen Coaching als auch bei der Anleitung des Co-Coachings wurden ausgebildete Coachs eingesetzt.

Zielerreichung und -commitment sowie Befinden

Die Untersuchung dient zur Evaluation der Effektivität des individuellen Coachings im Vergleich zum angeleiteten Co- und Peer-Coaching sowie der Kontrollgruppe. Erfasst wurden als allgemeine Kriterien Zielerreichung und Zielcommitment sowie mit den oben beschriebenen Skalen Verbesserung der Lebenszufriedenheit (allgemeines Wohlbefinden) und Veränderungen des Affekts sowie die PWB-Skalen (psychisches Befindens). Auf die spezifischen Kriterien wird unten eingegangen. Die Ergebnisse wurden statistisch durch t-Tests (Vorher-Nachher-Unterschiede) und univariate Varianzanalysen (Unterschiede zwischen den Gruppen) überprüft.

Vorher-Nachher-Vergleiche

Die Ergebnisse im Vorher-Nachher-Vergleich liefern keinen eindeutigen Beleg für die Wirkung von Coaching. Sie entsprechen auch nur teilweise den Erwartungen. Verbesserungen des Zielerreichungsgrads zeigen sich in allen Gruppen. Sie sind aber nur beim individuellen als auch beim Peer-Coaching statistisch signifikant. Das Zielcommitment nimmt nicht nur in der Kontrollgruppe, sondern überraschend auch in der Peer-Coaching-Gruppe ab. Nur in der Gruppe mit individuellem Coaching bleibt es im Vorher-Nachher-Vergleich unverändert. Die Lebenszufriedenheit und die Skala Bewältigung von Problemen mit dem sozialen Umfeld des Fragebogens zum psychischen Wohlbefinden nehmen dagegen wie erwartet nach dem individuellen Coaching signifikant zu.

Nachgewiesene Unterschiede

Die experimentell nachgewiesenen Unterschiede unterstützen die Erwartungen nur teilweise. Voll erwartungsgemäß liegt der Zielerreichungsgrad nach dem individuellen Coaching signifikant höher als der in den beiden anderen Gruppen. Außerdem ist der Wert nach dem Peer-Coaching signifikant höher als der Vergleichswert der Kontrollgruppe. Aber abgesehen von der Skala Bewältigung von Problemen im sozialen Umfeld zeigen sich keine signifikanten Unterschiede zwischen individuellem Coaching und den anderer Gruppen oder zwischen den Gruppen.

Einzel- und Selbstcoaching

4. Sue-Chan und Latham (2004) haben an zwei unabhängigen Stichproben (30 MBA-Studierende aus Kanada und 23 Manager eines BA-Kurses für Externe Manager in Australien) die Wirkungen von Einzelcoaching und Selbstcoaching verglichen. Als „Coachs“ wurden Dozenten und Studienkollegen (Kanada) bzw. ein Professor und ein Manager-Kollege (Australien) in einem halbtägigen Kurs ausgebildet. Grundlage sind Zielsetzungsmethoden. Die Kontrollgruppen erhielten ein Selbstcoaching mit schriftlichen Anweisungen.

Größere Zufriedenheit durch Einzelcoaching

Nach den Ergebnissen von Sue-Chan und Latham (2004) ist die allgemeine Zufriedenheit und Anregung durch die für das Coaching ausgebildeten Personen im Vergleich zum Selbstcoaching signifikant größer. Die höchsten Zufriedenheitswerte erzielen dabei die Dozenten und der Professor. Selbstcoaching zeigt im Vorher-Nachher-Vergleich aber durchaus positive Veränderungen. Diese Ergebnisse ähneln den von Offermanns (2004) gefundenen Effekten. Da der Schwerpunkt der Untersuchung in spezifischen Leistungsmerkmalen liegt, werden diese Ergebnisse unten ausführlicher beschrieben.

Umsetzung persönlicher Ziele

5. Eine relativ große Kontrollgruppenuntersuchung hat Willms (2004) an einer Stichprobe von insgesamt 76 Studierenden durchgeführt[26]. Er vergleicht das von ihm selbst entwickelte Selbstcoaching-Programm in Gruppen zur Umsetzung persönlicher Ziele (siehe oben Abschnitt 3.3.2 und Kasten 3.6) mit einer Kontrollgruppe (38 pro Gruppe, Zuweisung zur Gruppe per Zufall bei Parallelisierung des Neurotizismus-Scores nach einem Persönlichkeitsfragebogen). Im Vorfeld mussten die Teilnehmer/innen einen Persönlichkeitsfragebogen ausfüllen (NEO-FFI von Costa & McCrae, 1992, in der deutschen Version von Borkenau & Ostendorf, 1993) und das Selbststeuerungsinventar (SSI, Kuhl & Fuhrmann, 1998), einen Befindlichkeitsfragebogen sowie eine Übersetzung der „Goalscale" von Snyder et al. (1991) zur Erfassung von Optimismus und Hoffnung bei der Zielverfolgung.

Selbstcoaching-Programm

Das Selbstcoaching-Programm umfasste drei 1½-stündige Coachingsitzungen und erstreckte sich über einen Zeitraum von insgesamt 16 Tagen. In der ersten Sitzung wurden die Teilnehmer/innen angeleitet, ihre Ziele in allen Lebensbereichen zu reflektieren, die fünf wichtigsten Ziele auszuwählen und zu konkretisieren, die in 16 Tagen erreichbar erscheinen sowie erste Schritte zur Zielerreichung zu überlegen und schriftlich zu fixieren. In den beiden folgenden Sitzungen wurden jeweils zu Beginn Zwischenbilanzen zur Zielerreichung gezogen und Übungen zur Problemlösung, Umsetzung von Veränderungen, zum Umgang mit Schwierigkeiten, zur Reflexion der Strategie, zum Prioritäten setzen, zur Bewertung von Zielen und Zielaktualisierung (Planung der Schritte zur Zielerreichung) durchgeführt. Das oben ausführlich beschriebene Programm basiert auf einer Kombination von Zielsetzungsmethoden nach Locke und Latham (1984) mit kognitiv-behavioralen Methoden der Verhaltensmodifikation. Es ist mit Konzepten zum Life-Coaching vergleichbar (siehe Abschnitt 2.5.4).

Kontrollgruppe

Das Programm für die Kontrollgruppe bestand nur aus einer Sitzung. Die erste Sitzung war ähnlich aufgebaut, wie die der Coaching-Gruppe. Allerdings wurde die Konkretisierung der Ziele nicht so stark fokussiert und die Teilnehmer/innen wurden auch nicht zur Reflexion über ihre Ziele aufgefordert. Sie wurden auch nicht angeleitet, konkrete Schritte zur Zielerreichung zu planen.

Abschluss

Nach etwa 16 Tagen folgte die Abschlusssitzung für die Teilnehmer/innen beider Gruppen. Nach einer gemeinsamen Abschlussbilanz wurden die Ergebnisse mit Einzelinterviews und Fragebogen erhoben. Sehr detailliert wurden mit selbstkonstruierten Einschätzungsskalen Fra-

---

[26] Die Diplomarbeit von Jan-Fredo Willms gehört nach Meinung der Jury der Deutschen Gesellschaft für Personalführung (DGFP) im Jahre 2005 zu den zehn besten Nachwuchsarbeiten! Ihre Veröffentlichung ist geplant.

gen zu den Zielen gestellt, insbesondere: Zielerreichungsgrad und Zielzufriedenheit. Der Befindlichkeitsfragebogen wurde nach der Intervention wiederholt. Außerdem wurden weitere spezielle Zielparameter erhoben (siehe unten bei den speziellen Merkmalen).

Bessere Zielerreichung

Die Unterschiede zwischen Coaching- und Kontrollgruppe im Zielerreichungsrad sowie in der Befindlichkeit sind statistisch signifikant und bedeutsam. Allerdings verfehlt der Unterschied in der Zielzufriedenheit knapp die Signifikanzgrenze. Weitere interessante Unterschiede in speziellen Bewertungsmerkmalen werden unten wiedergegeben.

Individuelles Coaching und Vergleichsgruppe

6. Steinmetz (2005) hat die Wirkungen von *individuellem Coaching* beim *Stressmanagement von Führungskräften* im Vergleich zu einer *Kontrollgruppe* untersucht. Aus praktischen Gründen war allerdings die geplante Zufallsaufteilung auf die Coaching- und Kontrollgruppe nicht durchführbar. Das Coaching wurde allen 46 Führungskräften eines Unternehmens angeboten. An vorausgehenden Interviews zur stressbezogenen Arbeitsanalyse nahmen aber nur 27 teil. Von den interviewten Führungskräften lehnten 5 das Coaching-Angebot ab (aus Zeitmangel oder weil sie keine Notwendigkeit dafür sahen). Zwei weitere brachen nach der ersten Sitzung ab (wegen hohen Arbeitsvolumens und Krankheit). Komplette Daten zu allen Messzeitpunkten konnten für die Coaching-Gruppe nur für 15 Personen erhoben werden. Für die Kontrollgruppe konnten 14 vorher befragte Führungskräfte gewonnen werden. Hier blieben am Ende 12 Personen mit kompletten Datensätzen. Zur Überprüfung der Vergleichbarkeit der Interventions- und Kontrollgruppe und der gegenseitigen Beeinflussung der Gruppen hat die Autorin der Studie sehr sorgfältige statistische Tests durchgeführt (Mittelwerte und Intra-Class-Koeffizienten). Keiner der geprüften Parameter zeigt Werte, die die Annahme verletzten, dass die Gruppen vergleichbar und unabhängig sind.

Stressmanagement-Coaching

Das eingesetzte Coachingkonzept zielte auf eine Verbesserung des Stressmanagements ab. Das Einzelcoaching bestand aus fünf Sitzungen (jeweils 90 Minuten) mit einem festen Programm. Grundlage war ein Stressimpfungstraining nach Meichenbaum (2003). Es umfasste die Phasen Information, Lernen und Training sowie Anwendung und Unterstützung nach dem Training. Integriert wurden Zielsetzungsmethoden nach Locke und Latham (1984) sowie Methoden zur Förderung des Transfers bzw. zur Umsetzung der Maßnahmen (Lernzielvereinbarungen, Lernprotokolle und Transfer-Verträge).

Verbesserung des Befindens

Dem Schwerpunkt entsprechend konzentriert sich Steinmetz (2005) auf spezifische stressbezogene Hypothesen und Messinstrumente. Sie werden unten bei den Vergleichsuntersuchungen mit spezifischen Effekten vorgestellt. Zu den hier behandelten allgemeinen Kriterien nimmt sie an, dass Coaching das psychische Befinden (bzw. Affekt) verbessert. Sie erfasst das psychische Befinden durch zwei Subskalen *gehobene Stimmung* und

Aktiviertheit eines Fragebogens von Becker (1988), der dem oben erwähnten PANAS ähnelt. Durch eine Varianzanalyse der Ergebnisse mit Messwiederholungen kann sie ihre Hypothese bestätigen, dass durch das Coaching die Werte der beiden Skalen zum psychischen Befinden, gehobene Stimmung und Aktiviertheit, verbessert werden.

Zusammenfassung und Folgerungen

Unterschiedliche Interventionen und Stichproben

Insgesamt wurden sechs experimentelle Vergleichsuntersuchungen mit allgemeinen Kriterien zur Evaluation der Ergebnisse von Coaching beschrieben, bzw. sieben Untersuchungen, wenn wir die beiden Studien von Sue-Chan und Latham (2004) getrennt rechnen. Die jeweiligen Coaching-Interventionen sind sehr unterschiedlich. In den beiden Experimenten der Forschungsgruppe um Grant in Sydney wurde von einem erfahrenen Coach ein Life-Coaching-Programm mit Co-Coaching durch Peers in Gruppen angeleitet. Sue-Chan und Latham (2004) haben ihre „externen Coachs“ und Peer-Coachs jeweils in einer sehr kurzen halbtätigen Coaching-Ausbildung qualifiziert. Verglichen mit den oben in Abschnitt 3.4.2 beschriebenen Standards zur professionellen Coaching-Ausbildung kann dies bestenfalls als eine Art „Miniausbildung“ angesehen werden. Willms (2004) hat ein Gruppenprogramm zum Selbstcoaching durchgeführt. In anderen Untersuchungen wurden Selbstcoaching-Programme als eine Art Kontrollgruppe eingesetzt. Erfahrene Business-Coachs wurden nur in der Studie von Offermanns (2004) eingesetzt. Sehr unterschiedlich sind auch die untersuchten Klienten-Stichproben. In drei Untersuchungen (Offermanns, 2004; Sue-Chan & Latham, 2004; Steinmetz, 2005) sind es Führungskräfte, in den beiden Untersuchungen der Forschungsgruppe von Grant wurde die Stichprobe für das Life-Coaching-Programm durch regionale Medien gewonnen und in den übrigen Studien sind es Studierende.

Unterschiede und ähnliche Ergebnisse

Trotz der Unterschiedlichkeit der Interventionen und Stichproben sind bei den jeweils zusammenpassenden Interventionen Ähnlichkeiten zu erkennen. Die vier Untersuchungen mit Selbstcoaching-Programmen zeigen, dass Selbstcoaching mit positiven Veränderungen einhergeht. Zwei Untersuchungen belegen, dass der Zielerreichungsgrad nach dem Selbstcoaching höher ist als in der Kontrollgruppe. Allerdings finden Offermanns (2004) wie Sue-Chan und Latham (2004) übereinstimmend, dass die Zufriedenheit mit dem Einzelcoaching signifikant höher ist, als die Zufriedenheit mit dem Selbstcoaching und dass die Klienten sich Einzelcoaching anstelle des Selbstcoachings wünschen. Interessant ist auch, dass das Einzelcoaching in der Untersuchung von Spence und Grant (2005) das sie im Kontext eines Life-Coachings mit einer Klientenstichprobe durchgeführt haben, die sie durch regionale Medien gewonnen haben, in einem Fragebogen zum allgemeinen Wohlbefinden zu einer Verbesserung der Bewältigung der Probleme im sozialen Umfeld führt. Dies ist zwar nur ein Einzelergebnis, es verweist jedoch auf zu erforschende Möglichkeiten zur Erweiterung der allgemeinen Erfolgskriterien.

Verbesserungen:
- **Zielerreichung**
- **Zufriedenheit**
- **Befinden**

Drei Effekte werden in mehreren Untersuchungen nachgewiesen: Verbesserung des Zielerreichungsgrads, der Zufriedenheit und des allgemeinen psychischen Befindens (bzw. des Affekts). Allerdings wurden die beiden allgemeinen Kriterien nicht in allen Studien erhoben. Höherer Zielerreichungsgrad durch Einzelcoaching im Vergleich zur Kontrollgruppe und höhere Kundenzufriedenheit wurden jeweils in drei Untersuchungen gefunden. In drei von vier Untersuchungen, in denen das allgemeine psychische Befinden durch Affektmaße erfasst wurde, verbessern sich die Werte nach der Coaching-Intervention. Diese Verbesserungen können demnach als überwiegend bestätigte allgemeine Wirkungen von Coaching angesehen werden.

Fehlende Bereitschaft der Führungskräfte?

Führungskräfte sind schwer zu überzeugen, an Untersuchungen mitzuwirken, die aufwendig sind und sehr vertrauliche Informationen betreffen. Wie die Erfahrungen in den Arbeit von Offermanns (2004) und Steinmetz (2005) zeigen, sind die Bereitschaft von Führungskräften, an experimentellen Felduntersuchungen zum Coaching mitzuwirken und der Aufwand in der Betreuung und Durchführung sehr hoch. In beiden Studien konnten keine Zufallsanordnungen realisiert werden. Die experimentelle Evaluationsforschung zum Coaching ist anscheinend noch auf Studierende als Klientenstichproben sowie auf verkürzte Ausbildungen und Gruppenprogramme angewiesen. Forschungspragmatisch ist dies als Anfang durchaus akzeptabel. Mehr praktische Feldprojekte über längere Zeiträume mit coachingtypischen Problemstellungen und Zielsetzungen wären aber zukünftig sehr wünschenswert.

Härtere Vergleiche

Zielerreichungsgrad, Kundenzufriedenheit und das psychische Befinden, vielleicht auch Skalen zum allgemeinen Wohlbefinden sind geeignete Standardkriterien, mit denen sich die allgemeinen Effekte von Coaching im Vergleich zu Kontrollgruppen nachweisen lassen. Neben Kontrollgruppen, Peer-Coaching oder Selbstcoaching sollten künftig zusätzliche Vergleichsgruppen mit ähnlichen Interventionen, wie z.B. Mentoring durch Führungskräfte, aber auch eine Beratung durch selbst ausgewählte Freunde oder Kollegen verwendet werden. Der Vergleich in allgemeinen, auf subjektiven Bewertungen basierenden Kriterien wird dabei sicher nicht für alle Coachs positiv ausfallen, denn die Freunde oder Kollegen können, wenn sie sich Mühe gegeben haben, auch einen „Dankeschön-Bonus" in der Bewertung erzielen. Professionelle Coachs sollten diesen Härtetest aber bestehen können. Besonders bei schwierigen Problemen und Situationen müssen sie erfolgreicher sein als Laien, um ihr Honorar zu rechtfertigen. Einige Unterschiede werden sich weniger in allgemeinen subjektiven Bewertungsmerkmalen zeigen, sondern in sehr spezifischen

Einzelkriterien. Auf die Untersuchung spezifischer Bewertungsmerkmale wird im folgenden Teil näher eingegangen.

Methodenproblem durch große Streuungen

Coaching und andere Interventionen können individuell sehr unterschiedliche Wirkungen haben. Daraus ergibt sich ein methodisches Problem für die Evaluation allgemeiner Bewertungsmerkmale: Die Streuungen in den Untergruppen sind vermutlich relativ groß und überlappen sich. Unterschiede lassen sich bei großen Streuungen statistisch kaum nachweisen. In sehr kleinen Stichproben erhöhen einzelne „Ausreißer" die Streuung und „verhageln" die Signifikanz der Ergebnisse. Man sollte deshalb bei der Untersuchung der Wirkungen von Coaching nicht nur auf Mittelwerte schauen. So kann man erwarten, dass sich durch spontane Aktivitäten bei der Lösung von Problemen auch in der Kontrollgruppe die Mittelwerte verbessern. Aber die Unterschiede innerhalb der Gruppe und damit die Streuungen werden vermutlich groß bleiben. Selbstcoaching kann durch die im Programm angestoßenen Problemlösungen, wie Offermanns (2004) herausfindet, durchaus zu größeren Mittelwertsverbesserungen beim Erfolg der Problemlösungen führen. Aber da nicht alle Mitglieder dieser Gruppe die erforderliche Beharrlichkeit und Selbststeuerung zur Umsetzung der angestrebten Veränderungen aufweisen, bleiben auch hier die Streuungen in der Gruppe relativ groß. Nur beim professionellen Einzelcoaching würde man erwarten, dass durch ein gutes professionelles Coaching – auch bei unterschiedlichen persönlichen Voraussetzungen – gewissermaßen standardmäßig gute Problemlösungen erarbeitet werden (von wenigen Ausnahmen abgesehen). Dadurch werden gleichzeitig die Mittelwerte besser und die Streuungen kleiner.

Passende Ergebnisse

Das passende Beispiel dazu hat Offermanns (2004, S. 308 f.) beschrieben: Bei den Einschätzungen des Erfolgs beim Umgang mit dem bearbeiteten Problem verbessert sich nach Offermanns im Vorher-Nachher-Vergleich in der Einzelcoaching-Gruppe der Mittelwert und gleichzeitig wird die Streuung sehr klein. In der Kontrollgruppe verbessert sich der Mittelwert dagegen nur minimal und die Streuung bleibt hoch (bei einer Person hat sich beispielsweise das Problem „von allein" gelöst, bei anderen hat sich nichts geändert). Bei der Selbstcoaching-Gruppe verbessert sich wiederum der Mittelwert, während die Streuung nicht abnimmt. Allerdings sind die angesprochenen Unterschiede leider nicht signifikant geworden. Wie aber Offermanns nachrechnet, könnten diese starken Effekte trotz einzelner Extremwerte bereits bei einer Vergrößerung der Personenzahl von bisher 8 auf 11 Personen pro Gruppe signifikant werden.

3.6.1.2 Spezifische Bewertungsmerkmale

Erläuterung

Allgemeine Bewertungskriterien wie der Zielerreichungsgrad oder die Zufriedenheit der Klienten sollen in Evaluationsuntersuchungen möglichst immer durch spezifische, möglichst konkret beobachtbare Leistungsveränderungen oder andere spezifische Bewertungsmerkmale abgesichert werden. Allgemeine Bewertungen beruhen auf subjektiven Verallgemeinerungen. So kann eine hohe Zufriedenheit bei einer Führungskraft auf einer Verbesserung seines Projektmanagements, bei einer anderen auf der Lösung eines Konflikts mit einem Konkurrenten und bei einer dritten auf einer Klärung ihrer persönlichen Prioritäten und ihrer konsequenteren Umsetzung basieren.

Spezifität und Besonderheit des Einzelfalls

Genau betrachtet, ist jedes Einzelcoaching eine einmalige und nicht wiederholbare Konstellation (Klient und Coach) mit ihren ganz besonderen Vorerfahrungen in einem speziellen Situationskontext. Diese Besonderheit des Einzelfalls nennen wir *Spezifität.* Wenn man in der Evaluationsforschung nur sehr allgemeine Merkmale erfasst oder nur nach den gleichen spezifischen Merkmalen fragt, bleibt diese Spezifität unberücksichtigt. Je spezifischer und konkreter die erfassten Bewertungsmerkmale sind, desto konkreter sind auch die daraus ableitbaren Verbesserungsmöglichkeiten. Wenn man beispielsweise nach der Evaluation eines einzelnen Coachings nur allgemein feststellt, dass der Klient unzufrieden war, ergeben sich daraus noch keine Ansatzpunkte für praktische Verbesserungen. Zur Evaluation sollen deshalb neben allgemeinen möglichst immer auch spezifische Kriterien erfasst, im Idealfall sogar Einzelfallanalysen durchgeführt werden. In der folgenden Darstellung werden dementsprechend die Ergebnisse der Evaluationsforschung zu allen Arten spezifischer Bewertungsmerkmale und sowohl quantitative als auch qualitative Auswertungen berücksichtigt.

Befragungen mit spezifischen Bewertungsmerkmalen und Methoden

Spezielle Kriterien und professionelle Evaluationsmethoden

Im Folgenden werden die Ergebnisse von Befragungen wiedergegeben, in denen spezifische Bewertungsmerkmale oder Kriterien erfasst wurden. Mehrere Studien, in denen gleichzeitig allgemeine Bewertungsmerkmale berücksichtigt wurden, werden bereits oben aufgeführt. In einigen Untersuchungen werden spezielle Evaluationsmethoden entwickelt oder eingesetzt. Da derartige Verfahren für die Professionalisierung der Coaching-Evaluation einen hohen Stellenwert haben, werden sie ausführlich beschrieben und diskutiert. Zunächst werden sechs exemplarische Untersuchungen zu verschiedenen spezifischen Bewertungsmerkmalen beschrieben. Danach folgen drei Untersuchungen und Beschreibungen zu speziellen Evaluationsmethoden. Tabelle 3.6.3 liefert eine Übersicht.

Tab. 3.6.3: Untersuchungen zum Coachingerfolg – Spezifische Bewertungsmerkmale und Evaluationsmethoden

Nr.	Autor/innen (Jahr)	Stichprobe	Coaching/ Methoden	Spezifische Kriterien/ Methoden
1.	Wasylyshyn (2003)	87 Top Manager (eigene Klienten)	Einzelcoaching/Fragebogen	Nachhaltige Verhaltensänderungen (68%), Zunahme bewusster Selbstwahrnehmung (48%), besseres Selbstverstehen (45%) und effektivere Führung (45%)
2.	Böning & Fritschle (2005)	70 Personalmanager (P) u. 50 erfahrene Coachs (C)	Einzelcoaching/Befragung mit Ratingskalen	Hohe Werte bei: 1. Entwicklung des Führungsverhaltens, 2. Unterstützung bei veränderten beruflichen Anforderungen, 3. Suche nach Feedback/sozialer Spiegel, 4. Beratung bei organisationalen Veränderungsprozessen sowie 5. Leistungsorientierung/Potenzialentwicklung
3.	Bose et al. (2003)	31 Führungskräfte	Einzelcoaching/Qualitative Befragung	1. konkrete Problemlösungen, 2. nützliche Perspektivenwechsel bei der Reflexion und 3. persönliche/emotionale Entlastung
4.	Mäthner, Jansen & Bachmann (2005)	89 Coachs (C) und 74 Klienten (K)	Einzelcoaching/Qualitative Befragung u. Häufigkeit der Nennungen (K/C)	1. Veränderungen des Verhaltens (60%/59%), 2. Persönlichkeitsentwicklung (49%/39%), 3. Verbesserung der interpersonalen Beziehungen (38%/29%), 4. Steigerung des Wohlbefindens (36%/20%) und 5. Veränderungen im beruflichen Bereich (25%/34%)
5.	Dzierzon (2004)	25 Klienten	Einzelcoaching/Online-Befragung	Verbesserung der Arbeitszufriedenheit
6.	MetrixGlobal (2001)	30 Führungskräfte	Einzelcoaching/Telefoninterviews	529% Return on Invest-ment (ROI) durch geschätzte Zeiteinsparungen nach dem Coaching

Fortsetzung Tab. 3.6.3

Nr.	Autor/ innen (Jahr)	Stich- probe	Coaching/ Methoden	Spezifische Kriterien/ Methoden
7.	Grant (2003)	20 Studenten	In Gruppen angeleitetes Einzelcoaching durch Peers (Life-Coaching-Programm)	Verringerung der Reflektionen über negative Gefühle, Gedanken und Erfahrungen sowie Förderung der emotionalen Klarheit /SRIS (Fragebogeninstrument)
8.	Rohmert & Schmid (2003	30 Führungskräfte	Einzelcoaching	Verbesserung von spezifischen Merkmalen auf der 1. individuellen, 2. sozialen und 3. funktionalen Ebene / next expertizer™ (Repertory Grid-Methode)
9.	a) Runde & Bastians (2005); b) Krebs (2007) & Mellmann (2007)	a) 57 Polizei-Führungskräf te; b) 11+17 Coachs	Einzelcoaching, bei Runde & Bastians auch in Gruppen/S-C-Eval und Change Explorer (komb. Fragebogen und Interviewmethode)	*Erfolgreiches Coaching:* guter Prozess, spezifische Erfolge und Verhaltensänderungen (z.B. beruflicher Aufstieg, anderer Umgang mit Konflikten), Persönlichkeitsentwicklung/Reflexion u. a. *Wenig erfolgreiches Coaching:* Keine Verbesserungen, zäher Prozess, Abbruch, keine Zielklärung, wenig Änderungen/Umsetzung u.a.

Selbst-Verstehen

1. In der bereits oben zitierten Erhebung hat Wasylyshyn (2003) 87 Top Manager (eigene Klienten) gefragt, woran sie den Erfolg beim Coaching festmachen. Neben dem allgemeinen Merkmal „nachhaltige Verhaltensänderungen" (63%) nennen 48% eine Zunahme bewusster Selbstbewusstheit (self-awareness) und 45% ein besseres Selbst-Verstehen (self-understanding) sowie 45% eine effektivere Führung.

Nutzen von Coaching durch spezifische Kriterien überprüfen

2. Böning und Fritschle (2005, S. 296 ff.) haben in ihrer oben geschilderten Erhebung Personalmanager und Coachs gebeten, spezifische Nützlichkeitsmerkmale auf einer 3-stufigen Skala zu bewerten (1= gering/kein, 2= mittel und 3= hoch). Hohe Werte (2,5 und größer) ergeben sich in beiden Gruppen bei fünf Einzelmerkmalen: a) Entwicklung des Führungsverhaltens, b) Unterstützung bei veränderten beruflichen Anforderungen, c) Suche nach Feedback/sozialer Spiegel, d) Beratung bei organisationalen Veränderungsprozessen sowie e) Leistungsorienterung/Po- tenzialentwicklung. Je nach Anlass des Coachings und Managementebene ergeben sich dabei unterschiedliche Nutzenbewertungen. Sie empfehlen zur Über-

prüfung des Nutzens von Coaching, jeweils spezifische Kriterien und Methoden zu konstruieren.

Qualitative Methoden

Erwartungen der Manager

3. Ein exemplarisches Beispiel für eine Untersuchung mit vorwiegend qualitativen Methoden haben Bose, Martens-Schmidt und Schuchardt-Hain (2003) publiziert. In offenen Interviews haben sie 31 Führungskräfte zu den Erwartungen und Befürchtungen zum Coaching befragt, die Antworten in wörtlicher Rede aufgenommen und qualitativ ausgewertet. Danach sehen Führungskräfte im Coach einen Reflexionspartner und Experten für Beziehungsgestaltung, der seine fachliche Kompetenzen und Erfahrungen in den Coachingprozess einbringt.

Perspektivenwechsel

Gute Ergebnisse sind nach Auffassung der Befragten 1. konkrete Problemlösungen (z.B. Veränderungen im Führungsverhalten, Beheben von persönlichen Schwächen oder Defiziten, besseres Ausschöpfen der eigenen Potenziale), 2. nützlicher Perspektivenwechsel bei der Reflexion von Tätigkeiten oder Problemen (z.B. die eigenen Tätigkeiten in neuem Licht sehen, realistischere Selbsteinschätzung, Wende oder „Heureka-Effekt" als Motor persönlicher Veränderungen) und 3. persönliche/emotionale Entlastung (z.B. spürbare Entlastung, hinterher zufrieden sein und durch persönlichen Vertrauten nicht mehr so einsam sein).

Kompetenzen und Persönlichkeitsentwicklung

4. In der oben erwähnten Befragung von 89 Coachs und 74 ihrer Klienten haben Mäthner et al. (2005) gefragt, was sich durch das Coaching verändert hat. Die Antworten wurden qualitativ beschreibend ausgewertet. Neben der bereits oben bei den allgemeinen Bewertungsmerkmalen erwähnten Zunahme der Reflexion und Selbstreflexion (62% der Klienten und 71% der Coachs) werden besonders häufig die folgenden spezifischen Veränderungen von den Klienten und Coachs angegeben: 1. Veränderungen des Verhaltens, z.B. Verbesserungen der Führungskompetenz, besseres Konfliktmanagement oder bessere Kommunikationsfähigkeiten (60%/59%), 2. Persönlichkeitsentwicklung (49%/39%), 3. Verbesserung der interpersonalen Beziehungen (38%/29%), 4. Steigerung des Wohlbefindens (36%/20%) und 5. Veränderungen im beruflichen Bereich, z.B. Überlegen beruflicher Alternativen, Erreichen der Zielstellung aus dem Mitarbeitergespräch, das der Klient mit seinem Vorgesetzten geführt hat (25%/34%). Negative Effekte werden dagegen selten und nur von 9% bzw. 6% aufgeführt, z.B. „mehr Unsicherheit als früher".

Arbeitszufriedenheit

5. Dzierzon (2004) hat in einer kleinen Online-Befragung von 25 Klienten subjektive Einschätzungen speziell zur Arbeitszufriedenheit erhoben. Die Klienten geben an, dass die Arbeitszufriedenheit durch das Coaching verbessert wird.

Wirtschaftlicher Ertrag

6. Das amerikanische Beratungsunternehmen MetrixGlobal hat sich darauf spezialisiert, für verschiedene Personalentwicklungsmaßnahmen den Return on Investment (ROI) als Maß für den wirtschaftlichen Ertrag zu schätzen. Grundlage sind allgemeine Kosten-Nutzenmodelle und

Schätzformeln. In der vorliegenden Erhebung müssen die Befragten Verhaltensänderungen einschätzen, die durch das Coaching erreicht wurden und die resultierenden Zeiteinsparungen. Diese Werte werden zusammen mit den ermittelten Kosten für das Coaching und Angaben zu den Gehältern der gecoachten Führungskräfte (als Bezugsgröße für die Berechnung des Nutzens der Zeiteinsparungen) in die Schätzformel eingesetzt. In ihrer Untersuchung haben sie 30 Führungskräfte befragt. 60% der Befragten konnten telefonisch die erforderlichen spezifischen Angaben zur Schätzung des wirtschaftlichen Nutzens von Coaching liefern. Die Ergebnisse ergeben einen extrem hohen Return von 529% für die Coaching-Investition nach Abzug der Kosten für das Coaching (MetrixGlobal, 2001, siehe Böning & Fritschle, 2005, 280 f.). – Einen ähnlich hohen ROI von 570% ermitteln auch McGovern et al. (2001, zitiert nach Künzli, 2006, S. 281) für Coaching nach 43 abgegebenen Schätzungen aus einer Stichprobe von 43 Coaching-Klienten.

Ist externes Coaching nützlicher?

In einer neueren Fallstudie wird in einem Unternehmen (MetrixGlobal, 2005) der ROI von internem und externem Coaching verglichen. Danach ist das interne Coaching durch dafür ausgebildete Führungskräfte zwar kostengünstiger. Durch professionelle externe Coachs wird aber ein wesentlich höherer geschätzter Return erzielt.

Zweifelhafte Schätzungen

Die verwendete Methode zur Schätzung des ROI ist im Prinzip durchaus ernst zu nehmen. Die Ergebnisse hängen aber stark von der Verlässlichkeit der Schätzgrößen ab, die in die Gleichungen eingesetzt werden. Hier wäre das die verlässliche Schätzung der Zeiteinsparungen. Solange die Zuverlässigkeit dieser Schätzungen nicht überprüft und durch andere bestätigt wurden, sind hohe Zweifel angebracht, dass Erträge von durchschnittlich 529% tatsächlich erreicht werden können.

Spezielle Evaluationsmethoden

Life-Coaching

7. Grant (2003) hat in der bereits oben beschriebenen Evaluation seines Life-Coaching-Programms an Studierenden die Mittelwertsveränderungen in verschiedenen spezifischen Fragebogenskalen vor und nach dem Coaching verglichen. Die Skalen wurden theoriegeleitet zusammengestellt.

Klarheit oder Einsicht in eigene Gefühle

In seiner Untersuchung verwendet Grant (2003) die *Self-Reflection and Insight-Scale (SRIS).* Dieses Fragebogeninstrument umfasst zwei zuverlässige und untereinander statistisch weitgehend unabhängige Skalen: 1. *Self-Reflection* und 2. *Insight.* Das Instrument wurde von Grant et al. (2002) in vorausgehenden Untersuchungen entwickelt und stützt sich auf Skalen zur Erfassung der bewussten Selbstwahrnehmung und Selbstreflexivität als Persönlichkeitsmerkmale.

Selbstreflexionen als Symptom für psychische Störungen?

Die Skala *Self-Reflection* erfasst die Häufigkeit selbstreflexiver Gedanken durch Items wie „I frequently examine my feelings", „I rarely spend time in self-reflection" (umgepolt), „I frequently take time to reflect on my thoughts", „I often think about the way I think about things" und „I don't often think about my thoughts" (umgepolt) oder sowie Items zum Interesse an reflexiven Analysen, wie „It is important to me to try to understand what my feelings mean" und „I am very interested in examining what I think about" (vgl. Grant et al., 2002). Nach Grant et al. (2002) bezieht sich diese Skala nicht auf problem- oder lösungsorientierte Selbstreflexionen (bzw. ergebnisorientierte Selbstreflexionen), sondern auf eine kritische Form der „selbstzentrierten" (self-focused) Reflexion über negative Emotionen, Kognitionen und Erfahrungen (bzw. kreisendes Grübeln, wie wir dies nennen würden, vgl. Abschnitt 1.2.2).

Über negative Gefühle reflektieren

Grant (2003) erwartet, dass das beschriebene häufige Reflektieren negativer Gefühle, Gedanken und Erfahrungen mit Depressivität und Angst korreliert, sowie negativ mit der Zielerreichung nach dem Coaching, und dass diese Reflexionen nach dem Life-Coaching-Programm abnehmen. Die Ergebnisse seiner Untersuchung bestätigen diese Hypothesen (Grant, 2003). Auf den ersten Blick könnte man meinen, dass das Ergebnis von Grant den oben wiedergegebenen Annahmen widerspricht, wonach Coaching Selbstreflexionen fördert. Wie die wiedergegebene Itemzusammenstellung und die Unterscheidung von Grant (2002) jedoch zeigen, erfasst die Skala nicht die oben definierte ergebnisorientierte Selbstreflexion, sondern die Häufigkeit kreisender Selbstreflexionen außerhalb des Coachings. Wer angibt, oft über seine Gedanken oder über seine Gefühle nachzudenken, kann als „lageorientierter" Grübler eingeordnet werden. Die Skala sollte deshalb besser als „grübelnde Selbstreflexionen" oder „Grübeln" über eigene Gedanken bezeichnet werden.

Förderung der emotionalen Klarheit durch Coaching

Die zweite, von der ersten unabhängige Skala des SRIS von Grant et al. (2002) mit der Bezeichnung *Insight* umfasst Items wie: „Often I find it difficult to make sense of the way I feel about things" (umgepolt), „I'm often confused about the way I really feel about things" (umgepolt) und „I usually know why I feel the way I do." – Die Items ähneln der oben beschriebenen Clarity-Skala zur Erfassung der Klarheit über eigene Gefühle (Mayer, Salovey et al., 2000; Otto et al., 2001). Sie werden als wichtige Fähigkeitskomponente der emotionalen Intelligenz angesehen. In Abschnitt 3.5.5 wurden Annahmen zur Förderung der emotionalen Klarheit durch systematische Selbstreflexionen über eigene Affekte und Gefühle beim Coaching hergestellt. Grant (2003) nimmt an, dass die Klarheit oder Einsicht in die eigenen Gefühle durch Life-Coaching gefördert wird und dass die Insight-Skala positiv mit der Zielerreichung korreliert.

Veränderungen messen mit dem *next expertizer*™

8. Die Ergebnisse von Coaching messbar zu machen, ist der Anspruch einer Untersuchung von Rohmert und Schmid (2003). Sie haben dazu 30 Führungskräfte drei Monate vor dem Coaching, im Verlauf, drei Monate und ein Jahr nach der Beendigung befragt. Sie verwenden dabei eine spezielle Methode, den so genannten *next expertizer*™ (vgl. Kruse, 2004, S. 163 ff.). Die Messmethode wurde in einer Unternehmensberatung in Bremen bis zur praktischen Anwendungsreife weiterentwickelt (*next practice*). Die Methode ist zwar sehr anspruchsvoll, aber auch sehr vielseitig und eignet sich zugleich für die praktische Anwendung und für die Forschung. Kasten 3.10 enthält eine kurze Beschreibung.

Kasten 3.10: Das Verfahren next expertizer™ (nach Kruse, 2004)

Vergleiche realer und idealer Vorstellungen

Im next expertizer-Interview werden den Befragten so genannte Elemente vorgegeben. Beispiele für Elemente wären „Die durch das Coaching erzielten Ergebnisse“, „ein ideales Coaching“ und „eine ideale Führungskraft“. Diese Elemente werden schrittweise im Hinblick auf ihre Ähnlichkeit oder Unterschiedlichkeit miteinander verglichen.

Typische Fragen zum Vergleich von Elementen wären: „Sind die Ergebnisse Ihres Coachings und eine ideale Führungskraft einander ähnlich oder unähnlich?“ „Was kennzeichnet Ihr Coaching im Gegensatz zur idealen Führungskraft?“ „Was haben sie gemeinsam?“ usw. Auf diese Weise werden durch die Interviewten Beschreibungs- und Bewertungsmerkmale erzeugt. Mögliche Merkmale (Elemente: Coachingergebnisse und ideale Führung) wären beispielsweise „große soziale Kompetenzen“ oder „hohe Glaubwürdigkeit“. Auf diese Weise werden paarweise zu etwa 10 bis 15 Elementen 20 bis 30 Merkmale erhoben. Die Merkmale der einzelnen Befragten stützen sich in der Wortwahl auf Formulierungen der Befragten und können individuell sehr verschieden sein. Die Beschreibungs- und Bewertungsmerkmale der einzelnen Interviewpartner können als individuelle qualitative Interviewergebnisse betrachtet werden.

Fortsetzung Kasten 3.10:

Im weiteren Verlauf der Durchführung der Methode wird mit Ratingskalen zusätzlich auch die quantitative Stärke der einzelnen Merkmale erfragt (z.B. „Wie hoch schätzen Sie die Verbesserung ihrer sozialen Kompetenzen durch das Coaching auf einer Skala von 1/sehr niedrig bis 5/sehr hoch ein?“) sowie die Ähnlichkeiten der Elemente („Wie ähnlich sind die beiden Elemente?“).

Anschließend kann das individuelle Ergebnis der Ähnlichkeiten mit einem mathematischen Verfahren (Single-Eigenstrukturanalyse) in einem mehrdimensionalen begrifflichen Bedeutungsraum quantitativ bildlich wiedergegeben werden. Dieser Bedeutungsraum zeigt, welche Merkmale die Person zur Beschreibung und Bewertung der Veränderungen beim Coaching verwendet und wie ähnlich oder unähnlich die verglichenen Unterschiedspaare quantitativ sind.

So kann sich z.B. bei einer Person das durch Coaching erzielte Ergebnis von Verhaltensmerkmalen einer idealen Führungskraft in genau erläuterten allgemeinen sozialen Kompetenzen stark unterscheiden, aber in anderen aufgabenbezogenen Leistungsergebnissen dem Ideal nahe kommen.

Am Ende können alle individuellen Ergebnisse in einer Gesamtanalyse (Multi-Eigenstrukturanalyse) zusammengeführt und untereinander verglichen werden. Dazu wird ein Gesamtbild erstellt, das die Gemeinsamkeiten und Unterschiede der individuellen Bedeutungsräume in einem mehrdimensionalen Raum zahlenmäßig und bildlich wiedergibt.

Drei Ebenen beim Coaching

Nach der Untersuchung von Rohmert und Schmid (2003) lassen sich die Ergebnisse beim Coaching allgemein in einem dreidimensionalen Raum als Veränderungen von Merkmalen auf der (1) individuellen, (2) sozialen und (3) funktionalen Ebene zusammenfassen. Die individuelle Ebene bezieht sich auf spezifische Merkmale der persönlichen Entwicklung. Die soziale Ebene umfasst soziale Kompetenzen und Veränderungen der Kommunikation. Die funktionale Ebene beschreibt aufgabenbezogene Merkmale und Leistungsverbesserungen der befragten Führungskräfte.

Grid-Methode

Grundlage dieses anspruchsvollen Analyseverfahrens ist die klassische Theorie persönlicher Konstrukte von G.A. Kelly (1955) und seine Grid-Methode. Nach dieser Theorie entwickeln Menschen beim Handeln individuelle Vorstellungen (Konstrukte) über die Wirklichkeit (ihr Erfahrungswissen). Handlungen lassen sich nach Kelly nur verstehen und vorhersagen, wenn man diese subjektiven Vorstellungen analysiert. Dazu hat er die Grid-Methode entwickelt. Gestützt auf eine Erweiterung der Methode durch Raeithel (1993) für die Analyse von Gruppendaten hat Kruse (2004) seine praxistaugliche PC-gestützte *next expertizer-Methode* entwickelt[27]. Der Interviewer verwendet einen Laptop und gibt die Antworten in das Programm ein. Die Ergebnisse werden nach den Eingaben vom Computerprogramm ermittelt und können den Befragten am Ende des Interviews sofort präsentiert werden.

Qualitative *und* quantitative Analysen

Die theoriegestützte Methode verbindet in origineller Weise qualitative und quantitative Analysen. Durch die sofortige Präsentation der Ergebnisse ergeben sich differenzierte Ansatzpunkte für die Nachbesprechung und Analyse der individuellen und gemeinsamen Vorstellungen. Die Methode wurde hauptsächlich zur Analyse von Problemen bei organisationalen Veränderungen eingesetzt (Kruse, 2004; Greif, Runde & Seeberg, 2004, S. 89 ff. u. 347 ff.). Sie ist aber darüber hinaus auch in allen erdenklichen anderen Anwendungsfeldern verwendbar. Dazu müssen einfach geeignete Elemente ausgesucht werden. Allerdings erfordert die Anwendung eine spezielle Interviewerausbildung und das Programm ist nicht frei zugänglich.

Veränderungen explorieren mit dem Change Explorer

Methodenkombination

9. Abschließend werden Untersuchungen mit dem *Change Explorer*, einem weiteren theorieorientierten Verfahren wiedergegeben (Greif, Runde & Seeberg, 2004; Greif, Runde & Seeberg, 2005; Runde, 2003, 2005; Runde & Bastians, 2005). Die Bezeichnung des Verfahrens soll zum Ausdruck bringen, dass es zur Analyse und Exploration der Prozesse und Ergebnisse bei Veränderungen dient. Das Verfahren kombiniert ebenfalls qualitative und quantitative Methoden. Im Unterschied zum next expertizer™ werden aber herkömmliche Interview- und Fragebogenmethoden verwendet, ergänzt durch eine einfache Strukturlegetechnik. Auch zur Präsentation der Ergebnisse der Evaluation werden herkömmliche Folienpräsentationen und Metaplantechniken eingesetzt. Kasten 3.11 gibt eine Beschreibung der zur Evaluation von Coaching erstellten Version.

Kasten 3.11: Der Change Explorer als Evaluationsinstrument

> Das Change Explorer-Interview ist ein teilstandardisiertes Verfahren (Greif, Runde & Seeberg, 2005), das zusammen mit dem standardisierten Fragebogeninstrument S-C-Eval (Runde, 2003, 2005; Runde & Bastians, 2005) zur Evaluation verwendet wird.

---

[27] Die Methode kann als eine Art mehrdimensionale Skalierung eingeordnet werden.

Fortsetzung Kasten 3.11:

Interview: Besonderheiten des Einzelfalls	Das Interview dient zur Erfassung der Besonderheiten oder Spezifität des Einzelfalls in der individuellen Sicht der Befragten. Mit dem standardisierten Fragebogen werden allgemeine Qualitätsmerkmale des Coachings (Struktur-, Prozess- und Ergebnisqualität) eingeschätzt. Befragt werden mit speziellen Versionen (vgl. Mellmann, in Vorber.) sowohl Coachs, als auch Klienten.
Leitfaden	Das Interview (Greif, Runde & Seeberg, 2005) wird von trainierten Interviewer/innen anhand eines ausführlichen Leitfadens durchgeführt. Es beginnt mit Fragen zum Anlass des Coachings und einer subjektiven Bewertung der Ergebnisse des Coachings auf einer 11-stufigen Skala (-5 = das Coaching war ein voller Misserfolg, +5 = voller Erfolg, 0= weder/noch).
Bewertungs-merkmale Interventionen	Anschließend werden die so genannten Bewertungsmerkmale durch offene Fragen erhoben. Die Kernfrage ist dabei: „Woran machen Sie persönlich die positiven/negativen Ergebnisse und Folgen des Coachings fest?“ Anschließend folgen Nachfragen zur Erläuterung und Konkretisierung der Merkmale. Zusammenfassende Bezeichnungen der Merkmale durch die Befragten für die einzelnen Merkmale werden in Stichworten auf kleine Karten notiert. Danach wird die subjektive Wichtigkeit aller Bewertungsmerkmale eingeschätzt (5-stufige Skala).
Ablauf	Im zweiten Schritt werden der zeitliche Ablauf und die Interventionen oder Methoden beim durchgeführten Coaching erfragt und in ein vorbereitetes Strukturbild (siehe Abb. 3.5) mit einer Zeitachse übertragen, auf der die Coachingtermine wiedergegeben werden (in der Größe einer halben Flip-Chart-Seite).
Ursachen	Als dritter Schritt folgt eine Befragung zu den subjektiven Ursachen und Erklärungen der Ergebnisse des Coachings. Im Unterschied zu üblichen Interviews zu den Erfolgsfaktoren wird hier zu allen einzelnen Bewertungsmerkmalen konkret nachgefragt „Worauf führen Sie persönlich dieses positive/negative Ergebnis zurück?“ Die subjektiven Ursachen werden ebenfalls auf Karten notiert.
Strukturbild	Auf dieser Grundlage wird dann als vierter Schritt mit einer vereinfachten Strukturlegetechnik ein zusammenfassendes Strukturbild (siehe Abb. 3.5 unten) der subjektiven Ursachen und Wirkungen oder systemischen Zusammenhänge beim einzelnen Coaching erstellt. Dazu werden die Karten mit den Bewertungsmerkmalen und Ursachen vom Befragten zeitlich im Strukturbild eingeordnet. („Wann sind Sie das erste Mal zur Überzeugung gekommen, dass das Merkmal vor-

Fortsetzung Kasten 3.11

liegt?") Enge Zusammenhänge werden durch Linien oder Pfeile eingezeichnet.

Zum Abschluss des Interviews werden die Ziele des Klienten und Einschätzung des Zielerreichungsgrads aus Klientensicht eingeschätzt (Prozentskalen). Außerdem werden praktische Folgerungen zur Verbesserung des Coachings erfragt. In der Schlussfrage wird um positives und negatives Feedback zum Interview gebeten.

Fragebogen: Allgemeine Qualitätsmerkmale

Nach dem Interview empfiehlt es sich, zusätzlich den standardisierten Fragebogen S-C-Eval (Runde, 2003, 2005) einzusetzen. Während mit dem Interview die Besonderheiten des Einzelfalls und die persönliche Sicht der Befragten erfasst wird, können dadurch allgemeine Qualitätsmerkmale beim Coaching abgeprüft werden, wie sie durch die Expertenbefragung von Heß und Roth (2001) entwickelt wurden. Das Instrument umfasst drei Fragebogenskalen zur Einschätzung der Qualitätsdimensionen (1) Strukturqualität (strukturelle und personelle Rahmenbedingungen, z.B. Qualität der Räumlichkeiten, Termineinhaltung, Erläuterung der Leistungen und Arbeitsweise, 9 Items), (2) Prozessqualität (Ablauf, Maßnahmen und Methoden, z.B. Qualität des Erstgesprächs, genaue Situationsanalyse, Unterstützung durch den Coach, Einfluss des Klienten auf den Prozess, geeignete Methoden, 11 Items) und (3) Ergebnisqualität (Zielerreichung, Zufriedenheit, Verbesserungen und Selbstreflexion, z.B. Verbesserung der Problemlösekompetenzen, „Mir sind neue Dinge über mich bewusst geworden", „Die Kosten für das Coaching haben sich gelohnt" und Einschätzung des Zielerreichungsgrads 11 Items). Die statistisch ermittelte Zuverlässigkeit der drei Fragebogenskalen ist gut. Eine Überprüfung des Messmodells mit einer konfirmatorischen Faktorenanalyse ergab eine zufrieden stellende Anpassung des theoretisch erwarteten Modells an die Daten (Runde, 2005; Runde & Bastians, 2005).

Auswertungsworkshop

Die Ergebnisse der Interviews und Fragebogenerhebungen können den Befragten einzeln präsentiert oder in einem Auswertungsworkshop gemeinsam zusammengefasst und besprochen werden. Die positiven und negativen Bewertungsmerkmale sowie Ursachen werden dazu auf Karten übertragen und an einer Metaplanwand vorgestellt, gemeinsam ergänzt und in Gruppen untergliedert (Clustering). Die Gruppen können nun nach ihrer Wichtigkeit mit Punkten bewertet werden.

Fortsetzung Kasten 3.11

Anschließend können praktische Verbesserungsvorschläge zum Ausbau der wichtigen Stärken und Abbau der Schwächen erarbeitet werden. Auf diesem Wege kann das Coaching im Team bewertet und verbessert werden. Wünschenswert ist es, wenn nicht nur die Coachs, sondern auch Klienten und als Auftrraggeberseite die Personalentwickler und Führungskräfte höherer Ebenen an der Befragung und am Auswertungsworkshop teilnehmen.

Erläuterung des Strukturbilds

Abbildung 3.5 zeigt ein stilisiertes Strukturbild aus einem Interview mit einem Coach (zur Anonymisierung verändert). Auf der waagerechten Linie unten sind die Sitzungstermine (mit Wochendatum) angegeben. Die Karten darüber (mit den Buchstaben M gekennzeichnet) zeigen die Maßnahmen oder Interventionsmethoden. Die senkrechte Linie verortet den Zeitpunkt des Beginns des Coachings. Wie skizziert, wurde der Coach zuerst vom Personalentwickler des Unternehmens und danach vom Klienten angesprochen. Der Klient ist eine Führungskraft, die einen neuen Arbeitsbereich übernehmen sollte, in dem sehr grundlegende Veränderungen anstanden.

Maßnahmen

Wie auf den stilisierten Karten stichwortartig wiedergegeben wird, bestehen die wesentlichen Maßnahmen in der ersten Sitzung in einer Klärung der vertraglichen Vereinbarungen zum Coaching, einer Problemanalyse und Zielklärung. In mehreren Sitzungen hat der Coach reflexionsfördernde Fragen gestellt (M4). Um dem Klienten bei der Auswahl von Mitarbeiter/innen und der Zusammenstellung effizienter Arbeitsteams zu helfen, hat der Coach ihm eine einfache Methode zur Potenzialanalyse vermittelt (M5) zusammen mit ihm durchgeführt und reflektiert (M6). In der Abschlusssitzung hat er die Ergebnisse des Coachings mit dem Klienten bewertet (M7).

Bewertungsmerkmale

Die mit B1 bis B4 bezeichneten Karten geben die wichtigen positiven Bewertungsmerkmale wieder. Danach sieht der Coach als Ergebnisse des Coachings vor allem eine bessere Nutzung der Potenziale der Mitarbeiter/innen (B1), eine Verbesserung der Diskussionskompetenz bei Gesprächsterminen mit den Mitarbeiter/innen und den eigenen Vorgesetzten (B2), eine gute Vorbereitung auf künftige Veränderungen (B3) und eine Verbesserung der Wirtschaftlichkeit (B4) im Arbeitsbereich. Als negatives Ergebnis betrachtet es der Coach, dass bei diesem sehr erfolgreichen Coaching das ursprünglich geplante gemeinsame Abschlussgespräch nicht stattfinden konnte (B11-).

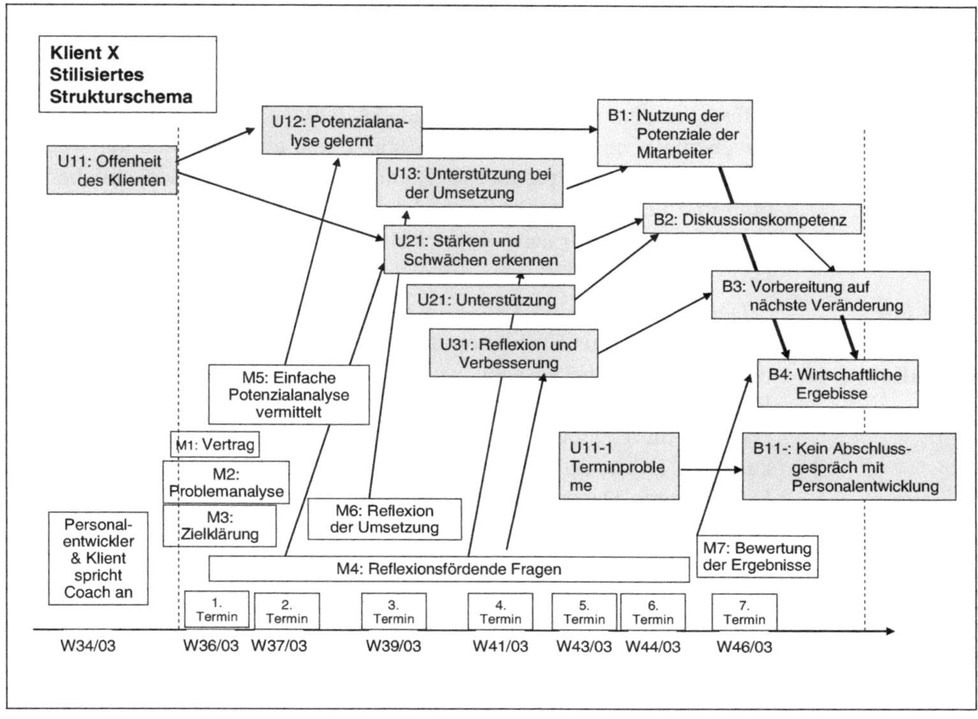

Abb. 3.5: Stilisiertes Strukturbild zu einem anonymisierten Coaching

Subjektive Ursachen

Die Ursachen für die angesprochenen Bewertungsmerkmale werden mit U gekennzeichnet. Aus der Sicht des Coachs hat der Klient eine außergewöhnliche Offenheit und Bereitschaft zur Selbstreflexion mitgebracht (U11). Er hat die vermittelte Potenzialanalyse sehr schnell gelernt (U12) und mit Unterstützung des Coachs umgesetzt (U13). Dadurch ist es ihm gelungen, die Potenziale der Mitarbeiter/innen besser zu nutzen (B1). Die Offenheit war auch förderlich für die Reflexion über eigene Stärken und Schwächen (U21) in bisherigen Gesprächen mit Mitarbeiter/innen. Früher hat er sich eher zurückhaltend verhalten und schwache Leistungen nicht thematisiert. Jetzt spricht er Stärken und Schwächen des Teams offener an und stellt höhere Anforderungen. Die bessere Diskussionskompetenz (B2) zeigt sich nach seiner Beobachtung konkret in einer größeren Akzeptanz durch die Mitarbeiter/innen, ein größeres Leistungsengagement und Stolz auf die erzielten Ergebnisse. Dass sich sein Klient auf künftige Veränderungen besser vorbereitet (B3), erklärt der Coach durch seine intensive, bilanzierende Reflexion der neuen Erfahrungen (U13). Die erzielten Veränderungen tragen zur deutlichen Verbesserung der Wirtschaftlichkeit des Bereichs (B4) bei, sind aber nicht allein Ursache für diese Werte.

Grundlagen

Der Change Explorer wurde wie der next expertizer™ ursprünglich zur Analyse organisationaler Veränderungen verwendet. Ähnlich wie in der Grid-Methode können auch komplexe, schwer verbalisierbare Merkmale erfasst werden. In der theoretischen Grundlage knüpft der Change Explorer ebenfalls an Kelly (1955) an, stützt sich aber zugleich auf weitere in diesem Buch angesprochenen Rahmentheorien zum menschlichen Handeln und Lernen auf den Systemebenen Individuum, Gruppe, Organisation und Wirtschaft (siehe Kapitel 1 und 4, vgl. auch Greif, Runde & Seeberg, 2004, Kapitel 3).

Nicht nur Ergebnis-evaluation

Der Change Explorer kann in Kombination mit dem Fragebogen S-C-Eval nicht nur zur Evaluation der Ergebnisse eingesetzt werden. Wie aus der Darstellung hervorgeht, werden auch Merkmale zu den strukturellen Rahmenbedingungen, Prozessen und Methoden sowie subjektive Ursachen für die Ergebnisse (so genannte Erfolgsfaktoren) erfasst. Außerdem kann die Evaluation als Feedback für die Befragten verwendet werden. Die folgende Darstellung konzentriert sich zunächst auf Untersuchungen zur Ergebnisevaluation.

Sehr individuelle Veränderungen

Wie bereits oben bei der Darstellung allgemeiner Bewertungskriterien wiedergegeben, haben Runde und Bastians (2005) den Erfolg eines internen Coachings bei der Polizei in Nordrheinwestfalen untersucht. In ihrer Befragung von 57 Personen wurden neben den oben berichteten Ergebnissen zur summativen Evaluation der Ergebnisse mit dem S-C-Eval-Fragebogen auch 12 Change Explorer-Interviews durchgeführt. Als Ergebnisse werden hier neben der Zielerreichung spezifische individuelle Veränderungen angesprochen.

Sehr spezifische Merkmale

Im Rahmen ihrer Diplomarbeiten haben Krebs (2007) und Mellmann (2007) mit dem Change Explorer jeweils 11 bzw. 13 Interviews (jeweils zu einem erfolgreichen und einem weniger erfolgreichen Coaching) durchgeführt. Neben den bekannten allgemeinen Erfolgskriterien (insbesondere Zufriedenheit des Klienten oder Auftraggebers und Selbstreflexion) werden dabei sehr spezifische Merkmale zur Bewertung der Ergebnisse genannt.

Beispiele für positive Ergebnisse

Beispiele für spezifische positive Ergebnisse sind: guter Prozessablauf (in einem Fall wird sogar eine Art Flow-Zustand des Klienten konstatiert), in Einzelfällen auch eine Verbesserung wirtschaftlicher Erfolgsindikatoren, Zufriedenheit des Klienten trotz Zwangscoaching und anfänglicher „super kritischer Haltung“, Verbesserung der Selbstorganisation des Klienten, Verbesserung der Arbeitsorganisation des Klienten, Veränderung der Einstellung des Klienten zu seiner Führungsrolle, bessere Nutzung der Potenziale der Mitarbeiter/innen, Akzeptanz durch die Mitarbeiter/innen, Mitarbeiter/innen möchten selbst Coaching haben, Delegation von Verantwortung an die Mitarbeiter/innen, aktiveres Angehen von Konflikten, höhere Ambiguitätstoleranz des Klienten, Verbesserung des Kundenkontakts des Klienten, konsequenteres Umsetzen von Zielen, keine Beschwerden über den Klienten mehr, Bereitschaft in einem Pressegespräch offen über das Coaching zu sprechen, aktive Planung der beruflichen Laufbahn, neue Stelle gefunden, Anerkennung des Klienten oder der Ergebnisse des Coachings durch seine Vorgesetzten sowie größere Zufriedenheit der Ehefrau.

Beispiele für negative Ergebnisse

Beispiele für spezifische negative Ergebnisse, insbesondere bei nicht erfolgreichem Coaching: wenig Verhaltensänderungen oder Leistungsverbesserungen, kein beruflicher Aufstieg, zäher oder versandender Prozess, häufige Terminverschiebungen, Abbruch des Coachings, keine Zielklärung, ständige Zielveränderungen, wenig Verantwortungsübernahme des Klienten für Coachingprozess, Vernachlässigung der Privatsphäre des Klienten, ausweichende Reaktionen und Abwehr, mangelnde Umsetzung der Umsetzungsvereinbarungen, keine vollständig offene Beziehung, Entlassung des Klienten, Fehlinvestition für das Unternehmen, nicht erfüllte Erwartungen sowie diffuse oder unklare Bewertungen des Klienten generelle Unzufriedenheit des Coachs mit den Ergebnissen, Ohnmacht des Coachs (dass er gegen den starken Arbeitsstress des Klienten und seinen Herzinfarkt nichts tun konnte).

Ohne Selbstreflexion kein richtiges Coaching?

Besonders interessant erscheint, dass mehrere befragte Coachs ein wenig erfolgreiches Coaching an einer geringen Selbstreflexion und nur oberflächliche Reflexionen festmachen. In zwei Fällen wurde ausdrücklich gesagt, dass es aus diesem Grunde „kein richtiges Coaching" war. In einem Misserfolgsfall, der zur Kündigung des Klienten führte, hat der Klient vom Coach immer nur konkrete praktische Ratschläge zum Umgang mit seinen Mitarbeiter/innen gefordert und umzusetzen versucht. Nach unserer Definition und im Verständnis des Coachs war das kein Coaching, sondern eher eine praktische Anleitung. Wie der Coach selbstkritisch sagte, war es ein Fehler, sich darauf einzulassen, aber er hatte natürlich die Hoffnung, dass sich dies im Verlauf der Beratung ändern könnte. Er war aber rückwirkend sehr skeptisch, ob der Klient die erforderliche Selbstreflexivität mitbringen würde. Er war auch nicht überrascht, dass der Klient eine Kündigung erhielt, weil er als Führungskraft anscheinend überfordert war, die anstehenden komplexen organisationalen Veränderungen in seinem Bereich zu managen.

Schlechter Prozess als Warnsignal

Terminprobleme und ein zäher, widerständiger oder nur oberflächlicher Coachingprozess werden oft als negative Merkmale genannt. Sie können als eine Art ständig prüfbares Zwischenergebnis im Prozess angesehen werden, eine Art Vorsignal für einen späteren Misserfolg.

Zusammenfassung und Folgerungen

Individuelle Verhaltensänderungen

In mehreren Untersuchungen angesprochene spezifische Ergebnisse von Coaching sind unterschiedliche individuelle Verhaltensänderungen und Verbesserungen der Effizienz etwa des Führungsverhaltens oder anderer

Handlungskompetenzen und sozialer Kompetenzen. Derartige Ergebnisse können aber nicht nur durch Coaching, sondern auch durch andere Interventionen oder Lernerfahrungen erzielt werden, wie Führungsseminare oder so genannte Persönlichkeitstrainings. Ich würde hier deshalb zwar von spezifischen, aber nicht von „coachingspezifischen" Ergebnissen sprechen. Führungsseminare sind allerdings leichter zu evaluieren, weil sie meist auf eingrenzbare Merkmale im Führungsverhalten abzielen, z.B. Verbesserung der kooperativen Führung. Durch Coaching können dagegen im Einzelfall extrem verschiedenartige konkrete Verhaltensänderungen gefördert werden, die sich nur schwierig durch spezielle Untersuchungsmethoden erfassen lassen.

Methoden zur Erfassung spezifischer Ergebnisse

Um die vielfältigen, teilweise sehr spezifischen Ergebnisse von Coaching abbilden zu können, ist es erforderlich, Methoden zur Evaluation einzusetzen, die neben allgemeinen Merkmalen immer auch die Besonderheiten des individuellen Einzelfalls aufnehmen. Hierfür geeignet sind die oben dargestellten qualitativen Methoden, sowie der next expertizer™ und der Change Explorer.

Einfache qualitative Methoden

Die spezifischen Ergebnisse von Coaching sind offensichtlich bereits durch einfache offene Fragen und inhaltliche Zusammenfassung erfassbar. Ein Beispiel liefert die Arbeit von Mäthner et al. (2005) und die qualitative Auswertung der Antworten auf die offene Frage „Was hat sich durch das Coaching verändert?" Die geschilderten Antworten sind vermutlich jedem Coach von Führungskräften sehr vertraut. Wenn man sie liest, regen sie zum Nachdenken und zur Selbstreflexion über das eigene Coaching an. Durch Präsentation statistischer Mittelwerte irgendwelcher Skalen gelingt dies vermutlich kaum. Wenn Forschungserkenntnisse nicht nur abstrakt „der Wissenschaft dienen", sondern immer auch zur Klärung und Verbesserung in der Anwendung beitragen sollen, sind schon deshalb solche qualitativen Methoden in der Forschung nicht verzichtbar. Darüber hinaus sehe ich in diesen Methoden den Hauptweg zur Analyse der Spezifität und Vielfalt der Prozesse und Ergebnisse beim Coaching.

Anregung von Verbesserungen

Die Change Explorer Methode wird sehr positiv eingeschätzt (Krebs, 2007; Mellmann, 2007). Die befragten Coachs heben insbesondere hervor, dass durch die Methode ihre eigene Selbstreflexion über ihre Erfahrungen und Überlegungen zu künftigen Verbesserung ihres Coachings angeregt werden. Besonders wichtig sind dabei die Analysen von weniger erfolgreichen Coachingprozessen. In anonymisierter Form können die Fallbeispiele für die Aus- und Weiterbildung von Coachs genutzt werden. Weitere Untersuchungen mit größeren Stichproben wären allerdings erforderlich, um „typische" Erfolgs- und Misserfolgsmerkmale verlässlicher einschätzen zu können.

Nutzung in der Ausbildung

Konkrete Analysen

Ein wichtiger Unterschied zu üblichen offenen Interviews ist, dass beim Change Explorer die Coachingergebnisse immer durch Nachfragen konkretisiert werden (z.B. „Woran hat es sich in diesem Fall konkret gezeigt, dass der Klient zufrieden war?"). Zu jedem einzelnen Ergebnis und Bewertungsmerkmal werden immer die Ursachen sehr gezielt erfragt (z.B. „Was sind die Ursachen für die Zufriedenheit des Klienten in diesem Fall?"). Dadurch sind die Antworten viel konkreter als in üblichen qualitativen Befragungen über allgemeine Veränderungen und Erfolgsfaktoren beim Coaching.

next expertizer™

Der next expertizer™ ist für die Coachingforschung (Rohmert & Schmid, 2003) interessant, weil er offene qualitative Fragen zur Erhebung individuell unterschiedlicher Merkmale und quantitative Messungen miteinander integriert und zudem noch einen Vergleich der individuellen Merkmale in einem gemeinsamen Bedeutungsraum aller Befragten erlaubt. Die in der Darstellung der Studie wiedergegebenen Merkmale bleiben jedoch sehr allgemein.

next expertizer oder Change Explorer?

Nach unseren Erfahrungen aus einem Methodenvergleich (zwischen next expertizer™ und Change Explorer bei der Analyse organisationaler Veränderungen, vgl. Greif, Runde & Seeberg, 2004, S. 347 ff.) erhält man mit dem next expertizer™ nur dann konkrete spezifische Beschreibungsmerkmale, wenn man auf die inhaltlichen Interviewprotokolle zurückgeht. Beim Change Explorer sind im Unterschied dazu die Bewertungsmerkmale konkreter und verständlicher. Dies fördert auch konkrete Reflexionen und Ansatzpunkte für praktische Verbesserungen. Der unbestrittene, faszinierende Vorteil des next expertizers ist allerdings, dass es mit ihm möglich ist, mehrdimensionale quantitative Messwerte zu konstruieren und Analysen der Unterschiede der individuellen Merkmale in einem gemeinsamen Bedeutungsraum geometrisch exakt zu verorten.

Konstruktinterview

Eine weitere interessante qualitative Interviewmethode ist das Konstruktinterview von König (2005). Das Ziel dieser Methode ähnelt der Zielsetzung beim next expertizer™ und Change Explorer. Es besteht darin, die subjektiven Theorien oder Konstrukte der Befragten zu explizieren. König hat dazu einen allgemeinen Leitfaden entwickelt, mit dem man Interviews zur Analyse von Coachingergebnissen und -prozessen entwickeln kann. Bisheriges Hauptanwendungsfeld derartiger Konstruktinterviews war der schulische Bildungsbereich. Über einen interessanten Methodenvergleich des Konstruktinterviews mit dem Change Explorer am Beispiel eines Coachings von König, das wir im Fachgebiet Arbeits- und Organisationspsychologie an der Universität Osnabrück gemeinsam mit ihm und seinen Mitarbeiter/innen der Universität Paderborn durchgeführt haben, berichtet Mellmann (in Vorber.). Derartige Methodenvergleiche sollten häufiger durchgeführt werden, um herauszufinden, welche Gemeinsamkeiten und Unterschiede zwischen den verwendeten Methoden bestehen.

Prozessforschung und Verbesserung laufender Coachings

Untersuchungen und Instrumente zur Prozessforschung und Verbesserung laufender Coachings fehlen bisher fast vollkommen. Der next expertizer™ und der Change Explorer erscheinen hierfür besonders geeignet. Nach den Ergebnissen von Krebs (2007) sowie Mellmann (2007) erklärt der Coach Misserfolge häufig durch ungünstige Voraussetzungen und Merkmale des Klienten (z.B. mangelnde Motivation, keine Freiwilligkeit, Konsumentenhaltung, fehlende oder oberflächliche Selbstreflexion oder eine „schwierige Persönlichkeit“. Daneben wird auch das Verhalten des Coachs genannt (z.B. dass er nicht auf die Metaebene gegangen ist, dass er ungeeignete Methoden eingesetzt hat, fehlende Strukturierung) sowie Kommunikationsprobleme zwischen Coach und Klient oder schwierige Situation (z.B. keine Chancen auf dem Arbeitsmarkt für einen vom Klienten gewünschten Wechsel). Terminprobleme und ein zäher, widerständiger oder nur oberflächlicher Coachingprozess sind Vorsignale für einen späteren Misserfolg. Es ist zu erwarten, dass sie sich in anderen Studien zur Prozessevaluation finden werden. Sie können als eine Art ständig prüfbares Zwischenergebnis im Verlauf des Coachings dienen.

Vergleichende Untersuchungen spezifischer Bewertungsmerkmale

Besonders wichtige Untersuchungen

Bisher gibt es nur sehr wenige aussagekräftige vergleichende Untersuchungen zu spezifischen Bewertungsmerkmalen. Sechs Untersuchungen (bzw. sieben, weil eine genau genommen aus zwei Einzeluntersuchungen besteht) wurden bereits oben bei den allgemeinen Bewertungsmerkmalen vorgestellt. Im Folgenden werden nun die spezifischen Ergebnisse dieser Untersuchungen beschrieben. [28]

Keine Zunahme der Differenziertheit der Problemstruktur

1. Offermanns (2004) hat in ihrer Vergleichsuntersuchung, als spezifischen Effekt nach dem Einzelcoaching eine Zunahme der Differenziertheit der Sicht der im Coaching bearbeiten Probleme erwartet. Um diese Hypothese zu überprüfen, mussten die Teilnehmer/innen am Einzel- und Selbstcoaching sowie der Kontrollgruppe ihr für das Coaching ausgewähltes Problem vor und nach dem Coaching mit dem „Problem-Struktur-Interview“ analysieren (Offermanns, 2004, S. 153 ff., Offermanns & Steinhübel, 2006, S. 190 ff., siehe die Beschreibung in Abschnitt 3.3.2 oben). Diese Methode lehnt sich teilweise an die oben beschriebenen Change Explorer Interviews und Strukturbilder an. Hier müssen aber Analysen und Strukturbilder zu den Problemen erstellt werden. Entgegen der Hypothese nimmt die Differenziertheit jedoch nicht zu. Im Gegenteil, die Anzahl der verwendeten Karten nimmt im Gesamtmittelwert im Vorher-Nachher-Vergleich in allen drei Gruppen signifikant ab.

---

[28] In seiner kürzlich erstellten Übersicht nennt Grant (2007) noch vier weitere Studien. Sie konnten leider nicht mehr aufgenommen werden. Zwei von ihnen zeigen keine signifikanten Effekte, eine ergab eine Zunahme in der Selbstwirksamkeit und eine Verbesserungen in der unten erwähnten Hoffnungsskala.

Größere Problemklarheit

Das unerwartete Ergebnis kann möglicherweise dadurch erklärt werden, dass dem Interviewten zum Zeitpunkt der Wiederholung der Problemanalyse das Problem klarer geworden ist. Insbesondere die Klienten der Einzelcoachings kommentieren spontan, dass ihnen das Problem durch das Coaching klarer geworden sei.

Wechselwirkungen erkennen

Bei der Analyse der angegebenen subjektiven Ursachen des Problems zeigen sich beim Einzelcoaching überzufällig mehr komplexe Ursachenerklärungen. Die Klienten erkennen mehr Wechselwirkungen zwischen Einflüssen der Umgebung (so genannte externe Ursachen) und Eigenanteilen (interne Ursachen).

Vertrauen in Zielerreichungsfähigkeiten

2. In ihrer oben bei den allgemeinen Kriterien beschriebenen experimentellen Vergleichsuntersuchung untersuchen Green, Oades und Grant (2005) zahlreiche spezifische Wirkungen. Sie verwenden die Hope Trait Scale (HTS, 12 Items mit 4-stufigen Ratings, Snyder *et al.* 1991). Sie umfasst Subskalen zur Einschätzung der Überzeugung, fähig zu sein, Schritte zur Zielerreichung erfolgreich zu verfolgen (Agency) und Wege zur Zielerreichung zu planen (Pathways). Nach ihren Ergebnissen fördert das Co-Coaching durch Peers die Zunahme des Selbstvertrauens in die Fähigkeit, Ziele zu erreichen.

Psychische Gesundheit

Eine angenommene Verringerung der psychischen Gesundheit wurde durch die Depression Anxiety and Stress Scale (DASS-21, 21 Items, Lovibond & Lovibond, 1995) getestet. Die Annahme ließ sich jedoch nicht bestätigen.

Größere Offenheit für Erfahrungen

3. Die ebenfalls oben dargestellte Anschlussuntersuchung von Spence und Grant (2005) zeigt in beiden Coaching-Gruppen – Einzelcoaching und Co-Coaching durch Peers – im Vorher-Nachher-Vergleich eine signifikante Zunahme der Offenheit für Erfahrungen und höhere Extroversion (gemessen durch Skalen des klassischen NEO-FFI Persönlichkeitsfragebogens). Die Offenheit der Klienten für Erfahrungen erreicht aber auch beim aussagekräftigen experimentellen Vergleich zur Kontrollgruppe nach der Intervention für beide Gruppen signifikant höhere Werte. Nach dem Einzelcoaching sind ferner die sozialen Kompetenzen signifikant höher als nach dem Co-Coaching durch Peers (eine von vier Skalen der Emotionalen Intelligenz des Shutte Self-Report Inventorys, 33 Items mit 6-stufigen Ratings, Schutte et al., 1998).

Nicht bestätigte Erwartungen

Keine signifikanten Unterschiede gefunden werden konnten dagegen im Bereich der psychischen Gesundheit (DASS-21) und in der oben eingehend beschriebenen Skala zur Erfassung der grübelnden Selbstreflexion (SRIS) von Grant et al. (2002). Die beiden Untersuchungen aus der Arbeitsgruppe um Grant aus Sydney liefern demnach mit ihren unterschiedlichen Effekten noch keine eindeutigen Nachweise für spezifische Effekte beim Coaching.

Tab. 3.6.4: Vergleichende Untersuchungen zum Coachingerfolg – Spezifische Bewertungsmerkmale

Nr.	Autor/innen (Jahr)	Stichprobe	Coachingmethoden u. Untersuchungsanordnung	Kriterien und Ergebnisse
1.	Offermanns (2004)	24 Führungskräfte	Einzelcoaching (C), Selbstcoaching (S) u. Kontrollgruppe (K)	In allen Gruppen größere Problemklarheit (insbeson-dere C) Gruppe C: in der Problemanalyse werden signifikant mehr Wechselwirkungen wahrgenommen
2.	Green, Oades & Grant (2005)	56 durch Werbung in lokalen Medien geworbene Personen	Zufällige Zuordnung der Personen zu einem Coaching in Gruppen mit Co-Coaching durch Peers (P) und Kontrollgruppe (Wartegruppe) (K)	P: Zunahme des Selbstvertrauens in die Fähigkeit, Ziele zu erreichen
3.	Spence & Grant (2005)	64 durch Werbung in lokalen Medien geworbene Personen	Zufällige Zuordnung der Personen zu einem zu einem individuellen Coaching (I), Coaching in Gruppen mit Co-Coaching durch Peers (P) und Kontrollgruppe (Wartegruppe) (K)	I&P: Zunahme der Offenheit für Erfahrungen & Extroversion, I&P/K: höhere Offenheit für Erfahrungen, I/P: verbesserte soziale Kompetenzen (Emotionale Intelligenz)
4.	Sue-Chan & Latham (2004)	2 Stichproben: a) 30 Studierende und b) 23 Manager	Einzelcoaching durch Dozent (D) oder Kollegen (K) u. Selbstcoaching (S)	a) Verbesserung des Teamverhaltens in allen Gruppen, höchste fachliche Glaubwürdigkeit für D b) Bessere Abschlussnoten (soziale Kompetenzen) und höhere fachliche Glaubwürdigkeit der Gruppen D und S im Vergleich zu K
5.	Willms (2004)	76 Studierende	Anleitung zum Selbstcoaching in Gruppen (S) u. Kontrollgruppe (K)	S besser im Vergleich zu K: Einflussbekämpfung, Engagement, Konkretheit der Ziele, Zielvergegenwärtigung, zielbezogene Aufmerksamkeit und Planungsfähigkeit
6.	Steinmetz (2005)	27 Führungskräfte	Nicht-zufällige Zuordnung zu den Gruppen individuelles Coaching (I) und Kontrollgruppe (K)	I: besseres aufgaben- und problemorientiertes Coping, stärkere Situationskontrolle; Verbesserung der verhaltensorientierten Strategien zur Selbstbeeinflussung (Selbststeuerung)

Kollegen-Coaching

4. Die oben beschriebenen beiden experimentellen Untersuchungen von Sue-Chan und Latham (2004) zeigen dagegen in den spezifischen Leistungskriterien besonders interessante Ergebnisse. In den Untersuchungen war es allerdings nicht möglich Kontrollgruppen zu verwenden (was die Autor/innen selbst bedauern), aber die Vergleichgruppen, insbesondere das Coaching durch Kollegen, versprechen sehr aufschlussreiche Erkenntnisse. Die Frage ist, ob Kollegen (Peers) mit der gleichen Miniausbildung wie Dozenten als „externe Coachs", die gleichen Wirkungen erzielen.

Studis aus Kanada

a) Für die erste Untersuchung in Kanada wurden insgesamt 30 MBA-Studierende an der Universität Toronto aus dem ersten Semester als Freiwillige gewonnen, die per Zufall auf die drei oben genannten Gruppen aufgeteilt wurden. (Den Teilnehmer/innen der Selbstcoaching-Gruppe wurde versprochen, dass sie später auch ein externes Coaching erhalten könnten.) Das angegebene Ziel war eine für die Studienleistungen nützliche Verbesserung des Teamverhaltens in Seminaren und Lerngruppen.

Beobachtungsskalen zum Teamverhalten

Ziele zu Verhaltensänderungen

Zur Erfassung der Veränderungen wurde ein Fragebogen zur Bewertung der Qualität der Intervention bzw. fachlichen Glaubwürdigkeit (z.B. Fachkompetenz des Coachs) und ein Bogen mit verhaltensverankerten Beobachtungsskalen zum Teamverhalten eingesetzt (mit befriedigender Zuverlässigkeit und hoher Korrelation mit den Leistungspunkten im Studium). Mit den Skalen dieses Beobachtungsbogens werden charakteristische Verhaltensmerkmale in Seminaren erfasst. Sie waren so konstruiert, dass sie zur Beobachtung durch die „Coachs" und Studierenden und gleichzeitig als Grundlage für die Zielformulierung für die Teilnehmer/innen verwendet werden konnten. Alle Teilnehmer/innen erhielten eine Einweisung, wie sie mit den Beobachtungsbogen das Verhalten einschätzen und Ziele festlegen können. Alle wurden vor und nach dem Programm von den externen „Coachs" und Mitstudierenden in Seminaren beobachtet und eingeschätzt.

„Coachs" und ihre Miniausbildung

Als *„externe Coachs"* für die *erste Gruppe* fungierten der stellvertretende Leiter des MBA-Programms und ein Assistenzprofessor (Gastdozent der Universität). Beide hatten im Studium der Studenten keine Bedeutung. Für das *„Kollegen-Coaching"* der *zweiten Gruppe* wurden 10 Mitstudenten aus dem ersten Studienjahr rekrutiert. Zur Ausbildung erhielten die „Coachs" eine halbtätige Kurzausbildung in den zu verwendenden Methoden mit Rollenspielübungen mit Beispielen zu den Ratingskalen. Die gewählten Methoden und die Kurzausbildungen zeigen, dass es sich hier nicht um professionelles Coaching im strikten Sinne unserer Definition handelt, sondern um eine sehr elementare Variante. Dies ist auch daran erkennbar, dass jeweils nur zwei „Coachingsitzungen" durchgeführt wurden. Die *dritte Selbstcoaching-Gruppe* erhielt eine schriftliche Einführung und ein Video über Selbstmanagementtechniken.

Keine Unterschiede zum Selbstcoaching

Die Ergebnisse von Sue-Chan und Latham (2004) belegen einen statistisch signifikanten Effekt bei den beobachteten Verhaltensänderungen nach dem „externen Coaching“ im Unterschied zum „Kollegen-Coaching“. Ähnlich wie bei Offermanns (2004) schneidet das Selbstcoaching mit vergleichsweise guten Resultaten ab und unterscheidet sich nicht überzufällig vom „externen Coaching“. Wie bereits oben thematisiert, sollte es demnach in der Wirkung nicht unterschätzt werden.

Fachliche Glaubwürdigkeit

Bei der Bewertung der fachlichen Glaubwürdigkeit der Intervention ergibt sich dagegen ein signifikant besseres Ergebnis für den „externen Coach“ im Vergleich sowohl zum „Kollegen-Coach“ als auch zum Selbstcoaching. Interessant an diesen Ergebnissen ist vor allem, dass Kollegen trotz gleicher Ausbildung anscheinend als weniger kompetent und glaubwürdig angesehen werden und damit nur geringere Wirkungen bei Verhaltensänderungen erzielen können.

Manager in Australien

b) Als Klienten in der zweiten Studie von Sue-Chan und Latham (2004) in Australien konnten 23 Manager gewonnen werden, die an einem BA-Kurs für Externe der Western University in Australien teilgenommen haben. Hier wurde nur ein „externer Coach“ eingesetzt, ein nicht im Programm involvierter Dozent. Auch das „Kollegen-Coaching“ wurde nur von einer Person durchgeführt, einem am BA-Kurs teilnehmenden Manager. Im Übrigen entsprach der Ablauf dem der ersten Studie.

Bessere Noten

Als Bewertungsmerkmale wurden in der Studie die Fragebögen eingesetzt, die bereits in der ersten Studie verwendet wurden. Zur Überprüfung der Leistungsverbesserungen wurden hier jedoch keine Verhaltensbeobachtungen, sondern die an der Universität zur Beurteilung der gezeigten sozialen Kompetenzen üblichen Abschlussnoten des Kurses verwendet.

Teilweise Bestätigung der Ergebnisse

Nach dem „externen Coaching“ wie nach dem Selbstcoaching sind die Abschlussnoten deutlich und signifikant besser als nach dem „Kollegen-Coaching“. Die fachliche Glaubwürdigkeit war wiederum beim „externen Coaching“ signifikant und deutlich höher als beim „Kollegen-Coaching“. Hier erreicht allerdings auch das Selbstcoaching signifikant bessere Werte als das „Kollegen-Coaching“ und unterscheidet sich nicht überzufällig vom „externen Coaching“. Anscheinend trauen sich die Manager selbst sehr viel zu!

Kein richtiges Coaching

Erfahrene Coachs würden die Interventionen mit zwei Sitzungen nicht als „richtiges“ Coaching einordnen und Berufsverbände die Mini-Ausbildung sicher nicht als qualifizierte Coaching-Ausbildung. Die ausgebildeten Professoren, Dozenten und Studierenden werden deshalb auch nur als „Coachs“ in Anführungszeichen bezeichnet. Die in allen Gruppen geförderte Selbsteinschätzung des eigenen Verhaltens und Zieldefinitionen können aber bei den Teilnehmer/innen Problem- oder Selbstreflexionen und bewusste Selbstveränderungsabsichten aktiviert haben, wie dies in unserer Coachingdefinition gefordert wird. Im Grunde ist es erstaunlich, dass mit zwei stark standardisierten Sitzungen durch minimal ausgebildete, aber als fachlich glaubwürdig angesehene Quasi-Coachs und durch kurzes Selbstcoaching im Mittelwert beobachtbare Verbesserungen im Verhalten und sogar in den Abschlussnoten erzielt werden. Wie aus der Darstellung hervorgeht, wird dies vermutlich durch sehr gezielte Interventionen möglich, die auf die Verbesserung vorgegebener Kriterien ausgerichtet wurden.

Unterschiede zu Zielsetzungsgesprächen?

Latham ist einer der beiden Hauptautoren der oben erwähnten klassischen Zielsetzungstheorie und der Selbstmanagementtechniken, wie sie heute Führungskräften vermittelt werden (Locke & Latham, 1984, 2000). Latham stellt jedoch in der vorliegenden, von seiner Doktorandin Sue-Chan begonnenen Arbeit nicht nur die in diesem Feld üblichen Leistungsziele und Merkmale in den Mittelpunkt (wie die Schwierigkeit des Ziels und Feedback).

Kollegen sind weniger wirksame „Coachs"

Ein praktisch sehr interessantes Ergebnis der Studie von Sue-Chan und Latham (2004) ist, dass Peer- oder Kollegen-Coachs fachlich weniger glaubwürdig und weniger wirksam sind als genauso ausgebildete externe Coachs. Manche Führungskräfte meinen, dass eine Beratung durch Kollegen anstelle eines professionellen externen Coachings genauso gute Ergebnisse erzielen würde. Die Ergebnisse der Studie liefern eine gute Argumentationshilfe für Coaching durch ausgebildete externe Experten. In beiden Teiluntersuchungen wurden durch Peer- oder Kollegen-Coaching nur schwache Ergebnisse erzielt und die von ihnen beratenen Manager waren mit diesem „Coaching" weniger zufrieden. Obwohl sie dafür genauso qualifiziert wurden, ist ihre Wirkung anscheinend wesentlich geringer.

Fachliche Glaubwürdigkeit als Erfolgsfaktor

Sue-Chan und Latham (2004) erklären dies dadurch, dass die Peers als Experten fachlich nicht glaubwürdig sind und nicht akzeptiert werden. Dies wird auch durch die berichteten informellen Kommentare der Manager unterstützt. Während die Manager in der zweiten Studie teilweise regelrecht begeisterte Kommentare über die „brillanten" Anregungen des „externen Coachs" gaben, waren sie beim „Peer-Coach" eher ambivalent. Einer meinte sehr abwertend: „there was little that was either effective or ineffective about peer coaching". Diese bemerkenswerten Ergebnisse sollten durch weitere Untersuchungen erhärtet werden.

Zielmerkmale als Kriterien

5. Willms (2004) hat in seiner oben beschriebenen Untersuchung verschiedene spezifische Bewertungsmerkmale einbezogen: Einschätzungen der Teilnehmer/innen von speziellen Merkmalen der Ziele, wie die Konkretheit und Wichtigkeit der Ziele, Engagement und Entschlossenheit bei der Zielverfolgung, Beharrlichkeit bei der Zielverfolgung, Bekämpfung von hindernden Einflüssen, Vorhandensein günstiger Gelegenheiten für das Ziel und Realisierungschancen. Normalerweise werden diese Merkmale als Wirkfaktoren beim Coaching eingeordnet und mit dem Coach

erarbeitet (siehe unten). Nach Willms kann man sie jedoch auch als Leistungsergebnisse des Coachings betrachten.

Verbesserung der Merkmale

Während sich die Coaching- und Kontrollgruppe vor dem in den Gruppen angeleiteten Selbstcoaching in den eingeschätzten Zielparametern nicht überzufällig unterscheiden, lassen sie sich nach dem Abschluss statistisch signifikant trennen (Diskriminanzanalysen). Signifikante Unterschiede zwischen den Gruppen zeigen sich im Einzelnen bei den speziellen Merkmalen Einflussbekämpfung, Engagement und Konkretheit der Ziele. Das Coaching-Programm stärkt demnach diese Merkmale.

Selbststeuerung

Auch Fähigkeiten der Person, die für die selbständige Zielerreichung günstig sind und von ihr bereits in das Coaching mitgebracht werden, können durch Coaching weiter verbessert werden. So findet Willms (2004) signifikante Veränderungen zwischen den vorher und nachher applizierten Skalen zur Erfassung der Zielvergegenwärtigung, zielbezogenen Aufmerksamkeit und Planungsfähigkeit. Nach der PSI-Theorie zählen sie zum Bereich Selbststeuerung (SSI von Kuhl & Fuhrmann, 1998). Das zielbezogene Coaching-Programm fördert demnach die Entwicklung dieser Fähigkeiten. Allerdings führen auch bereits die Thematisierung der Aktualisierung eigener Ziele in der Kontrollgruppe und die Teilnahmen am Projekt anscheinend zur Aktivierung und Verbesserung von Selbststeuerungsfähigkeiten. Die Teilnehmer/innen können erwarten, dass sie zum Abschluss nach der Erreichung der Ziele gefragt werden und dies aktiviert sie.

Stressmanagement und Selbststeuerung

6. In der oben dargestellten Studie mit einem Coaching zur *Verbesserung des Stressmanagements* konzentriert sich Steinmetz (2005) auf spezifische Merkmale aus dem Stressbereich und zur Selbststeuerung. Sie nimmt an, dass Coaching die Stressbewältigung, die Kontrolle über die Stresssituation und im Bereich Selbststeuerung Self-Leadership verbessert sowie die Gereiztheit nach der Arbeit verringert.

Interessante Skalen

Stressbewältigung hat sie mit der deutschen Version des Coping Inventory for Stressful Situations (CISS, Endler & Parker, 1990; 17 Items und die Skalen *aufgabenorientierte* (bzw. problembezogene), *emotionsorientierte* und *vermeidungsorientierte Copingstrategien*) erfasst. Situationskontrolle wurde mit dem Stressverarbeitungsfragebogen (SVF, Janke et al., 1985, sechs 4-stufige Ratings) überprüft. Eine Kurzform der deutschen Version des Self-Leadership-Questionnaire (Houghton & Neck, 2002; 18 5-stufige Items) wurde eingesetzt, um im Bereich der Selbststeuerung konkrete *verhaltensorientierte Strategien zur Selbstbeeinflussung* (Setzen von Arbeitszielen, Selbst-Belohnung, Selbst-Bestrafung, Selbst-Beobachtung, Einsatz von Erinnerungshilfen und Hinweisreizen), *Gestaltung intrinsisch belohnter Aufgaben* (kognitiver und praktische Strukturierung der Ressourcen) und *meta-kognitive Strategien* (Visualisierung erfolgreicher Leistung, innerer Dialog, Bewertung der eigenen

Überzeugungen und Annahmen) zu ermitteln. Gereiztheit nach der Arbeit wurde durch eine Skala von Mohr (1991; acht 7-stufige Ratings) erhoben.

Spezifische Wirkungen

Die Ergebnisse wurden statistisch durch Varianzanalysen mit Messwiederholungen analysiert. Nicht alle Annahmen werden bestätigt. Signifikante Verbesserungen zeigen sich nach dem Stressmanagement-Coaching aber in den aufgaben- oder problemorientierten Copingstrategien und in der Situationskontrolle. Coaching förderte außerdem signifikant die verhaltensorientierten Strategien zur Selbstbeeinflussung und eine Verbesserung des psychischen Befindens. Wie erwartet gibt es einen starken Interaktionseffekt durch die Intervention und Gruppe in der Verringerung der Gereiztheit nach der Arbeit. Die Ergebnisse erscheinen trotz fehlender Zufallsaufteilung der Gruppen insgesamt sehr ermutigend. Systematisches Stressmanagement-Coaching ist danach bei Führungskräften eine wirksame Intervention. Die eingesetzten spezifischen Skalen sollten auch in anderen Evaluationsuntersuchungen zu stressbezogenen Coachingkonzepten verwendet werden.

Zusammenfassung der vergleichenden Untersuchungen mit spezifischen Bewertungsmerkmalen

Heterogene Ergebnisse

Die Verschiedenartigkeit der Ergebnisse der vergleichenden Untersuchungen, die zur Evaluation von Coaching durch spezifische Bewertungsmerkmale durchgeführt wurden, ist ein Spiegelbild der Unterschiedlichkeit der Schwerpunkte, der Vielfalt der Ziele der jeweiligen Coachings und der Heterogenität der Stichproben. Einzeleffekte zeigen sich in unterschiedlichen Fragebogenskalen wie z.B. in einer höheren Offenheit für Erfahrungen, Zunahme des Vertrauens in die eigene Zielerreichungsfähigkeit oder in verbesserten sozialen Kompetenzen. Wenn wir den Bereich der Selbststeuerung weit fassen, finden sich in zwei Untersuchungen eine Reihe von interessanten Effekten, etwa in der Untersuchung von Willms (2004) die Verbesserung der Konkretheit der Ziele, Zielvergegenwärtigung, zielbezogene Aufmerksamkeit und Planungsfähigkeit sowie Einflussbekämpfung, in der Studie von Steinmetz (2005) besseres aufgaben- und problemorientiertes Coping, stärkere Situationskontrolle; Verbesserung der verhaltensorientierten Strategien zur Selbstbeeinflussung. Interessant sind auch die Veränderungen im beobachteten Kommunikationsverhalten oder in den Studiums-Abschlussnoten in den beiden Untersuchungen von Sue-Chan und Latham (2004) sowie die Zunahme der wahrgenommenen Interaktionen sowie die allerdings nicht erwarteten einfacheren Problemanalysen in der Studie von Offermanns (2004).

Exploratorische Untersuchungen

In mehreren Untersuchungen gestehen die Autoren offen ein, dass die erwarteten signifikanten Unterschiede zu Kontroll- oder Vergleichsgruppen nicht gefunden wurden. Untersuchungen, in denen nur wenige Hypothesen bestätigt werden können, sind nur als eine Art exploratorisches Suchen nach Effekten und geeigneten Skalen und nachweisbaren Effekten einzuordnen. In wissenschaftlichen Untersuchungen sollen die Wirkungshypothesen vorher formuliert werden und durch aussagekräftige Untersuchungsanordnungen mit geeigneten Skalen überprüft und möglichst auch repliziert werden.

3.6.1.3 Coaching in Kombination mit anderen Interventionen

Seminare und Lerntransfers

Es ist nahe liegend, Coaching mit anderen Interventionen zu kombinieren. So kann Coaching mit Weiterbildungsmaßnahmen verbunden werden. In Konzepten zum selbstgesteuerten oder selbstorganisierten Lernen (Kurtz, 1996) werden anstelle von Lehrer/innen so genannte Lernberater/innen eingeführt. In ihrer Rolle ähneln sie Coachs. Auch konventionelle Fortbildungsmaßnahmen für Nachwuchs- oder Führungskräfte können durch ein Coaching zur Unterstützung der Umsetzung des Gelernten in die Praxis (des so genannten Lerntransfers) ergänzt werden. Um den Transfer des Gelernten in die Praxis zu unterstützen, wurden bei verhaltens- und handlungsorientierten Lernmethoden bereits seit den 1970er Jahren am Ende jedes Seminars mit allen Teilnehmer/innen individuelle Beratungsgespräche empfohlen, um so genannte Umsetzungsvereinbarungen abzuschließen (vgl. Semmer & Pfäfflin, 1978, S. 178 ff.; Lemke, 1995). Um die Wirksamkeit dieser effektiven Gespräche zu verbessern, kann man sie als regelrechte Coachinggespräche ausbauen. Unten werden zwei exemplarische Untersuchungen und ihre Ergebnisse geschildert.

360°-Feedback

Eine weitere gebräuchliche Möglichkeit ist, Coaching mit der 360°-Feedback-Methode (London & Beatty, 1993) zu verbinden. Bei dieser heute in vielen Unternehmen eingesetzten Methode werden Verhaltensmerkmale, insbesondere die sozialen Kompetenzen der Führungskräfte durch möglichst viele Schlüsselpersonen in ihrem gesamten Umkreis („360°“) per Einschätzungsskalen beurteilt (insbesondere durch direkte Vorgesetzte, Kolleg/innen, Mitarbeiter/innen und möglichst auch durch Kund/innen). Die Ergebnisse des Feedbacks werden ausgewertet und mit den Selbsteinschätzungen der Führungskraft verglichen. Anschließend werden individuelle Auswertungs- und Feedbackgespräche mit der Führungskraft oder Berater/innen geführt und Lernzielvereinbarungen abgeschlossen. Beispielsweise können die Lernziele auf der Grundlage des Feedbacks darin bestehen, ihre kommunikativen Kompetenzen in Gruppendiskussionen und das Umgehen mit Konflikten im Team zu verbessern.

Feedback durch Coachs

Bei dieser Methode stützt sich das Feedback auf die Einschätzungen mehrerer Personen als Informationsquellen. Die Methode wird deshalb auch als Multisource-Rating oder -Feedback bezeichnet. Sehr nahe liegend ist es, diese anspruchsvollen Feedback-Gespräche an professionelle Coachs zu delegieren. Als weitere Interventionen können zur Unterstützung der gewünschten Veränderungen Weiterbildungsmaßnahmen genutzt werden. Nach Abschluss der Weiterbildungsmaßnahmen und des

Coachings können die Veränderungen durch ein erneutes 360°-Feedback evaluiert werden. So kann beispielsweise anhand der wiederholten 360°-Feedback-Einschätzungen überprüft werden, ob die Führungskraft, wie angestrebt, ihre kommunikativen Kompetenzen und Konfliktbewältigungskompetenzen aus der Sicht der Feedback-Geber verbessert hat.

Tab. 3.6.5: Untersuchungen zur Wirkung von Coaching in Kombination mit anderen Interventionen

Nr.	Autor/innen (Jahr)	Stichprobe	Coachingmethoden/ Anordnung	Kriterien und Ergebnisse
1.	Greif & Scheidewig (1996)	10 von 11 Schichtleitern	Transfercoaching zu einer Schichtleiterausbildung	90-100% der Lernziele umgesetzt
2.	Olivero et al. (1997)	31 Führungskräfte	Führungstraining mit und ohne Transfercoaching	Nach Transfercoaching Steigerung der Produktivitätsverbesserungen auf 88,0% im Vergleich zu 22,4%
3.	Thach (2002)	281 Führungskräfte	360°-Feedback mit anschließendem Coaching u. zwei weitere Feedbackerhebungen	Verbesserungen der im Feedback-Fragebogen erfassten Führungskompetenzen um 55 bis 60%
4.	Smither et al. (2003)	1.361 Senior Manager (404 mit Coaching)	360°-Feedback ohne und mit Coaching (mit: 286 Onlinebefragung)	Die Gruppe mit Coaching definiert die Ziele spezifischer und weniger vage und holt von ihren Vorgesetzten aktiv mehr Verbesserungsvorschläge ein (schwache bis mäßige Effekte)
5.	Sauer, et al. 2004; Kaufel et al. 2006	116 Offiziere der Bundeswehr	360°-Feedback mit Coaching und Shadowing	starke Vorher-Nachher-Verbesserungen in allen Skalen (insbesondere soziale Kompetenzen)
6.	Finn, Mason & Griffin (2006)	23 Senior Manager	360°-Feedback (a) mit Einzelcoaching (b) Wartegruppe (Zufallsaufteilung)	Verbesserungen in Skalen zur Selbstwirksamkeitsüberzeugung, Unterstützung, Offenheit für Verhaltensänderungen und Planung der eigenen Entwicklung nach 3 Monaten sowie Unterschiede zur Wartegruppe. Langzeitverbesserungen in den genannten Skalen und Verringerung des negativen Affekts

Exemplarische Untersuchungen

Die Erforschung der Wirkungen von Coaching in Kombination mit anderen Interventionen ist ein komplexes Feld und wäre eine eigene umfassende Darstellung wert. Da sie in diesem Buch nur ein Randthema bildet, werden nur exemplarisch einzelne Untersuchungen wiedergegeben. In Tabelle 3.6.5 werden sie übersichtsartig zusammengefasst. Anschließend folgen kurze Darstellungen der Studien, zuerst zwei Untersuchungen von Coaching in Verbindung mit Weiterbildungsmaßnahmen, danach vier in Kombination mit 360°-Feedback.

Coaching von Schichtleitern

1. Greif und Scheidewig (1996) berichten über die Ergebnisse eines Programms zur überfachlichen Aus- und Weiterbildung von 11 Schichtleitern in der Papierindustrie. Mit einer Ausnahme haben die Führungskräfte im Durchschnitt 3 Einzelcoachingtermine (mit dafür ausgebildeten und supervidierten Lernberater/innen) zur Beratung der Umsetzung des Gelernten in Anspruch genommen.

90-100% Umsetzung durch Transfercoaching

Bei üblichen Umsetzungsvereinbarungen nach Seminaren werden erfahrungsgemäß nur etwa 30 bis maximal 40% der Lernziele in der Praxis umgesetzt. Hier wurde dagegen eine Quote von 90-100% erzielt. Dabei waren die Umsetzungsaufgaben teilweise sehr heikel (z.B. Information der Mitarbeiter/innen über ein von ihnen heftig abgelehntes Kostensparkonzept). Die Autoren führen die ungewöhnlich konsequente Umsetzung auf das individuelle Transfercoaching zurück. Auch im Nachfolgeprogramm für die übrigen 17 Schichtleiter (in der Veröffentlichung nicht berichtet, da es noch nicht abgeschlossen war) konnten wiederum genauso hohe Umsetzungswerte erreicht werden.

Kostengünstiger als ein Seminartag

Wie Kostenanalysen zeigen, waren die Kosten für das Coaching verglichen mit denen für Seminarmodule gering. Für die Kosten eines externen Seminartags hätte man 7 Coachingtermine für alle 11 Teilnehmer/innen finanzieren können. Für den Ausfall der Schichtleiter an Seminartagen im Betrieb fallen hohe Ersatzkosten an. Die kurzen Coachingtermine lassen sich dagegen im Schichtbetrieb flexibel und ohne Zusatzkosten einplanen.

Manager als Coachs

2. Olivero et al. (1997) haben eine wegen ihrer sehr starken Wirkungen viel zitierte Untersuchung zum Lerntransfercoaching nach einem Führungskräftetraining durchgeführt. Dazu haben sie im Anschluss an ein Training von 31 Führungskräften einer städtischen Einrichtung ein achtwöchiges Einzelcoaching durchgeführt. Olivero hat dabei selbst das Coaching von 8 Teilnehmer/innen übernommen und sie zugleich für das Coaching der übrigen 23 ausgebildet und supervidiert.

Produktivität

Die eingeschätzte Verbesserung der Produktivität der Führungskräfte nach dem Training wurde mit und ohne Kombination mit Coaching erhoben. Nach dem Training verbessert sich die Produktivität ohne Coaching im Durchschnitt signifikant um 22,4%. Die Kombination von Training und Coaching führt zu einer signifikant größeren Zunahme der Produktivität um 88,0%. Diese starken Effekte ermutigen die Autoren zur Folgerung, dass Führungstraining ohne Coaching in der praktischen Umsetzung des Gelernten in der Arbeit suboptimal ist.

360°-Feedback mit Coaching

3. Thach (2002) berichtet über ein 360°-Feedback-Projekt in einem Großunternehmen, in dem 281 Führungskräfte einen Fragebogen zur Einschätzung von 17 Führungskompetenzen Multisource-Feedback (durch Vorgesetzte, Kollegen und Mitarbeiter/innen) und anschließend ein Coaching erhalten haben. Verbesserungen der Führungskompetenzen wurden in zwei weiteren Feedbackerhebungen mit verkürzten Fragebogen ermittelt. Die durchschnittlichen Verbesserungen der Führungseffektivität liegen in den erfassten Führungskompetenzen zwischen 55 bis 60% (Thach, 2002, S. 206). Sie sind sehr groß. Es fehlen aber Vergleiche ohne Coaching. 360°-Feedback kann auch ohne Coaching bereits erhebliche Effekte haben (vgl. Edwards & Even, 2000).

Größte vergleichende Untersuchung

4. Smither et al. (2003) haben die bis heute größte Untersuchung zum 360°-Feedback mit und ohne Coaching publiziert. Insgesamt 1.361 Senior Manager eines großen, weltweit operierenden Unternehmens nahmen im Herbst 1999 an einem unternehmensweiten Multisource-Feedback-Programm teil (mit Vorgesetzten-, Kollegen-, Mitarbeiter- und Selbsteinschätzungen). 404 (29,7%) suchten sich einen externen Coach und nahmen zwei bis drei Coachingtermine in Anspruch. Von dieser Coaching-Gruppe antworteten 286 auf eine kurze Online-Befragung und konnten dadurch mit den übrigen verglichen werden[29]. Im Juli 2000 erfolgte die Wiederholung des Ratings, um die Fortschritte aller Manager nach dem Multisource-Feedback (ohne und mit Coaching) zu erfassen und im Herbst ein erneutes Multisource-Rating, an dem 1.202 (88,3%) Manager der Ausgangsstichprobe teilnahmen.

Spezifischere Ziele

Offenheit für Vorschläge

Bessere Ratings

Die Ergebnisse zeigen signifikante Mittelwertsunterschiede zwischen den Managern in der Coaching-Gruppe und der Kontrollgruppe in den folgenden Merkmalen: Sie definieren ihre Ziele spezifischer und weniger vage und holen von ihren Vorgesetzten aktiv mehr Verbesserungsvorschläge ein. Nach den Vorgesetzten- und Mitarbeiter-Ratings verbessern sich die Einschätzungen zwischen der ersten Erhebung im Herbst 1999 und der Abschlussbefragung im Herbst 2000. Die erwarteten Verbesserungen der Kollegen-Ratings nach dem Coaching konnten jedoch nicht gefunden werden.

Schwache, aber relevante Effekte

Die nachgewiesenen Effekte sind durchgehend eher schwach bis mäßig. Die Autor/innen meinen, dass bei Senior Managern auch kleine Effekte einen großen wirtschaftlichen Nutzen haben können.

[29] Die Gruppenbildung und Onlinebefragung kann zu Verzerrungen der Ergebnisse durch Selbstselektionen geführt haben.

Unklare Qualität des Coachings

Multisource-Feedback kann nach unseren Annahmen auch ohne Coaching intensive Selbstreflexionen auslösen (siehe oben Abschnitt 3.2.1 und Annahme A 3.2. (1)). Die angekündigten Wiederholungen des 360°-Feedback richten die Selbstreflexionen ergebnisorientiert aus. (Wer z.B. im Feedback erfährt, dass seine kommunikativen Kompetenzen als schwach eingeschätzt werden, wird versuchen, sich darin zu verbessern, um bei der Wiederholung besser abzuschneiden.) Um die dadurch ausgelösten Effekte zu übertreffen, wäre ein gutes umsetzungsorientiertes Coaching erforderlich. In diesem großen multinationalen Projekt waren aber die meist sehr kurzen Coachings im Einzelnen nach den Angaben der Autoren sehr unterschiedlich. Weder war die Auswahl der Coachs, noch die Durchführung durch Qualitätsstandards geregelt. Eine gute Qualität bei diesen ungeregelten kurzen Coachings war deshalb nicht gewährleistet. Dies erklärt möglicherweise teilweise die schwachen Effekte.

360°-Feedback und Coaching bei der Bundeswehr

5. In der deutschen Bundeswehr wurde 360°-Feedback mit militärischen Führungskräften in Verbindung mit externem Coaching eingeführt und evaluiert (Sauer et al., 2004; Scherer & Kaufel, 2005; Kaufel et al., 2006). Das Multisource-Feedback (durch Vorgesetzte und Untergebene) wurde an zwei Zeitpunkten mit den beteiligten Führungskräften vor und nach dem Coaching durchgeführt. Für das Coaching standen ausgebildete Coachs zur Verfügung. Das Feedback- und Coaching-Programm konnte von den Vorgesetzten oder den Fokuspersonen selbst angefordert werden. Es ist sehr systematisch aufgebaut und wurde in der Umsetzungsphase mit Shadowing (Beobachtung und Begleitung vor Ort am Arbeitsplatz) durch den Coach unterstützt. Dazu haben die Coachs die Führungskräfte eine längere Zeit vor Ort in der Umsetzung begleitet, in der Marine sogar an Bord der Schiffe.

Skalen zum 360°-Feedback

Für das 360°-Feedback wurde ein spezielles Instrument mit sieben statistisch konsistenten Skalen eingesetzt (Beispielitems in Klammern nach Kaufel et al., 2006):

1. *Einflussnahme* („...verschafft sich bei wichtigen Entscheidungen Gehör.“)
2. *Lernfähigkeit („...ist in der Lage, sich schnell neues Wissen anzueignen.“)*
3. *Effektive Steuerung („...setzt vorhandene Ressourcen geschickt ein.“)*
4. *Verantwortung („...nimmt ihre Führungsverantwortung aktiv wahr.“)*
5. *Teamgeist („...erzielt bei Konflikten tragfähige Kompromisse.“)*
6. *Vertrauen („...ist in ihrem Verhalten authentisch.“)*
7. *Kommunikation („...fördert einen offenen Erfahrungsaustausch.“)*

Differenzen Selbst-Fremdeinschätzungen

Jede Fokusperson hat sich in diesen Merkmalen selbst beurteilt und erhielt mindestens drei Fremdeinschätzungen (durch Vorgesetzte und Untergebene). Ansatzpunkte für das Coaching ergaben sich aus einer systematischen Analyse und Reflexion der Differenzen zwischen Selbst- und Fremdeinschätzungen zusammen mit der Fokusperson. Zur Evaluation der Verbesserungen wurden drei bis sechs Monate und etwa ein Jahr nach dem Coaching erneut 360°-Feedback-Werte erhoben.

Starke Effekte in allen Skalen

Die Stichprobe der Untersuchung wächst jedes Jahr durch weitere Personen an, die das Programm anfordern. Nach den ersten ausgewerteten Ergebnissen an 116 Fokuspersonen zeigen sich statistisch starke Effekte in allen Skalen, die deutlich über denen der oben erwähnten Untersuchungen liegen (Kaufel et al., 2006). Der Nutzen des Coachings und die Coachs (insbesondere ihre sozialen Kompetenzen) wurden überwiegend sehr positiv bewertet. Allerdings wurden die geplanten Vergleichsuntersuchungen zur Wirkung von 360°-Feedback ohne Coaching bisher noch nicht abgeschlossen. Wir wissen deshalb noch nicht, wie groß der zusätzlich durch das Coaching erzielte Effekt ist.

Experimentelle Untersuchung

6. Finn, Mason & Griffin (2006) vergleichen in einer experimentellen Untersuchung 360°-Feedback mit und ohne Coaching. An der Studie der School of Management der Queensland University of Technology (Australien) nahmen 23 Senior Manager einer großen Organisation im öffentlichen Sektor teil.

Skalen

Überprüft wurden Verbesserungen in den folgenden fünf Skalen kurz nach der Intervention und nach 6 Monaten:

1. *Selbstwirksamkeit* (11 Items, z.B. „In relation to the team you manage, how certain are you that you can get your team to consistently perform to an acceptable standard?")
2. *Wahrgenommene Entwicklungsförderung (5 Items, z.B. „I feel supported in my development efforts")*
3. *Positiver Affekt (5 Items, z.B. „How often have you felt energized at work over the past month")*
4. *Offenheit für neues Verhalten (4 Items, z.B. „I explore alternate ways of behaving with my team")*
5. *Ansätze zur Entwicklungsplanung (5 Items, z.B. „I have an action plan for reaching my development goals")*

Zufallsaufteilung der beiden Gruppen

Die Manager wurden per Zufall in zwei Gruppen eingeteilt: (a) 360°-Feedback *mit* externem Einzelcoaching (Coaching-Gruppe) und (b) 360°-Feedback *ohne* Coaching (Wartegruppe). Die Coaching-Gruppe (a) erhielt insgesamt sechs Coachings. Die Wartegruppe erhielt ihr Coaching erst nachdem die erste Gruppe ihr Coaching abgeschlossen hatte.

Drei zeitversetzte Messungen

Die oben beschriebenen Skalen wurden zeitversetzt an drei Messzeitpunkten erhoben: 1. vor dem Coaching, 2. nach dem Coaching (ca. nach 3 Monaten) und 3. nach 6 Monaten. Nach dem Versuchsaufbau und den Messungen kann die Untersuchung als ein Feldexperiment eingeordnet werden, das hohen wissenschaftlichen Standards genügt.

Ergebnisse

Die Ergebnisse zeigen in vier der fünf Skalen die erwarteten signifikanten Verbesserungen und Unterschiede zwischen Coaching- und Wartegruppe. Lediglich die erwartete Verringerung negativer Affekte wurde nach 3 Monaten nicht signifikant. Bemerkenswert sind aber die nachgewiesenen Langzeiteffekte. 6 Monate nach dem Coaching sind in allen Skalen bedeutsame und signifikante Verbesserungen zu verzeichnen.

Zeitlicher Verlauf

Interessant und plausibel ist, dass die beiden Skalen Offenheit für neues Verhalten und Entwicklungsplanung deutliche Steigerungen nur zwischen der ersten und zweiten Messung zeigen (mit danach schwächer ansteigenden Werten). Bei den anderen drei Skalen finden sich kontinuierlich ansteigende Verbesserungen mit signifikanten Effekten zwischen dem ersten und dritten Messzeitpunkt.

Eindeutiger Nachweis

Das Feldexperiment von Finn, Mason und Griffin (2006) kann als sehr eindeutiger Nachweis für deutliche zusätzliche Wirkungen von Coaching nach 360°-Feedback gelten. Anscheinend gibt es Langzeitverbesserungen, die erst 3 Monate nach dem Coaching voll wirksam werden. Danach wäre bei künftigen Untersuchungen zu empfehlen, Langzeiteffekte zu überprüfen, damit derartige „Schläfer-Effekte" nicht vernachlässigt werden. Die Untersuchung beruht, wie die Autor/innen selbst kritisch anmerken, lediglich auf Selbsteinschätzungen. Sie planen aber eine weitere Studie mit Beobachtungsdaten zu Verhaltensänderungen. Wir sind gespannt auf die Ergebnisse!

Zusammenfassung und Folgerungen

Starke oder schwache Kombinationseffekte?

Nach den exemplarisch wiedergegebenen Ergebnissen lässt sich Coaching sehr gut mit Seminaren und 360°-Feedback kombinieren und kann deren Effekte steigern. In einzelnen Untersuchungen finden sich außerordentlich starke Effekte. Die Kombination von Coaching mit anderen Interventionen wäre danach eine sehr interessante praktische Möglichkeit. Inwieweit die Effekte jedoch durch das Coaching erzielt werden, bleibt in den meisten Untersuchungen eine offene Frage. In einer der beiden Untersuchungen mit einer Vergleichsgruppe zum 360°-Feedback ohne Coaching von Smither et al. (2003) sind die Effekte schwach bis mäßig. Nur in der experimentellen Studie von Finn et al. (2006) können bedeutsame Ergebnisse, sogar Langzeiteffekte von Coaching eindeutig nachgewiesen werden. Weitere Untersuchungen sind wünschenswert (vgl. auch Röhrs, in Vorbereitung).

3.6.2 Voraussetzungen, Wirk- und Erfolgsfaktoren

Begriffe

Die Evaluationsforschung beschäftigt sich nicht nur mit der Untersuchung der Ergebnisse (Ergebnisevaluation), sondern auch den Faktoren, die diese Ergebnisse bewirken. Sie werden als Wirk- oder Erfolgsfaktoren bezeichnet. Erfolgsfaktoren, die bereits zu Beginn der Intervention (beim Coaching beispielsweise die Änderungsbereitschaft des Klienten) vorhanden sind, werden meistens als Voraussetzungen bezeichnet.

Erfolgsfaktoren in der Coachingforschung

Es gibt Erhebungen, in denen Coachs gefragt wurden, worauf sie die Ergebnisse beim Coaching zurückführen. Empirische Untersuchungen der statistischen Zusammenhänge zwischen Erfolgsfaktoren und Ergebnissen beim Coaching gibt es nur wenige. Noch seltener sind Vergleichsuntersuchungen, in denen gleichzeitig auch die Wirkungen von Erfolgsfaktoren überprüft werden. Im Folgenden werden exemplarische Studien für alle genannten Untersuchungsarten beschrieben. Tabelle 3.6.6 gibt dazu eine Übersicht.

Expertenbefragung

1. Die bereits oben beschriebene Expertenbefragung von Heß und Roth (2001) zu den Anforderungen und Qualitätsstandards beim Coaching wird im deutschsprachigen Bereich sehr oft zitiert und bildet eine wichtige Grundlage für viele spätere Erhebungen zur Untersuchung der Erfolgsfaktoren. Darin wurden 17 Coaching-Expert/innen sehr eingehend zu Qualifikations- und Qualitätsanforderungen, Methoden, Ablauf und Ergebnisse beim Coaching befragt.

Struktur-, Prozess- und Ergebnisqualität

In ihrer qualitativen Auswertung klassifizieren sie die Expertenmeinungen inhaltlich in 50 Einzelkriterien, die sie drei Qualitätsdimensionen zuordnen: (1) Struktur-, (2) Prozess- und (3) Ergebnisqualität (Heß & Roth, 2001, S. 62 ff., siehe oben Abschnitt 3.4.1). Die *Strukturqualität* beschreibt die Voraussetzungen für erfolgreiches Coaching (Was wird beim Coaching benötigt?). Dazu gehören die Qualifikationen und Kompetenzen des Coachs. Die *Prozessqualität* bezieht sich auf den Ablauf des Coachings und die dabei eingesetzten Methoden (Wie sollen die Ziele oder der Ergebnisse durch die Coaching-Dienstleistung erreicht werden?). Ein besonders wichtiges Merkmal ist die Beziehungsqualität (Aufbau von Vertrauen, persönliche Passung, Akzeptanz und Sympathie). Die *Ergebnisqualität* beschreibt die Qualitätsmerkmale der erzielten Ergebnisse. Die Merkmale der Struktur- und Prozessqualität lassen sich auch als Wirk- oder Erfolgsfaktoren einordnen, durch die eine hohe Ergebnisqualität erzielt werden kann.

Tab. 3.6.6: Untersuchungen zu Voraussetzungen und Erfolgsfaktoren beim Coaching

Nr.	Autor/innen (Jahr)	Stichprobe	Coachingmethoden/ Anordnung	Voraussetzungen und Erfolgsfaktoren
1.	Heß & Roth (2001)	17 Coaching-Expert/innen	Experteninterviews und qualitative Auswertung	Drei Qualitätsdimensionen: (1) Struktur-, (2) Prozess- und (3) Ergebnisqualität mit insgesamt 50 Einzelkriterien
2.	Bose et al. (2003)	31 Führungskräfte	Einzelcoaching/ qualitative Interviews	Passung zwischen Coach und Klient, Erwartungen an den Coach: Experte für Beziehungsgestaltung, Fach- und „Rundumwissen"
3.	Böning & Fritschle (2005)	50 erfahrene Coachs	Einzelcoaching/ teilstandardisierte Interviews, qualitative Auswertung	Offenheit des Klienten und seine Bereitschaft, sich auf das Coaching einzulassen, Vertrauen, Partnerschaft und Sympathie, Unterstützung durch das Unternehmen und Umfeld, methodische Kompetenz und Ausbildung d. Coachs, Lösungsorientierung und Ziele
4.	Jüster et al. (2005)	174 Führungskräfte	Qualitative Interviews	Anforderungen an die Coachs: Erfahrungen in den Bereichen soziale Interaktion, fachliche Erfahrung und Führungserfahrung
5.	Dzierzon (2004)	25 Klienten	Einzelcoaching/ Online-Befragung	Skalen zur Erfassung der gesprächspsychotherapeutischen Basismerkmale Wertschätzung, Empathie und Selbstkongruenz korrelieren nicht mit Arbeitszufriedenheit und Entfaltung der Fähigkeiten
6.	Behrendt (2004)	4 psychodramatische und 4 systemische Coachings	Videos (40 Sitzungen) u. Verhaltensbeobachtungen, Ratings der Klienten u. ihrer Mitarbeiter	„Berner Wirkfaktoren" (1) Ressourcenaktivierung (einschließlich Wertschätzung), (2) Problemaktualisierung, (3) motivationale Klärung und (4) Problembewältigung. Nur (1) korreliert mit der Bewertung der Sitzung durch Coach und Klienten sowie der Zielerreichung im MA-Gespräch

Fortsetzung Tab. 3.6.6:

7.	Brauer (2005,	92 Klienten (überwiegend) Führungskräfte)	Einzelcoaching	Beziehungsqualität u. Methoden, Zielkonkretisierung und Zielerreichungskontrollen korrelieren mit dem Zielerreichungsgrad, nicht aber Zielschwierigkeit u. Freiwilligkeit des Coachings
8.	Willms (2004)	76 Studierende	Anleitung zum Selbstcoaching in Gruppen u. Kontrollgruppe	Beharrlichkeit u. Engagement des Klienten korrelieren mit dem Zielerreichungsgrad, in der Kontrollgruppe Entschlossenheit u. Einflussbekämpfung
9.	Mäthner, Jansen & Bachmann (2005)	89 Coachs (C) u. 74 ihrer Klienten (K)	Einzelcoaching	Die Zufriedenheit mit dem Coaching kann durch die Beziehungsqualität, Zielkonkretisierung u. Veränderungsmotivation vorhergesagt werden, Verhaltensbezogene Wirkungen durch Zielkonkretisierung u. Veränderungsmotivation, Zielerreichung nur durch die Beziehungsqualität
10.	Runde & Bastians (2005)	57 Polizei-Führungskräfte	28 Einzelcoaching, 29 in Gruppen	Die Gesamtzufriedenheit und Zielerreichung (Skala) kann durch Beziehungsqualität, individuelle Diagnose Anpassung u. Zieldefinition zu Anfang vorhergesagt werden

Passung zwischen Coach und Klient

2. In der qualitativen Befragung von 31 Führungskräften durch von Bose et al. (2003, S. 20 ff.) werden als Voraussetzung für das Entstehen von Kontakt die „Passung" zwischen Coach und Klient (Loos, 1999; Lauterbach, 2003) und andere Merkmale angesprochen, die zur Beziehungsqualität gehören. Als erste Antwort fällt oft der Satz „Die Chemie muss stimmen" (emotionale Passung). Lösungen sollen nicht vom Coach vorgegeben, sondern in gleichberechtigter Partnerschaft erarbeitet werden (Passung auf der Ebene des Reflexionsgeschehens).

Erwartungen an den Coach

Der Klient erwartet vom Coach, dass er eine Persönlichkeit ist, ein Experte für Beziehungsgestaltung und Gesprächsführung und über fachliche Kompetenzen verfügt, so sollte er auf der „Höhe der Profession sein", „Kenntnisse über wirtschaftliche Zusammenhänge" und „Rundumwissen" haben.

Offenheit und Bereitschaft des Klienten

3. In der Coaching-Studie 2004 der Böning-Consult (zitiert nach Böning & Fritschle, 2005, S. 285 f.) wurden die Coachs nach Erfolgsfaktoren befragt. 44% nannten die Offenheit des Klienten und dessen Bereit-

schaft, sich auf das Coaching einzulassen als Antwort. Weitere Antworten waren: Vertrauen (28%), Partnerschaft und Sympathie (20%), Unterstützung durch das Unternehmen und Umfeld (20%), methodische Kompetenz und Ausbildung des Coachs (18%), Lösungsorientierung und Ziele (16%), Verbindlichkeit und Disziplin (14%), Persönlichkeit des Coachs und Stil (14%), Geduld und kein Druck (12%), Knackpunkt finden (10%) sowie Empathie (10%).

Ideale Coachs

4. Jüster, Hildenbrand und Petzold, H. (2005) haben 174 Führungskräfte befragt. Ideale Coachs sollen danach Erfahrungen in den Bereichen soziale Interaktion, fachliche Erfahrung und Führungserfahrung mitbringen.

Beziehungsqualität

5. Dzierzon (2004) stützt sich in ihrer Online-Befragung von 25 Klienten auf das klientenzentrierte Psychotherapiekonzept nach Carl Rogers (2002). Sie nimmt an, dass für das Coaching die therapeutischen Basismerkmale Empathie, Wertschätzung und Echtheit grundlegend sind. Zur Erfassung dieser Merkmale verwendet sie ein Inventar für Beziehungsverhalten. Es enthält Skalen für die Basismerkmale Wertschätzung, Empathie und Selbstkongruenz sowie außerdem Skalen zur Akzeptationsbreite und Stabilität der Beziehung. Die Coaching-Klienten schätzen die Werte durchweg sehr hoch ein. Die Wertschätzung liegt am höchsten.

Empathie und Arbeitszufriedenheit

Die erwarteten statistischen Zusammenhänge der Basismerkmale zur Arbeitszufriedenheit und zur eingeschätzten Entfaltung der Fähigkeiten der Klienten nach dem Coaching kann Dzierzon (2004) empirisch allerdings trotz sehr sorgfältiger statistischer Analysen so gut wie nicht bestätigen. Sie erklärt dies mit der relativ geringen Streuung der Basismerkmale in ihrer kleinen Stichprobe. Möglicherweise haben überwiegend nur Klienten mitgemacht, die ihren Coach sehr positiv einschätzen. Außerdem ist, wie sie meint, die Verbesserung der Arbeitszufriedenheit vermutlich kein optimales Kriterium.

Psychotherapeutische Wirkfaktoren

6. Behrendt (2004) stützt sich ebenfalls auf Erkenntnisse über Wirkfaktoren aus der psychotherapeutischen Forschung. Grundlage sind die bereits oben mehrfach erwähnten Arbeiten von Grawe, Donati und Bernauer (1994a) und die mit der Cubus-Analyse (siehe oben in Kasten 3.8) erfassten vier „Berner Wirkfaktoren“ 1. Ressourcenaktivierung, 2. Problemaktualisierung, 3. motivationale Klärung und 4. Problembewältigung (Grawe, Regli & Schmalbach, 1994a).

Videoanalysen

Behrendt (2004) hat insgesamt 40 Coaching-Sitzungen mit 8 Führungskräften auf Video aufgezeichnet. Er hat Beobachter trainiert eine für das Coaching adaptierte Version der Cubus-Analyse durchzuführen. Beim Coaching handelte es sich um ein spezielles Coaching zur Förderung des

Transfers des Gelernten in einem Seminar zu Mitarbeitergesprächen[30]. Vier Klienten erhielten dazu ein psychodramatisch orientiertes Coaching und vier ein Vergleichscoaching mit systemischen und gesprächspsychotherapeutischen Methoden. Das psychodramatische Coaching wurde durch zwei Coachs mit einer Ausbildung zum Psychodrama-Leiter mit Verwendung von Rollenspielmethoden durchgeführt. Das Vergleichscoaching wurde von einer Personalentwicklerin mit einer Ausbildung in systemischen Methoden und Coachingerfahrung übernommen.

Wirkt nur die Ressourcen-aktivierung?

Als Erfolgsindikatoren wurden in der Untersuchung verschiedene Kriterien erhoben, insbesondere Bewertungen der einzelnen Sitzungen durch den Coach und die Klienten sowie der Zielerreichung (Goal Attainment Scale von Bergin & Garfield, 1994; Grawe et al., 1994a). Außerdem wurden die von den Führungskräften durchgeführten Mitarbeitergespräche bewertet. In den Coachingsitzungen wurden die Berner Wirkfaktoren jeweils in 10-Minutenabschnitten eingeschätzt. Nur der Wirkfaktor Ressourcenaktivierung zeigt allerdings durchgängig in beiden Coachingkonzepten den erwarteten signifikanten förderlichen Einfluss auf die Gesamtbewertungen der Sitzungen durch den Coach (r= 0,31) und den Klienten (r= 0,56) sowie der eingeschätzten Zielerreichung im Mitarbeitergespräch (r= 0,43). Bei den drei anderen Wirkfaktoren sind keine signifikanten Korrelationen nachweisbar. Die von Beobachtern eingeschätzte Problemaktualisierung zeigt sogar negative Korrelationen zur vom Klienten wahrgenommenen Ressourcenaktivierung (r= -0,29) und Problembewältigung (r= -0,50).

Wertschätzung und Unterstützung

Oben wurde die Zuordnung der einzelnen Beobachtungsitems der Cubus-Analyse kritisiert und vorgeschlagen, die Items zur Wertschätzung und emotionalen Unterstützung des Klienten aus der Skala Ressourcenaktivierung herauszunehmen. Wenn wir die Ergebnisse der Einzelkorrelationen in der Arbeit von Behrendt (2004, S. 146 f.) betrachten, finden wir, dass alle mit den höchsten Korrelationen zur Bewertung der Sitzung durch den Klienten zum Bereich „Wertschätzung und emotionale Unterstützung“ gehören (Beispiele: Der Coach „bemüht sich aktiv darum, den Klienten darin zu unterstützen, wie er gern sein möchte“ r= 0,55, „...zeigt sich mitfühlend“ r= 0,55, „...zeigt sich wertschätzend“ r= 0,52).

Ressourcen-aktivierung im engeren Sinne

Von den Items aus dem engeren Bereich „Ressourcenaktivierung“ korrelieren zwei Items niedriger („Der Coach nutzt gezielt Gelegenheiten, damit der Coachee seine positiven Fähigkeiten erleben und zeigen kann.“

[30] Behrendt (2004) hat auch die Ergebnisse zum Lerntransfer mit und ohne Coaching verglichen. Entgegen den in Anlehnung an Olivero (2001, siehe oben) formulierten Erwartungen werden die Mitarbeitergespräche ohne Transfercoaching besser bewertet (allerdings nicht signifikant). Da diese Gruppe aber wesentlich höhere Ausgangswerte hatte und bereits nach dem Seminar Maximalwerte erreichte (Deckeneffekte), sind diese Ergebnisse nicht aussagekräftig.

r= 0,46 und „Der Coach lässt den Coachee erfahren, was er selbst aktiv zum Coaching beitragen kann“ r= 0,39). Während die Bewertung der Coachingsitzungen zusätzlich mit zahlreichen weiteren Einzelitems der Cubus-Analyse korreliert, sind dies beim Kriterium Zielerreichung im Mitarbeitergespräch nur noch sechs.

Zielerreichung im MA-Gespräch

Es erscheint plausibel, dass diese mit zeitlichem Abstand zum Coaching mit einer dritten Person durchgeführten Gespräche nicht so leicht durch Wirkfaktoren vorhergesagt werden können und dass sich hier andere Zusammenhänge ergeben. Interessant ist, dass vier der sechs Korrelationen zu den eben aufgeführten gehören. Das zuletzt genannte Item zur Aktivierung eigener Beiträge des Klienten korreliert mit Abstand am höchsten (r= 0,63). Die Korrelationen der Items zur Wertschätzung und Unterstützung erreichen dagegen nur Werte zwischen r= 0,43 und 0,44.

Zwei getrennte Erfolgsfaktoren

Die exploratorischen Analysen der Korrelationen stützen unseren Vorschlag, die Items der ursprünglichen Skala „Ressourcenaktivierung“ in zwei Unterbereiche zu trennen. Die Ergebnisse lassen sind auch nach Betrachtung der Einzelkorrelationen einfach zusammenfassen. Danach können die „Wertschätzung und Unterstützung“ sowie teilweise die „Ressourcenaktivierung und Umsetzungsunterstützung“ (im engeren Sinne) als Erfolgsfaktoren empirisch belegt werden. Mit ihnen kann die Gesamtbewertung der Coachingsitzung durch den Klienten und die Zielerreichung in durch das Coaching vorbereitete Mitarbeitergespräche vorhergesagt werden.

Beziehungsqualität und Methoden

7. Brauer (2006) hat in ihrer Erhebung an 93 Klienten nach der Beziehungsqualität und Methoden gefragt, die beim Coaching häufig angewandt werden. Besonders häufig wird nach ihren Ergebnissen die Gestaltung einer vertrauensvollen Beziehungsgestaltung genannt, aber auch Zuhören, Unterstützung/Entlastung verschaffen, Reflexion, Bedeutung klären, Feedback/Konfrontation, Nachfragen, Arbeitsvorschläge machen, Reframing und Training/Simulation. Nicht sehr starke Zusammenhänge zur Zielereichung findet sie für Zuhören, Feedback, Bedeutung klären und Reflexion. Wenn die Ziele nicht spezifisch geklärt werden, kann dies anscheinend durch Training oder Simulation kompensiert werden.

Spezifische Ziele und Zielerreichungskontrollen

Eine der theoretischen Grundlagen der Befragung von Brauer (2006) ist die Zielsetzungstheorie von Locke und Latham (1984). Sie erwartet daher, dass die Zielerreichung von der Spezifität der Ziele (oder Zielkonkretisierung), Schwierigkeit der Ziele, Einbindung des Vorgesetzten und Zielerreichungskontrolle abhängt. Nach den Ergebnissen ihrer Befragung der Klienten werden im Verlauf des Coachings die Ziele häufig durch Kriterien spezifiziert, Subziele formuliert und Prioritäten erstellt. Für Zielerreichungskontrollen erfolgen regelmäßiges Nachfragen des Coachs, gemeinsame Zwischenbilanzen und Rückmeldungen des Coachs. Die gefundenen signifikanten statistischen Zusammenhänge dieser Erfolgsfaktoren mit dem Zielerreichungsgrad nach dem Coaching stehen im Einklang mit den theoretischen Erwartungen.

Zielschwierigkeit unwichtig?

Nach der Zielsetzungstheorie ist es motivierender, erreichbare Ziele zu verfolgen, die schwierig und herausfordernd sind. Die Zielschwierigkeit (siehe oben, Abschnitt 3.3.2) zeigt jedoch nach den Ergebnissen von Brauer (2006) nicht die erwarteten Zusammenhänge zur Zielerreichung. Möglicherweise liegt dies daran, dass Coaching und Gespräche mit Führungskräften sich grundlegend unterscheiden. Beim Coaching geht es primär um komplexe individuelle Ziele der Selbstveränderung durch eine Förderung der Selbstreflexion. Beim Gespräch mit dem Vorgesetzten stehen dagegen konkrete organisationale Ziele und Leistungen im Vordergrund (siehe dazu auch Grant, 2006a, Abschnitt 3.3.2).

Freiwilligkeit ohne Wirkung?

Freiwilligkeit ist nach herkömmlichen Auffassungen eine wichtige Voraussetzung für den Erfolg von Coaching. Entgegen den Erwartungen findet Brauer (2006) allerdings keine signifikanten Zusammenhänge zwischen Freiwilligkeit und Zielerreichung (siehe zur Freiwilligkeit ausführlich oben, Abschnitt 3.5.1).

Wichtigkeit der Ziele

8. Willms (2004) hat in seiner oben ausführlich wiedergegebenen Vergleichsuntersuchung an 76 Studierenden überprüft, ob sich die Zielerreichung nach seinem Coaching-Programm zwischen den Untergruppen unterscheidet, die diese Ziele als wichtig oder unwichtig einschätzen. Die Ergebnisse zeigen keine signifikanten Unterschiede und auch nicht für die Untergruppen die ihre Ziele als konkret oder und weniger konkret einschätzen. Das gleiche gilt auch für die Kontrollgruppen.

Persönlichkeitsmerkmale

Beharrlichkeit Engagement

Wie bereits oben erwähnt, hat Willms (2004) auch überprüft, ob Personen mit bestimmten, hoch und niedrig ausgeprägten Persönlichkeitsmerkmalen besser oder schlechter in der Zielerreichung sind. In der *Coaching-Gruppe* erreicht die Untergruppe mit größerer Beharrlichkeit einen signifikant höheren Zielerreichungsgrad. Auch die Untergruppe mit höherem in das Coaching mitgebrachtem Engagement profitiert mit besserer Zielerreichung. In der *Kontrollgruppe* sind diese Merkmale nach den Untergruppenvergleichen ebenfalls förderlich für die Zielerreichung. Hier findet er aber auch bei weiteren Ausgangsmerkmalen wie Entschlossenheit und Einflussbekämpfung positive Zusammenhänge. Auch die Konkretheit der Ziele und günstige Gelegenheiten zur Umsetzung der Ziele werden in dieser Gruppe signifikant. Dies ließe sich so interpretieren, dass in der Kontrollgruppe fördernde Voraussetzungen nützlicher sind, als beim Coaching, wo ihr Fehlen durch das Programm kompensiert werden kann.

Gute Beziehung, konkrete Ziele und Veränderungsmotivation

9. Mäthner et al. (2005) haben 89 Coachs und 74 ihrer Klienten befragt und exploratorische Regressionsanalysen zur Vorhersage verschiedener Erfolgskriterien durch die Beziehungsqualität (Skala mit sieben Fragen), Konkretisierung der Ziele und Veränderungsmotivation durchgeführt. In-

teressant ist, dass sich unterschiedliche Zusammenhänge je nach Bewertungsmerkmal ergeben, das vorhergesagt wird. Am höchsten ist die Treffsicherheit der Vorhersage bei der Zufriedenheit (R^2=0.48) durch die Erfolgsfaktoren Veränderungsmotivation des Klienten, Zielkonkretisierung und Beziehungsqualität (eingeschätzt durch die Klienten). Geringer ist sie bei den verhaltensbezogenen Wirkungen (R^2=0.26) mit den Prädiktorvariablen Veränderungsmotivation des Klienten und Zielkonkretisierung. Bei der Zielerreichung liegt sie noch niedriger (R^2=0.19) und stützt sich nur noch auf eine gute Coaching-Beziehung als Erfolgsfaktor.

Theoretisch begründetes Wirkmodell

10. Runde und Bastians (2005), haben in ihrer oben erwähnten Untersuchung an einer Stichprobe von 67 Klienten ebenfalls mit multiplen Regressionen zur statistischen Vorhersage des Coachingserfolgs ermittelt. Theoretische Grundlagen sind hier die Expertenbefragung von Heß und Roth (2001) zur Prozessqualität beim Coaching, speziell zur Beziehungsqualität und zur Klärung der Ziele und Erwartungen an das Coaching sowie Annahmen zur Analyse oder Diagnose der Besonderheiten des Einzelfalls und zur Anpassung des Vorgehens an die individuellen Besonderheiten, die aus unserer Theorie über organisationale Veränderungen (Greif, Runde & Seeberg, 2004) übertragen wurden:

Beziehungsqualität

1. Als erster und stärkster Erfolgsfaktor wird die von Runde (2003, siehe oben, Kasten 3.11) in seinem Fragebogen S-C-Eval konstruierte Skala zur Beziehungsqualität herangezogen (mit Fragen zur Einschätzung von Beziehungsmerkmalen wie Vertrauen, Akzeptanz, Offenheit des Coachs).

Individuelle Diagnose

2. Der zweitstärkste Faktor bezieht sich auf die individuelle Analyse und Diagnose der Stärken und Schwächen des Klienten (z.B. „Der Coach machte sich anfangs ein genaues Bild von meinen Stärken und Schwächen“).

Anpassung an den einzelnen Klienten

3. Als dritter Faktor wird eine Skala zur individuellen Anpassung des Coachings an den Klienten verwendet (z.B. „Ich konnte den Prozess mitbestimmen“, „Der Coach stellte sich flexibel auf meine Bedürfnisse ein“). Theoretischer Hintergrund ist hier die Annahme, dass erfolgreiches Coaching nicht vollständig durch allgemeine Faktoren oder standardisierte Methoden erzielt werden kann, sondern eine Anpassung an die Besonderheiten des Einzelfalls erfordert und die Einbeziehung des Erfahrungswissens der Beteiligten.

Zieldefinition am Anfang

4. Der vierte Faktor erfasst die Klarheit der Zieldefinition und Erwartungen zu Beginn des Coachings („Der Coach machte deutlich, was er leisten kann und was er nicht leisten kann“, „Er machte deutlich, was er von mir erwartet“).

Vorhersage des Erfolgs

Abbildung 3.6 gibt das Wirkmodell und die Ergebnisse der Regressionsanalyse wieder. Der Coachingerfolg wird durch eine zuverlässige Skala eingeschätzt (mit Fragen zur Zufriedenheit und Zielerreichung aus der Sicht des Klienten, siehe oben Kasten 3.11). Der Erfolg kann mit den vier Faktoren insgesamt befriedigend vorhergesagt werden (R^2= 0,39). Die Werte an den Pfeilen zeigen die Stärke der signifikanten Zusammenhänge (standardisierte Beta-Koeffizienten).

Engere Zusammenhänge

Wie in der Abbildung 3.6 wiedergegeben wird, ist die Beziehungsqualität der mit Abstand stärkste Faktor. Diesen Faktor haben parallel auch Mäthner et al. (2005) in der oben wiedergegebenen Untersuchung gefunden.

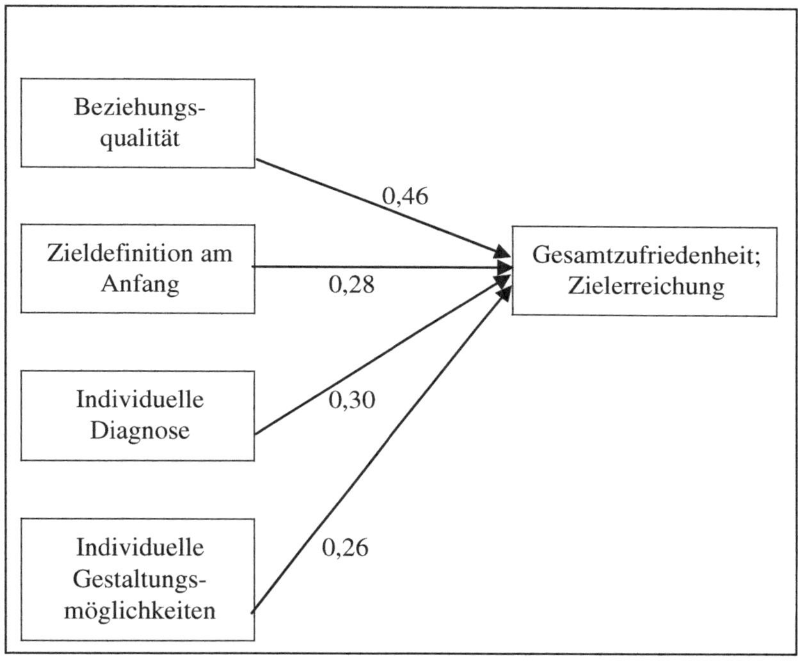

Abb. 3.6: Wirkmodell von Runde und Bastians (2005)

Sehr konkrete Ursachen

Zur Erfassung der spezifischen Erfolgsfaktoren im konkreten Einzelfall haben Runde und Bastians (2005) sowie Krebs (2007) und Mellmann (2007) Change Explorer-Interviews eingesetzt (zur Beschreibung siehe Kasten 3.11 oben). Im Unterschied zu den oben wiedergegebenen qualitativen Interviews durch von Bose, Martens-Schmidt und Schuchardt-Hain (2003) wird hier nicht nach allgemeinen Ursachen für erfolgreiches Coaching gefragt, sondern nach den konkreten Ursachen für bestimmte Ergebnisse in jedem einzelnen Fall. Bei den Antworten werden durchaus auch allgemeine Erfolgsfaktoren, wie „gleiche Wellenlänge" oder „fördernde Rahmenbedingungen durch die Wertschätzung des Coachs" angesprochen oder Misserfolgsfaktoren wie erzwungenes Coaching oder fehlende Selbstreflexion (nach Einschätzung des Coachs). Überwiegend werden bei erfolgreichem Coaching aber vielfältige spezifische Ursachen genannt (siehe Krebs, 2007; Mellmann, 2007). So wird in einem vom Coach berichteten Fall die Verbesserung der Teamleistung teilweise als Ergebnis durch die durch den Coach vermittelte Methode der Potenzialanalyse und differenzierteres Führungsverhalten erzielt. In einem anderen Fall erhielt der Klient vom Coach bestimmte Infomaterialien, die er praktisch nutzen konnte (z.B. einen Artikel zur Einarbeitung neuer Mitarbeiter/innen) oder es wurde eine Rollenspielübung zu einem Mitarbeitergespräch durchgeführt.

Zusammenfassung und Folgerungen

Empirische Überprüfung

Wie die Beschreibung von zehn exemplarischen Untersuchungen zeigt, gibt es einige wenige Forschungsarbeiten zu den Voraussetzungen und Erfolgsfaktoren beim Coaching. In vielen Untersuchungen werden Coachs dazu befragt, welche Faktoren nach ihrer Erfahrung wichtige Voraussetzungen und Erfolgsfaktoren sind. Erfahrungen von Profis sind eine wichtige Ideenquelle für die Evaluationsforschung. Ob aber die Erfolgsfaktoren, die nach diesen Ideen angenommen werden, tatsächlich die erwarteten Wirkungen auf die Ergebnisse beim Coaching haben, ist eine Frage, die eindeutig mit empirisch-wissenschaftlichen Methoden überprüft werden kann. Im Idealfall wären dazu experimentelle Anordnungen erforderlich, in denen die Stärke der Faktoren (z.B. die von Coach gezeigte Wertschätzung) systematisch variiert wird. Wenn die Ergebnisse (z.B. der Zielerreichungsgrad) von der Stärke der Erfolgsfaktoren abhängen, hat man nachgewiesen, dass die Faktoren die Ergebnisse verursachen. Derartige Untersuchungen fehlen bislang. Immerhin gibt es aber mehrere Erhebungen, in denen Korrelationen zwischen hypothetischen Erfolgsfaktoren und Ergebnissen ermittelt werden. Korrelationen erlauben allerdings nur Zusammenhangsüberprüfungen und keine eindeutige Klärung der Wirkungsrichtung, insbesondere wenn sowohl die Faktoren als auch Ergebnisse durch subjektive Befragungen erhoben werden.

Wertschätzung und Ressourcenaktivierung

Aussagekräftiger ist die Beobachtungsstudie von Behrendt (2004). Hier wurde das Verhalten der Coachs durch trainierte Beobachter erfasst. Die Bewertungen der Sitzungen durch die Coachs und Klienten wurden unabhängig und zu einem späteren Zeitpunkt erhoben. Dadurch kann man annehmen, dass das mit den Bewertungen korrelierende Verhalten die Bewertungen beeinflusst hat. Nach der Analyse der Einzelkorrelationen der Beobachtungsitems können wir annehmen, dass die *Wertschätzung und emotionale Unterstützung* sowie die *Ressourcenaktivierung und Umsetzungsunterstützung* (siehe dazu Abschnitt 3.3.1) ursächlich mit der positiven Bewertung des Coachings durch den Klienten zusammenhängen. Die

Wertschätzung wurde auch in der Untersuchung von (Brauer, 2006, 2005) als Faktor gefunden, der mit den Ergebnissen beim Coaching korreliert. Die beiden Regressionsanalysen von Mäthner et al. (2005) sowie Runde und Bastians (2005) zur Vorhersage der Zufriedenheit der Klienten ergeben ebenfalls, dass der Faktor Wertschätzung (oder Beziehungsqualität, wie sie ihn nennen) die Zufriedenheit des Klienten mit dem Coaching vorhersagt. Die Wertschätzung und Unterstützung des Klienten durch den Coach kann deshalb als allgemeiner Erfolgsfaktor angesehen werden, der durchgängig empirisch belegt wurde.

Unterschiede zur Psychotherapie

Andere Wirkfaktoren und Basisvariablen aus der Psychotherapie konnten empirisch nicht nachgewiesen werden (Behrendt, 2004; Dzierzon, 2004). Möglicherweise zeigen sich daran die postulierten Unterschiede von Coaching und Psychotherapie. Vermutlich sind aber die Fragebögen und Beobachtungsskalen für das Feld Coaching lediglich zu „klinisch" formuliert und für die Erfassung der Wirkfaktoren nicht optimal geeignet. Die allgemeinen Wirkfaktoren, z.B. Wertschätzung und Empathie oder Problembewältigung können gleich sein, müssen aber zielgrupppenangemessen spezifiziert und formuliert werden (siehe Abschnitt 3.3.1). Auch das verweist auf Unterschiede zwischen Coaching und Psychotherapie. Führungskräfte sind eher handlungsorientiert und erwarten, dass der Coach sie direkt und ohne Umschweife anspricht. Psychotherapeuten müssen dagegen oft vorsichtiger und indirekter arbeiten und die inneren Konflikte und Emotionen des Klienten eingehend analysieren, ehe mögliche Handlungen reflektiert und geplant werden können.

Weitere Erfolgsfaktoren

In einzelnen korrelativen Untersuchungen als förderliche Voraussetzungen bestätigt wurden eine *Zieldefinition zu Beginn des Coachings* durch den Coach (Runde & Bastians, 2005) sowie die *Änderungsmotivation* des Klienten (Mäthner et al., 2005) und *Beharrlichkeit* des Klienten bei der Zielverfolgung (Willms, 2004). Weitere Erfolgsfaktoren sind *Zielkonkretisierung* im Verlauf (Mäthner et al., 2005; Willms, 2004), sowie eine individuelle *Diagnose,* und *Anpassung* des methodischen Vorgehens an den Klienten und die Situation (Runde & Bastians, 2005).

3.6.3 Zusammenfassendes Strukturmodell

Praxis dominiert die Forschung

Lowman (2005) resümiert den derzeitigen Stand der Coachingforschung im Sonderheft zum Executive Coaching, einer der in diesem Bereich führenden amerikanischen Fachzeitschriften, Consulting Psychology Journal: Practice & Research. Wie er meint, dominiert die Praxis die Forschung. Sehr kritisch und pointiert merkt er an, dass es nicht genügt, starke Annahmen und Behauptungen aufzustellen. Er fordert mehr empirische Forschung, die die angenommenen Wirkungen bestätigen. Lowmans Forderung können wir unterstreichen. Aber wenn wir, wie in der vorgelegten Übersicht zum Forschungsstand, auch die so genannte graue Literatur und

Tagungsbeiträge zur Coachingforschung mit auswerten, fällt das Resümee nicht so negativ aus. Es gibt immerhin bereits methodisch sorgfältige Untersuchungen, die das realisieren, was Lohmann einfordert.

Noch keine Meta-Analysen möglich

Für zusammenfassende Meta-Analysen liegen noch nicht genügende aussagekräftige Untersuchungen vor. Ein Problem für jede Art Zusammenfassung ist die Heterogenität der Untersuchungen. Die Klientenstichproben sind unterschiedlich. In den Untersuchungen werden sehr verschiedenartige Coaching-Interventionen eingesetzt. Offensichtlich beginnt Coaching auch in der Forschung ein populärer Container-Begriff (Böning & Fritschle, 2005) zu werden. Manche Interventionen ähneln Zielsetzungsmethoden. Andere sind mit ein bis drei Sitzungen sehr kurz und können bestenfalls als eine Art Mini-Coaching gelten. Es ist deshalb eine offene Frage, ob sie nach der hier zugrunde gelegten Definition als Coaching bezeichnet werden können.

Coachingschulen

Im Coaching gibt es verschiedene Schulen oder Richtungen (vgl. die Übersicht von Rauen, 2001; Stober & Grant, 2006). Dies bildet sich auch in der Forschung ab. Interessant ist hier die vergleichende Untersuchung von psychodramatischem und systemischem Coaching durch Behrendt (2004). Er orientiert sich an den Ergebnissen und Methoden von Grawe et al. (1994b) in der Psychotherapieforschung, die schulenübergreifende Wirkfaktoren gefunden haben. Eine interessante Frage ist, ob sich dieses Ergebnis in der künftigen Coachingforschung bestätigen und verallgemeinern lässt.

Äpfel und Birnen?

Das Sprichwort, dass man nicht Äpfel und Birnen vergleichen sollte, lässt sich teilweise auch auf die Coachingforschung anwenden. Auch für die Forschung brauchen wir Abgrenzungsmerkmale und Standards dafür, was als Coaching gelten kann. Eine schulenübergreifende Evaluationsforschung braucht als Grundlage dafür eine gemeinsame Coachingdefinition und Qualitätsprüfung der Coachingkonzepte und Coachs.

Kaum gemeinsame Kriterien und Wirkfaktoren

Die Forschungsergebnisse sind auch deshalb schwierig zusammenzufassen, weil die untersuchten Wirkfaktoren und Bewertungskriterien für den Coachingerfolg sehr heterogen und schwer vergleichbar sind. In mehreren Untersuchungen werden Zielerreichungsgrad und die Klientenzufriedenheit als allgemeine Bewertungskriterien mit ähnlichen Skalen eingeschätzt. Bei den Wirkfaktoren finden sich Ähnlichkeiten lediglich bei den Faktoren Beziehungsqualität und Zielkonkretisierung (bzw. Spezifität der Ziele). Besonders gravierend ist, dass sich die Untersuchungen auf sehr unterschiedliche Arten von Problemen (oft werden sie nur sehr ungenau oder gar nicht beschrieben) oder auf verschiedenartige Personengruppen beziehen. Die beginnende Coachingforschung muss methodisch und hinsichtlich der Problemtypen und Personengruppen besser vergleichbar werden, damit eindeutige Nachweise für den Nutzen von Coaching möglich sind. Als Grundlage fehlen ferner wissenschaftliche Systematisierungen und praxisbezogene theoretische Analysen der hypothetischen Wirkungen und Probleme bei bestimmten Problemtypen und Personengruppen unter Berücksichtigung der Kontextbedingungen und spezifischen Situationen.

Unübersichtliches Terrain

Nach den angesprochenen vielfältigen Problemen kann man bezweifeln, ob es derzeit bereits möglich ist, ein Wirkmodell zu erstellen, das den empirischen Forschungsstand zusammenfassend abbilden kann. Das Terrain ist sehr unübersichtlich und die Grundlage empirisch bestätigter Wirkungen ist nicht gerade fest. Wissenschaft sollte sich nach meiner Meinung aber nicht nur auf sicherer Grundlage bewegen und ausgetretenen Pfaden folgen, sondern auch das Risiko eingehen, mögliche Wege durch unsicheres ungewisses Terrain aufzuzeigen und die dafür vorhandenen Informationen nutzen. Allerdings dürfen dabei nicht bestätigte Annahmen nicht als „empirisch abgesichert" ausgegeben werden.

Ein orientierendes Wirkmodell

Das folgende, in Abbildung 3.7 wiedergegebene Wirkmodell ist nicht mehr, aber auch nicht weniger, als ein Versuch, eine vorläufige Orientierungsgrundlage zu entwickeln. Das Modell ist noch nicht „empirisch abgesichert". Zwar werden Merkmale eingeführt, zu denen wie oben dargestellt patchworkartig empirische Erhebungen vorliegen, aber nur bei einzelnen Wirkmerkmalen wie Beziehungsqualität oder Bewertungskriterien wie Zielerreichungsgrad, Zufriedenheit und Verbesserungen des psychischen Befindens der Klienten finden wir mehrfach bestätigte Zusammenhänge mit vergleichbaren Untersuchungsinstrumenten.

Erläuterung der Abbildung

Mehrfach bestätigte Wirkfaktoren werden in der Abbildung 3.7 durch dick umrandete Kästen wiedergegeben. Die Merkmale und Zusammenhänge, die nur durch einzelne Untersuchungen abgesichert sind, werden nur einfach umrandet. Die gestrichelt umrandeten Merkmale sind hypothetisch und stützen sich lediglich auf qualitativen Befragungen. Hier kann bisher nur auf begonnene empirische Untersuchungen verwiesen werden.

Theoretisches Orientierungsmodell

Das Modell stützt sich nicht allein auf Forschungsergebnisse, sondern auch auf die eigenen Erfahrungen und die in diesem Buch entwickelten Annahmen. Es kann deshalb auch als eine theorieorientierte Zusammenfassung zum Stand der Forschung und praktischer Beobachtungen bezeichnet werden. Damit es als Orientierungsmodell übersichtlich bleibt, können im Modell nicht alle in der Theorie und Forschung behandelten Merkmale und Ergebnisse aufgenommen werden.

Voraussetzungen

Fachliche Glaubwürdigkeit des Coachs

Im Wirkmodell in Abbildung 3.7 werden bei den Voraussetzungen erfolgsförderliche Merkmale aufgeführt, die vom Klient und Coach in das Coaching mitgebracht werden. Die Voraussetzungen, die der Coach mitbringen muss, um Erfolge im Coaching zu ermöglichen, sind vielschichtig. In Kapitel A 3.4 (Annahmengruppe P 3.4) werden die Eigenschaften und Fähigkeiten, Coaching-Ausbildung und Coaching-Kompetenzen eingehend analysiert. Ein einfach zu erfassendes bereits empirisch untersuchtes Merkmal aus diesem Komplex ist die fachliche Glaubwürdigkeit des Coachs (Sue-Chan & Latham, 2004).

Klärung der Ziele und Erwartungen

In der Expertenbefragung von Heß und Roth (2001) werden hohe Erwartungen der Klienten an die Fachkompetenzen des Coachs ebenfalls thematisiert. Nach der qualitativen Befragung durch von Bose et al. (2003) erwarten die Führungskräfte, dass der Coach fachlich auf der Höhe seiner Profession ist und ein umfassendes „Rundumwissen" besitzt. Nach Heß und Roth (2001) soll der Coach dem Klienten die Ziele beim Coaching, sein Coachingkonzept und sein methodisches Vorgehen erklären. Runde und Bastians (2005) konnten empirisch bestätigen, dass die Definition der allgemeinen Coachingziele und die Klärung der Erwartungen des Klienten an das Coaching zu Beginn des Coachings mit der Zielerreichung und der Klientenzufriedenheit zusammenhängen. Die Klärung der Ziele und Erwartungen am Anfang des Coachings wird deshalb als Voraussetzung in das Strukturmodell aufgenommen.

Veränderungsbereitschaft und -motivation

Als Voraussetzung bei den Klienten wird als erstes Merkmal die Veränderungsbereitschaft und -motivation des Klienten aufgeführt (Mäthner et al., 2005). Die Bedeutung dieser Voraussetzung für den Coachingerfolg wird in Abschnitt 3.5.2 zur Persönlichkeit des Klienten behandelt (Annahme A 3.5, praktische Folgerungen P 3.5).

Reflexivität

Misserfolge beim Coaching werden von manchen Coachs auf fehlende Reflexivität des Klienten zurückgeführt (Krebs, 2007). Reflexivität wird dabei als eine Fähigkeit angesehen, die Klienten in unterschiedlicher Stärke in das Coaching mitbringen. In Kapitel 1.2 wird der angenommene Einfluss dieses Merkmals ausführlich dargelegt (Grundannahme G 1). Dabei wird zwischen ergebnisorientierter Problemreflexion und Selbstreflexion und ständigem ziellosen Grübeln unterschieden. Die theoretisch erwarteten Zusammenhänge zwischen einer ergebnisorientierten Problem- und Selbstreflexivität als Kompetenz oder Eigenschaft des Klienten und dem Erfolg oder Misserfolg beim Coaching wurden jedoch bisher noch nicht empirisch untersucht, sind aber geplant (vgl. Annahme A 3.5.7).

Beharrlichkeit

Willms (2004) hat empirisch belegt, dass Beharrlichkeit bei der Zielverfolgung eine Eigenschaft der Klienten ist, die mit dem Zielerreichungsgrad korreliert. Die theoretischen Grundlagen dieser Voraussetzung für den Coachingerfolg werden in Kapitel 3.5 (Annahme A 3.5, praktische Folgerungen P 3.5) behandelt.

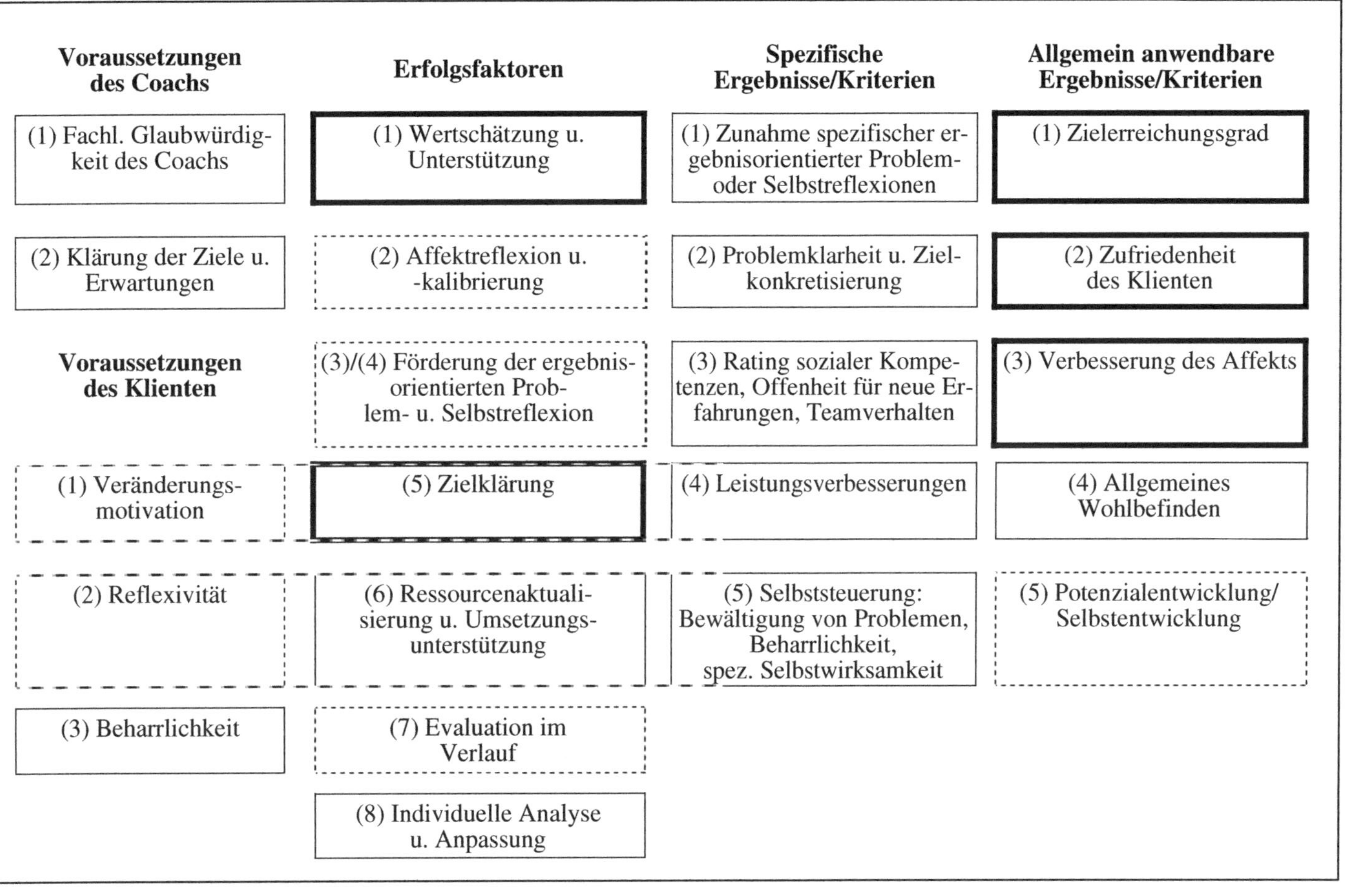

Abb. 3.7: Strukturmodell der Wirkungen beim ergebnisorientierten Einzelcoaching

Erfolgsfaktoren im Coachingprozess

Was sind Erfolgsfaktoren?

Die Erfolgsfaktoren im Coachingprozess beziehen sich auf Merkmale, die im allgemeinen in der Interaktion zwischen Klient, Coach und ihrer Umgebung realisiert und aufrechterhalten werden müssen, damit das Coaching zum Erfolg führt. Die Zusammenstellung der Erfolgsfaktoren im Strukturmodell stützt sich auf die Systematisierung der methodischen Erfolgsfaktoren im Coachingprozess, ergänzt durch die Annahme, dass das methodische Vorgehen individuell diagnostiziert und an den spezifischen Fall angepasst werden soll.

1. Wertschätzung und emotionale Unterstützung
2. Affektreflexion und -kalibrierung
3. Ergebnisorientierte Problemreflexion
4. Ergebnisorientierte Selbstreflexion
5. Zielklärung
6. Ressourcenaktivierung und Umsetzungsunterstützung
7. Evaluation der Fortschritte im Verlauf
8. Individuelle Anpassung und Analyse

In Kapitel 3.3.3. (Annahmengruppe 3.3) werden die theoretischen Grundlagen ausführlich dargelegt. Im Folgenden wird der Forschungsstand zu den einzelnen Erfolgsfaktoren kurz zusammengefasst.

Wertschätzung und Unterstützung

1. Wertschätzung und emotionale Unterstützung des Klienten und andere Merkmale der Beziehungsqualität werden in mehreren Untersuchungen als Erfolgsfaktor gefunden (Mäthner et al., 2005; Runde & Bastians, 2005; Behrendt, 2004).

Affektreflexion und -kalibrierung

3. Die Förderung der Affektreflexion und -kalibrierung des Klienten sind methodisch anspruchsvolle Anforderungen an den Coach. Bisher gibt es noch keinen eindeutigen empirischen Nachweis für den theoretisch erwarteten Einfluss dieses Erfolgsfaktors auf die Selbstberuhigung und das Wohlbefinden von Klienten sowie den Selbstzugang. Eine erste Pilotstudie zu diesem Thema hat Gleich (2007) durchgeführt. Diese vielversprechenden Untersuchungen sollten weitergeführt werden.

Aktivierung von Problem- und Selbstreflexionen

3./4. Die Annahme, dass ergebnisorientierte Problemreflexionen oder Selbstreflexionen ein Kern- und Qualitätsmerkmal professionellen Coachings darstellen, wird in der Grundannahme G 2(1) der vorliegenden Theorie (siehe Kapitel 2.2) formuliert. Wie sie beim Coaching durch bildhafte Techniken, direkte und zirkuläre Fragen sowie Feedforward und gezieltes Feedback aktiviert werden können, wird in Kapitel 3.3 und Annahme 3.3(2) behandelt. Die Hypothese, dass in den Coachingsitzungen ergebnisorientierte Problemreflexionen oder Selbstreflexionen auftreten, konnte jedoch bisher noch nicht belegt werden. Zur Erfassung der ergebnisorientierten Problemreflexion und Selbstreflexion wurden Beobachtungsskalen entworfen (siehe Kasten 3.8). Die erwartete Aktivierung von Problem- oder Selbstreflexionen in Coachingsitzungen wird in einer bereits begonnenen Beobachtungsstudie überprüft (Schmidt & Thamm, in Vorber.).

Zielklärung

5. Die Konkretisierung oder Klärung der Ziele des Klienten im Verlauf des Coachings (manche sprechen hier auch von Spezifizierung der Ziele) wurde in Anlehnung an die Zielsetzungstheorie und Weiterführungen eingeführt (siehe Kapitel 3.3, Annahme A 3.3). Ihre Bedeutung als Prädiktor für die Zielereichung wurde bereits in drei Untersuchungen bestätigt (Brauer, 2006; Mäthner et al. 2005, Willms, 2004).

Ressourcenaktivierung und Umsetzungsunterstützung

6. Der Faktor Ressourcenaktivierung wird nach der vorliegenden Systematisierung enger gefasst und speziell auf die Ressourcen des Klienten zur Umsetzung seiner Ziele und Problemlösungen bezogen. Dieser Faktor wurde Ressourcenaktivierung und Unterstützung genannt. Erste Belege für die Trennbarkeit des Faktors und seinen Einfluss auf den Coachingerfolg finden sich in den oben wiedergegebenen Analysen der Korrelationen der Einzelitems der Beobachtungsstudie von Behrendt (2004). Danach korreliert er eng mit der Zielerreichung in den durch Coaching vorbereiteten Mitarbeitergesprächen von Führungskräften und mit der Gesamtbewertung der Coachingsitzungen durch die Klienten. Weitere Untersuchungen sind erforderlich und geplant.

Evaluation der Fortschritte im Verlauf

7. Es gibt professionelle Coachs, die sich nach fast jeder Sitzung von ihren Klienten Feedback zu den Fortschritten des Coachings holen. Durch diese einfache Evaluationsmethode überprüfen sie die Ergebnisorientierung im Prozess und Zufriedenheit des Klienten. Wenn sich dabei Probleme zeigen, können sie frühzeitig darauf reagieren und zusammen mit dem Klienten Lösungen suchen.

Feedback des Klienten nutzen

Führungskräfte sind in ihrem Feedback oft sehr offen und sagen es direkt, wenn sie mit dem Vorgehen beim Coaching, mit den erarbeiteten Lösungen oder der fachlichen Beratung nicht zufrieden sind. Sozial kompetente Coachs sollten aber auch Andeutungen und indirekte Unzufriedenheitsäußerungen wahrnehmen und interpretieren können. Zu erwarten ist deshalb, dass durch die regelmäßige Evaluation der Fortschritte im Verlauf und die daraus abgeleiteten Prozessverbesserungen die Erfolgschancen des Coachings steigen. Eine empirische Überprüfung dieser plausiblen Annahme steht allerdings noch aus.

Analyse und Anpassung an den Einzelfall

8. Wie in den allgemeinen theoretischen Grundannahmen ausgeführt wurde, unterscheiden sich die Klienten in ihren spezifischen motivationalen Voraussetzungen, Persönlichkeitseigenschaften, Fähigkeiten und Handlungskompetenzen. Außerdem ist der soziale Kontext jeweils verschieden. Jedes Coaching hat eine besondere Vorgeschichte. Um erfolgreich zu sein, müssen die Analyse und das methodische Vorgehen an den

individuellen Klienten und die Spezifität des Einzelfalls angepasst werden. Runde und Bastians (2005) bestätigen in ihrer Untersuchung, dass sowohl die Anpassung der Analysen und Diagnosen sowie die Anpassung der Interventionen an den Einzelfall Wirkfaktoren sind, durch die der Zielerreichungsgrad und die Klientenzufriedenheit vorhergesagt werden können.

Befragungen und Beobachtungen

Um die Erfolgsfaktoren im Coachingprozess zu untersuchen, ist es erforderlich, direkt nach den einzelnen Coachingsitzungen aufwendige Befragungen, möglichst sogar Beobachtungen der Coachingsitzungen durchzuführen. Orientiert an den in Abschnitt 3.3.3 beschriebenen Ratings der methodischen Erfolgsfaktoren im Coachingprozess (siehe Kasten 3.8) wurden dazu drei empirische Untersuchungen begonnen: 1. eine experimentelle Untersuchung zum Einzelcoaching von Studierenden der Betriebswirtschaft und Jura zur Verringerung des Aufschiebeverhaltens (Procrastination) beim Lernen für Prüfungen (Schmidt & Thamm, in Vorber.), in der komplette Videoaufzeichnungen aller Sitzungen von 14 Coachings mit Beobachtungsskalen ausgewertet werden, 2. eine Beobachtungsstudie zu Unterschieden und gemeinsamen Wirkfaktoren zwischen Coaching und Psychotherapie (Borsum, in Vorber.) in der Tonaufnahmen aus Coachingsitzungen und Psychotherapien mit Beobachtungsskalen analysiert werden und 3. eine Untersuchung zum Vergleich des Coachings von Top-Managern und anderen Managementebenen (Böning, in Vorber.), bei der eine modifizierte Befragungsversion des Ratinginstruments eingesetzt wird.

Coachingerfolg: Spezifische Kriterien

Heterogene Merkmale

In der Evaluationsforschung zu den Wirkungen von Coaching finden wir eine Vielzahl heterogener und sehr spezieller Kriterien und Bewertungsmerkmale, die herangezogen werden, um den Erfolg zu belegen. Sie lassen sich kaum angemessen zusammenfassen, wie bereits oben in Abschnitt 3.6.1.2 festgestellt wurde. Im Wirkmodell in Abbildung 3.7 werden grob fünf Gruppen von Merkmalen unterschieden. Zu den Einzelmerkmalen jeder Kriteriengruppe wurden in der Darstellung oben jeweils experimentelle Vergleichsuntersuchungen beschrieben, die unter die sehr verschiedenen spezifischen Ergebnisse, bzw. Kriterien aus einzelnen Evaluationsstudien subsumiert werden.

Zunahme spezifischer ergebnis-orientierter Reflexionen

(1) Die erste in Abbildung 3.7 wiedergegebene Gruppe von Ergebnissen des Coachings bezieht sich auf eine Zunahme spezifischer ergebnisorientierter Problemreflexionen oder Selbstreflexionen. In der Grundannahme G 1(6) wird allgemein postuliert, dass Selbstreflexionen Potenziale zur bewussten Selbstveränderung sind. Nach den empirisch prüfbaren Hypothesen in Annahmengruppe A 3.2 wird erwartet, dass Selbstreflexionen nicht nur durch Coaching, sondern auch durch andere Ereignisse und Situationen, wie z.B. Misserfolge und Erfolge in Prüfungen ausgelöst

werden. Wie in Kapitel 3.3 beschrieben und in Annahme 3.3(2) angenommen wird, werden im Coachingprozess intensive ergebnisorientierte Problemreflexionen oder Selbstreflexionen aktiviert. Nach der Annahme werden sie auch nach dem Coaching zumindest eine zeitlang häufiger auftreten, bis sie sich, durch Alltägliches überlagert, allmählich wieder abschwächen. Wie dargelegt, sollte Coaching allerdings nicht ein allgemeines kreisendes Grübeln über sich selbst fördern, sondern *spezifische* auf die jeweiligen Probleme und Lösungen bezogene *ergebnisorientierte* Selbstreflexionen.

Erste Bestätigung

Erfasst werden können spezifische ergebnisorientierte Problemreflexionen oder Selbstreflexionen durch den oben in Abschnitt 1.2.2 (Kasten 1.1) wiedergegebenen und von Berg (2007) faktorenanalytisch überprüften Fragebogen (FePS). Zur Überprüfung der Annahme wurde der FePS in der experimentellen Vergleichsuntersuchung von Schmidt und Thamm (in Vorber.) zum Coaching von Aufschiebeverhalten (Procrastination) beim Lernen für Prüfungen von BWL- und Jura-Studierenden eingesetzt (N= 12 in der Einzelcoaching-Gruppe und N= 17 in der Wartekontrollgruppe, per Zufall zugewiesen). Die Ergebnisse einer Varianzanalyse mit Messwiederholungen mit der bei für das Aufschiebeverhalten spezifischen FePS-Skala „Reflexion der Selbstorganisation“ zeigen den erwarteten signifikanten Interaktionseffekt ($p= 0{,}029$, $Eta^2= 0{,}165$). Da die Gesamtauswertung der Ergebnisse noch nicht abgeschlossen ist, wurde die Arbeit von Schmidt und Thamm (in Vorber.) noch nicht in die obige Zusammenstellung experimenteller Vergleichuntersuchungen aufgenommen.

Problemklarheit und Zielkonkretisierung

(2) Die zweite Gruppe beinhaltet Merkmale wie größere Problemklarheit und Zielkonkretisierung als spezifisches Ergebnis von Coaching. Offermanns (2004) hat in ihrer Untersuchung gezeigt, dass nach Einzelcoaching größere Problemklarheit resultiert. Sie belegt dies durch eine methodische Auswertung des von ihr konstruierten Problem-Struktur-Interviews. Willms (2004) hat die von ihm untersuchten Personen aufgefordert, die Zielvergegenwärtigung und Konkretheit der verfolgten Ziele einzuschätzen. Nach dem Coaching sind die Werte für Zielvergegenwärtigung und Konkretheit der Ziele besser als die der Kontrollgruppe.

Ratings sozialer Kompetenzen, Teamverhalten und Offenheit

(3) Die dritte Gruppe umfasst Merkmale mit Schwerpunkt im Bereich der Verbesserung der Interaktionen mit anderen Personen, wie Ratings zu sozialen Kompetenzen, Offenheit für neue Erfahrungen und Veränderungen im Teamverhalten. Beispiele für eine Verbesserung der Ratings zu den sozialen Kompetenzen liefern die experimentellen Untersuchungen von Coaching in Verbindung mit 360°-Feedback von Finn et al. (2006). Die Zunahme der Offenheit für Erfahrungen nach Coaching im Vergleich zur Kontrollgruppe haben Spence und Grant (2005) gefunden. Eine beobachtbare Verbesserung des Teamverhaltens belegen Sue-Chan und Latham (2004).

Leistungsverbesserungen

(4) Als vierter Merkmalsbereich werden im Wirkmodell Leistungsverbesserungen aufgeführt. Hier ordnet sich die Untersuchung von Sue-Chan und Latham (2004) ein, in der Kursnoten erfasst wurden. Weitere Untersuchungen mit Leistungsdaten wären wünschenswert.

Selbststeuerung oder Selbstmanagement

(5) Die fünfte Merkmalsgruppe fasst verschiedene spezifische Verbesserungen im Bereich der Selbststeuerung oder des Selbstmanagements zusammen. Hier sind vor allem die Ergebnisse von Steinmetz (2005) zu nennen, wonach Einzelcoaching ein besseres aufgaben- und problemorientiertes Coping fördert, eine stärkere Situationskontrolle und eine Verbesserung der verhaltensorientierten Strategien zur Selbstbeeinflussung. Außerdem wird das Selbstvertrauen in die Fähigkeit gestärkt, Ziele zu erreichen. Dieses Selbstvertrauen kann auch als spezielle Art einer zielbezogenen Selbstwirksamkeitsüberzeugung eingeordnet werden. Green, Oades und Grant (2005) haben gezeigt, dass Coaching im Vergleich zur Kontrollgruppe zu einer Verbesserung der Bewältigung von Problemen oder Hindernissen führt. Willms (2004) hat herausgefunden, dass eine bessere Einflussbekämpfung, eine größere Beharrlichkeit des Klienten als spezifische Kompetenz bei der Zielverfolgung nicht nur eine Voraussetzung, sondern zugleich auch ein Ergebnis des Coachings ist.

Spezifische Wirkungen

Die fünf Merkmalsgruppen zu spezifischen Veränderungen nach Coaching umfassen sehr heterogene Einzelmerkmale, die sich nur tentativ zusammenfassen lassen. Dies spiegelt die Heterogenität der Problemstellungen, Coachingkonzepte und Klientenstichproben in den Untersuchungen, aber auch von Coaching als breitbandige Intervention. Wie in der allgemeinen methodischen Grundannahmen G 2(5) festgestellt wird, ist Coaching eine Intervention, die auf eine erfolgreiche Veränderung außerordentlich vielfältiger Merkmale abzielt, die durch spezifische Bewertungsmerkmale bis hin zu Einzelfallanalysen erfasst werden müssen. Wie oben am Beispiel der Problem- und Selbstreflexionen dargelegt wurde, wird angenommen, dass professionelles Coaching nicht allgemein die Häufigkeit von Reflexionen erhöht, sondern gezielt diejenigen spezifischen ergebnisorientierten Problem- und Selbstreflexionen, die Schwerpunkt des jeweiligen Coachings sind. Durch diese Annahme lässt sich erklären, warum mit der allgemeinen Selbstreflexionsskala von Grant (2003) keine konsistenten Effekte gefunden wurden. Analog nehmen wir zu Selbstwirksamkeitsüberzeugungen an, dass Coaching weniger die allgemeine oder situationsbezogene Selbstwirksamkeitseinschätzung erhöht, sondern die konkreten aufgabenbezogenen Selbstwirksamkeitsüberzeugungen, die im Coaching thematisiert werden. Diese Hypothese wird in einer Anschlussuntersuchung Webers (in Vorber.) zum Coaching zur Verringerung des Aufschiebeverhaltens beim Lernen für Prüfungen durch Schmidt und Thamm (in Vorber.) überprüft. Die spezifischen aufgabenbezogenen Selbstwirksamkeitsüberzeugungen beziehen sich hier auf die

Verbesserung des Selbstvertrauens in die eigenen Fähigkeiten, konsequent für die Prüfungen zu lernen.

Methodenproblem Eingrenzung der Ziele

Die beschriebene Spezifität und heterogene Verschiedenheit führt zu einem Methodenproblem in der Coaching-Evaluationsforschung. Eindeutige, statistisch abgesicherte Nachweise, dass Coaching zu konkreten Ergebnissen führt, erfordern Klientenstichproben mit Effekten, die durch die gleichen Messinstrumente erfasst werden können. Das Problem ließe sich aber durch eine Eingrenzung auf spezielle Coachings mit spezifischen Zielsetzungen lösen. Beispiele sind Coachings zur Verbesserung von Führungskompetenzen (vgl. Finn et al., 2006) oder das jeweils gezielte Coaching in den Studien von Sue-Chan und Latham (2004). Da es im praktischen Feld nicht immer möglich ist, derartige Eingrenzungen beim Coaching vorzugeben, sind wir auch auf Untersuchungen angewiesen, die mit Studierenden durchgeführt werden, etwa ein Coaching zur Verringerung des Aufschiebeverhaltens (Procrastination) beim Lernen für Klausuren (Schmidt & Thamm, in Vorber.).

Coachingerfolg: Allgemein anwendbare Kriterien

• Zielerreichung
• Zufriedenheit
• Positiver Affekt

Die allgemein anwendbaren Bewertungsmerkmale sind vergleichsweise leicht zu erheben. Im Orientierungsmodell in Abbildung 3.7 werden die drei Kriterien Zielerreichungsgrad, Klientenzufriedenheit und positiver Affekt (bzw. Verbesserung des allgemeinen psychischen Befindens) mit einem dicken Rahmen hervorgehoben, weil sie in mehreren experimentellen Untersuchungen und darüber hinaus in vielen anderen Evaluationsstudien erhoben wurden. In vielen Untersuchungen werden dazu subjektive Einschätzungen der Klienten verwendet.

• Wohlbefinden

Als weiteres allgemeines Ergebnis von Coaching wäre in der künftigen Forschung eine Verbesserung des allgemeinen Wohlbefindens interessant. Beispielsweise untersuchen Green, Oades und Grant (2005) das allgemeine Wohlbefinden durch einen Fragebogen zur Lebenszufriedenheit.

• Potenzialentwicklung

Auf die Frage, wofür Coaching nützlich erscheint, nennen Personalmanager und Coachs in der Erhebung von Böning und Fritschle (2005) neben anderen Ergebnissen vor allem die Potenzialentwicklung. Sie wäre deshalb ein weiterer Merkmalskandidat für allgemeine Effekte beim Coaching. In der Psychologie wird sie fachlich auch als Selbstentwicklung bezeichnet (siehe die Coachingdefinition sowie Grundannahme G 1). Bislang fehlen allerdings Zusammenhangsuntersuchungen mit geeigneten Untersuchungsinstrumenten zur Erfassung coachingrelevanter Aspekte der Selbstentwicklung. In der Praxis werden zur Erfassung der Entwicklungspotenziale von Führungskräften oder Mitarbeiter/innen meist Ratings durch Vorgesetzte, teilweise auch 360°-Ratings und selten Vorher-Nachher-Assessment-Center eingesetzt.

Weiterführende Hinweise zum Wirkungsmodell

Überprüfung des Modells

Die Abbildung 3.7 kann als Orientierungsmodell für die künftige Forschung herangezogen werden. Bisher wurden nur partielle Effekte des Modells nachgewiesen. Erforderlich sind vor allem mehr prozessbezogene oder experimentelle Evaluationsuntersuchungen.

Komplexere Wirkungszusammenhänge

Im Modell werden einfache, lineare Zusammenhänge zwischen den Voraussetzungen, Erfolgsfaktoren und Kriterien angenommen. Wie Mäthner et al. (2005) gefunden haben, ist aber möglich, dass die Erfolgsfaktoren unterschiedliche Wirkungen auf verschiedene Kriterien haben.

Kultur und Selbstkonzept

In unseren theoretischen Annahmen werden komplexe Zusammenhänge beschrieben, die im relativ einfachen Strukturmodell nicht wiedergegeben werden können. So wird angenommen, dass in Abhängigkeit vom kulturell beeinflussten Selbstkonzept in der Selbstreflexion unterschiedliche Aspekte des Selbstkonzepts aktualisiert werden (siehe Abschnitt 1.1.3, Grundannahme G 1). Das kulturelle Selbstkonzept hätte dementsprechend eine verändernde oder moderierende Wirkung auf die Zusammenhänge und Wirkungen. In Untersuchungen, die nur auf Befragungen von Klienten oder Coachs basieren, ist es schwierig, solche komplexen Wirkungen nachzuweisen. Sie zeigen sich meist nur, wenn die Befragten sehr differenzierte und zuverlässige Antworten geben oder wenn verschiedene Datenquellen einbezogen werden (z.B. Fragebogen und Interviews, Verhaltensbeobachtungen, psychodiagnostische Tests und Leistungsdaten). Wie Haberstroh et al. (2002) in einer Befragung von Studierenden in Deutschland und China über ihre Zufriedenheit mit ihrem Studium und ihrem gesamten Leben nachweisen, reagieren Personen mit interdependentem Selbst sensibler auf die Reihenfolge und den Kontext der Befragung. Dies führt zu einer substanziellen Verringerung der Korrelationen zwischen den Fragen. Derartige Effekte sind im einfachen Modell nicht darstellbar.

Handlungs- und Lageorientierung

Die Handlungs- oder Lageorientierung der Personen hat nach unseren Annahmen A 3.2 und 3.5 einen moderierenden Effekt. So wäre zu erwarten, dass bei stark handlungsorientierten Führungskräften Wirkungen bereits durch eine methodische Förderung der ergebnisorientierten Selbstreflexion und Planung von Veränderungsabsichten erzielt werden können. Bei stark lageorientierten Personen werden dagegen voraussichtlich erfolgreiche Veränderungen erzielt, wenn der Coach zunächst ihre Tendenz zum Grübeln methodisch verringert und sie danach beim Treffen von Entscheidungen und in der Umsetzung der Entscheidungen unterstützt.

Praktische Folgerungen

Praktische Verbesserungen

Die Evaluationsforschung dient nicht nur zur wissenschaftlichen Absicherung der nützlichen Wirkungen und Ergebnisse beim Coaching. Ihre praktische Zielsetzung besteht darin Schwächen und Stärken der Intervention zu ermitteln, um Ansatzpunkte für erforderliche und mögliche nützliche

Verbesserungen zu identifizieren. Wie unsere Untersuchungen zeigen (Krebs, 2007; Mellmann, 2007) finden wir nicht nur Erfolge, sondern auch Misserfolge beim Coaching. Das Wirkmodell liefert eine Zusammenfassung möglicher kritischen Konstellationen, bei denen Coaching anscheinend besonders wirksam ist, aber auch, wo Misserfolge zu erwarten wären.

Offene Probleme beim Coaching

Wenn die Veränderungsbereitschaft der Person gering ist (z.B. beim erzwungenen Coaching) und wenn der Klient nur eine schwach ausgeprägte Problem- und Selbstreflexivität mitbringt, sind die Erfolgschancen nach dem Modell generell geringer. Es ist ein offenes Problem, ob und wie solche ungünstigen Voraussetzungen im Prozess kompensiert werden können. In der Ausbildung sollten künftige Coachs auf solche Schwierigkeiten vorbereitet werden.

Stärken ausbauen

Nützliche praktische Verbesserungen können auch dadurch erzielt werden, wenn man im Coaching die im Wirkmodell angesprochenen Stärken beim Coaching identifiziert und ausbaut. Coachs, die noch wenig eigene Erfahrungen haben, kann man in der Ausbildung und Supervision darauf fokussieren, mit Klienten zu beginnen, die günstige Voraussetzungen mitbringen. Der Lernprozess darf allerdings nicht auf dieser einfachen Stufe dabei stehen bleiben.

Coaching muss generell besser werden!

Konkrete oder spezifische Wirkungen von Coaching sind nach vorliegenden methodisch verlässlich erscheinenden Ergebnissen noch keineswegs unangreifbar nachgewiesen. Um nützliche spezifische Effekte eindeutig nachweisen zu können, genügt es vermutlich nicht, einfach nur mehr und im Untersuchungsdesign bessere Evaluationsforschung durchzuführen. Vermutlich muss auch das Coaching in der Praxis noch deutlich besser werden, um seinem ihm vorauseilenden guten Ruf voll gerecht zu werden. Um die praktischen Wirkungen von Coaching zu verbessern, muss statistisch gesehen die zu große Streuung im unteren Bereich der Verteilung der Ergebnisse verringert werden. Praktisch gesehen heißt dies, dass sich die Coachs mehr anstrengen, Klienten mit sich abzeichnenden schwachen Ergebnissen nach vorn zu bringen!

Problemfälle identifizieren

Coachs sollten aber auch lernen, Problemfälle, bei denen mit derzeitigen Methoden keine Hilfe möglich erscheint, so früh wie möglich zu identifizieren und für andere Interventionen (z.B. gezieltes Verhaltenstraining oder eine Psychotherapie) zu empfehlen. Wer als Coach über längere Erfahrungen verfügt, kann meist über Einzelfälle berichten, in denen eine Psychotherapie die angemessenere Intervention ist. Die Forschergruppe um Grant in Sydney verwendet klinische Kurztests, um Klienten mit psychischen Störungen aus ihren Untersuchungen auszusondern. In unseren Untersuchungen mit BWL- und Jura-Studierenden an der Universität Osnabrück haben wir dazu Vorinterviews mit allen Untersuchungsteilnehmer/innen durchgeführt und nach Beratung mit einer Psychotherapeutin und der psychosozialen Beratungsstelle der Universität geeignete Maßnahmen für alle danach ausgesonderten Interessent/innen gefunden.

Evaluation

Zur Überprüfung und Verbesserung ihres Coachings ist es dringend geboten, dass sich alle professionellen Coachs routinemäßig einer methodischen Fremdevaluation unterziehen. Sie sollen dies als Feedback und Grundlage für eine durch kollegiale Supervision unterstützte professionelle Selbstreflexion und Überwindung von Schwächen sowie zum Ausbau ihrer Stärken nutzen. Coachingverbände sind aufgefordert, sich diese Anforderung an alle Coachs und insbesondere ihre Mitglieder zu Eigen zu machen.

Zusammenfassung der Folgerungen

Der folgende Kasten fasst die Folgerungen für die künftige Forschung und professionelle Praxis zusammen.

Praktische Folgerungen P 3.6:

Mehr aussagekräftige Untersuchungen, routinemäßige Evaluation und Verbesserung des Coachings

1. Um die Vergleichbarkeit künftiger Evaluationsuntersuchungen zu verbessern, sollen geeignete Kriterien und Skalen entwickelt und in möglichst vielen Untersuchungen verwendet werden!
2. Zum Nachweis der Coachingwirkungen sind mehr aussagekräftige Prozessbeobachtungen, experimentelle Untersuchungen mit Vergleichs- und Kontrollgruppen oder gezielt eingegrenzte Untersuchungen zu konkreten spezifischen Zielkriterien und insbesondere objektivierbaren Leistungsverbesserungen erforderlich!
3. Es sollte überprüft werden, ob unterschiedliche Wirkmodelle für spezielle Situationen und Anlässe oder Zielsetzungen des Coachings, Coachingansätze sowie Personengruppen erstellt werden müssen!
4. Für Coachingfälle mit ungünstigen Konstellationen sollen neue Konzepte und Methoden entwickelt werden!
5. Alle professionellen Coachs sollten ihre Tätigkeit routinemäßig durch Fremdevaluation überprüfen und die Ergebnisse der Evaluation zur systematischen Verbesserung des Coachings nutzen!

4 Mehrebenencoaching als Zukunftsperspektive

Nach der Lektüre dieses Kapitels wissen Sie,

1. wie sich die Systemebenen Individuum, Gruppe, Organisation, Gesellschaft und Welt unterscheiden und welche Bedeutung sie für das Coaching haben,
2. was unter Mehrebenenarbeit und Mehrebenencoaching verstanden werden kann,
3. welche Bedeutung die Teamreflexivität für das Coaching von Teams theoretisch und praktisch hat,
4. ob man Organisationen oder vielleicht sogar eine Gesellschaft coachen kann,
5. welche Zukunftsaufgaben sich für das Coaching in Forschung und Praxis stellen.

Schwerpunkt dieses Buch ist das Einzelcoaching. Hier können wir auf differenzierte praktische Konzepte, viele Methoden, vielschichtige theoretische Beiträge und immerhin einige aussagekräftige Forschungsarbeiten zurückgreifen. Gruppen- oder Teamcoaching ist dagegen ein noch wenig entwickeltes Feld. Es gibt nur wenige praktische Darstellungen und noch weniger empirisch fundierte Theorien oder überzeugende Evaluationen. Die vorgestellten Konzepte, Annahmen und Folgerungen in diesem Kapitel werden deshalb vorsichtig als Zukunftsperspektiven zur Diskussion gestellt. Auf die Entwicklung eines teilweise empirisch fundierten Strukturmodells muss verzichtet werden.

Team-entwicklung

Eine grundlegende Frage ist, ob es überhaupt sinnvoll ist, von Gruppen- oder Teamcoaching zu sprechen. Auf dem Coaching-Kongress in Wiesbaden im November 2003 haben Teilnehmer/innen in der Diskussion gefordert, den Begriff Coaching ausschließlich für das Einzelcoaching zu reservieren. Sie meinten, dass es für Gruppen angemessener sei, Begriffe wie Teamentwicklung zu verwenden, da sich die Konzepte, Methoden und Prozesse sehr vom Einzelcoaching unterscheiden. Die Vehemenz, mit der diese Kritik vorgetragen wurde, lässt vermuten, dass es hier nicht nur um Bezeichnungen ging, sondern um das Selbstverständnis von Coaching. Es gibt anscheinend ernste Befürchtungen, dass durch eine über Ausweitung der Anwendung von Coaching auf Gruppen grundlegende Qualitätskriterien preisgegeben werden. Andere halten dagegen Gruppencoaching für sehr sinnvoll. Manche gehen sogar darüber hinaus und beziehen den Coachingbegriff auch auf Organisationen.

Übersicht

Um diese hochkontroversen Grundsatzfragen zu klären, wird im Folgenden in Kapitel 4.1 zunächst geklärt, wie sich die Systemebenen Individuum, Gruppe, Organisation, Gesellschaft und Welt unterscheiden lassen. Grundlage ist die Mehrebenensystemtheorie und ein eigenes Konzept zur Unterscheidung der Systemebenen. Danach kann erklärt werden, was unter Mehrebenenarbeit und Mehrebenencoaching verstanden wird. Im Anschluss daran werden in Kapitel 4.2 praxisorientierte Darstellungen zum Gruppencoaching, die Theorien und Forschungsarbeiten zum Teamcoaching von Richard Hackman (2002, Hackman & Wageman, 2005) sowie die Theorie zur Teamentwicklung und Teamreflexivität von Michael West (2004) beschrieben und diskutiert. Kapitel 4.3 stellt zum Abschluss dieses Buchs allgemeine Zukunftsaufgaben in Forschung und Praxis zur Diskussion.

4.1 Mehrebenenarbeit und Mehrebenencoaching

Der Berner Sozialpsychologe Mario von Cranach (1996) hat eine komplexe Mehrebenensystemtheorie entwickelt. Sie analysiert die Frage, wie sich Handlungen auf verschiedenen Ebenen oder Stufen organisieren, wie sie untereinander interagieren und wie sie sich gegenseitig beeinflussen. Die komplexe Theorie wird hier nur ausschnitthaft wiedergegeben.

4.1.1 Mehrebenensystemtheorie

Grundpostulat

Das erste Grundpostulat der Mehrebenensystemtheorie ist, dass menschliche Handlungen immer mehrstufig organisiert sind (von Cranach, 1996). Als Stufen unterscheidet er dabei die Ebenen Individuum, Gruppe und Organisation. Jede Ebene hat eine eigenständige Bedeutung. Zwar gibt es Wechselwirkungen zwischen den Ebenen, keine Ebene kann aber in ihren Strukturen und Prozessen nur auf die jeweils anderen Ebenen reduziert werden. Genauso wenig wie die Struktur und das Wachsen der Bäume in einem Wald auf die Summe aller einzeln betrachteten Bäume und ihr

Wachsen zurückgeführt werden kann, lassen sich die Strukturen und Prozesse in Gruppen ausschließlich durch das Verhalten der einzelnen Individuen beschreiben und erklären. Umgekehrt kann ein einzelner Baum Besonderheiten aufweisen, die nicht durch Strukturen oder Prozesse des Waldes erklärt werden können. Von Cranach hat seine Theorie als Gegengewicht gegen den in der Psychologie vorherrschenden Trend entwickelt, menschliche Handlungen nahezu ausschließlich als individuelle Prozesse zu analysieren. Aus der Sicht der Mehrebenensystemtheorie vernachlässigt diese Individualisierung die eigenständige Bedeutung der höheren Systemebenen.

Beziehungen zwischen den Ebenen

Nach der Mehrebenensystemtheorie beeinflussen sich die Ebenen gegenseitig. Die höheren Ebenen organisieren im Allgemeinen die unteren Ebenen und können dadurch einen größeren Einfluss entwickeln. So werden die Aufgaben einer Arbeitsgruppen in einem Unternehmen im Allgemeinen über die hierarchischen Strukturen des Systems organisiert und mehr durch die Zielvorgaben und Aufgaben für das gesamte Unternehmens bestimmt, als durch die Wünsche der Gruppenmitglieder. Es ist aber auch möglich, dass eine einzelne Person ohne Führungsfunktion (z.B. ein kreativer Fachexperte) eine innovative Veränderung der Ziele in ihrer Arbeitsgruppe anregt oder neue Produkte und Dienstleistungen, die schließlich vom Gesamtunternehmen übernommen werden.

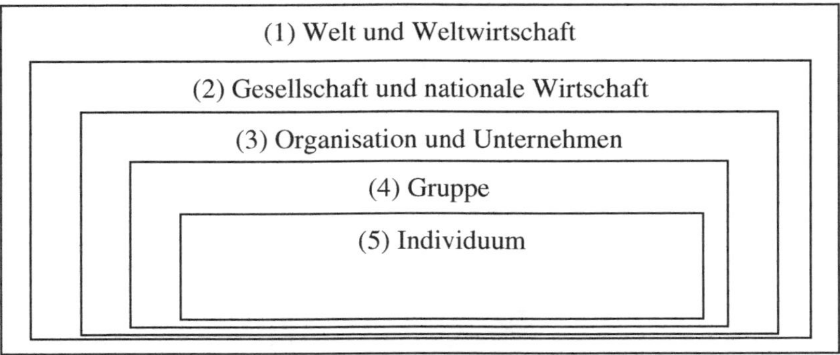

Abbildung 4.1: Ebenen der Mehrebenensystemtheorie (v. Cranach, 1996; mit Erweiterung)

Systemebenen und ihre Bedeutung beim Coaching

Rahmentheorie

Die Mehrebenensystemtheorie wird als allgemeine Rahmentheorie für die Analyse menschlichen Handelns und Lernens sowie für organisationale Veränderungen herangezogen (siehe auch Greif, Runde & Seeberg, 2004). Ergänzend zu von Cranach (1996) werden zwei weitere Systemebenen (nationale Gesellschaft und Wirtschaft sowie Welt und Weltwirtschaft) hinzugefügt. Abbildung 4.1 gibt die Ebenen wieder.

Bedeutung höherer Systemebenen im Einzelcoaching

Weltwirtschaft und Einzelcoaching

Hat die höchste Systemebene, die Welt und Weltwirtschaft im Coaching tatsächlich eine beobachtbare Bedeutung, die beim Einzelcoaching bis hinunter auf die Ebene des Individuums reicht? Diese Frage lässt sich eindeutig mit „ja" beantworten. Nicht nur im Top-Managementcoaching (vgl. Böning, 2006a), sondern in fast jedem Coaching von Führungskräften oder Fachexperten aus Unternehmen wird irgendwann in den Sitzungen der Einfluss des Wettbewerbs auf die Veränderung der Arbeit und der beruflichen Entwicklungsperspektiven des Klienten thematisiert. Nicht nur Klienten, die in global aufgestellten Unternehmen oder Unternehmen arbeiten und direkt im globalen Wettbewerb stehen, sehen und reflektieren die Einflüsse der Weltwirtschaft auf ihre persönliche Zukunft. Es gibt keine vollkommen von der Weltwirtschaft unabhängigen Inseln und kein Unternehmen, das nicht von Energie, Technologien, Produkten und Dienstleistungen abhängig ist, die in anderen Ländern erzeugt wurden. Der globale Wettbewerb wird nicht nur den Beschäftigten der unteren Ebenen, sondern auch von Führungskräften oft als persönliche Bedrohung

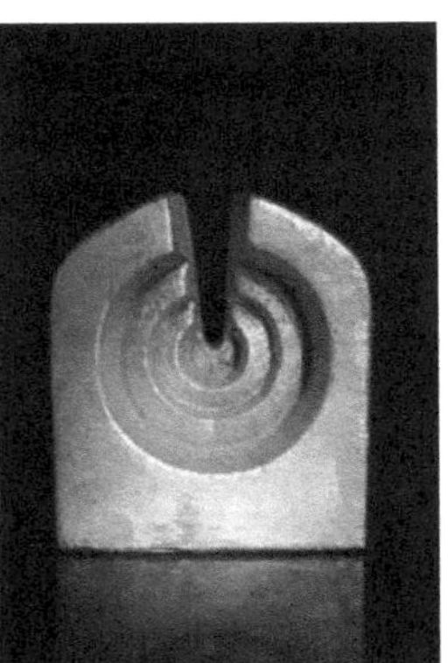

Offenheit, Dietlinde Greif

oder Stressor, seltener als Chance gesehen. Coaching kann hier helfen, die persönlichen Chancen zu erkennen und Ressourcen zu aktivieren.

Coachs brauchen Wirtschaftswissen

Die globalen Marktschancen und Risiken sowie Veränderungen in der Aufstellung des Unternehmens haben konkrete Folgen für die Veränderung der Aufgaben und Standorte des Unternehmens sowie die Sicherheit ihrer Arbeitsplätze und persönlichen Zukunftschancen und Risiken. Besonders in kritischen Wirtschaftssituationen werden sie zu einem zentralen Thema, das gemeinsam reflektiert werden muss. Ein Coach, der keine Ahnung von den aktuellen Entwicklungen im Weltwirtschaftssystem und in der jeweiligen Branche oder im Land hat und nicht bereit ist, dieses Wissen aktuell zu halten und zu vertiefen, wird kaum Akzeptanz bei Klienten aus Unternehmen finden, die im globalen Wettbewerb stehen. Auch beim Coaching von Klienten aus anderen Organisationen, Krankenhäusern, Bildungs- und Forschungsorganisationen, Gericht, Militär oder Polizei können in Zeiten, in denen Kosten gespart werden sollen, allgemeine Probleme des Wirtschaftssystems eine konkrete individuelle Bedeutung gewinnen.

Organisationsebene und Coaching

Die Vernachlässigung der Systemebene Organisation wäre beim Gruppen- oder Einzelcoaching ein gravierender Kunstfehler, der schnell zum Misserfolg führen kann. Es gehört zum methodischen Handwerkzeug jedes Coachs, sich schnell einen Überblick über die strategischen Ziele und die Marktsituation, Strukturen, wichtige kulturelle Spielregeln, Stärken und Schwächen zu erarbeiten. Es ist niemals unwichtig zu erfahren, auf welcher Hierarchieebene und in welchem Tätigkeitsbereich die Klienten arbeiten. Zusammen mit dem Einzelklienten oder seiner Arbeitsgruppe wird vom Coach oft gefordert, Informationen über die Branche und die konkrete Organisation zu gewinnen, in der der Klient arbeitet. Er braucht diese Informationen, um beim Coaching die Rahmenbedingungen und Einflüsse der Organisation berücksichtigen zu können, die Einfluss auf die Umsetzbarkeit der Ziele seiner Klienten haben können.

Bedeutung von Individuen und Gruppen für organisationale Veränderungen

Einfluss der Schlüsselpersonen und -gruppen

Welchen Einfluss haben Einzelpersonen und Gruppen bei Veränderungen von Organisationen? Wir haben 361 Geschäftsführer, Projektleiter, Mitarbeiter/innen und Unternehmensberater aus 211 Organisationen unterschiedlicher Branchen und Größen in acht Ländern über Erfolge und Misserfolge beim Change Management befragt (Greif, Runde & Seeberg, 2004, S. 271 ff.). Die Ergebnisse zeigen, dass die Bedeutung einflussreicher Schlüsselpersonen und -gruppen (Stakeholder) im Veränderungsprozess von den Befragten durchgängig als sehr hoch eingeschätzt wird.

Wichtig für das Coaching

Der Zielerreichungsgrad der Veränderungen kann durch drei kurze Fragebogenskalen zur Einschätzung der Merkmale der Geschäftsführung, Projektleiter und Projektteams statistisch sehr gut vorhergesagt werden (Veränderungen mit hohem Zielerreichungsgrad mit einer Sicherheit von 88% und Veränderungen mit geringer Zielerreichung mit 69%). Für das Coaching ist es wichtig, die Merkmale zu kennen, die derart hohe empirische Zusammenhänge zum Zielerreichungsgrad beim Managen organisationaler Veränderungen erbringen. Sie werden in Kasten 4.1 wiedergegeben.

Kasten 4.1: Drei Hauptskalen aus dem Change-Explorer-Fragebogen (Greif, Runde & Seeberg, 2004, S. 278 ff.)

Der Change-Explorer-Fragebogen zum Veränderungsmanagement ist ein Screening-Instrument zur Erfassung der allgemeinen Bewertungsmerkmale und Erfolgsfaktoren beim Change Management. Empfohlen wird, ihn ergänzend zur Erfassung der Besonderheiten und Spezifität des Einzelfalls durch ein Change-Explorer-Interview einzusetzen. Zu jeder organisationalen Veränderung sollen möglichst mit dem Change-Explorer-Interview und Fragebogen Schlüsselpersonen mit unterschiedlichen Positionen und Perspektiven befragt werden. Die Ergebnisse sollen in einem Auswertungsworkshop mit den Befragten ausgewertet und zur Entwicklung von Vorschlägen zur Verbesserungen des Changemanagements herangezogen werden. Der erste Teil des Fragebogens umfasst Items zur Einschätzung der Wirtschaftlichkeit und weiterer Bewertungsmerkmale organisationaler Veränderungen. Der zweite Teil enthält faktorenanalytisch gewonnene Skalen (alle mit befriedigender bis guter Reliabilität): 1. Geschäftsführung und Mitarbeit, 2. Projektleitung und Projektmanagement, 3. Projektteam, 4. Kommunikationsprobleme und Konflikte im Verlauf, 5. Befürchtungen der Mitarbeiter, Misstrauen und Druck und 6. Unternehmensberater.

Die einzelnen Items bestehen aus Statements (z.B. „Die Informationen der Geschäftsführung waren für die Mitarbeiter/innen glaubwürdig."). Die Befragten sollen auf 5-stufigen Skalen einschätzen, inwieweit die Statements zutreffen (1= trifft nicht zu, 3= teils/teils und 5= trifft voll zu).

In die drei angesprochenen Hauptskalen wurden die folgenden Fragen aufgenommen (in der Reihenfolge nach der Höhe der Korrelationen mit dem Faktor):

1. *Geschäftsführung und Mitarbeit:*
   - Glaubwürdigkeit der Information
   - Engagement u. Commitment für die Veränderungen
   - Vorbildfunktion für die Mitarbeiter
   - Aktive Einbeziehung und Beteiligung der Mitarbeiter
   - Perfekte Führung
   - Klare Definition der Ziele und Rahmenbedingungen
   - Den Beteiligten und Betroffenen war klar, dass Veränderungen erforderlich sind

Fortsetzung Kasten 4.1:

2. *Projektleiter und das Projektmanagement:*
   - Große Problemlösekompetenz des Projektleiters
   - Projektmanagementerfahrungen und Kompetenzen
   - Genaue Erfassung des Problems
   - Vorbildliches Verhalten
   - Exakte Zielvorgaben
   - Perfektes Management
   - Glaubwürdigkeit
   - Bewältigung von Konfliktsituationen

3. *Projektteam:*
   - Sorgfältige Auswahl der Teammitglieder
   - Ausbildung für das Projekt
   - Häufige Diskussion im Team über ihre Strategien und Methoden und anschließende Verbesserungen
   - Gute Informationskontakte im Team
   - Hohes Ansehen der einzelnen Mitglieder in ihren Arbeitsbereichen
   - Übereinstimmung in den Zielen

Das Change-Explorer-Interview und der Fragebogen sowie Hinweise zur Durchführung können als Downloads auf den Internetseiten des Fachgebiets Arbeits- und Organisationspsychologie der Universität Osnabrück abgerufen werden: http://www.psycho.uni-osnabrueck.de/fach/aopsych/.

Unterscheidung der Systemebenen

Objektivierbare Hauptfolgen

Um die systemischen Beziehungen zwischen den Systemebenen genauer bestimmen zu können, ist eine präzise Unterscheidung der Ebenen erforderlich. Die Mehrebenensystemtheorie (von Cranach, 1996) ist hier für praktische Anwendungen schwierig nutzbar. Als einfache Lösung haben wir deshalb vorgeschlagen, die Einordnung von Handlungen, Prozessen oder Ergebnissen auf den Systemebenen danach vorzunehmen, wo sich die wichtigsten objektivierbaren oder subjektiv wahrgenommenen Folgen zeigen (Greif, Runde & Seeberg, 2004, S. 120 ff.). Kasten 4.2 gibt die Zuordnungsregel für alle Ebenen zusammenfassend wieder.

Kasten 4.2: Regeln zur Unterscheidung der Systemebenen

Die Handlungen, Prozesse und Ergebnisse werden derjenigen Subsystemebene zugeordnet, auf der sie nach Auffassung einflussreicher Schlüsselpersonen ihre wichtigsten objektivierbaren oder subjektiv wahrgenommenen Folgen haben.

1. Ebene der gesamten Welt und Weltwirtschaft

Folgen für

- alle Menschen oder einen großen Teil der Mitglieder bestimmter sozialer Schichten und Gruppen in der ganzen Welt,
- die UNO oder UNO-Entscheidungen,
- die Regierungen und Regierungsentscheidungen vieler Länder (z.B. Gesetzgebungen zum Umweltschutz nach dem Kyoto-Protokoll),
- die Wirtschaft oder Organisationen einer Branche in der gesamten Welt oder in Ländergruppen (z.B. der Europäischen Union, Dritte Welt, Ostasien oder Nordamerika und Kanada).

2. Ebene der gesamten Gesellschaft oder Wirtschaft

Folgen für

- alle Menschen oder einen großen Teil der Mitglieder bestimmter sozialer Schichten und Gruppen in einem Land,
- die Politik oder Regierungsentscheidungen (z.B. Gesetzgebung),
- die Rechtsprechung,
- die gesamte Wirtschaft,
- alle Organisationen oder alle Organisationen einer Branche, in der Gesellschaft.

3. Ebene der gesamten Organisation oder einer gesamten Organisationseinheit

Folgen für

- viele Führungsebenen,
- viele Mitglieder,

Fortsetzung Kasten 4.2:

- wichtige Arbeitsfelder,
- die Kernprozesse der Organisation oder Organisationseinheit.

4. Gruppenebene

Folgen für

- die Leitung,
- viele Mitglieder,
- wichtige Arbeitsaufgaben,
- wichtige Prozesse einer oder mehrerer Gruppen.

5. Individuelle Ebene

Folgen für

- einzelne Personen,
- einzelne Arbeitsplätze,
- einzelne Prozesse.

Beispiel Weltwirtschaftsebene

Ein Beispiel für eine Handlung auf weltwirtschaftlicher Ebene wäre eine Entscheidung der OPEC zur Erhöhung des Ölpreises. Sie hat Folgen für nahezu alle nationalen Wirtschaften und die meisten Organisationen, bis hin zu Einzelhaushalten und zum einzelnen Autofahrer. Auf der Ebene der Gesellschaft oder Wirtschaft wäre entscheidend, ob die Handlungen wichtige objektivierbare oder subjektiv wahrgenommene Folgen für die meisten Bürger/innen oder Mitglieder bestimmter sozialer Schichten oder sozialer Gruppen und Organisationen oder Branchen haben.

Beispiel Gesellschaftsebene

Die Beratung der früheren Bundesregierung Deutschland durch die von ihr 2002 eingesetzte Hartz-Kommission wäre nach dieser Ebenenunterscheidung als Intervention auf der Systemebene der nationalen Gesellschaft und Wirtschaft einzuordnen, denn sie hatte erhebliche Konsequenzen für die meisten Erwerbslosen. Wenn der frühere VW-Manager Peter Hartz den damaligen Bundeskanzler Gerhard Schröder in Gesprächen persönlich beraten hat und dies Einfluss auf die Arbeitsmarktreform hatte, war das demnach eine Intervention auf der Gesellschaftsebene!

Massendemonstrationen

Wie die Beispiele zeigen, hängt die Ebenenunterscheidung nicht davon ab, wie viele Menschen der Gesellschaft gemeinsam agieren. Nach einem solchen vielleicht nahe liegenden Kriterium gäbe es so gut wie keine Handlungen auf der Ebene der Gesellschaft. Selbst bei großen Demonstrationen gehen im Verhältnis zur Gesamtbevölkerung ja immer nur relativ wenige auf die Straße. Nach unseren Kriterien wären z.B. die Anti-Hartz-Demonstrationen aber durchaus als Handlungen auf der Ebene der Gesellschaft einzuordnen. Über die Medien vermittelt haben sie viele Diskussionen in vielen Parteien und sozialen Gruppen in der Bevölkerung anscheinend sehr nachhaltig aktiviert.

Gruppenebene

Die Gruppenebene ist an den Folgen für relativ viele Mitglieder der Gruppe oder die Gruppenleitung, die Gruppenprozesse und gemeinsamen Arbeitsaufgaben festzumachen. Beispiele sind Entscheidungen darüber, wer welche Aufgaben übernimmt, an welchen Leistungsstandards sich die Gruppenmitglieder orientieren sollen oder wann die Gruppe gemeinsame Besprechungen durchführt und welche Spielregeln dabei eingehalten werden sollen. Auch auf der Gruppenebene wird nicht unterstellt, dass alle Mitglieder beeinflusst werden. Es kann immer sein, dass einzelne Personen oder Untergruppen bewusst abweichendes Verhalten zeigen oder nicht in der Lage sind, die Aufgaben und Erwartungen zu erfüllen. Als Gruppenintervention einzuordnen wäre es deshalb bereits, wenn das Coaching Folgen für viele Mitglieder der Gruppe hat oder wenn dadurch das gruppenbezogene Verhalten des Gruppenleiters beeinflusst wird.

Individuelle Ebene

Als individuelle Ebene werden lediglich die Folgen betrachtet, die sich vorwiegend auf eine einzelne Person, den einzelnen Arbeitsplatz und die individuellen Handlungen und Prozesse auswirken. Es ist allerdings schwierig, in Arbeitsorganisationen Beispiele zu finden, bei denen die Folgen ausschließlich eine einzelne Person betreffen. Durch gegenseitige kooperative Abhängigkeiten kann bereits eine kleine individuelle Veränderung der Arbeitsorganisation Auswirkungen auf Kollegen haben. Ein Beispiel für ein scheinbar unwichtiges Merkmal kann der Zeitpunkt sein, wann ein Mitarbeiter seine Emails bearbeitet. Ein langes Warten auf Antworten auf eine Emailanfrage kann je nach Bedeutung für die Wartenden kritisch werden.

Interdependente und independente Prozesse

Wenn die Interdependenzen in einer Arbeitsgruppe sehr eng sind (z.B. in einem Musikorchester), wäre streng genommen jede Intervention, die das Arbeitsverhalten oder die Qualität der Leistungen einer Person verändert (im Orchester z.B. den harmonischeren Gesamtklang) eine Intervention auf der Gruppenebene. Einzelcoaching in diesem strikten Sinne ist nur dann möglich, wenn die Arbeit der Gruppenmitglieder untereinander relativ unabhängig (independent) organisiert ist (alle sind „Solisten“, die z.B. ihre Kunden einzeln bedienen) oder wenn die Verhaltensbereiche der Individuen, die durch das Coaching beeinflusst werden, vorwiegend Einfluss auf das Individuum haben (z.B. Verbesserung des individuellen Wohlbefindens ohne Verhaltensänderungen).

Offenheit

Wie die skizzierten Beispiele zeigen, führt bereits der Versuch einer Klärung der Systemebenen dazu, mehr Beziehungen zwischen den Ebenen zu erkennen. Einflussreiche einzelne Schlüsselpersonen können Gruppenprozesse oder Organisationsveränderungen initiieren, und umgekehrt können wirtschaftliche Situationen das Verhalten einzelner Personen bestimmen. Die Ebenen sind gewissermaßen grundsätzlich „offen" für gegenseitige Einflüsse. Anschaulich wird dies durch die Skulptur „Offenheit" ausgedrückt, die oben abgebildet wurde[31].

Folgerungen für das Coaching

Analysen der Systemebenen

Professionelles Coaching in Organisationen kann man vor dem Hintergrund der Mehrebenensystemtheorie von anderen Arten der Beratung noch genauer spezifizieren. Im Unterschied etwa zur Familien- und Erziehungsberatung oder zur Psychotherapie (von Ausnahmen abgesehen, vgl. v. Schlippe und Schweitzer, 1996) werden beim Coaching in Organisationen Wissen und Kompetenzen zur Durchführung intensiver und systematischer Analysen und Reflexionen der verschiedenen Systemebenen bis hin zum Wirtschaftssystem benötigt.

System-vergessenheit

Wie Runde (2004, S. 119) feststellt, setzt Einzelcoaching im Allgemeinen dort an, wo aus kollektiven Anforderungen individuelle Probleme oder Herausforderungen werden. Coachs, die sich beim Einzelcoaching nur auf die subjektive Wirklichkeitsinterpretation des Klienten verlassen und die Analyse höherer Systemebenen durch klientenunabhängiges Hintergrundwissen vernachlässigen, verkürzen die Problemlöseperspektive auf die individuelle Ebene. Wübbelmann (2005, S. 26 ff.) kritisiert dies als Systemvergessenheit.

Geringer Coachingerfolg

Zu erwarten wäre, dass es ungünstige Auswirkungen auf den Erfolg des Coachings sowohl von Individuen, als auch von Arbeitsgruppen haben kann, wenn beim Coaching die Analyse und Berücksichtigung der wechselseitigen Einflüsse der Systemebenen vernachlässigt werden. Diese theoretische Annahme zur Bedeutung der Analyse und Berücksichtigung der Systemebenen beim Einzel- und Gruppencoaching wird unten als allgemeine Grundannahme aufgenommen.

4.1.2 Mehrebenenanalysen und Mehrebenenarbeit

Begriff und Beispiele

Unter Mehrebenenarbeit werden alle methodischen Aktivierungen von Analysen und Handlungen von zwei und mehr Systemebenen verstanden.

[31] Die im Original goldfarbige Skulptur wurde von meiner Frau Dietlinde Greif in Ytong hergestellt. Sie hat nicht geplant mit der Skulptur die Mehrebenensystemtheorie darzustellen, sondern wollte Offenheit als allgemeine Vorstellung ausdrücken.

Grundlage sind im Allgemeinen Analysen oder Reflexionen der Strukturen und Prozesse auf mehreren Ebenen. Idealerweise werden auch sie bereits unter Einbeziehung mehrerer Ebenen als Mehrebenenanalysen durchgeführt (wie unten beschrieben z.B. durch Analysen einzelner Personen und anschließende Analysen mit Gruppen). Wenn Mehrebenenanalysen nicht möglich sind, können die Analysen der Strukturen und Prozesse, die durch Mehrebenenarbeit beeinflusst werden sollen, auch auf einer individuellen methodischen Reflexion einer einzelnen Person beruhen. Ein Beispiel ist ein Einzelcoaching, in dem der Coach mit dem Klienten die Einflüsse der organisationalen Ebenen analysiert. Auf der Grundlage derartiger Analysen kann die praktische Mehrebenenarbeit durch Nutzung der Ressourcen zur Aktivierung von Handlungen oder Veränderungen auf mehreren Systemebenen geplant und umgesetzt werden.

Definition Mehrebenenarbeit

Mehrebenenarbeit ist ein Oberbegriff für alle methodischen Aktivierungen von Analysen und Handlungen von zwei und mehr Systemebenen.

Übersicht

Im Folgenden wird eine exemplarische Standardmethode zur Mehrebenenanalyse dargestellt, die praktisch immer als Grundlage für eine Teamentwicklung oder Gruppencoaching verwendet werden kann.

Vorgespräche und Interviews zur Mehrebenenanalyse

Gebräuchliche Praxis

Zur Vorbereitung von Maßnahmen zur Strategie- oder Teamentwicklung auf der Gruppenebene ist es in der Praxis sehr gebräuchlich, vor Beginn der Gruppenarbeit zunächst Vorgespräche mit mehreren, im Idealfall mit allen Gruppenmitgliedern durchzuführen. Dies wird auch beim Gruppencoaching (siehe Rückle, 2005) und Strategie-Coaching (Wolff, 2005) empfohlen.

Auswahl von Teamberatern

Eine untersuchenswerte Frage ist, wie Teamberater ausgewählt werden. Nach meiner Erfahrung werden selten alle Teammitglieder aktiv an der Entscheidung beteiligt[32]. Die Entscheidung wird oft vom Teamleiter oder

[32] In meiner Praxis habe ich einen Fall erlebt, in dem die Mitglieder eines Förderkreises einer Versicherung mit mir als Teamcoach ein regelrechtes Auswahlverfahren (mit „Probezeit") durchgeführt haben. Der besondere Grund für das aufwendige Verfahren war, dass der sehr beliebte Personalentwickler, der das Coaching begonnen hatte, in eine höhere Position in einem anderen Unternehmen wechselte und diesen Vorschlag machte, um das Team mit seinem Weggang zu „versöhnen".

von Führungskräften auf höheren Leitungsebenen zusammen mit dem Teamleiter getroffen. Die Entscheider lassen sich zwar bei der Auswahl von einzelnen Mitarbeitern beraten und nehmen auf Bedenken gegen bestimmte Berater Rücksicht, schlagen danach aber dem Team einen ausgewählten Berater vor und fragen das Team ob es Einwände hat. (Die Entscheidung wird „abgenickt". Die Teilnehmer/innen kennen selten bessere Teamberater.) Dadurch können unausgesprochene Vorbehalte gegen die ausgewählten externen Berater entstehen.

Ablehnung externer Berater

Führungskräfte meinen oft, dass es genügt, wenn sie die externen Berater über die Gruppe informieren und dass man den zusätzlichen Arbeitsaufwand sparen kann, der für vorausgehende Einzelgespräche mit allen Gruppenmitgliedern erforderlich ist. Es ist aber riskant, wenn man als externer Teamberater keine Vorgespräche führt. Zumindest mit allen einflussreichen Mitgliedern der Gruppe sollte man niemals darauf verzichten. Wenn man sich nur aus einer einzigen Blickrichtung heraus über die Gruppe informiert, fördert dies zumindest in Gruppen aus westlichen Kulturen mit independentem Selbstkonzept oft das Misstrauen der nicht berücksichtigten Gruppenmitglieder.

Misstrauen ist normal

Als Externer muss im Grunde jeder für die Gruppe neue Berater mit Skepsis und Misserfolgserwartungen zumindest einzelner Gruppenmitglieder rechnen. Warum sollen sie jemandem vertrauen, der ihre Arbeit und Probleme nicht wirklich kennen kann und den sie sich als Berater nicht selbst ausgesucht haben? Wenn der Berater durch einseitige Informationen beim Start „neben" den Problemen und Zielen der Gruppe liegt, ist ein Fehlstart wahrscheinlich. Jede Arbeitsgruppe, auch eine in sich zerstrittene und von der Unternehmensleitung unter massiven Veränderungsdruck gesetzte Gruppe, kann sich gegen einen externen Teamberater solidarisieren und ihn auflaufen lassen. Beim Spiel alle gegen einen ist der externe Teamberater zwangsläufig der Verlierer.

Psychologische Vorteile

Wenn man mit allen Gruppenmitgliedern systematische Interviews durchführt und ankündigt, dass man die Ergebnisse der Gruppe präsentieren und zur Diskussion stellen wird, hat das zwei psychologisch wichtige Vorteile für den externen Teamberater:

Wertschätzende Beziehungen

1. Man kann zu den befragten einzelnen Mitgliedern wertschätzende Beziehungen herstellen, in denen man sie zu ihren persönlichen Erfahrungen, Meinungen und Anregungen fragt und

Repräsentant der Befragten

2. man tritt in der Gruppe nicht als Unbekannter auf, der Vorstellungen der Leitung und eigene Konzepte präsentiert, sondern stellt – gewissermaßen als Repräsentant der Befragten – die Ergebnisse der Befragung vor und kann dadurch eine glaubwürdige wertschätzende Beziehung zur gesamten Gruppe zeigen.

Einzelinterviews Gruppenauswertung

Optimal ist es, wenn auf der individuellen Ebene nicht nur informelle Einzelgespräche, sondern systematische Einzelinterviews mit allen Gruppenmitgliedern durchgeführt werden oder mit Freiwilligen, die sich in einer gemeinsam Vorbesprechung bereiterklärt haben. Die Fragen im Interview sollen dabei die Ebenen Gruppe, Führung und Organisation sowie Wirtschaftssystem einbeziehen (z.B. Marktchancen und -risiken, sowie Stärken und Schwächen der Führung und Organisation sowie des Teams). Die ausgewerteten Interergebnisse werden danach auf der Gruppenebene in einem gemeinsamen Auswertungsworkshop präsentiert und gemeinsam diskutiert, überarbeitet und bewertet. Selbst wenn die Gruppe gegenüber dem externen Berater sehr skeptisch ist, hat man mit dieser gebräuchlichen und bewährten Methode der Mehrebenenanalyse Chancen bereits zu Beginn der Beratung Vertrauen aufzubauen.

Andere Methoden zur Mehrebenenanalyse

Es gibt auch andere Methoden zur Mehrebenenanalyse. Eine sehr systematische Längsschnittfallstudie hat Tschan (2000) auf der Basis von Cranachs Mehrebenensystemtheorie durchgeführt. Sie analysiert darin den Prozess der Gründung der Stiftung Contact-Bern[33] mit Beobachtungen, Befragungen und Analysen von Sitzungsprotokollen auf den Ebenen Individuum, Gruppe und Organisation.

4.1.3 Mehrebenencoaching

Coaching und Mehrebenencoaching

Coaching ist nach unserer Definition (siehe Kapitel 2.2) eine intensive und systematische Förderung ergebnisorientierter Problem- und Selbstreflexionen sowie Beratung von Personen oder Gruppen zur Verbesserung der Erreichung selbstkongruenter Ziele oder zur bewussten Selbstveränderung und Selbstentwicklung. Das Coaching bezieht sich nach dieser Definition immer entweder auf einzelne Personen oder auf Gruppen. Allgemein betrachtet, wird Mehrebenencoaching als Oberbegriff für alle Coachings verwendet, die mit methodischen Aktivierungen von Analysen und Handlungen auf mindestens zwei Systemebenen (Mehrebenenarbeit) verbunden sind.

Definition Mehrebenencoaching
Mehrebenencoaching ist ein Oberbegriff für Coachings mit Mehrebenenarbeit auf zwei und mehr Systemebenen.

[33] Die Stiftung wurde in Bern (Schweiz) zur Beratung und Betreuung von Jugendlichen und ihren Familien in schwierigen Lebenssituationen gegründet (insbesondere bei Drogenproblemen).

Beispiel für Mehrebenencoaching

Ein einfaches Beispiel für ein Mehrebenencoaching ist ein Coaching, bei dem gleichzeitig mehrere Gruppenmitglieder (einzeln) und die gesamte Gruppe ein Coaching erhalten. Voraussetzung wäre dabei aber, dass die Interventionen jeweils unserer anspruchvollen Coachingdefinition entsprechen. Damit dies der Fall ist, genügt es nicht, dass der Coach jeweils individuelle Problem- und Selbstreflexionen fördert und die einzelnen Gruppenmitglieder beim Erreichen ihrer individuellen Ziele berät. Zusätzlich müssen ergebnisorientierte Reflexionen auf der Gruppenebene durchgeführt werden, die sich z.B. mit dem Selbstkonzept der Gruppe (z.B. ihren Stärken und Schwächen im Vergleich zu anderen Gruppen) und mit gemeinsam akzeptierten Zielen beschäftigen (vgl. Kapitel 1.1.4 zum Gruppenselbstkonzept).

Qualitätsmerkmal

Mehrebenencoaching ist kein Abgrenzungsmerkmal für verschiedene Arten von Coaching, sondern eher eine Art Qualitätsmerkmal, das die beim Coaching reflektierten und bei den Veränderungen berücksichtigten Systemebenen anspricht. Man kann im Allgemeinen sagen, dass ein Coaching angemessener ist, das alle relevanten Ebenen umfasst.

Mehrebenencoaching mit Individuen

Auf der Grundlage unserer Unterscheidung der Systemebenen wäre es allerdings bereits als Mehrebenencoaching anzusehen, wenn der Coach ergebnisorientierte Mehrebenenanalysen und Reflexionen eines einzelnen Klienten über sein eigenes Verhalten in seiner Arbeitsgruppe fördert, bei denen sowohl das individuelle und das Gruppenselbstkonzept verglichen und auf dieser Basis sowohl individuelle Veränderungen als auch die Möglichkeiten zur Beeinflussung des Gruppenverhaltens beraten werden. Wie oben dargestellt, erfordert das Coaching von Führungskräften fast immer Reflexionen und Ressourcenaktivierungsmöglichkeiten, die sich nicht nur auf die Gruppenebene, sondern auch auf höhere Systemebenen beziehen. Einzelcoaching von Führungskräften wäre deshalb – wenn es systematisch durchgeführt wird – in der Regel als Mehrebenencoaching einzuordnen. Da das Einzelcoaching bereits eingehend behandelt wurde, wird im Folgenden nur das Mehrebenencoaching mit Gruppen beschrieben.

Gruppen- oder Teamcoaching

Begriff Gruppe und Team

Klassischer Gruppenbegriff

Als *„Gruppe“* bezeichnet man in der Sozialpsychologie *zwei und mehr Personen, die untereinander in direktem Kontakt stehen und interagieren sowie ein „Wir-Gefühl“ entwickelt haben.* Die Gruppenmitglieder reden über die Gruppe in „Wir-Form“ (z.B. „wir aus der ersten Schicht an der Fotopapiermaschine 1“) und grenzen sich von anderen Personen eindeutig ab, die sie nicht als zur Gruppe gehörig ansehen.

Gruppenarten

Es gibt viele verschiedene Arten von Gruppen. Manche bilden sich spontan (z.B. Cliquen), andere, wie z.B. Arbeitsgruppen, werden langfristig eingesetzt, um bestimmte Daueraufgaben zu bewältigen. Es gibt Arbeitsgruppen, die für wiederkehrende Routineaufgaben immer nur für eine kurze Zeit zusammengesetzt werden (z.B. Cockpit-Teams für Langstreckenflüge von Passagierflugzeugen). Projektgruppen werden für zeitlich befristete, mitunter einmalige Projekte gebildet und gehen nach der Bearbeitung der Aufgaben wieder auseinander.

Arbeitsgruppen

Nach Hackman und Wageman (2005, S. 271 f.) lassen sich Arbeitsgruppen („work teams") durch drei Merkmale definieren. Arbeitsgruppen

Systemgrenzen

1. sind intakte soziale Systeme mit Grenzen (durch die bestimmt wird, wer dazu gehört und wer nicht), Interdependenz zwischen den Mitgliedern (gemeinsame Ziele) und differenzierten Rollen,

Gruppenaufgabe und Ergebnis

2. müssen eine oder mehrere Gruppenaufgaben bearbeiten und stellen irgendein Ergebnis (outcome) her, für das sie gemeinsam die Verantwortung tragen und das prinzipiell evaluiert werden kann, und

Soziales System

3. arbeiten im Kontext eines sozialen Systems (ein Unternehmen oder eine andere Organisation) und die Gruppenmitglieder sind gemeinsam dafür verantwortlich, die Beziehungen zu anderen Gruppen und/oder Individuen im sozialen System zu managen.

Die Einbettung und Bedeutung von Gruppen im systemischen Kontext kann durch die Mehrebenensystemtheorie analysiert werden.

Arbeitsgruppe oder Team

In der angloamerikanischen Fachliteratur werden *„Arbeitsgruppen"* oft als *„team"*, seltener auch als „work team" (vgl. Hackman & Wageman, 2005) bezeichnet. Im deutschen Sprachgebrauch würde man Gruppen nur dann als *„Team"* bezeichnen, wenn sie kooperativ und harmonisch zusammenarbeiten (zur Bedeutung eines guten Teamklimas s. u. Abschnitt 4.2.3). Der Teambegriff hat demnach eine positiv wertende Nebenbedeutung. Eine Gruppe, deren Mitglieder sich untereinander ablehnen und sich permanent uneinig sind, würde man nicht als Team bezeichnen. Im Folgenden wird entsprechend im Allgemeinen der neutrale Begriff Arbeitsgruppe bevorzugt und als Übersetzung des Teambegriffs aus dem Englischen verwendet. Als neutraler Begriff wird dementsprechend Gruppencoaching statt Teamcoaching bevorzugt. Neben Arbeitsgruppen wird Gruppencoaching oft auch für Projektgruppen eingesetzt.

Gruppencoaching, Mehrebenenarbeit und Gruppenselbstreflexion

Exemplarisches Gruppen-coaching

Gruppencoaching wird nicht selten systematisch als Mehrebenencoaching durchgeführt. Dies lässt sich am Ablauf eines Gruppencoachings zeigen, wie er exemplarisch von Rückle (2005, S. 188 ff.) geschildert wird. Zur Vorbereitung empfiehlt er auf der individuellen Ebene, Vorgespräche mit einzelnen Personen, Vorgesetzten, insbesondere Vorgesetzten und den Teilnehmer/innen. Je nach Aufgabenstellung erfolgen im weiteren Ablauf des Coachings Analysen und Interventionen auf den Ebenen der Gruppe, der einzelnen Gruppenmitglieder sowie auf der Organisationsebene, beispielsweise[34]:

Ebene Gruppe und Organisation:

- Klärung der Ziele und Werte der Gruppe sowie externe Einflüsse und Anforderungen anderer Ebenen
- Erarbeitung gemeinsamer Leitsätze (unter Berücksichtigung der Ziele, Werte und externer Einflüsse und Anforderungen)

Ebene Gruppe:

- Gruppenübungen und Vergleich der Leistungen mit den Zielen und Werten sowie externen Anforderungen
- Feedback für die Gruppenmitglieder zur Einleitung von Maßnahmen zur Gruppenentwicklung, Selbstbild-/Fremdbildvergleiche und Möglichkeiten zur Weiterentwicklung

Ebene Individuum:

- Einzelcoaching durch Kollegen und Übungen der Gruppenmitglieder

Ebene Gruppe und Organisation:

- Evaluation der Fortschritte und des Coachingerfolgs
- Vereinbarung weiterer Betreuungsmaßnahmen

Mehrebenen-arbeit

Die Schwerpunkte der Intervention beim Gruppencoaching nach Rückle (2005) liegen auf der Gruppenebene. Einige Interventionen beziehen sich aber ausdrücklich auf die individuelle Ebene. Bei den Interventionen, in denen die Gruppenmitglieder Analysen durchführen sollen, wird die Organisationsebene einbezogen. Rückles Konzept basiert demnach eindeutig auf Mehrebenenarbeit.

Mehrebenen-coaching

Zu Beginn der Gruppeninterventionen werden nach Rückle (2005) die Ziele und Werte der Gruppe unter Berücksichtigung der Einflüsse und Anforderungen der Organisation geklärt. Das später im Verlauf vorgesehene Feedback bezieht sich auf Diskrepanzen zwischen Selbst- und Fremdbild und erforderliche Maßnahmen zur Gruppenentwicklung. (Diese Interventionen können deshalb als Maßnahmen zur Förderung ergebnisorientierter Gruppenselbstreflexionen angesehen werden.) Da das Coaching die eigene Weiterentwicklung der Gruppenmitglieder und die Gruppenentwicklung unterstützt, werden alle Definitionsmerkmale des Begriffs Gruppencoaching erfüllt. Das Konzept zu Gruppencoaching von

[34] Rückle (2005) verwendet teilweise andere Bezeichnungen. Um eine mögliche Verwirrung oder ausführliche Erklärungen zu vermeiden habe ich sie nach den Beschreibungen von Rückle etwas umformuliert, damit sie zu den in diesem Buch bevorzugten Begriffen passen. Auch die Ebenenzuordnung stammt von mir.

Rückle (2005) ist demnach eindeutig als Mehrebenencoaching zu qualifizieren.

Teamentwicklung

Abgrenzung Teamentwicklung

Gruppencoaching und Teamentwicklung sind gruppenbezogene Beratungsdienstleistungen. Mit den Definitionsmerkmalen kann man Gruppencoaching und Teamentwicklung voneinander abgrenzen. So wäre eine Intervention nur dann als Gruppencoaching zu bezeichnen, wenn sich die Mehrebenenarbeit nicht nur auf gruppenextern vorgegebene Anforderungen und Leistungsverbesserungen bezieht, sondern auch systematisch auf das reale und ideale Gruppenselbstkonzept und auf selbstkongruente Veränderungen. Interventionen, in denen der Gruppe die Leistungsziele vorgegeben werden und ergebnisorientierte Problem- und Gruppenselbstreflexionen nicht gefördert werden, sollten als Teamentwicklung eingeordnet werden.

Beispiele

Beispiele wären von einem Moderator oder Trainer angeleitete Gruppenübungen und -trainings oder einfache Interventionen zur Förderung der Verbesserung der Zusammenarbeit in der Gruppe (durch Besprechen vorgegebener Aufgaben, Rollen und Regeln). Allerdings können auch bei einfachen Gruppeninterventionen und -übungen, selbst wenn dies nicht geplant war, spontan Gruppenselbstreflexionen entstehen und vom Trainer methodisch bearbeitet werden. Die Übergänge zwischen Teamentwicklung und Gruppencoaching sind deshalb fließend.

Coaching von Schlüsselpersonen beim Change Management

Parallel zum Change Management

Das Einzelcoaching von Managern, Projektleitern oder anderen Schlüsselpersonen, für die Verbesserung organisationaler Veränderungen ist normalerweise ein Mehrebenencoaching. Böning und Fritschle (1997) führen parallel zur Unternehmensberatung bei organisationalen Veränderungen Komplementärberatungen von Schlüsselpersonen durch (mit getrennten Teams für die Beratung und für das Einzelcoaching der Schlüsselpersonen).

Beeindruckendes Fallbeispiel

Wie Uwe Böning (2003) in seinem Vortrag anschaulich beschrieben hat, ergeben sich dadurch sehr konkrete förderliche Wechselwirkungen zwischen Individuum und Organisation. So hat er in einem eindrucksvollen Fallbeispiel einen Unternehmensleiter über einen langen Zeitraum gecoacht und dabei anscheinend sehr weitreichende bewusste Selbstveränderungen gefördert. Grundlage waren Mehrebenenanalysen mit dem Unternehmensleiter über die im Veränderungsprozess an ihn im Unternehmen gestellten Anforderungen und Selbstreflexionen über seine persönlichen Stärken und Schwächen sowie die Wahrnehmung seiner Person und seines Verhaltens durch die Mitarbeiter/innen. Der Unternehmensleiter hat sich im Interesse des Erfolgs seines Unternehmens in seinem Führungsverhalten so grundlegend geändert, dass seine Mitarbeiter/innen dies zuerst nicht glauben mochten.

Die Veränderungen des Unternehmensleiters haben seinen Einfluss auf den organisationalen Veränderungsprozess und anscheinend auch den wirtschaftlichen Erfolg des Unternehmens positiv verändert. Das Coaching könnte deshalb durchaus als Organisationscoaching angesehen werden.

Organisations-coaching

4.1.4 Strategie-Coaching als Organisationscoaching

Strategiefindung

Ulrike Wolff (2005) hat ein systematisches Strategie-Coaching zur Unterstützung der Entscheiderebene in Strategieprozessen (Findung, Planung und Umsetzung der Strategie) entwickelt und erfolgreich eingesetzt. Sie sieht keinen Ersatz für betriebswirtschaftliche Analysen und unterscheidet es von der klassischen Strategieberatung. Das Strategie-Coaching zielt darauf ab, die Kommunikation und Verständigung der Mitglieder bei der Strategieklärung der Unternehmensleitung zu fördern und die Entwicklung eines für alle tragfähigen strategischen Basiskonzepts zu unterstützen sowie die intellektuelle und emotionale Vorbereitung auf Führungsaufgaben im Veränderungsprozess (Wolff, 2005, S. 394). Es beginnt im Idealfall bereits im Vorfeld der Strategiefindung und begleitet den gesamten Entscheidungsprozess bis zur Umsetzung und zu den Reviews.

Ablauf

Nach Wolff (2005, S. 395 ff.) kann der Verlauf beim Strategie-Coaching sehr unterschiedlich sein. Er kann idealtypisch in die folgenden vier Hautphasen gegliedert werden.

1. **Bedarfsklärung und Initialisierung**

Eckpunkte

- Abstimmung der Eckpunkte für die Beratungsbeziehung, Gesprächsrunde mit allen Mitgliedern des Leitungsteams zur Reflexion der Ausgangslage und Coachingziele, Rolle des Coachs als Prozessbegleiter.

2. **Analyse und Auftragsphase**

Inhaltliche und teambezogene Ausgangsbasis schaffen:

Ausgangsbasis

- Mehrstündige Einzelinterviews zur Einschätzung der Selbst- und Situationseinschätzung (individuell, Team und Unternehmen),
- Anonymisiertes Feedback in einer gemeinsamen Spiegelsitzung.

Entscheidungen über:

Entscheidungen

- Ziele, Inhalte und Zeitvorgaben im Strategieprozess,
- Ziele, Spielregeln und Rahmenbedingungen für das Coaching,
- Erfolgskriterien und Selbstverpflichtungen und
- Einbindung erforderlicher Personen/Ressourcen.

3. **Entwicklung des Basiskonzepts**

Konzept entwickeln

- Erarbeitung eines Basiskonzepts für die Strategie (Vision, Mission, Stellgrößen für die Zielerreichung, Werte und Stärken (Kultur) des Unternehmens)

- Einbindung von Strategieexperten als Fachberater
- Entwicklung eines Personal- und Kommunikationskonzepts
- Analyse und Reflexion von Defiziten und Potenzialen (Team und Individuen)
- Unterstützung bei der Umsetzung
- Bei Bedarf werden Untergruppen- und Einzelgespräche durchgeführt.

4. **Ausgestaltung des Basiskonzepts**

Übergabe an ein operatives Team

- Übergabe des erarbeiteten Konzepts an die Operative (ein Gestaltungsteam, das aus Führungskräften und Experten gebildet wird)
- Abstimmungen der Maßnahmen zwischen Gestaltungsteams und Leitungsteam.

Mehrebenenarbeit und Organisationscoaching

Der Coach fungiert als Beobachter, Moderator, Inputgeber und Sparringpartner des Projektleiters. In den Phasen zwei bis vier führt Wolff (2005) Interventionen des Coachs auf, die als ergebnisorientierte Analysen und Reflexionen sowie Beratungen sowohl mit dem Projektleiter, mit den einzelnen Mitgliedern der Teams und mit dem gesamten Leitungsteam bezeichnet werden können. Es erscheint deshalb auch nach unserer Definition vollkommen angemessen, dass sie ihr Strategie-Coaching als Organisationscoaching einordnet.

4.1.5 Zusammenfassung der Grundannahmen und Folgerungen

Mehrebenencoaching als Perspektive

Im Kapitel 4.1 wurden Perspektiven zur Entwicklung eines Mehrebenencoachings auf dem Hintergrund der Grundannahmen der Mehrebenensystemtheorie (von Cranach, 1996) skizziert und durch exemplarische praktische Konzeptbeispiele zum Gruppencoaching (Rückle, 2005), Coaching bei organisationalen Veränderungen (Böning, 2003) und Strategie-Coaching als Organisationscoaching (Wolff, 2005) illustriert. Gezeigt wurde, dass die Kernmerkmale des Coachingbegriffs auf die wiedergegebenen Konzeptbeispiele passen und dass dabei Mehrebenenarbeit eingesetzt wird. Damit haben wir in diesem Feld allerdings nur erste elementare Fragen geklärt. Viele Anschlussfragen bleiben offen. Die Weiterentwicklung der theoretischen und praktischen Grundlagen des Mehrebenencoachings bleibt zukünftigen Arbeiten überlassen. Kapitel 4.2 unten stellt erste empirisch fundierte Theorien in diesem Feld zur Diskussion. Die elementaren Grundannahmen werden in der Annahmengruppe G 4.1 zusammengefasst und die resultierenden praktischen Folgerungen in P 4.1.

Theoretische Grundannahmen G 4.1:
Gruppen als Mehrebenensysteme

1. Arbeitsgruppen und Organisationen sind Mehrebenensysteme. Die Prozesse und Handlungen der Systemebenen beeinflussen sich wechselseitig, wobei die Einflüsse der übergeordneten Ebenen auf die darunter liegenden im Allgemeinen größer sind, als umgekehrt.

2. Der Erfolg beim Einzel- und Gruppencoaching hängt von der der Mehrebenenarbeit des Coachs und dabei von der Berücksichtigung der Einflüsse und Ressourcen der verschiedenen Systemebenen ab.

Überprüfung der Annahmen

Das in die Annahme 1. der Annahmengruppe aufgenommene theoretische Postulat der Mehrebenensystemtheorie erscheint plausibel. Die generelle Aussage, dass sich alle Ebenen in allen möglichen Merkmalen wechselseitig beeinflussen und die höheren Ebenen jeweils einen größeren Einfluss auf die darunter liegenden haben, ließe sich empirisch-wissenschaftlich allerdings nur schwer nachweisen. Empirisch überprüfbar ist dagegen unsere Übertragung der Implikation aus dieser Grundannahme auf das Coaching in der Annahme 2., nach der der Erfolg beim Einzel- und Gruppencoaching von der Analyse und Berücksichtigung der wahrgenommenen Einflüsse und Ressourcen der verschiedenen Systemebenen durch Mehrebenenarbeit abhängt. Wie eine derartige Mehrebenenarbeit methodisch optimal durchgeführt und evaluiert werden kann, bleibt künftigen Untersuchungen und Veröffentlichungen vorbehalten.

Praktische Empfehlung

Aus den theoretischen Grundannahmen 4.1 ergibt sich die praktische Empfehlung P 4.1, beim Einzel-, Gruppen- und Organisationscoaching in der Regel die Mehrebenenarbeit nicht zu vernachlässigen. Dabei sollen vor allem die relevanten Einflüsse und Ressourcen der Systemebenen (Individuum, Gruppe, Organisation, Gesellschaft und Welt) analysiert und wenn möglich berücksichtigt werden.

Praktische Folgerungen P 4.1: Mehrebenenarbeit

Beim Einzel-, Gruppen- und Organisationscoaching wird Mehrebenenarbeit empfohlen und dabei besonders die Analyse und Berücksichtigung der Einflüsse und Ressourcen der Systemebenen!

4.2 Theorien zum Gruppencoaching

Allgemeiner Stand der Gruppenforschung

Die Kleingruppenforschung hat bereits eine sehr lange Tradition. Aber erst in den letzten Jahren hat sich die Forschung genauer mit der Analyse komplexer Prozesse in Gruppen beschäftigt (als Übersicht vgl. Arrow, McGrath & Berdahl, 2000; Tschan, 2000; Hackman, 2002). Im Folgenden werden zusammenfassend nur diejenigen Erkenntnisse angesprochen, die für das Coaching von Arbeitsgruppen von unmittelbarer Bedeutung sind. Im Abschnitt 4.2.1 werden Kriterien zur Bewertung von Gruppenleistungen behandelt. In Abschnitt 4.2.2 wird die empirisch fundierte Theorie zum Teamcoaching von Hackman und Wageman (2005) zur Diskussion gestellt. Abschnitt 4.2.3 stellt die Theorie von West zur Bedeutung der Teamreflexivität für die Leistungen von Arbeitsgruppen dar. Jeder Abschnitt wird durch zusammenfassende Annahmen und Folgerungen abgeschlossen, die in die eigene theoretische und praktische Weiterführung einfließen. Für Darstellungen zu allgemeinen theoretischen Annahmen zur Effektivität von Gruppen und Gruppenprozessen wird auf Arrow et al. (2000), Hackman (2002), Scholl (2003), Wegge (2004) und Tschan (2000) verwiesen.

4.2.1 Leistungen und Effektivität von Arbeitsgruppen

Grundlegende Kriterien

Hackmann (1987) hat eine Unterscheidung grundlegender Arten von Kriterien der Leistungseffektivität von Gruppen eingeführt, die heute in der Fachwelt sehr gebräuchlich ist. Er empfiehlt sie auch zur Bewertung der Ergebnisse von Teamcoaching (Hackman & Wageman, 2005):

Output

1. Das *produktive Output* (Produkte oder Dienstleistungen) der Gruppe, nach den Qualitätsstandards der Klienten der Gruppe (z.B. Qualitäts- und Mengenleistungen oder Lieferzeiten; was zählt, ist die Bewertung des Outputs durch die Klienten).

Soziale Prozesse

2. Die sozialen Prozesse, die die Gruppe einsetzt, um die Kooperationsfähigkeiten der Gruppenmitglieder zu erweitern (so können Gruppen Fähigkeiten entwickeln, potenzielle Fehler zu erkennen, um sie präventiv zu verhindern bevor sie auftreten oder haben am Ende nach der erstmaligen Bearbeitung einer neuen Aufgabe besser gelernt, sie durchzuführen als zu Beginn).

3. Der positive Beitrag der Gruppenerfahrungen zum Lernen und persönlichen Wohlbefinden der einzelnen Gruppenmitglieder (ein Team, das das Lernen und Wohlbefinden negativ beeinflusst, ist nicht effektiv).

Lernen und Wohlbefinden

Die beiden ersten Kriterienarten beziehen sich auf die Gruppenebene und die dritte auf die individuelle Ebene. Zur Erfassung der Effektivität der Arbeitsgruppe sollen je nach Aufgaben und Gruppenprozessen unterschiedliche konkrete Einzelkriterien zu allen drei Arten berücksichtigt werden. Die Bedeutung der einzelnen Kriterien kann sich dabei in Abhängigkeit von den jeweiligen Bedingungen unterscheiden. Nach der Theorie von Hackman (1987) müssen effektive Arbeitsgruppen aber alle drei Kriterienarten im Verlauf der Zeit immer wieder ausbalanciert aufrechterhalten. Effektive Gruppen opfern niemals eine Kriterienart vollkommen zu Gunsten der anderen (Hackman & Wageman, 2005, S. 272).

Kriterien ausbalancieren

Die Unterscheidungen von Hackman (1987) werden in vielen anderen Arbeiten in der Gruppenforschung aufgegriffen. Man kann sich allerdings fragen, warum Hackman und Wageman (2005) das in der Evaluation gebräuchliche allgemeine Kriterium des Zielerreichungsgrads nicht aufführen. Scholl (2003, S. 4 f.) integriert es in sein theoretisches Modell zur effektiven Teamarbeit. Im Unterschied zu Hackman (1987) ist bei ihm nicht nur die Bewertung der Kunden, sondern die Befriedigung der Bedürfnisse der Beteiligten und Betroffenen der Ausgangspunkt. Effektivität der Gruppenarbeit spezifiziert er durch drei allgemeine Merkmale:

Kriterien nach Scholl

1. Qualität der angestrebten Zielsetzungen zur Befriedigung der Bedürfnisse der Beteiligten und Betroffenen,

Bedürfnisbefriedigung

2. Ausmaß der Zielerreichung und

Zielerreichung

3. Effizienz der Aufgabendurchführung (Relation zwischen Kosten und Nutzen, aber nicht nur ökonomisch verstanden, sondern auch als Kosten im Sinne geopferter oder verletzter Bedürfnisse im Verhältnis zu den befriedigten Bedürfnissen).

Effizienz

Scholl (2003) erläutert die Kriterien am Beispiel eines Produktentwicklungsteams. Die Gesamteffektivität des Teams ist hoch, wenn sich 1. das Produkt des Teams stärker an den Kundenwünschen orientiert als Vergleichsprodukte, 2. das Ziel weitgehend erreicht wird und 3. im Arbeitsprozess kaum persönliche oder gruppenbezogene Verärgerungen, wenig Arbeitsstress und Beeinträchtigungen der Familien erfahren werden sowie gleichzeitig alle sachlich und sozial dazugelernt haben. Im Unterschied zu Hackman und Wageman (2005) bezieht Scholl die Effektivität ausdrücklich auf die Befriedigung der Bedürfnisse der Beteiligten und Betroffenen. Unsere Coachingdefinition verweist zusätzlich auf die Bedeutung selbstkongruenter Ziele für die Teamentwicklung (d.h., dass sich die Ziele auf das ideale Selbstkonzept der Gruppe beziehen sollen).

Allgemeine und spezifische Bewertungsmerkmale

Einzelfall-Bewertungen

Wie beim Einzelcoaching (s. Abschnitt 3.6.3 und Kapitel 2.3) unterscheiden wir auch beim Gruppencoaching zwischen Einzelfall-Bewertungsmerkmalen, spezifischen und allgemein anwendbaren Bewertungsmerkmalen. Allgemein anwendbare Merkmale abstrahieren von konkreten Ergebnissen beim Coaching, sind aber fast immer anwendbar und für vergleichende Evaluationen besonders geeignet. Die spezifischen Bewertungsmerkmale beziehen sich auf spezielle Merkmale (z.B. sensibler Umgang mit empfindlichen Gruppenmitgliedern) oder Merkmalsbereiche (z.B. Verbesserung der sozialen Kompetenzen der Gruppenmitglieder), die nicht bei den meisten Coachingprozessen zur Evaluation verwendet werden können. Einzelfall-Bewertungsmerkmale sind meist noch konkreter (z.B. sensibler Umgang mit einem Gruppenmitglied bei einen bestimmten Problem, weil man weiß, dass es damit schlechte Erfahrungen gemacht hat). Sie sind nur für einen einzelnen Coachingfall geeignet, können aber zur Evaluation des Erfolgs beim Gruppencoaching von großer Bedeutung sein (wenn z.B. als Zielkriterium verhindert wird, dass der Gruppenleiter bei einem bestimmten Thema regelmäßig „ausrastet" und in seinem Verhalten unkontrollierbar wird).

Allgemeine Kriterien

1. *Allgemein anwendbare Bewertungsmerkmale:* (1) summarische Einschätzungen des Coachingerfolgs, (2) Zielerreichungsgrad, (3) Zufriedenheit der Gruppenmitglieder (mit dem Prozess und den Ergebnissen), (4) Zufriedenheit der Vorgesetzten und (5) Zufriedenheit der Kunden.

Spezifische Kriterien

2. *Spezifische Bewertungsmerkmale:* (1) Verbesserung spezifischer ergebnisorientierter Problem- und Selbstreflexionen der Gruppe oder einzelner Mitglieder, (2) spezifische Ergebnisse der Gruppe aus der Sicht der Gruppe (mit Beziehung zum idealen Selbstkonzept), der Vorgesetzen und Kunden (Lieferzeit, Quantität und Qualität, Effizienz), (3) spezielle Verbesserungen der *sozialen Beziehungen und Interaktionsprozesse* in der Gruppe (z.B. Gruppenklima, Kooperation und Abläufe oder Techniken zum Erkennen potenzieller Fehler und gemeinsames Lernen) und (4) Beiträge der Gruppe zu den *Leistungen, Lernergebnissen und zum persönlichen Wohlbefinden der einzelnen Gruppenmitglieder* mit Bezug zum idealen Selbstkonzept der Gruppe sowie (5) Vorstellungen und spezifische Ergebnisse zur bewussten *Selbstveränderung* oder *Selbstentwicklung* (z.B. effektivere Nutzung oder Erweiterung der Potenziale der Gruppe).

Einzelfall-Kriterien

3. *Einzelfall-Bewertungsmerkmale:* Spezifische Bewertungsmerkmale mit einzigartiger Ausprägung oder Merkmale, die zur Erfassung der konkreten Einzigartigkeit der Ergebnisse für einen bestimmten Coachingprozess geeignet sind (z.B. Synergiewirkung einer einzigartigen Personenkonstellation; in der Musik etwa der besondere „Sound" einer Gruppe).

Bereits beim Einzelcoaching wurde empfohlen, die Ergebnisse im Prozess des Coachings regelmäßig mit dem Klienten zu bewerten. Damit zeigt der Coach die im Allgemeinen gewünschte Ergebnisorientierung. Er sichert sich auch bei zahlenorientierten Führungskräften (Leder, 2005) präventiv gegen die zu erwartenden krisenhaften Zweifel über den Erfolg des Coachings ab, die auch dann zum vorzeitigen Abbruch führen können, wenn das Coaching aus der Sicht des Coachs gute Ergebnisse aufweist. Beim Gruppencoaching ist dies noch wesentlich wichtiger, gewissermaßen „überlebenswichtig". Die Gruppenmitglieder sprechen untereinander oft informell ohne Coach über das Coaching und bewerten es gemeinsam. Wenn es dem Coach nicht gelingt, sich in diese informellen Bewertungskommunikationen einzuklinken und sie methodisch gemeinsam mit der Gruppe nach akzeptierten Kriterien durchzuführen, kann er nach irgendwelchen Anlässen durch spontan aktivierte informelle negative Bewertungen schnell ausgegrenzt werden. Er verliert dadurch nicht nur die Gruppe, sondern auch sein fachliches Ansehen, ohne sich dagegen wehren zu können.

Überlebenswichtige Bewertungen!

Umgekehrt kann die positive Bewertung des Coachings durch Gruppenmitglieder vom Coach sehr gut zur Werbung genutzt werden, wenn er mehrere Personen als glaubwürdige Referenz nennen kann. Vermeintliche Misserfolge des Coachs werden aber wesentlich schneller verbreitet als seine Erfolge. Positive Ergebnisse werden außerdem eher von den Klienten als „ihre Erfolge" in Anspruch genommen. Aus Eigeninteresse sollten Coachs ihre Arbeit in diesem Feld deshalb in regelmäßigen Abständen mit wissenschaftlichen Methoden evaluieren lassen. Wer dadurch aus tatsächlichen und vermeintlichen Fehlern lernt, kann vor sich selbst und seinen kritischen Kunden besser bestehen.

Misserfolge verbreiten sich schnell!

Wissenschaftliche Evaluation

4.2.2 Hackmans Theorie der Prozessberatung

J. Richard Hackman ist Edgar Pierce Professor für Sozial- und Organisationspsychologie an der Harvard Universität. Er hat grundlegende Arbeiten zur Förderung der Effektivität von Arbeitsgruppen (Hackmann, 1987) und in jüngerer Zeit ein sehr bekanntes Buch über die Leitung und Beratung von Teams geschrieben (Hackman, 2002[35]). Teamcoaching ist ein Unterkapitel in diesem Buch (Hackman, 2002, S. 165 ff.). Eine neuere, systematischere und aktualisierte Darstellung zum Teamcoaching hat er zusammen mit Wageman veröffentlicht (Hackman & Wageman, 2005). Im Folgenden werden nur die Annahmen behandelt, die sich auf die Prozessberatung von Arbeitsgruppen oder auf Teamcoaching beziehen.

Bekannter Gruppenforscher der Harvard Universität

[35] Hackman hat für sein Buch mit dem Titel „Leading Teams" den Terry Preis der Academy of Management als „herausragendstes Managementbuch des Jahres" erhalten.

Teamcoaching oder Prozessberatung

Funktion des Teamcoachings

Teamcoaching verstehen Hackman und Wageman (2005) nicht als professionelle Aufgabe von dafür ausgebildeten Coachs, sondern als zusätzliche Aufgabe von Führungskräften neben ihrer primären Aufgabe, das Team zu führen und zu managen. Die primären Führungs- oder Managementaufgaben bestehen in direkten Teaminterventionen zum Planen, Strukturieren oder Bearbeiten konkreter Aufgaben und Probleme. Im Unterschied dazu geht es nach Hackman und Wageman (2003) beim Teamcoaching um Hilfen zur Verbesserung der persönlichen Beiträge der Gruppenmitglieder zur Gruppenleistung oder um die Unterstützung des gesamten Teams zur besseren Nutzung der gemeinsamen Ressourcen beim Bearbeiten ihrer Aufgaben. Allgemeines Ziel für beide Führungsfunktionen ist es, die oben beschriebenen drei Zielkriterien aufrechtzuerhalten oder zu verbessern (1. das produktive Output der Gruppe, 2. die sozialen Prozesse und 3. das Lernen und persönliche Wohlbefinden der einzelnen Gruppenmitglieder).

Definition Teamcoaching

Hackman und Wageman (2005, S. 269, freie Übersetzung) definieren Teamcoaching dementsprechend als *„direkte Interaktion mit einer Arbeitsgruppe, die darauf abzielt, den Mitgliedern zu helfen, ihre gemeinsamen Ressourcen bei der Bewältigung der Gruppenarbeit koordiniert und aufgabenangemessen zu nutzen."*

Abgrenzung nur durch die Zielsetzung?

Die Definition von Hackman und Wageman (2005) liefert eine prägnante Formulierung wichtiger allgemeiner Zielsetzungen des Teamcoachings. Wie oben in der Diskussion verschiedener anderer Coachingdefinitionen festgestellt wurde (Kapitel 2.2), kann man Coaching von anderen Beratungstätigkeiten nicht allein durch die Zielsetzung trennscharf abgrenzen. Die Zielsetzung, „den Mitgliedern zu helfen, bei der Bewältigung der Gruppenarbeit ihre gemeinsamen Ressourcen koordiniert und aufgabenangemessen zu nutzen", kann von vielen Personen verfolgt werden, die mit der Gruppe „interagieren".

Sehr unscharfer Container-Begriff

So wäre der Geschäftsführer ein Coach, wenn er mit seinem Führungsteam über Ressourcenbündelung spricht oder ein Kollege, den man um Rat bittet oder sogar der Verkäufer neuer Hard- und Software für die Gruppe, der verspricht, dass die Gruppe mit diesen Systemen ihre Arbeit effizienter koordinieren kann. Das Verhalten der verschiedenen Personen unterscheidet sich aber zweifellos trotz ähnlicher allgemeiner Zielsetzung erheblich von professionellem Coaching. Soll es trotzdem als Teamcoaching bezeichnet werden? Selbst wenn wir nur das „Teamcoaching" von Managern betrachten, wäre es nach Hackman und Wageman (2005) ja bereits „Coaching" wenn der Manager die Gruppe auffordert, ihre Ressourcen effektiver einzusetzen, unabhängig davon, wie er dabei methodisch vorgeht? Der so definierte Teamcoachingbegriff wäre ein außerordentlich unscharfer Container-Begriff (Böning & Fritschle, 2005) und als Qualitätsbegriff für eine professionelle Beratungstätigkeit ungeeignet (s.o. Kapitel 2.5).

Begriff Prozessberatung angemessener

Wenn wir die weiteren Erläuterungen von Hackman und Wageman (2005) zum Verhalten beim „Teamcoaching" betrachten, beziehen sie sich sie nur auf die Beratungskomponente unseres Coachingbegriffs. Angemessener ist es deshalb hier anstelle des Begriffs „Teamcoaching" den allgemeineren Begriff *„Prozessberatung von Arbeitsgruppen"* zu verwenden. Eine solche Art Beratungstätigkeit kann auch von dafür nicht speziell ausgebildeten Personen durchgeführt werden. Im Folgenden wird deshalb in den nach Hackman (2002; Hackman & Wageman, 2005) zitierten Ausführungen und Annahmen der Begriff Prozessberatung eingesetzt. Die Theorie behandelt dementsprechend nur die Prozessberatung beim Coaching. Die systematische Förderung ergebnisorientierter Problem- und Selbstreflexionen wird ausgeklammert. Hierauf wird unten in Abschnitt 4.2.2 zurückgekommen.

Annahmen

Entwicklung prüfbarer Annahmen

Hackman und Wageman (2005) stützen sich in der Entwicklung ihrer Theorie auf vier konzeptuelle Ansätze: 1. eklektische Interventionen (bewährte Maßnahmen nach der Praxisliteratur), 2. Prozessberatungskonzepte (Ermittlung und Verbesserung von Prozessverlusten in Gruppen), 3. auf Verhaltensänderungen bezogene Modelle (Analyse der handlungsleitenden Annahmen der Klienten, wie in der Theorie von Argyris, 1993 oder lerntheoretische Ansätze zur Beobachtung, Instruktion und Veränderung des Verhaltens von Gruppen durch Belohnungen) sowie 4. entwicklungsbezogene Modelle (angemessene Förderung der Teamentwicklung in verschiedenen Phasen). Auf der Grundlage vorliegender empirischer Forschungsergebnisse formulieren sie empirisch prüfbare Annahmen. Diese Annahmen werden im Folgenden zunächst nur beschreibend wiedergegeben. Eine Diskussion folgt erst anschließend. Die Formulierungen von Hackman und Wageman (2005) werden frei übersetzt. Statt „Coaching" wird der Begriff „Prozessberatung" eingesetzt und statt Team „Arbeitsgruppe".

(1) Anstrengungen, Strategie, Wissen und Fertigkeiten

Aufgabenbezogener Fokus

Die unten wiedergegebene erste Annahme von Hackman und Wageman (2005, S. 272 ff.) beschäftigt sich mit der Frage, welches der nützlichste Ansatzpunkt oder Fokus der Prozessberatung ist. Sie stützen sich auf Ergebnisse aus der Forschung über wichtige Ansatzpunkte zur Verbesserung der Effektivität von Arbeitsgruppen und postulieren in ihrer ersten Annahme, dass die Effektivität der Gruppe von drei Leistungsprozessen abhängt: (1) *Anstrengungen*, die die Gruppenmitglieder gemeinsam in die Bearbeitung der Aufgabe investieren, (2) Angemessenheit der *Strategien*, die die Gruppe zur Bewältigung der Arbeitsaufgaben und zur Gestaltung der Handlungsabläufe einsetzt (z.B. Aufgabenteilung, Reihenfolge der Bearbeitung und Informationsaustausch) und (3) Umfang des *Wissens* und der *Fertigkeiten*, die die Mitglieder zur Bearbeitung der Aufgabe mitbringen. Die Beratung der Arbeitsgruppe sollte sich deshalb auf die Verbesserung dieser drei Merkmale konzentrieren.

> ***Annahme (1)***[36]*: Interventionen zur Prozessberatung, die sich spezifisch auf die Leistungsanstrengungen, Strategie, Wissen und Fertigkeiten der Arbeitsgruppe konzentrieren, fördern die Effektivität der Arbeitsgruppe mehr als Interventionen, die sich auf die interpersonellen Beziehungen konzentrieren.*

Nicht auf interpersonelle Beziehungen konzentrieren?

Wie Hackman und Wageman (2003) erläutern, erzielt eine Beratung, die nur an einer Verbesserung der interpersonellen Beziehungen in der Arbeitsgruppe ansetzt (z.B. am Abbruch der Kommunikation, an bestehenden Konflikte zwischen Mitgliedern oder internen Führungskämpfen) grundsätzlich nur geringe oder keine Wirkungen. Selbst wenn ernste interpersonelle Probleme auftreten, sei es „weder logisch, noch korrekt" zu erwarten, dass die Gruppenleistungen durch eine Beratungsintervention zur Verbesserung dieser Probleme besser werden (Hackman & Wageman, 2005, S. 274). Wie sie unter Verweis auf Untersuchungen von Staw (1975) annehmen, können interpersonelle Probleme eine Folge von Leistungsproblemen in der Gruppe sein. Viel effektiver sei es nach vorliegenden Untersuchungen, sich in der Beratung auf die oben angesprochenen aufgabenbezogenen Verbesserungen zu konzentrieren. Wie sie selbst herausstellen, unterscheiden sie sich mit dieser Annahme von der großen Mehrheit der Literatur und Beratungspraxis in diesem Feld.

(2) Timing

Start, Halbzeit und Ende der Gruppe

Die zweite Annahme behandelt das richtige Timing für Interventionen zur Prozessberatung von Arbeitsgruppen. Grundlage sind Untersuchungen zur Gruppenentwicklung von Gersick (1988, 1989). Nach ihren Felderhebungen zu den Lebensgeschichten von Projektgruppen gibt es drei Zeitpunkte mit guten Chancen zur Förderung besonders folgenreicher Veränderungen: 1. der Start der gemeinsamen Gruppenarbeit (die Gruppe konstituiert sich und entwickelt einen spezifischen Ansatz zur Bearbeitung der Aufgaben), 2. die Halbzeit oder Mitte des Gruppenlebens (anfängliche Handlungsmuster werden überprüft und geändert, die Beziehungen zur Leitungsebene werden erneuert und neue Perspektiven entwickelt) und 3. nach einer konzentrierten Arbeitsphase die Beendigung der gemeinsamen Arbeit (die Gruppe fragt sich, was sie aus den gemeinsamen Erfahrungen gelernt hat und reflektiert darüber, wie es für sie weitergeht). Wie Hack-

---

[36] Die kursiv wiedergegebenen Annahmen sind freie Übersetzungen nach Hackman und Wageman (2005).

man und Wageman (2005, S. 275 ff.) in ihrer zweiten Annahme genauer erläutern, sind diese drei Zeiten im Gruppenaufgabenzyklus günstige Zeitfenster für unterschiedliche Beratungsinterventionen. Etwa zur Halbzeit ist die Gruppe am offensten für Problemreflexionen über ihre Strategie und Veränderungen. Deshalb empfehlen Hackman und Wageman (2005) die Prozessberatung zu diesem Zeitpunkt anzusetzen.

> ***Annahme (2):*** *Jede einzelne der folgenden drei Prozessberatungsfunktionen hat zu bestimmten Zeiten im Gruppenaufgabenzyklus einen jeweils größten konstruktiven Effekt. (a) Motivationale Unterstützung ist besonders zu Beginn eines Leistungszyklusses am hilfreichsten, (b) konsultative Beratung ist am hilfreichsten in der Mitte des Zyklusses und (c) pädagogische Interventionen sind am hilfreichsten nach dem Abschluss der leistungsbezogenen Handlungen.*

(3) Voraussetzungen

Relevante beeinflussbare Probleme

In ihrer dritten Annahme behandeln Hackman und Wageman (2005, S. 279 ff.) die Beeinflussbarkeit der Gruppenleistungsergebnisse durch die Gruppe. Es gibt Aufgaben, bei denen die Ergebnisse nicht vom Gruppenprozess abhängen, sondern beispielsweise vom Fachwissen einzelner Mitglieder. Nur in dem Umfang, wie die Ergebnisse durch gemeinsames Handeln in der Gruppe beeinflusst werden können, kann eine Prozessberatung hilfreich sein. Ein wichtiger Ansatzpunkt ist dabei die Analyse und Verringerung von Prozessverlusten (Minderleistung im Vergleich zu den Leistungspotenzialen der Gruppe).

> ***Annahme (3):*** *Prozessberatungsinterventionen sind nur dann hilfreich, wenn sie sich auf Gruppenhandlungsprozesse beziehen, die für eine gegebene Aufgabe besonders relevant und beeinflussbar sind. Wenn sie sich dagegen auf nicht oder wenig bedeutsame und nicht beeinflussbare Prozesse beziehen, sind sie bestenfalls ineffektiv.*

(4) Strukturierung und Unterstützung der Gruppe

Strukturierung

Die leistungsbezogenen Prozesse in der Gruppe werden nach Hackman und Wageman (2005, S. 281 ff.) nicht primär durch Prozessberatung optimiert, sondern durch eine gute Strukturierung oder Organisation der Gruppe. Leistungsanstrengungen der Gruppe werden durch eine klare Struktur der Aufgaben, verlässliche Leistungsrückmeldungen und ein darauf bezogenes Belohnungssystem gefördert. Ob die Strategie angemessen und effektiv ist, hängt davon ab, ob sie zu den grundlegenden Verhaltensnormen der Organisation passt, aber auch davon, wie gut die Gruppe über relevante externe Veränderungen informiert ist, um erforderliche Anpassungen der Strategie vornehmen zu können. Wissen und Fertigkeiten der Gruppenmitglieder werden durch die qualifikationsbezogene

Gruppenzusammensetzung und die Aus- und Weiterbildung beeinflusst. Wichtig ist eine gute Zusammensetzung der Gruppe aus Mitgliedern mit unterschiedlichem Wissen und verschiedenen Erfahrungen.

Kompetente Prozessberatung

Nach einer Felderhebung von Wageman (2001) über die Leistungen externer Serviceteams bei Xerox kann die Effektivität des Selbstmanagements der Gruppen überwiegend durch eine gute Strukturierung erklärt werden (42% der Varianz) und nur in geringerem Teil durch die Prozessberatung des Vorgesetzen (10%). Von einer „kompetenten Prozessberatung" deutlich am meisten profitieren wiederum die gut strukturierten Arbeitsgruppen. Darunter sind Interventionen zu verstehen, die entsprechend Annahme 1 gemeinsame Anstrengungen der Gruppenmitglieder fördern, aufgabenangemessene Handlungsstrategien erarbeiten oder eine gute Nutzung des Wissens und der Fertigkeiten der Mitglieder fördern. Eine Beratung, die sich nicht an diesen Kriterien orientiert, führt nach Wageman (2001) zur Verringerung der Effektivitätswerte und wird deshalb als nicht kompetent bewertet.

Unterstützung durch das Umfeld

Eine weitere günstige Voraussetzung für Prozessberatung ist die Unterstützung effektiver Gruppenarbeit durch das Umfeld. Wenn die Strukturierung der Gruppe dagegen fehlerhaft und die Unterstützung durch das Umfeld gering ist, kann kompetente Prozessberatung sogar schädlich sein. Gute Beratung kann sich, wie Hackman und Wageman (2003) folgern, nicht gegen ungünstige strukturelle Voraussetzungen durchsetzen.

> ***Annahme (4):*** *Kompetente Prozessberatungsinterventionen sind für Gruppen nützlicher, die gut strukturiert sind und durch das Umfeld unterstützt werden als für solche, die dies nicht sind. Wenig kompetente Interventionen (die Gruppenleistungsprozesse unterminieren) sind für schlecht strukturierte und nicht unterstützte Gruppen schädlicher als für in dieser Hinsicht gut strukturierte Gruppen.*

(5) Folgerungen

Quintessenz

Hackman und Wageman (2005) fassen ihre Folgerungen in vier Voraussetzungen zusammen, von denen nach ihrer Theorie der Nutzen jeder Prozessberatung abhängt. Die ersten beiden beziehen sich auf organisationale Voraussetzungen, die folgenden zwei auf die Prozessberatungstätigkeit.

Voraussetzungen für wirksame Prozessberatung:

1. Die Gruppenhandlungsprozesse die für die Leistungen entscheidend sind (Anstrengung, Strategie sowie Wissen und Fertigkeiten) werden nicht oder nur wenig durch organisationale Erfordernisse eingeengt.
2. Die Gruppe ist gut strukturiert und der organisationale Kontext unterstützt die Gruppenarbeit statt sie zu behindern.

3. Die Prozessberatung konzentriert sich auf bedeutsame und beeinflussbare aufgabenbezogene Handlungsabläufe statt auf interpersonelle Beziehungen oder auf Prozesse, die die Gruppe nicht beeinflussen kann.
4. Die Prozessberatungsinterventionen erfolgen in den günstigen Zeiten, in denen die Gruppe bereit und fähig ist, sie zu bearbeiten.

Diskussion der Annahmen

Folgenreiche allgemeine Annahmen

Die Theorie von Hackman (2002, Hackman & Wageman, 2005) behandelt sehr allgemeine Ansatzpunkte und Voraussetzungen für die Prozessberatung, die zu Verbesserungen der Gruppenleistungen führen können. Wenn die Annahmen bestätigt werden können, haben sie erhebliche Folgen für jede Prozessberatung, egal ob sie durch Manager oder Coachs durchgeführt wird. Provokant sind insbesondere die Annahmen zum generell geringen Nutzen von Prozessberatung oder dazu, dass die Klärung und Beratung interpersoneller Beziehungsprobleme in Arbeitsgruppen unnütz oder sogar schädlich sei. Die folgende Diskussion setzt sich vor allem mit diesen Annahmen auseinander.

Zum praktischen Nutzen der Theorie

Nur selten nützlich…

Hackman und Wageman (2005, S. 283 f.) stellen selbst fest, dass der praktische Nutzen ihrer Theorie gering ist, weil die Voraussetzungen, die erfüllt sein müssten, damit sich Prozessberatung lohnt, in Organisationen nur selten gegeben sind. Sie meinen sogar, dass es ein Beleg für die Klugheit der Manager sei, wenn sie weniger Zeit in die Prozessberatung des Teams investieren, als in ihre anderen primären Managementtätigkeiten. Sie folgern, dass es für die Forschung und Praxis sinnvoller wäre, nicht die Frage zu untersuchen, welche Wirkungen die Prozessberatung bzw. Gruppencoaching hat, sondern vielmehr unter welchen speziellen Voraussetzungen diese Beratungsart eine leistungsfördernde Wirkung auf Arbeitsgruppen haben kann. Es ist ungewöhnlich, dass Wissenschaftler eine Theorie über wenig nützliche Interventionen entwickeln.

Praktische und strategische Quintessenz

Verbesserung der Voraussetzungen

Die praktischen Folgerungen laufen darauf hinaus, zuvorderst in die Verbesserung der organisationalen Voraussetzungen und guten Strukturierung der Arbeitsgruppen zu investieren, wenn diese nicht günstig sind. Die Quintessenz von Hackman (2002, S. 251 ff.) zur Führung von Arbeitsgruppen ist, dass sich die Teamleiter vorrangig auf das Managen günstiger Bedingungen für effektive Gruppenarbeit konzentrieren sollen und nicht auf die Therapie von Problemen oder Ursachen für schwache Leistungen. Gruppen können ihre Effektivität autonom verbessern, wenn die Voraussetzungen dafür günstig sind. Beispielsweise hält es Hackman für wenig Erfolg versprechend, von einer Person zu fordern, sie solle

„kreativer“ werden und mit ihr dazu Übungen in einem Kreativitätstraining durchzuführen. Wirksamer wäre es nach seiner Theorie, „eine entspannte und ressourcenreiche Umgebung herzustellen, in der die kreative Reaktion kommen kann, wann sie will“ (Hackman, 2002, S. 251, freie Übersetzung).

Wechselwirkungen zwischen Handlungen und Bedingungen

Keine neue Idee

Kernthema der Arbeitsgestaltung

Die Idee der Gestaltung günstiger Voraussetzungen und Bedingungen zur Verbesserung der Effektivität des Handelns und Lernens des Menschen finden wir auch in anderen Theorien und Gestaltungskonzepten. Auf der individuellen Ebene ist dies ein klassisches, theoretisch wie praktisch ausgearbeitetes und empirisch gut erforschtes Thema der arbeitspsychologischen Handlungstheorie (vgl. insbesondere Hacker, 2005). Als lern- und persönlichkeitsförderliche Bedingungen der Arbeitsgestaltung gelten etwa der Entscheidungs- oder Handlungsspielraum sowie die „Vollständigkeit der Tätigkeit“ (d.h., die Arbeitstätigkeit erfordert insbesondere selbständige Zielfindungs- und Entscheidungsmöglichkeiten, eigenständiges Planen, Lernmöglichkeiten und Kooperation). Auf der Gruppenebene wären hier Gestaltungskonzepte zur Gruppenarbeit zu nennen (Ulich, 2005; Antoni, 1994). Praktische Konzepte zum selbstorganisierten Lernen (Greif & Kurtz, 1998) beschreiben, wie durch anregende Lernumgebungen eigenaktives Lernen in Gruppen gefördert werden kann.

Zu einseitig und einfach

Im Unterschied zu Hackmans Position steht in den angesprochenen Theorien und Praxiskonzepten die Effektivitätsverbesserung durch komplexe, von den handelnden Personen selbständig ausgestaltbare Arbeitstätigkeiten als günstige Voraussetzungen im Mittelpunkt. Gleichzeitig wird aber immer auch die methodische Förderung von Lernprozessen und des zielgerichteten Handelns auf individueller und Gruppenebene betrachtet. Dabei werden die wechselseitigen Einflüsse zwischen Arbeitsbedingungen und Handlungen der Personen differenziert analysiert und im Ideal gemeinsam optimiert. Individuen und Gruppen werden zwar beim Lernen und Handeln durch die Voraussetzungen in ihrer Umgebung beeinflusst und verändern sich, gleichzeitig verändern sie aber auch die Umgebung durch ihre Handlungen. So wie Hackman (2002) seine Annahmen ausformuliert sind sie zu einfach und einseitig.

Prozessberatung als komplexe Dienstleistung

Nutzen von Dienstleistungen

Prozessberatung oder Coaching sind komplexe Dienstleistungen. Der Nutzen komplexer Dienstleistungen hängt, wie Schneider und Bowen (1995) in ihrer empirisch untermauerten Theorie feststellen, neben der Qualität der Dienstleistung (hier: Angemessenheit, Methode und Ansatzpunkte der Prozessberatung) von der Motivation und Qualifikation der Kunden ab, die sie nutzen wollen oder sollen. Ganz besonders hängen sie aber davon ab, *wie* sie vom Dienstleister erbracht werden (von seinen fachlichen, aber insbesondere seinen sozialen Kompetenzen). Vielleicht lassen sich die schwachen Ergebnisse einfach auf eine geringe Qualifikation der Berater zurückführen. Hohe Kompetenzen eines Beraters lassen sich daran festmachen, ob er zusammen mit der Gruppe auch unter ungünstigen Voraussetzungen nützliche Ergebnisse erzielen kann! Hackman und Wageman (2005) haben in ihren Studien keine professionellen Berater oder Gruppencoachs untersucht. Ihre Arbeiten analysieren die Effekte von Prozessberatungen durch Manager ohne besondere Ausbildung, teilweise sogar durch Studierende nach kurzer Einweisung in die Aufgabe.

Wirksamere Interventionen entwickeln!

Hackman und Wageman (2005) konnten nicht alle Arten von Interventionen überprüfen. Sie können deshalb grundsätzlich nicht ausschließen, dass es Interventionsmethoden und Konzepte gibt, die Erfolg versprechender sind als die, welche in den von ihnen zitierten Untersuchungen eingesetzt wurden. Die generalisierenden Annahmen von Hackman und Wageman (2005) können durch jede Untersuchung zur Prozessberatung widerlegt werden, die trotz der von ihnen beschriebenen ungünstigen Bedingungen nachweisbar Leistungsverbesserungen erzielt (siehe dazu unten).

Praktische und wissenschaftliche Innovationen

Prozessberatung und Coaching sind Dienstleistungen in einem innovativen Feld. Im Gegensatz zu Hackman und Wageman (2005) würde ich postulieren, dass die praktische Innovation in diesem Dienstleistungsfeld durch in den Organisationen bisher nicht gelöste gravierende Probleme und Konflikte angetrieben wird. Wissenschaftliche Evaluationsforschung hat nicht nur die Aufgabe, nüchterne Bewertungen von bisher nicht erzielten Leistungsverbesserungen abzugeben. Sie dient auch zur Identifikation von Potenzialen und Innovationsmöglichkeiten. Wenn neben schwachen Prozessberatungen auch gezielt erfolgreiche Beratungen durch die besten Experten in diesem Feld sorgfältig untersucht werden, werden sich vermutlich differenziertere und konstruktivere Folgerungen ableiten lassen. Die Methodologie der Evaluationsforschung sollte nicht einseitig genutzt werden, generalisierte Urteile über die Prozessberatung zu fällen, sondern Analysen als Grundlage für künftige Verbesserungen durchzuführen. Hackman und Wageman (2005) bedienen mit ihren Annahmen die Skepsis konventioneller Führungskräfte gegenüber Prozessberatung und Teamcoaching. Wozu sollte man dafür Zeit und Geld investieren, wenn renommierte Wissenschaftler empirisch belegen können, dass dies unnütz ist? Im Folgenden soll genauer überprüft werden, wie tragfähig die zitierten Untersuchungen als empirischer Nachweis für die angenommene Nutzlosigkeit der Prozessberatung zur Verbesserung der interpersonellen Beziehungsprobleme sind.

Interpersonelle Beziehungsprobleme ausklammern?

Sehr kontroverse Annahme

Nach der ersten Annahme von Hackman und Wageman (2005) ist es unnütz zu versuchen, die Effektivität von Gruppen durch Klärung und Verbesserung der interpersonellen Beziehungsprobleme zu erhöhen. Ist diese Annahme von Hackman und Wageman (2005) tatsächlich gut nachgewiesen? Um die Annahme zu überprüfen sind experimentelle Untersuchungen erforderlich. Die einzige experimentelle Untersuchung auf die sich Hackman und Wageman (2005, S. 274) zur Stützung ihrer Annahme beziehen, stammt von Staw (1975). Hier erhielten Gruppen unabhängig von ihrer tatsächlichen Leistung falsches positives oder negatives Leistungsfeedback. In den Gruppen mit falschem negativem Feedback wurden nach Befragung mehr Kommunikationsprobleme und Meinungsunterschiede berichtet. Die Fragestellung der Untersuchung passt bei näherer Betrachtung nicht genau zur Annahme. Die Folgerung, dass diese Ergebnisse einen eindeutigen Nachweis dafür liefern, dass interpersonelle Probleme eine Konsequenz leistungsbezogener Probleme seien, ist deshalb schwer nachvollziehbar, zumindest aber angreifbar. Viel nahe liegender wäre es anzunehmen, dass das falsche Feedback allgemeine Ärgerreaktionen oder andere negative Affekte auslöst und dass die verärgerten Personen sie in die Gruppe mitnehmen und übertragen.

Unklare Ursachen

Neben dieser experimentellen Untersuchung stützen sich Hackman und Wageman (2005) auf Querschnittserhebungen. In den Untersuchungen korrelieren Leistungsverbesserungen mit leistungsbezogenen Interventionen höher als mit auf interpersonelle Probleme bezogenen Interventionen. In Querschnittserhebungen wissen wir allerdings nicht, worauf diese Unterschiede zurückführbar sind. Es gibt viele alternative Erklärungsmöglichkeiten: wenig kompetente Berater für interpersonelle Probleme, ungeeignete Interventionsmethoden, nicht so schnelle oder eher indirekte Wirkungen der interaktionsbezogenen Interventionen.

Beziehungsprobleme als abhängige Variable

Hackman und Wageman (2005) schließen aus wenigen Untersuchungen allgemein, dass Konflikte, Rivalitäten und andere interpersonelle Beziehungsprobleme in Arbeitsgruppen vorwiegend auf Leistungsprobleme zurückzuführen sind. Wären demnach Beziehungs- und Kommunikationsprobleme tatsächlich vorwiegend als abhängige Variable von Leistungsdefiziten in Arbeitsgruppen zu erklären? Wenn man sich verschiedene mögliche Beziehungs- und Kommunikationsprobleme vergegenwärtigt, wird deutlich, wie weitgehend die Annahme von Hackman und Wageman (2005) ist: Konkurrenz um Führungsrollen und Aufstiegschancen, unterschiedliche oder gegensätzliche Interessen bei Entscheidungen (vgl. die Nullsummenspielsituation in der sozialpsychologischen Konfliktforschung), persönliche Konflikte (z.B. zwischen Mitarbeiter/innen nach einer gescheiterten Liebesbeziehung, vgl. Schreyögg, 2002, S. 334 ff.) oder interkulturelle Kommunikationsprobleme, sind dies alles immer vorwiegend Folgen von Leistungsproblemen? Hackman und Wageman (2005, S. 274) gestehen zu, dass ernste Konflikte in der Gruppe die Gruppenleistung unterminieren können. Aber selbst in dieser Situation favorisieren sie als Erfolg versprechenden Ansatzpunkt für Verbesserungen primär aufgaben- und leistungsbezogene Interventionen.

Konflikt-coaching

In manchen Unternehmen ist es tabu, außer im vertraulichen Zweiergespräch, über interpersonelle Probleme oder gar Konflikte zu sprechen. Wenn sie in größeren Gesprächsrunden offen angesprochen werden, haben sie in der Regel bereits ein hohes Eskalationsniveau erreicht. Interpersonelle Probleme und Konflikte in Arbeitsgruppen aufzulösen ist deshalb zweifellos eine schwierigere Aufgabe, als die Bearbeitung von Leistungsproblemen in einer ansonsten harmonischen Gruppe. Vom Prozessberater oder Coach erfordert die Beratung von Führungskräften außerordentlich breite Lebens- und Berufserfahrungen, spezielles Fachwissen und ein ausformuliertes Coachingkonzept (Schreyögg, 2002, S. 31 ff.). Beim Coaching von Führungskräften als Konfliktmanager ist es nach Schreyögg (2006, S. 215 ff.) erforderlich, den Klienten anzuleiten, sehr sorgfältige Vorfeldanalysen durchzuführen und Lösungen sehr vorsichtig vorzubereiten. Neuen Führungskräften, die noch keine „sozio-emotionale Hausmacht" haben, fehlt meist die notwendige Vertrauensbasis, um Konflikte erfolgreich zu bewältigen. Wenn der Konflikt bereits eine hohe Eskalationsstufe erreicht hat, sind die Erfolgschancen generell gering. Er kann er nur noch durch Machteingriffe sehr einflussreicher Führungskräfte eingedämmt werden. Mitunter ist eine Lösung nur noch durch eine Auflösung und Neubildung der zerstrittenen und ineffektiven Gruppe möglich. Konflikt-Coaching dient nach dem Konzept Schreyögg (2002, 2006) auch dazu, Interventionsmöglichkeiten realistisch einzuschätzen und einzusetzen. Chancenreich ist Coaching von Gruppen mit interpersonellen Problemen besonders in der Phase der Neubildung einer Arbeitsgruppe, wie auch Hackman und Wageman (2005) feststellen.

Günstige Voraussetzungen schaffen

Zur Verbesserung der Effektivität von Arbeitsgruppen setzt Hackman (2002, S. 251 ff.) primär auf die Strategie, günstige Voraussetzungen und Kontextbedingungen herzustellen und vertraut dann darauf, dass die Gruppe selbst geeignete Lösungen findet. Was sollte man aber tun, wenn in einer Gruppe trotz bester Voraussetzungen und Kontextbedingungen die interpersonellen Beziehungsprobleme und Konflikte anhalten und die Gruppenleistungen schwach bleiben? Im Kapitel 4.3 unten wird eine Theorie vorgestellt, die die Reflexion der Gruppe über Aufgaben, Prozesse und interpersonelle Beziehungsprobleme in den Mittelpunkt stellt. Berichtet wird auch über Untersuchungsergebnisse, wonach die Reflexion der interpersonellen Beziehungen eine größere Bedeutung für die Gruppenleistungen hat, als die Reflexion der aufgabenbezogenen Merkmale. Es ist bemerkenswert, dass diese teilweise bereits älteren Untersuchungen von Hackman und Wageman (2005) nicht berücksichtigt werden.

Entwicklung veränderter Annahmen

Wie in der Diskussion erläutert, sind die Annahmen von Hackman und Wageman (2005) zum geringen Nutzen der Prozessberatung von Gruppen, insbesondere der Beratung bei Beziehungs- und Kommunikationsproblemen angreifbar und werden daher nicht als Annahmen übernommen. Das bedeutet nicht, dass die von Hackman und Wageman (2005) untersuchten Voraussetzungen und organisationalen Kontextbedingungen irrelevant sind. Es ist durchaus sinnvoll, in der Prozessberatung oder im Gruppencoaching die unterstützenden organisationalen Kontextbedingungen sowie Gruppenstrukturen und aufgabenbezogene Handlungsabläufe differenziert zu analysieren. Wenn die erforderlichen Ressourcen vorhanden sind, ist es sicher nützlich, die Voraussetzungen für Gruppeneffektivität zu verbessern. Im Folgenden werden die von Hackman und Wageman (2005) untersuchten Voraussetzungen und die Möglichkeiten ihrer Verbesserung mit den erforderlichen Differenzierungen zur Entwicklung von Annahmen zum Gruppencoaching herangezogen.

1. Beeinflussbarkeit

Veränderung der Beeinflussbarkeit

Die von Hackman und Wageman (2005) angesprochene Beeinflussbarkeit erfolgsförderlicher Voraussetzungen ist zweifellos eine wichtige Voraussetzung für jedes Gruppencoaching. Eine wichtige Frage ist dabei aber, ob und wie man die Beeinflussbarkeit realistisch erfassen kann und welche Auswirkungen Fehleinschätzungen haben. Wenn man sie überschätzt, sind die Interventionen Fehlinvestitionen, die bei den Beteiligten zu Frustrationen führen können. Wenn man sie unterschätzt, überlässt man die Prozesse ohne Intervention dem Kräftespiel der bestehenden Einflüsse. Hackman und Wageman (2005) behandeln die Beeinflussbarkeit als ein für die Prozessberatung vorgegebenes und kaum korrigierbares Merkmal. Angemessener erscheint es, die Beeinflussbarkeit als Merkmal zu sehen, das sich in Abhängigkeit von situativen und personellen Konstellationen und wie oben dargestellt durch das Handeln und Lernen der beteiligten Personen verändern kann. Mitunter ist es möglich, im Verlauf des Gruppencoachings durch Beratung der Leitungsebenen, allmählich mehr Einfluss auf die Gestaltung günstiger Vorraussetzungen zu gewinnen. Pragmatisch zweckmäßig ist es jedoch oft, sich zunächst auf direkt beeinflussbare Merkmale und Prozesse zu konzentrieren.

Veränderung der Ziele

Wenn die Gruppe und der Coach zusammen die Leistungsergebnisse weder direkt noch indirekt beeinflussen können, könnte ein Coaching immerhin noch dazu dienen, den Gruppenmitgliedern ihre Situation transparent zu machen und sich mit dieser Situation ohne Beeinträchtigung des psychischen Wohlbefindens zu arrangieren. Die Beeinflussbarkeit hängt allerdings von der Definition der Coachingziele ab. Die Korrektur von hoch gesteckten Zielen ist ein normaler Prozess. Wie Burke (2002) feststellt, ist die starre Beibehaltung ursprünglicher Ziele und Pläne bei organisationalen Veränderungen eher die Ausnahme. Ähnliches gilt für die Anpassung der Ziele beim Gruppencoaching.

Effektive chaotische Phasen

Gruppenprozesse basieren nicht immer auf einfachen linearen Wirkungen, wie die Komplexitätstheorie von Arrow, McGrath und Berdahl (2000) lehrt. Wir müssen mit nicht-linearen Effekten rechnen und mit zeitversetzten oder indirekten Wirkungen. Nach der in der Komplexitätstheorie herangezogenen Chaostheorie kann eine zeitweilig Destabilisierung und chaotische Dynamik eine erforderliche Übergangsphase sein, um grundlegende Veränderungen von Gruppen zu ermöglichen. Starr regelorientiert arbeitende Gruppen sind ineffektiv, wenn sich die Aufgaben oder Bedingungen für die Anwendbarkeit der Regeln ändern. Gruppen, die zu unflexibel sind und dadurch ihre Aufgaben nicht bewältigen können, müssen sich grundlegend verändern und neu strukturieren oder werden aufgelöst und durch neue Gruppen ersetzt (Arrow, McGrath & Berdahl, 2000, S. 213 ff.).

2. Unterstützendes organisationales Umfeld

Veränderliche Voraussetzung

Arbeitsgruppen, die über die für ihre Aufgaben erforderlichen Ressourcen verfügen und in einem organisationalen Umfeld arbeiten, das ihre Leistungen unterstützt, können im Allgemeinen effektiver sein als Gruppen ohne diese Unterstützung. Diese Annahme ist im Grunde trivial, aber die darin angesprochenen Voraussetzungen sind in der Praxis keineswegs immer gegeben. Wenn sie vorhanden sind, ist es auch beim Coaching leichter, Leistungsverbesserungen zu erzielen, wie Hackman und Wageman (2005) folgern.

Fehlende Unterstützung sichtbar machen

Zumindest kann ein Coach gemeinsame Analysen stimulieren, die die fehlende oder kontraproduktive Unterstützung sichtbar macht und die Entscheidungsebene zu stärkerer Unterstützung anhält. Im Unterschied zu Hackman und Wageman (2005) können wir aber zusätzlich annehmen, dass man nicht nur als Manager, sondern auch als Coach Arbeitsgruppen trotz ungünstigem Umfeld erfolgreich aktivieren kann, diese Unterstützung einzufordern. Auch diese Voraussetzung ist demnach im Prinzip durchaus veränderlich.

3. Erforderliche Ressourcen

Qualifikationen, Zeit, Technik und Geld

Eine weitere veränderliche Voraussetzung, die berücksichtigt werden sollte, ist die Verfügung der Arbeitsgruppe über erforderliche personelle Ressourcen. Angesprochen werden damit die Erfahrungen, Leistungsfähigkeiten und Kompetenzen der Mitarbeiter/innen und der Personen, die zur Zielerreichung erforderlich sind (vgl. Wegge, 2004, S. 158 ff.). Andere praktisch wichtige Ressourcen sind genügend Zeit, technische Ausstattung oder das Geld, um die fehlenden Ressourcen zu beschaffen.

4. Veränderungsbereitschaft und Akzeptanz des Coachs

Veränderungsbereitschaft

Beim Einzelcoaching wurde die Veränderungsbereitschaft als wichtige motivationale Voraussetzung für den Erfolg beim Coaching analysiert (siehe Abschnitt 3.5.2) und in das Strukturmodell aufgenommen (siehe Abschnitt 3.6.3). Auch wenn es dazu noch keine empirischen Belege gibt, ist beim Gruppencoaching ebenfalls zu erwarten, dass es günstig ist, wenn alle oder zumindest die einflussreichen Gruppenmitglieder für die angestrebten Veränderungen offen sind. Bei organisationalen Veränderungen wurde empirisch belegt, dass die Innovationsbereitschaft der Mitarbeiter/innen eine günstige Voraussetzung für den Erfolg der Veränderungen ist und umgekehrt Änderungswiderstände eine kritische Barriere bilden (vgl. Greif, Runde & Seeberg, 2004, S. 193 ff.).

Akzeptanz des Coachs

Beim Gruppencoaching werden die Veränderungen der Gruppe gemeinsam mit einer zusätzlichen Person, dem Coach, erarbeitet. Die fachliche und persönliche Akzeptanz des Gruppencoachs als Ratgeber der Gruppe hat vermutlich wie beim Einzelcoaching einen wichtigen Einfluss auf die Ergebnisse.

5. Ergebnisorientierte Organisation der Strukturen und Prozesse

Ergebnisorientiert

Als weitere förderliche Voraussetzung nehmen wir die Annahme von Hackman und Wageman (2005) zur Strukturierung oder Organisation der Gruppe auf. Diese Voraussetzung kann auch als ergebnisorientierte Organisation der Strukturen und Prozesse bezeichnet werden.

Kooperatives Klima

Wie West (2004) in seiner Theorie zur Effektivität empirisch gestützt annimmt, ist bei komplexen Aufgaben ein kooperatives Teamklima eine günstige Voraussetzung für die Produktivität der Gruppe. Untersuchungen aus der sozialpsychologischen Forschung kommen teilweise zu ähnlichen Ergebnissen (vgl. Scholl, 2003; Wegge, 2004, S. 135 ff. u. 376 ff.). Hier wird allerdings statt Teamklima ein weit gefasster Begriff der „Gruppenkohäsion“ (Zusammenhalt der Gruppe) bevorzugt.

Leistungsnormen

Wenn die Gruppenmitglieder zusammenhalten, können sie allerdings gemeinsam bevorzugen, die Zeit mit unterhaltsamen Gesprächen zu vertun, statt mit anstrengender Arbeit. Dadurch können sie sich auf ein niedriges Leistungsniveau einpendeln. Ein kooperatives Klima und Zusammenhalt hängen nur mit hohen Leistungen zusammen, wenn die Aufgaben komplex sind und wenn sich die Gruppe hohe Leistungsnormen setzt.

Coaching

Eine ergebnisorientiert organisierte Gruppe mit kooperativem Klima, in der sich die Gruppenmitglieder gegenseitig sympathisch sind und zusammenhalten, ist leichter zu coachen, als eine zerstrittene Gruppe, deren Mitglieder sich nicht schätzen und gegeneinander arbeiten.

Zusammenfassung der Annahmen und Folgerungen

Die folgende Annahmengruppe fasst die angesprochenen förderlichen Voraussetzungen für das Gruppencoaching zusammen:

Annahmengruppe A 4.2.1:
Beeinflussung der Voraussetzungen

Wenn die folgenden Voraussetzungen positiv beeinflusst werden, erhöhen sich die Erfolgschancen beim Gruppencoaching:

1. gemeinsame Beeinflussbarkeit der erfolgskritischen Merkmale auf die Einzelmitglieder einer Arbeitsgruppe und die gesamte Gruppe,
2. Verfügung über erforderliche personelle und andere Ressourcen der Arbeitsgruppe,
3. Unterstützung der Ergebnisse durch die übergeordneten Systemebenen,
4. Veränderungsbereitschaft der Gruppenmitglieder, bei gleichzeitiger Akzeptanz des Coachs als Ratgeber der Gruppe und
5. ein kooperatives Gruppenklima sowie eine ergebnisorientierte Organisation der Strukturen und Prozesse in der Gruppe.

Praktische Quintessenz

Die praktische Quintessenz der Annahmen besteht darin, die Voraussetzungen und Bedingungen zu analysieren, die die Erfolgschancen beim Coaching verringern oder verbessern können und alle Möglichkeiten zu nutzen, sie positiv zu beeinflussen. Nicht alle Voraussetzungen sind beeinflussbar und nicht alle Ziele erreichbar. Auftraggeber und Gruppe haben mitunter die naive Hoffnung, dass ein gutes Coaching selbst unter ungünstigsten Bedingungen alle Probleme richten kann. Der Coach kann helfen, realistische Ziele zu definieren. Wenn sich die Probleme der Gruppe unter vorgegebenen Voraussetzungen nicht befriedigend lösen lassen, kann er mit der Gruppe die Möglichkeiten erkunden, die Voraussetzungen indirekt oder langfristig zu beeinflussen.

Barrieren überbrücken

Bildlich ausgedrückt, macht es wenig Sinn, gegen eine Barriere zu laufen, die man nicht durchbrechen kann. Klüger wäre es, zu erkunden, ob man sie entweder umgehen oder überbrücken kann. Eine Barriere kann man metaphorisch gesehen auch geschickt als Pfeiler für eine zu bauende Brücke nutzen, mit der man sie überqueren kann.

Wenn nichts mehr geht

Selbst wenn gar nichts mehr geht, kann Coaching noch nützlich sein. Der Coach kann helfen zu analysieren und transparent zu machen, von welchen ungünstigen Bedingungen oder Fehlhandlungen vermutlich die ungelösten Probleme abhängen. Dadurch kann er wichtige Reflexions- und Lernprozesse in der Gruppe und Organisation aktivieren (vgl. das Double Loop Lernen, s. Abschnitt 1.3.2). Wenn dadurch den einflussreichen Organisationsmitgliedern bewusst wird, wie sehr der Erfolg der Veränderungen ihrer Arbeit von günstigen Voraussetzungen abhängt, können sie sie schneller erkennen und nutzen, wenn sie sich bieten.

Die Quintessenz der praktischen Folgerungen kann „positiv denkend" in einem Satz ausgedrückt werden.

Praktische Folgerungen P 4.2.1: **Erkennen und Beeinflussen der Voraussetzungen**
Beim Coaching von Individuen und Gruppen sollen fördernde und hemmende Voraussetzungen und Bedingungen analysiert und nach Möglichkeiten gesucht werden, sie direkt und indirekt positiv zu nutzen und beeinflussen!

4.2.3 Die Theorie der Teamreflexivität von West

Sind reflexive Gruppen effektiver?

Michael A. West ist Leiter des Forschungsinstituts für Organisationspsychologie der Aston Business School, Birmingham, Großbritannien. Er hat eine für unser Thema sehr interessante Theorie zur Teamreflexivität entwickelt und empirische Untersuchungen stimuliert. Nach seiner Theorie sind Arbeitsgruppen besonders unter komplexen und herausfordernden Bedingungen effektiver und innovativer, wenn sie über ihre Aufgaben, Strategien und Prozesse reflektieren. In der folgenden Darstellung wird die Theorie zusammenfassend wiedergegeben (für eine grundlegende Darstellung siehe West, 1996; sowie West, Widmer & Dawson, 2006; für eine praxisorientierte Einführung vgl. West, 2004).

Funktion von Arbeitsgruppen

Der Hauptgrund, warum in Organisationen Arbeitsgruppen gebildet werden, liegt nach West (2004, S. 2 ff.) in der unausgesprochenen Erwartung, dass Gruppen Arbeitsaufgaben effektiver ausführen können, als einzelne Personen. West unterscheidet zwei grundlegende Dimensionen oder Funktionen von Arbeitsgruppen: 1. Bearbeitung von Aufgaben und 2. soziale Funktionen (gegenseitige Unterstützung, Förderung des Wohlbefindens und der Entwicklung der Gruppenmitglieder usw.).

Komponenten der Effektivität

Die Effektivität von Arbeitsgruppen führt er im Wesentlichen auf drei Komponenten zurück, von denen zwei direkt zu diesen beiden Dimensionen in Beziehung stehen (a.a.O.):

1. *Aufgabeneffektivität (task effectiveness):* Das Ausmaß in dem die Arbeitsgruppe ihre aufgabenbezogenen Ziele erfolgreich erreicht.
2. *Wohlbefinden der Teammitglieder (team member well-being):* Ausmaß der psychischen Gesundheit (z.B. Stressintensität) und Entwicklung der Gruppenmitglieder.
3. *Lebensfähigkeit des Teams (team viability):* Die Wahrscheinlichkeit, dass die Arbeitsgruppe langfristig effektiv zusammenarbeiten wird.

Zentrale Begriffe und Annahmen

Aufgabenreflexivität und soziale Reflexivität

Die Aufgaben von Arbeitsgruppen ändern sich oft in Abhängigkeit von Veränderungen der externen Rahmenbedingungen, aber auch von internen Verschiebungen der Aufgabenzuweisungen oder Entwicklung von Kompetenzen oder Rollen in der Gruppe. Um effektiv zu sein, müssen die Gruppenmitglieder lernen, über diese sich ändernden externen und internen Umstände zu reflektieren und sie intelligent zu bewältigen (Flood, MacCurtain & West, 2001, S. 3).

Drei-Stadien-Modell der Reflexion

Die zentrale Annahme der Theorie von West (1996, 2004) ist, dass Teams bei komplexen, sich ändernden Aufgaben effektiver sind, wenn sie sowohl über ihre Aufgaben und deren Rahmenbedingungen reflektieren (Aufgabenreflexivität) als auch über die sozialen Interaktionen in der Gruppe (soziale Reflexivität). Als allgemeine theoretische Grundlage bezieht sich West (2004, S. 96) auf das Double Loop Lernen nach Argyris (1993) und Schön (1983, 1990), ähnlich wie dies in unsere Grundannahmen aufgenommen wurde (siehe Kapitel 1.3). Swift und West (1998, S. 7) entwickeln ein einfaches Modell zur Beschreibung von drei Stadien beim Reflektieren und Umsetzen der Reflexionen. Es beginnt im ersten Schritt mit der Reflexion (z.B. der Aufgaben oder sozialen Beziehungen in der Gruppe). Danach folgt im zweiten Schritt die Planung von Veränderungen und im dritten Schritt die Umsetzung der geplanten Veränderungen durch Handlungen. Anschließend beginnt der Zyklus wieder neu. Die Phasen müssen nicht linear miteinander verbunden sein und auch nicht strikt aufeinanderfolgen.

Die einzelnen Stadien unterscheiden sich in den folgenden Merkmalen (West, Widmer & Dawson, 2006, S. 5 ff.):

1. Reflexion

Tiefgehende Reflexion

Reflektieren umfasst nach West, Widmer und Dawson (2006, S. 6 f.) Aufmerksamkeit, Bewusstheit, Überwachung und Bewertung gegenüber dem, was reflektiert wird. Beispiele für Reflexionen in Gruppen sind In-Fragestellen, Analysieren, Explorieren oder Überprüfen des beobachteten bisherigen Gruppenverhaltens. Die Qualität der Reflexion kann danach klassifiziert werden, inwieweit sie oberflächlich oder tiefgehend ist.

2. Planung

Gute Planung

Im Anschluss an die Reflexion entwickelt die Gruppe mehr oder weniger detaillierte Pläne für Handlungen oder Veränderungen. In Anlehnung an Frese und Zapf (1994) unterscheiden West, Widmer und Dawson (2006, S. 8 f.) vier Merkmale von Plänen: 1. Detailliertheit, 2. Umfassendheit, 3. hierarchische Ordnung von Teilplänen und 4. Zeitplanung.

3. Handlung

Radikale Veränderungen

Die dritte Phase bezieht sich auf die Umsetzung der geplanten Veränderungen durch Handlungen (West, Widmer & Dawson, 2006, S. 10). Handlungen lassen sich als zielgerichtetes Verhalten definieren. Das Verhalten der Gruppenmitglieder zielt darauf ab, die gewünschten Veränderungen der Teamaufgaben, Strategien, Prozesse, Organisationen und Umgebungen zu erreichen. In Anlehnung an West und Anderson (1996) kann die Handlungskomponente der Reflexivität durch vier Dimensionen beschrieben werden: 1. Umfang der Veränderungen, 2. relative Neuigkeit für die Beteiligten, 3. Radikalität der Veränderungen und 4. Effektivität der Zielerreichung.

Weitere Zyklen

Durch die umgesetzten Veränderungen können neue Informationen, weitere Reflexionen und Anschlusshandlungen entstehen oder weitere Reflexivitätszyklen angestoßen werden.

Begriff Teamreflexivität

Individuum und Gruppenebene

West (1996, S. 562) betont, dass Reflexivität eine grundlegende Eigenschaft jeden individuellen Gruppenmitglieds ist. Den Begriff Teamreflexivität verwendet er jedoch als Verhaltensmerkmal von Gruppen. Die folgende Definition gibt seine Begriffsbestimmung wieder.

Definition Teamreflexivität nach West et al. (2006)
Teamreflexivität ist das Ausmaß, in dem die Gruppenmitglieder gemeinsam über die Aufgaben, Strategien und Prozesse des Teams sowie über ihre weiteren Organisationen und Umgebungen reflektieren und ihre Handlungen entsprechend verändern (freie Übersetzung nach West, Widmer & Dawson, 2006, S. 5).

Aspekte der Problem- und Selbstreflexion

In Kapitel 1.2 wurden die Begriffe Problem- und Selbstreflexion ebenfalls auf individueller und Gruppenebene unterschieden. Der Reflexivitätsbegriff von Swift und West (1998) ist allerdings enger als der Reflexionsbegriff in diesem Buch. Er bezieht sich nicht, wie in Kapitel 1.2 definiert, auf Selbstreflexionen als bewusste Prozesse, bei denen Personen oder Gruppen ihre Vorstellungen oder Handlungen durchdenken und explizieren, die sich auf ihr reales und ideales Selbstkonzept oder das Selbstkonzept der Gruppe beziehen. Die Teamreflexivität ist eine Spezifikation oder ein Unterbegriff zum allgemeinen Begriff der Problem- und Selbstreflexion auf der Gruppenebene.

Spontane Reflexivität

In seiner Theorie untersucht West (1996, 2004) die Effektivität von Arbeitsgruppen, die sich spontan und ohne Intervention durch Teamtrainer oder Coachs in der gezeigten Teamreflexivität unterscheiden. Seine Theorie lässt sich aber auch zur Entwicklung und Überprüfung von Interventionen zur Förderung der Teamreflexivität übertragen, wie experimentelle Untersuchungen zeigen, die unten wiedergegeben werden.

Fragebogen zur Teamreflexivität

Fragebogen

Zur Erfassung der Reflexivität von Teams bzw. Arbeitsgruppen hat West (2004, S. 5 f.) einen Fragebogen veröffentlicht (vgl. auch das ältere Team Observation Reflexivity Rating Sheet in Flood, MacCurtain & West, 2001, S. 41). Der kurze Fragebogen umfasst Fragen zu den folgenden Merkmalen:

Aufgaben-reflexivität

1. *Aufgabenreflexivität* (Reflexion über den Sinn der Aufgaben – Entwicklung alternativer Aufgaben – für die Aufgabenbearbeitung erforderliche organisatorische Unterstützung und Werkzeuge – gemeinsame Annahmen über die Aufgaben, gemeinsame neue Sichtweisen und Vorstellungen über die Aufgaben – anhaltende Selbstreflexion und neue Lernanforderungen durch die Reflexion über die Aufgaben) und

Soziale Reflexivität

2. *Soziale Reflexivität* (Bewertung der gemeinsamen Ziele, Strategien und Prozesse – gemeinsame Entwicklung von alternativen Zielen, Strategien und Prozessen – Reflexion der Annahmen über das Team – gemeinsame Entwicklung einer neuen Sicht oder Vorstellung über das Team – anhaltende Selbstreflexion über das Team und wie das Team lernt).

Ergebnisorientierte Reflexion

Kasten 4.3 gibt den Fragebogen zur Teamreflexivität wieder (Carter & West, 1998; West, 2004, S. 5, freie Übersetzung durch SG).

Auswertung

Die einzelnen Skalenwerte (1= „trifft überhaupt nicht zu“ bis 7= „trifft vollkommen zu“) werden jeweils getrennt für die acht Fragen der Aufgabenreflexion und sozialen Reflexion zusammengezählt. Hohe Werte liegen zwischen 42 bis 56, mittlere zwischen 34 bis 41 und niedrige zwischen 0 und 33. Wenn der Fragebogen von allen Gruppenmitgliedern ausgefüllt wurde, kann man einen Gruppenmittelwert ermitteln.

Kasten 4.3: Fragebogen zur Teamreflexivität (West, 2004)

Aufgabenreflexion

1. *Die Aufgaben und Zielsetzungen werden von der Gruppe oft überprüft.* ☐
2. *Wir diskutieren regelmäßig darüber, ob die Gruppe effektiv zusammenarbeitet.* ☐
3. *Oft wird über die Methoden zur Erledigung der Arbeit diskutiert.* ☐
4. *In der Gruppe ändern wir unsere Aufgaben, sowie sich die Rahmenbedingungen verändern.* ☐
5. *Die Gruppe ändert oft ihre Strategien.* ☐
6. *Wir diskutieren oft darüber, wie gut wir Informationen weitergeben.* ☐
7. *In der Gruppe überprüfen wir oft das Vorgehen beim Erledigen der Arbeit.* ☐
8. *Die Gruppe überprüft oft, wie Entscheidungen getroffen werden.* ☐

Soziale Reflexion

1. *In schwierigen Situationen unterstützen sich die Gruppenmitglieder gegenseitig.* ☐
2. *Wenn die Arbeit stressig wird, verhält sich die Gruppe sehr unterstützend.* ☐
3. *Es gibt keine schwelenden Konflikte in der Gruppe.* ☐
4. *In dieser Gruppe bringen sich die Mitglieder oft gegenseitig neue Techniken bei.* ☐
5. *Wenn die Arbeit stressig wird, stehen wir als Team zusammen.* ☐
6. *Die Gruppenmitglieder sind untereinander immer freundlich.* ☐

Fortsetzung Kasten 4.3

7. Konflikte werden in der Gruppe konstruktiv gelöst.	☐
8. Kontroversen werden in der Gruppe schnell aufgelöst.	☐

Keine Fragen zur sozialen Reflexivität?

Wenn wir die einzelnen Items des Fragebogens inhaltlich betrachten, fällt auf, dass nur bei den Fragen zur Aufgabenreflexivität inhaltlich Reflexionen (z.B. Diskussionen oder Überprüfungen) in der Gruppe thematisiert werden (etwa in Item 2: „Wir diskutieren regelmäßig darüber, ob die Gruppe effektiv zusammenarbeitet.“). Bei den Items zur sozialen Reflexivität geht es dagegen schwerpunktmäßig um gegenseitige Unterstützung, Freundlichkeit oder konstruktive Lösung von Konflikten in der Gruppe und dergleichen. Als Fragen zur sozialen Reflexivität würde man (orientiert an der hier zitierten Double Loop Theorie von Schön, 1983) eher Fragen dazu erwarten, ob die Gruppe darüber diskutiert, *wie* sie mit Konflikten umgeht oder ob sie Beziehungsprobleme gemeinsam analysiert und überlegt, wie dies künftig verbessert werden kann.

Fragebogen zur Arbeit im Team

Kauffeld (2004; Kauffeld & Frieling, 2001) hat einen deutschsprachigen Fragebogen zur Arbeit im Team (F-A-T) entwickelt, der auch zur Erfassung der Aufgabenreflexivität - und sozialen Reflexivität nach West dienen soll. Durch Faktorenanalysen ermittelt Kauffeld zwei Faktoren, die sie Personenorientierung und Strukturierung nennt. Die meisten Fragen, die sie zur Konstruktion von Skalen für diese Faktoren verwendet, haben allerdings inhaltlich so gut wie keine Bezüge zu reflexivem Verhalten in der Gruppe. In der Skala Personenorientierung findet sich nur eine Frage zum Nachdenken über Verbesserungen im Bereich der Verantwortungsübernahme in der Gruppe. Die Skala Strukturierung umfasst Fragen zur Klarheit der Anforderungen, Ziele, Aufgaben und Kriterien sowie Akzeptanz und Erreichbarkeit der Ziele.

Lernen und Diskussion

Schippers et al. (2003; 2007) haben einen Fragebogen konstruiert, der zwei inhaltlich anders ausgerichtete Reflexivitätsskalen enthält: (1) Bewertung/Lernen und (2) Diskussion von Prozessen/Prinzipien. Die Korrelation dieser Skalen zu Effektiviätskriterien werden unten berichtet.

Praktische Folgerungen

Wenn Führungskräfte erreichen wollen, dass ihre Arbeitsgruppen gemeinsam mehr nützliche und kreative Verbesserungsvorschläge machen, wäre es nach West (2004) erforderlich, die Entwicklung eines kooperativen Teamklimas und Teamreflexionen zu fördern. In den praxisorientierten Darstellungen von West und Kollegen werden über die hier behandelten Kernannahmen hinausgehende Anwendungsfragen und Anregungen zur Verbesserung der Effektivität der Teamarbeit (West, 2004) oder Top-

Management-Teams (Flood, MacCurtain & West, 2001) behandelt. Themen sind die Auswahl von Teammitgliedern und Gründung von Teams, Leitung von Teams, Teamentwicklung, Entwicklung einer gemeinsamen Teamvision, Konflikte in Teams, Macht sowie Teams in Organisationen. Da diese Themen hier nicht im Vordergrund stehen, werden interessierte Leser/innen nur darauf verwiesen.

Forschungsergebnisse und Folgerungen

Indirekt bestätigende Untersuchungen

Untersuchungen

West (1996) hat seine Kernannahme zur Teamreflexivitätstheorie ursprünglich vorwiegend durch empirische Forschungsergebnisse anderer Autoren begründet. Die Ergebnisse wurden dabei nicht mit dem Fragebogen zur Teamreflexivität gewonnen und liefern daher nur eine indirekte Bestätigung. (1) So verweist West (1996) auf eine Laboruntersuchung von Hackman und Morris (1975) mit Gruppen, die verschiedene komplexe Problemlöseaufgaben bearbeiten mussten. Wie die Beobachtungen der Gruppenprozesse zeigen, reflektieren die Gruppen ihre Vorgehensweise nur selten. Aber die wenigen Gruppen die dies tun, erzielen statistisch signifikant kreativere Lösungen. (2) In einer weiteren Untersuchung finden Tjosvold und Field (1985), dass Reflexionen in Gruppen die Suche nach neuen Informationen und angemessener Gruppenentscheidung verbessern, wenn dabei kontroverse Auffassungen diskutiert werden können. (3) Wenn dies durch Gruppendruck und Gruppendenken unterdrückt wird, kann dies dagegen zu sehr folgenreichen Fehlentscheidungen führen, wie West (1996) unter Hinweis auf die Untersuchungen von Janis (1972) feststellt. Hier wurde durch Befragungen der Beteiligten das Zustandekommen bekannter militärisch-strategischer Fehlentscheidungen psychologisch analysiert, z.B. die Fehlentscheidungen des Beraterstabs von John F. Kennedy, die zum desaströs gescheiterten Landungsversuch auf Kuba (Schweinebucht) führten. (4) Nach Untersuchungen von Maier und Solem (1962) nimmt die Qualität der Problemlösungen zu, wenn Gruppen ihre Problemlösestrategie reflektieren oder das Problem differenzierter analysieren. (5) Außerdem interpretiert West (1996) die Ergebnisse zu Misserfolgen beim Lösen komplexer Probleme der Gruppe um Dörner (1989, siehe auch oben Abschnitt 3.3.2) als Hinweis auf unzureichende Reflexivität.

Korrelationen zwischen Teamreflexivität und Gruppeneffektivität

Bessere Fernsehproduktionen

Die erste direkte Untersuchung zur Kernannahme, in der der Fragebogen zur Teamreflexivität eingesetzt wurde, haben Carter und West (1998) publiziert. Darin haben sie 19 Fernseh-Produktionsgruppen der BBC befragt. Zur Bewertung der Gruppenleistungen wurden die Qualität der fertigen TV-Produktionen der Gruppen durch Zuschauer und TV-Manager beurteilt. Der statistische Zusammenhang zwischen den beiden Skalen zur

Teamreflexivität (Aufgaben- und soziale Reflexivität) und den Leistungsbeurteilungen der Zuschauer und TV-Manager ist sehr hoch (multiple Regressionanalysen erklären 50% der Varianz der Zuschauer- und 52% der Managerbeurteilungen). Wie Stumpf, Klaus und Süßmuth (2003, S. 152 f.) allerdings feststellen, wird bei den Einzelkorrelationen nur die zwischen sozialer Reflexivität und Zuschauerbeurteilung signifikant (r = 0.63). Nach der Theorie von West sollte dagegen die Aufgabenreflexivität einen engeren Zusammenhang aufweisen.

Innovation durch Minderheiten?

De Dreu (2002) hat die Frage untersucht, welche Auswirkungen die erfasste Teamreflexivität bei Meinungsunterschieden zwischen Mehrheiten und Minderheiten auf Innovationen hat. Dazu haben sie mit einer niederländischen Version des Fragebogens von Carter und West (1998) in einer Felderhebung 215 Mitglieder von 32 organisationalen Gruppen befragt, die komplexe Probleme zu bearbeiten hatten. Ihre Ergebnisse bestätigen die Erwartungen, dass Meinungsunterschiede zwischen Mehrheiten und Minderheiten in den Gruppen nur dann zu höheren Innovationsleistungen führen, wenn die Teamreflexivität hoch ist.

Gruppen in China

Teamreflexivität ist anscheinend auch in beziehungsorientierten (bzw. beziehungsorientierten) Kulturen für die Innovativität von Arbeitsgruppen ein förderndes Merkmal. In einer Erhebung von Tjosvold, Tang und West (2004) an 100 Arbeitsgruppen in China wurden 200 Gruppenmitglieder mit dem Fragebogen zur Teamreflexivität und einem Fragebogen zur Einschätzung der Kooperativität oder Kompetetivität bei der Verfolgung der Gruppenziele befragt. Die Innovationen der Arbeitsgruppen wurden von den Gruppenleitern beurteilt. Nach den Ergebnissen der Analyse der Zusammenhänge mit einem Strukturgleichungsmodell hängt die Innovativität von der Teamreflexivität ab und wird selbst wiederum durch kooperative Gruppenziele gefördert. Kompetitive oder independente Ziele der Gruppenmitglieder behindern ohnehin die Teamreflexionen. Die Autoren folgern, dass kooperative Ziele und Teamreflexivität komplementäre Voraussetzungen für Teaminnovationen sind. Sie vermuten, dass dies auch für individualistische Kulturen gilt, in denen independente Ziele in Gruppen anscheinend häufiger zu erwarten sind.

Schulleitungsteams

Schippers et al. (2003) finden in 59 Schuleitungsteams hohe Korrelationen zwischen Reflexivität sowie den selbst und durch Beobachter eingeschätzten Leistungen. Die Ergebnisse einer weiteren Stichprobe von 60 Teams bestätigen die Korrelationen zwischen Reflexivität und Leistungsratings durch die Teammitglieder.

Gruppen in Krankenhäusern

West et al. (2005) haben einen umfangreichen Fragebogen konstruiert, das „Aston Team Performance Inventory" (ATPI). Es enthält eine allgemeine Skala zur Teamreflexivität. Die Untersuchungen in Großbritannien wurden an drei Stichproben von Teams verschiedener Bereiche der Gesundheitsfürsorge (Brustkrebs, allgemeine Gesundheitsfürsorge und städtische Gesundheitsfürsorge) durchgeführt. Nach den Ergebnissen korreliert die allgemeine Teamreflexivität mit der selbst eingeschätzten und extern bewerteten Gruppeneffektivität oder mit der Innovation und trägt teilweise erheblich zur Verbesserung der Vorhersage bei (unabhängig von der Gruppengröße und von positivem Affekt in der Gruppe, vgl. West et al., 2006).

Reflexions- und Kreativitätskultur

Ein deutschsprachiger Fragebogen zur Erfassung des Innovationsklimas in Organisationen (INNO, Kauffeld et al., 2004) enthält eine Skala „Kontinuierliche Reflexion“) sowie drei anderen Skalen („Aktivierende Führung“, „Konsequente Implementation“ und „Professionelle Dokumentation“). Die Reflexionsskala enthält Items wie „Meine Kollegen und ich denken ständig über Verbesserungen nach“ und „Wir machen uns Gedanken darüber, was schlecht läuft und verbessert werden könnte“, aber auch Items zur Ideenproduktion, wie „Wir produzieren viele neue Ideen“. Kauffeld et al. (2004, S. 158) sehen den Schwerpunkt hier deshalb weniger in der Reflexion, sondern mehr in der „Suche nach Verbesserungsmöglichkeiten und in der Frage, inwiefern sich alle Mitarbeiter daran beteiligen“ als Kennzeichen für eine Reflexions- und Kreativitätskultur des Unternehmens (vgl. den Center of Excellence-Ansatz von Frey, 1998; Frey & Schultz-Hardt, 2000). In einer Erhebung in 19 Dienstleistungsunternehmen korreliert die Skala mit der durch Ratings erfassten Produktinnovation (r= 0,46) und zur innovativen Unternehmensentwicklung im Vergleich zu Mitbewerbern (r= 0,51).

Spontane Reflexionen

In den vorangehenden Studien wurden die Korrelationen zwischen der spontan in den Gruppen gezeigten Teamreflexivität und Leistungskriterien untersucht. Im Folgenden werden zwei experimentelle Untersuchungen vorgestellt, in denen die Reflexivität in Gruppen durch Interventionen aktiviert wurde und danach zwei Längsschnittfallstudien mit einem Teamcoaching zur Förderung der Reflexivität.

Ein Unternehmensplanspiel mit einer Reflexionsübung

Mit und ohne Reflexionsübung

Stumpf et al. (2003, S. 161 ff.) berichten über eine Untersuchung an 19 Gruppen von Studierenden, die ein komplexes Unternehmensplanspiel durchführen mussten. Das Planspiel simuliert unternehmerische Entscheidungen in einem Textilunternehmen. Gruppen (je drei bis vier Personen) sollten die im Spiel abgefragten Entscheidungen mit dem Ziel treffen, das Vermögen des Unternehmens zu erhöhen und gleichzeitig, die Arbeitsplätze zu erhalten sowie die Mitarbeiterzufriedenheit zu verbessern. Eine Hälfte der Planspielgruppen musste zusätzlich eine Reflexionsübung durchführen („Reflexivitätsintervention“). Dazu wurden sie vom Versuchsleiter angeleitet, eine Reihe von reflexionsfördernden Fragen zu bearbeiten (siehe Kasten 4.4). Anschließend wurden sie aufgefordert selbst zu überlegen, wie sie diese Fragen in die nachfolgenden Planspielsitzungen einbauen können. Der Versuchsleiter hielt sich dabei bewusst inhaltlich zurück und gab keine Anregungen. Auch in der Wahl des Reflexionsansatzes waren sie frei. Die Haupthypothese der Untersuchung war, dass die Gruppen mit Reflexivitätsintervention bessere Leistungsergebnisse erzielen als die Kontrollgruppen.

Kasten 4.4: Fragen zur Förderung der Reflexion in Gruppen

Die Reflexivitätsintervention dauert 75 Minuten und besteht aus einer von einem Gruppenleiter angeleiteten Übung (Süßmuth, 2000, leicht abgewandelt zitiert nach Stumpf, Klaus & Süßmuth, 2003, S. 155).

Vorbereitung

Zu Beginn erklärt der Versuchsleiter der Gruppe die Übung und die Bedeutung der Förderung von Reflexionsprozessen zur Verbesserung der Gruppenleistungen. Anschließend wird der Reflexionsbegriff erläutert.

Reflexion der Sitzungen mit Fragen

Die Gruppenmitglieder werden angehalten, frühere Erfahrungen und Beobachtungen zur Gruppenarbeit mit den folgenden Fragen zu reflektieren:

- In welchen Situationen haben Sie die Teamarbeit als besonders positiv erlebt? (Beschreiben Sie bitte konkrete Situationen. – Was hat Ihnen daran besonders gut gefallen? – Wer hat dazu beigetragen?)
- Was ist nicht so optimal gelaufen? (Beschreiben Sie bitte konkrete Situationen – Was gefiel Ihnen daran?)
- Wie sind Sie vorgegangen? (Welche Strategien haben Sie verwendet? Beschreiben Sie bitte konkrete Situationen.)
- Was wollten Sie erreichen? (Welche Ziele hatten Sie?)
- Was haben Sie erreicht? (Beschreiben Sie bitte konkrete Situationen.)
- Warum ist das so? (Beschreiben Sie bitte konkrete Situationen.)

Implementation in die nachfolgenden Sitzungen

Nach der Bearbeitung der Fragen wird die Gruppe vom Versuchsleiter aufgefordert zu überlegen, wie die Reflexionsprozesse in die nachfolgenden Sitzungen integriert werden sollen.

Fortsetzung Kasten 4.4

Die Gruppe wird darauf hingewiesen, dass es bei der Reflexion ein Zuviel und Zuwenig geben kann. Der Versuchsleiter sagt der Interventionsgruppe, dass es wichtig ist, genau zu planen, wann und wie viel in der nachfolgenden Sitzung reflektiert werden soll. Diese Planungsaufgabe wird von der Gruppe selbständig und ohne Anleitung durch den Versuchsleiter bearbeitet. Anschließend hilft der Versuchsleiter der Gruppe ihren Reflexionsansatz zu konkretisieren.

Zu viel Reflexion?

Interessant ist, dass die Autoren davon ausgehen, dass es bei der Reflexion durchaus auch „ein Zuviel" geben kann. Der Versuchsleiter sagt den Interventionsgruppen deshalb, dass es wichtig ist, genau zu planen, „wann und wie viel in der nachfolgenden Sitzung reflektiert werden soll".

Erweiterter Reflexionsbegriff

Stumpf et al. (2003) gehen bewusst über den engen Reflexivitätsbegriff von West (1996) hinaus. Die Gruppe wird angeregt, alle Aspekte der Problem- und Gruppen-Selbstreflexion zu thematisieren, die sie für relevant halten. Zur inhaltlichen Auswertung der beobachteten Reflexionen (Aufzeichnung per Video) haben sie ein Kategoriensystem entwickelt. Danach unterscheiden sie die folgenden vier Arten von Reflexionen: (1) Aufgaben, (2) Umfeld (z.B. volkswirtschaftliche Parameter des Planspiels), (3) Merkmale von Gruppenmitgliedern (z.B. Fähigkeiten und Verhalten) und (4) Gruppenmerkmale (z.B. Rollenverteilung oder Gruppenklima).

Mehr, verschiedene und längere Reflexionen

Nach der Auswertung der Videoaufzeichnungen ergeben sich die erwarteten statistisch signifikanten Unterschiede zwischen Interventions- und Kontrollgruppen. In den Interventionsgruppen sind mehr und längere Reflexionssequenzen beobachtbar. Die Reflexionen umfassen eine größere inhaltliche Bandbreite, insbesondere mehr Reflexionen über das Umfeld, Merkmale der einzelnen Gruppenmitglieder und der gesamten Gruppe. In den Kontrollgruppen beziehen sich 91% der Reflexionen auf die Aufgaben. Auch bei den Interventionsgruppen ist dieser Prozentsatz mit 79% sehr hoch.

Selbstkritische Einschätzung der Reflexionen

Ein interessantes Nebenergebnis der Untersuchung ist, dass die Mitglieder der Interventionsgruppen die Teamreflexivität mit dem Fragebogen von West nach den Reflexionsübungen niedriger einschätzen, als die Mitglieder der Kontrollgruppen. Gemessen an den objektiven Beobachtungen müssten sie dagegen deutlich höher liegen. Die Autoren interpretieren das Ergebnis als subjektiven Verzerrungseffekt. Durch die Reflexionsübungen werden die Befragten anspruchsvoller und selbstkritischer. Eine nahe liegende Frage, die sich nach diesem Ergebnis stellt, ist, ob die Teamreflexivität in allen oben aufgeführten Fragebogenerhebungen generell überschätzt wird. Das würde die gefundenen Zusammenhänge zwar nicht in Frage stellen, aber die Verlässlichkeit der Angaben zur Häufigkeit spontaner Reflexionen in Arbeitsgruppen.

Verbesserung der Zufriedenheit

In den Interventionsgruppen nimmt die Zufriedenheit mit dem Gruppenergebnis und mit dem eigenen Beitrag signifikant stärker zu, als in den Kontrollgruppen. Die Ergebnisse zur Haupthypothese sind allerdings nicht eindeutig. Zwar steigt die Gesamtgruppenleistung (kombinierter Index zum Zielerreichungsgrad) in den Interventionsgruppen zahlenmäßig etwas stärker an, aber der Unterschied zur Kontrollgruppe ist statistisch nicht signifikant und könnte deshalb als Zufallseffekt erklärt werden.

Wäre ein systematisches Coaching effektiver?

Dass keine starken Effekte erzielt wurden, kann möglicherweise darauf zurückgeführt werden, dass die Intervention Reflexionen nur angestoßen hat. Die Gruppe sollte ohne systematische Moderation durch den Versuchsleiter so selbständig wie möglich reflektieren. Stellen wir uns vor, wir würden einen Coach mit „Felderfahrungen" beauftragen, ergebnisorientierte Problemreflexionen in der Gruppe zu moderieren. Er wird sein „Erfahrungswissen" über die erfolgreiche Bewältigung typischer Probleme in Planspielen und mit Planspielgruppen in die Reflexionen einbringen. Wir würden erwarten, dass er die Gruppe aktiv anleitet, die bisherigen Strategien und Ergebnisse systematisch zu reflektieren, gemeinsam Vorschläge für Strategieverbesserungen zu sammeln und bewerten zu lassen. Außerdem sollte er die Gruppe beraten, die geplanten Verbesserungen konsequent umzusetzen und sie in der Umsetzung begleiten. Das könnte durchaus zu einer Verbesserung der Leistungsergebnisse in den Gruppen führen. Dies würde allerdings niemand überraschen, weil die Ergebnisse fast trivial sind. Aber wenn Verbesserungen auf diesem Wege so klar zu erwarten sind, dass sie trivial erscheinen, spricht dies keineswegs gegen die Wirksamkeit von professionell moderierten ergebnisorientierten Reflexionen.

Anleitung von Reflexionen auf der Ebene Individuum oder Gruppe

Simulation militärischer Luftraumüberwachung

Die zweite experimentelle Überprüfung zur Annahme von West (1996), wonach die Förderung der Teamreflexivität die Gruppeneffektivität erhöht, hat eine Forscher/innengruppe der Universitäten Neuchâtel und Bern (Gurtner, Tschan, Semmer & Nägele, 2007) durchgeführt. Dazu haben sie eine komplexe Gruppenaufgabe ausgewählt, eine per Computer simulierte militärische Luftraum-Überwachung (vgl. Choi & Levine, 2004). Die Dreier-Gruppen wurden hierarchisch strukturiert und bestanden aus einem Kommandeur und zwei Spezialisten, die in verschiedenen Räumen an getrennten Bildschirmen saßen. Zur Informationsweitergabe stand ihnen nur Email zur Verfügung. Die genaue Aufgabe der Spezialisten war, auf ihren Bildschirmen erscheinende feindliche und befreundete Flugzeuge zu beobachten. Die dabei erkannten Flugparameter oder eigene Teilberechnungen mussten an den Kommandeur weitergegeben werden.

Die Gruppenmitglieder erhielten jeweils unterschiedliche Informationen. Der Kommandeur musste für jedes feindliche Flugzeug den Bedrohungsgrad nach einer vorgegebenen Formel aus den erhaltenen Flugparametern oder Teilberechnungen berechnen. Er war tendenziell überfordert, weil auf den Bildschirmen gleichzeitig bis zu vier Flugzeuge auftauchen konnten. Um gute Leistungsergebnisse zu erzielen, mussten die Gruppe eine effiziente Strategie zum Austausch der Informationen finden (vgl. Hackman, 2002).

Stichprobe und Bedingungen

Teilnehmer/innen am Experiment waren Studierende. Insgesamt konnten Daten an 49 Gruppen erhoben werden. Gurtner et al. (2007) gehen in Anlehnung an Hackman, Broussea und Weiss (1976) davon aus, dass Arbeitsgruppen ihre Aufgaben und Strategien selten spontan reflektieren, selbst dann nicht, wenn dies erforderlich wäre, wie bei dieser Aufgabe. Sie müssen dazu regelrecht gezwungen werden. Per Zufall wurden den Gruppen drei Bedingungen zugewiesen: (1) angeleitete individuelle Reflexion, (2) angeleitete Gruppenreflexion und (2) Kontrollgruppe.

Reflexionsinterventionen

Nach den Empfehlungen von Hackman und Wageman (2005, vgl. die Annahmen zum Timing) erfolgte die Reflexionsintervention nicht zu Beginn, sondern erst nach drei Durchgängen („Schichten"). Die Reflexionsinterventionen orientieren sich am oben beschriebenen Drei-Stadien-Modell von Swift und West (1998) und waren für die individuelle Reflexion genauso aufgebaut, wie für die Gruppenreflexion. Die Gruppenmitglieder wurden dazu instruiert drei Schritte zu bearbeiten: 1. reflektieren der bisherigen Gruppenleistungen und überlegen, was sie verbessern können, 2. planen, wie sie ihre Verbesserungen oder neue Strategie umsetzen wollen und 3. die Strategie umsetzen.

Sorgfältige Auswertung

Alle Computereingaben und Emails wurden protokolliert, kodiert und zusammen mit den Leistungsergebnissen der Gruppen sehr sorgfältig statistisch ausgewertet (Kovarianzanalysen mit Kontrolle der Leistungsunterschiede vor der Intervention sowie Modellkonstruktion durch hierarchische multiple Regressionsanalysen). Im Folgenden werden nur die Hauptergebnisse zusammenfassend wiedergegeben.

Ergebnisse nach der individuellen Reflexion:

4% besser nach der individuellen Reflexion

- Signifikante *Leistungsverbesserungen* in den abgegebenen Einschätzungen der Bedrohungsgrade durch feindliche Flugzeuge (Differenzen zu den „richtigen" Werten) im Vergleich zu den Kontrollgruppen (76,6% richtige Einschätzungen der Bedrohungen) *nach individueller Reflexion* (81%), aber nicht nach der Gruppenreflexion (77,8%).

Ergebnisse, sowohl nach der Gruppen- als auch individuellen Reflexion:

Strategie vermitteln und umsetzen

- Signifikant *mehr Strategie-Kommunikationen* des Leiters im Vergleich zu den Kontrollgruppen (Auswertung der protokollierten Email-Kommunikationen).

- Signifikant *mehr Umsetzungen der Strategien* durch die Spezialisten (Auswertung der protokollierten Verhaltensdaten).
- Signifikant *größere Ähnlichkeit der mentalen Modelle* über strategisch wichtige Regeln in den Gruppen (Übereinstimmung in der Gruppe bei Einschätzungen zu Items wie: „Der Kommandeur erklärt den Spezialisten, welche Parameter wichtig und welche unwichtig sind.“).

Ähnliche Einschätzungen

Individuelle Reflexion effektiver

Entgegen den Erwartungen erzielt nicht die Gruppenreflexion, sondern die individuelle Reflexion die besten Leistungen. Zwischen den Gruppen mit individueller und Gruppenreflexion konnten bei keinem Kriterium signifikante Unterschiede gefunden werden. Wie genauere Nachanalysen von Gurtner et al., (2007) zeigen, wird durch die Gruppenreflexion aktives Führungsverhalten des Kommandeurs verringert. Außerdem wurde festgestellt, dass die Gruppenreflexionen meist sehr allgemein bleiben und wenig aufgabenbezogen sind (z.B. „Lass uns gut zusammenarbeiten.“). Dadurch sind sie für eine Verbesserung des Leistungsverhaltens wenig hilfreich. Die Förderung von Problemreflexionen in Gruppen kann demnach die Initiative des Gruppenleiters für die Verbesserung der Arbeitsstrategie bremsen oder, wenn sie nur zu allgemeinen Diskussionen führt, sogar leistungsbeeinträchtigend sein. Individuelle Reflexionen sind dagegen konkreter und aufgabenbezogener. Gurtner et al. (2007) erwägen für künftige Untersuchungen die Reflexionsinstruktionen für die Gruppen systematischer zu gestalten und den Gruppen den Unterschied zwischen wenig förderlichen allgemeinen und effektiven aufgabenbezogenen Strategieverbesserungen zu erklären. Außerdem halten sie es für nützlich, durch eine entsprechende Instruktion den Status des Leiters zu erhöhen sowie die Bedeutung des jeweils spezifischen Expertenwissens der Spezialisten. Eine weitere Anregung wäre, Reflexionen sowohl auf der individuellen, als auch der Gruppenebene zu fördern (vgl. die Annahme G 4.1 zu den Effekten der Mehrebenenarbeit).

Nützliche Verbesserungen

Gurtner et al. (2007) haben mit etwa 4% Verbesserungen keine sehr starken Leistungsverbesserungen erzielt. Es ist aber im Grunde bemerkenswert, dass diese Verbesserungen bereits durch eine einfache Instruktion zur Aktivierung von Problemreflexionen auf der Ebene der individuellen Gruppenmitglieder erreicht werden konnten. Gurtner et al. (2007) empfehlen deshalb ihre Methode zur Förderung aufgabenbezogener Strategie-Reflexionen für Arbeitsgruppen mit ähnlichen Aufgaben und weitere Untersuchungen mit anderen Aufgaben.

Genügt eine Instruktion?

Gurtner et al. (2007) sprechen sich ausdrücklich nicht gegen den Einsatz systematischer, etwa durch Trainer angeleitete Reflexionen in Arbeitsgruppen aus. Sie betonen aber die wesentlich geringeren Kosten ihrer Methode. Eine nahe liegende Frage wäre aber, ob im praktischen Feld qualifizierte militärische Luftraumüberwachungsteams oder Arbeitsgruppen in Unternehmen genauso einfach durch eine kurze Instruktion der

Leitung zur Reflexion und Verbesserung ihrer Strategie aktiviert werden können, wie die Studenten im Labor durch den Versuchsleiter.

Trainer oder Coachs

Wir würden erwarten, dass eine Anleitung systematischer ergebnisorientierter Problemreflexionen durch dafür qualifizierte Trainer oder Coachs, kombiniert mit vorangehenden Mehrebenenanalysen deutlich bessere Ergebnisse erzielen kann. In der militärischen Luftraumüberwachung muss das Bedrohungspotenzial feindlicher Flugzeuge 100%ig erkannt werden. Im Kriegsfall wäre es das Ziel, zuverlässig Leistungsergebnisse im Bereich der Bestleistungen zu erreichen. Die Investitionskosten eines Coachings von Arbeitsgruppen lohnen sich auch in Unternehmen, wenn die Leistungssteigerungen erheblich sind oder wenn sie zur Verringerung kostspieliger Fehler führen. Im folgenden Abschnitt werden zwei Längsschnittfallstudien zum Coaching von Projektgruppen beschrieben. Sie zeigen, dass ein Coach ein kontinuierliches Mehrebenencoaching durchaus bewältigen kann.

Längsschnittfallstudien zum Mehrebenencoaching in Projekten

Zu großer Aufwand?

Der Aufwand beim Mehrebenencoaching ist erheblich. Zusätzlich zu den Terminen für das Coaching der gesamten Gruppe muss der Coach Interview- und Coachingtermine mit jedem einzelnen Gruppenmitglied und dem Gruppenleiter anbieten. Dass der Aufwand bei einem kontinuierlichen Mehrebenencoaching von Projektgruppen von einem einzelnen Coach bewältigt werden kann, haben zwei tüchtige Diplomandinnen unseres Fachgebiets, Antje Heine (2003) und Nadine Poggemöller (2004) gezeigt. Jede von ihnen hat mit den Studierenden und dem Dozenten eines zweisemestrigen Studienprojekts unter Supervision ein komplettes Mehrebenencoaching durchgeführt. Die Diplomarbeiten wurden als exploratorische Längsschnittfallstudien durchgeführt, um die Durchführbarkeit des Mehrebenencoachings zu evaluieren, insbesondere die Akzeptanz und Zufriedenheit sowie die spontane und durch Coaching aktivierte Teamreflexivität über den gesamten Projektzeitraum, das Teamklima und Veränderungen im Verlauf der Projektarbeit zu erkunden.

Studienprojekte

Praxisschock im Studium

Die Studienprojekte im Fachgebiet Arbeits- und Organisationspsychologie der Universität Osnabrück dienen dazu, Studierende auszubilden, praktische Projekte in Projektgruppen weitgehend selbstorganisiert durchzuführen. Gewissermaßen soll in der Projektarbeit der Praxisschock im Studium vorweggenommen werden. Dazu müssen sich die Gruppenmitglieder selbständig in die Themen einarbeiten, Konzepte ausarbeiten, abwechselnd Gruppensitzungen und gemeinsame interne Workshops vorbereiten, moderieren und protokollieren, Projektpläne entwickeln und die geplanten Maßnahmen in Untergruppen vorbereiten und üben sowie unter Anleitung durch den Dozenten erproben, durchführen und evaluieren. Die Aufgaben werden anfangs mit intensiver Supervision angeleitet. Im Verlauf des Projekts müssen sie aber schnell zunehmend selbständig bewältigt werden. Beide Projekte waren zweisemestrig und dauerten (mit aktiven Arbeitsphasen in den Semesterferien) jeweils etwa neun Monate.

Anspruchsvolle praktische Projekte

Im ersten Studienprojekt ging es um die *Verbesserung der kundenorientierten Aufstellung einer Personalberatung.* Die Studierenden mussten Interviews mit den Mitarbeiter/innen der Personalberatung (im Wesentlichen zur Analyse und Verbesserung der Leistungspakete und Kernprozesse) und wichtiger Referenzkunden (Zufriedenheit mit den Leistungspaketen und Verbesserungswünsche) durchführen und auswerten. Außerdem mussten sie die Ergebnisse in zwei Workshops mit der Personalberatung präsentieren und Verbesserungsgruppen moderieren. Im zweiten Studienprojekt wurde ein *neues Seminarkonzept für Betriebswirtschaftsstudierende* entwickelt, erprobt und evaluiert. Thema des Seminars war „Coaching-Erfahrungen für Führungskräfte von morgen". Die Betriebswirte konnten in diesem Seminar Coachingkonzepte und Methoden sowie Kriterien zur Bewertung der Qualität von Coaching kennen lernen. Das Seminar beinhaltete folgende Themen: Vermittlung theoretischer Grundlagen (Vor- und Nachteile von Coaching, Qualitätskriterien eines erfolgreichen Coachings), Praktisches Erarbeiten von tätigkeitsrelevanten Themen („Was ist Coaching?", „Differenzierung zwischen internem und externem Coaching", „Problemlösestrategien im Coachingprozess", „Konfliktmanagement", „Gesprächs- und Fragemethoden", „Konfliktcoaching" und „Projektmanagementmethoden"). Außerdem erhielten die Betriebswirte Gelegenheit durch Probesitzungen mit Coachs eigene Erfahrungen als Coaching-Klient zu sammeln.

Typische Vorbehalte

Zu Beginn der Studienprojekte mussten die Studierenden dafür gewonnen werden, sich durch die Diplomandinnen coachen zu lassen. Ähnlich wie in der betrieblichen Praxis war es keine einfache Aufgabe, die Beteiligten vom Nutzen eines Coachings zu überzeugen und das erforderliche Vertrauen in Coachs aufzubauen, die ihre Coaching-Ausbildung noch nicht abgeschlossen hatten. Einige Studierenden waren spontan sehr neugierig und offen für das Coaching, andere eher skeptisch. Die Diplomandinnen haben einen einführenden Überblick über die Ziele, geplante Methoden und Regeln beim Coaching gegeben und standen für individuelle Nachfragen zur Verfügung. Ähnlich wie in der betrieblichen Anwendung wurden sehr genaue Verschwiegenheitsregeln aufgestellt. Hilfreich war, dass die Supervision der Coachs durch Andreas Steinhübel, einen aus Lehraufträgen am Fachgebiet bekannten und angesehenen Coach und Coaching-Ausbilder aus Osnabrück übernommen wurde.

Mehrebenen-coaching

Die Diplomandinnen haben allen Studierenden und dem Dozenten Einzelcoaching angeboten und dazu Vorgespräche geführt. Nach vorheriger Besprechung in der Gruppe wurden außerdem bei allen internen Workshops und bei Bedarf zusätzliche Coachingsitzungen auf der Gruppenebene durchgeführt. Die Coachs haben dabei Gruppenselbstreflexionen (mit und ohne Dozent) moderiert. Dabei ging es u.a. um Erwartungen und Befürchtungen, Reflexion und Lösung aktueller Probleme und Konflikte, Reflexion der Rollen, Stärken und Schwächen der Gruppe (Einschätzung der Effektivität der Aufgabenbearbeitung, Koordination, Zusammenarbeit usw.), Verbesserung der Kommunikation, Kooperation und des Projektmanagements.

Das erste Projekt

1. Das erste Studienprojekt (Heine, 2003) hatte 14 Teilnehmer/innen. Das Einzelcoaching-Angebot wurde von allen und besonders stark in der Orientierungs- und Planungsphase genutzt. Gruppencoaching-Sitzungen wurden verteilt über den gesamten Zeitraum (Oktober 2001 bis Juli 2002) durchgeführt, insbesondere bei zwei internen Workshops.

Untersuchungsmethoden

Evaluationen der Gruppenprozesse mit Fragebogeninstrumenten erfolgten zu sechs Zeitpunkten (markante Arbeitsphasen und gemeinsame Coaching-Sitzungen wurden per Video aufgezeichnet). Eingesetzt wurde dazu die deutschsprachige Version des Teamklimainventars (TKI, Brodbeck, Anderson & West, 2000), der Fragebogen zur Erfassung der Teamreflexivität (die selbst übersetzte Version nach Flood et al., 2003; siehe Kasten 4.4), selbst konstruierte Einschätzungsskalen zur Bewertung des Coachings (Zufriedenheit und Nutzen) sowie ein teilstandisiertes Abschlussinterview durch einen externen Coach (Andreas Steinhübel) über die Ergebnisse und eventuelle Probleme.

Ergebnisse

Durch die kleine Stichprobe konnten die erhobenen Daten überwiegend nur deskriptiv und qualitativ ohne statistische Prüfverfahren ausgewertet werden. Die Zufriedenheit der Mitarbeiter/innen der Personalberatung mit dem Workshop liegt in Noten ausgedrückt bei 1,6. Die Professionalität der Studierenden wird mit 1,8 bewertet.

Gruppenreflexionen brauchen Anleitung

Die Hypothese, dass Gruppenreflexionen nach den durch den Coach durchgeführten Gruppenreflexionen zunehmen, in den Arbeitsphasen aber wieder auf ein niedrigeres Niveau zurückgehen, konnte statistisch durch eine univariate Varianzanalyse mit Messwiederholungen (N= 11) überprüft werden. Die Ergebnisse stehen im Einklang mit der Hypothese. Heine (2003, S. 103 f.) folgert, dass die Projektgruppe nicht spontan von allein reflektiert, sondern dafür professionell angestoßen und angeleitet werden muss, obwohl sie von den Gruppenmitgliedern positiv bewertet wurden.

Skalenwerte und qualitative Daten

Wie die Skalenwerte und Ergebnisse der qualitativen Ergebnisse zeigen, wurde das Mehrebenencoaching von den Teilnehmer/innen und vom Dozenten des Studienprojekts nach anfänglicher Zurückhaltung einzelner, später durchgehend positiv angenommen. Univariate Varianzanalysen der wiederholt erhobenen Skalen des Teamklimafragebogens (TKI) zeigen eine signifikante Erhöhung der Leistungsstandards und positive Veränderungen der Aufgabenorientierung im Verlauf des Projekts. Im Abschlussinterview wurden die Studierenden und der Dozent gebeten, eine

Reihe von Bewertungen abzugeben. Danach schätzen die Befragten die Erfüllung ihrer Erwartungen an das Studienprojekt mit 1,8 und beurteilen das Coachingangebot mit 1,5. Beispiele für Erläuterungen ihrer Beurteilungen sind: „Durch den Coach habe ich gelernt, wie ich mich besser in die Gruppenarbeit einbringen kann." „Der Coach wirkte motivierend." „Der Coach hatte eine Moderator- und Vermittlerfunktion." „Durch den Coach entstanden noch intensivere Reflexionsprozesse." „Coaching diente einer guten, konstruktiven Verbesserung des Projekts."

Anschlussprojekt

2. Poggemöller (2004) hat in ihrem Anschlussprojekt ein etwas kleineres Studienprojekt mit 8 Studierenden begleitet (Oktober 2003 bis Juli 2003). Das Mehrebenencoaching wurde methodisch ähnlich durchgeführt. Ihr Angebot zum Einzelcoaching wurde von 7 der 8 Teilnehmer/innen und vom Dozenten angenommen. Zu allen Besprechungsterminen hat sie individuelle Einschätzungen der emotionalen Befindlichkeit erhoben und an mehreren Gruppenterminen mit der Gesamtgruppe analysiert. Anstelle der allgemeinen Stärken-Schwächen-Analyse in der Gruppe hat sie auf der Gruppenebene Analysen vorhandener Probleme in der Arbeitsorganisation und eine Übung zur Entwicklung einer gemeinsamen Teamvision durchgeführt und aktuelle Konfliktanalysen in der Gesamtgruppe (z.B. Konflikte über Unterschiede der Leistungsbeiträge und Schwierigkeiten beim Finden eines neuen Routinetermins) sowie in Einzel- und Untergruppenterminen oder mit der gesamten Gruppe jeweils Verbesserungen erarbeitet und die Umsetzung unterstützt.

Untersuchungsmethoden

Zur Analyse des Teamklimas und der Teamreflexivität wurden die gleichen Fragebögen wie im Vorgängerprojekt eingesetzt. Zur Einschätzung der erfüllten Erwartungen und der im Projekt erworbenen Kompetenzen sowie zur Erkundung der individuellen Hypothesen der Teilnehmer/innen über Zusammenhänge zwischen Ereignissen im Projekt und Befindlichkeitsveränderungen hat sie selbst Fragebögen konstruiert.

Ergebnisse

Die sehr kleine Stichprobe ließ mit einer unten wiedergegebenen Ausnahme nur eine deskriptive und qualitative Auswertung der Ergebnisse zu. Die Evaluation des Coaching-Seminars mit den BWL-Studierenden ergab eine hohe Zufriedenheit. Die Zufriedenheit der Projektgruppenmitglieder mit dem Einzel- und Gruppencoaching liegt nach den Abschlussinterviews im Durchschnitt im Bereich gut, allerdings mit großer Variation. Positive Bewertungen des Einzelcoaching wurden durch Aktivierung von Reflexionen, Möglichkeit zur emotionalen Entlastung bei schwierigen Problemen im Projekt, Unterstützung bei der Emotionskontrolle, Unterstützung bei der Zielfindung, Erarbeitung und Umsetzung von Problemlösungen und Feedback zum Erfolg durch den Coach begründet. Zum Gruppencoaching wurde angemerkt, dass es Reflexionen in der Gruppe, neue Einsichten und die Teamentwicklung gefördert hat. Positiv wurde bei Konflikten die Präsenz einer neutralen Person hervorgehoben und dass der Coach als Netz und Berater bei Konfrontationen in der Gruppe wahrgenommen wurde.

Teamklima und -reflexivität

Der TKI und Teamreflexivitätsfragebogen wurden an sieben Zeitpunkten erhoben. Nach dem TKI waren die Werte zur Aufgabenorientierung und die Leistungsstandards der Gruppe niedriger als die des vorangehenden Studienprojekts. Die Teamreflexivität wurde an den verschiedenen Terminen individuell sehr unterschiedlich eingeschätzt. Die höchsten Werte zeigten sich in der Skala zur sozialen Reflexivität zu den Beziehungen im Team. Die Aufgabenreflexion erzielte den höchsten Wert nach dem zweiten internen Workshop nach einem vorausgehendes Gruppencoaching zur Teamvision, Zielumsetzung und Problembearbeitung sowie vor und nach dem Coachingseminar. Einzelne Gruppenmitglieder erklärten spontan, dass die Gruppenreflexion „schwer von sich aus“ erfolgt und dass dazu ein Anstoß durch den Coach besser sei.

Befindlichkeitsverläufe

Interessant ist, dass die individuellen Kurven der Befindlichkeitseinschätzungen teilweise stark auseinander laufen. Ein bestimmter Gruppentermin kann offensichtlich von einem Mitglied emotional sehr positiv, von anderen dagegen sehr negativ erlebt werden. Nach dem Fragebogen wird ein positives Gefühl in einem Gruppentermin durch verschiedene Ursachen erklärt, z.B. durch das Erreichen von Meilensteinen und gute gemeinsame Leistungen (Erfolgserlebnisse und Anerkennung durch andere), positiv erlebte Coachinginterventionen oder Kompetenzerleben, z.B. bei sehr gut laufenden eigenen Sitzungsmoderationen und guter Stimmung in der Gruppe (gemeinsames Lachen usw.). Tiefpunkte werden dagegen auf negative Einflüsse zurückgeführt wie auf Unsicherheit über eigene Fähigkeiten („Bin ich den Anforderungen gewachsen?“) und fehlende konkrete Vorstellungen zum weiteren Verlauf oder projektexterne Probleme (z.B. gleichzeitig erforderliche Prüfungsvorbereitungen, Krankheit) sowie Misserfolge in Unterprojekten und Konflikte zurückgeführt. Die gemeinsame Auswertung der Befindenseinschätzungen im Gruppen- und Einzelcoaching haben ihnen nach ihren Angaben geholfen, die „emotionalen Tiefs“ besser zu bewältigen. Die eingesetzte einfache Methode der Mehrebenenprozessanalyse der Befindlichkeit erscheint danach viel versprechend.

Kompetenzverbesserungen

Sehr stark sind die per Fragebogen durch die Gruppenmitglieder am Ende eingeschätzten Kompetenzverbesserungen. Die größten Verbesserungen werden im Bereich Caochingwissen und -Kompetenzen angegeben, gefolgt vom Fachwissen zum Veränderungsmanagement, Moderationskompetenzen, Projektmanagement, Selbstorganisation, selbstorganisiertes Lernen sowie Bearbeiten von Konflikten in Gruppen. Die Zahl der genannten Verbesserungen ist durchgängig und statistisch nicht durch Zufall erklärbar (signifikanter Vorzeichentest).

Zusammenfassung zur Durchführbarkeit und Nützlichkeit

Die beiden exploratorischen Längsschnittfallstudien belegen, dass Mehrebenencoaching von Projektgruppen durchführbar ist. Nach anfänglicher Skepsis waren fast alle Gruppenmitglieder mit dem Coaching zufrieden und haben nach der qualitativen Auswertung individuell unterschiedlichen Nutzen daraus gezogen. Leider lässt sich nicht überprüfen, ob sich die Gruppenleistungen durch das Coaching verbessert haben. Hierzu wären Gruppen mit ähnlichen Aufgaben, Vergleiche zwischen Interventionsgruppen und Kontrollgruppen erforderlich. Nach den Beobachtungen in den beiden Studienprojekten erwarten wir, dass der Nutzen in einer Verbesserung der emotionalen Befindlichkeit, Koordination und Organisation der Arbeit (bzw. Strategie) und in einer Erweiterung der Möglichkeiten zur Lösung auftretender Probleme und Konflikte in der Projektgruppe liegen. Durch die Einzelgespräche erfahren die Coachs sehr früh, wenn sich Probleme oder informelle Konflikte in der Gruppe entwickeln. Was im Einzelcoaching besprochen wird, ist vertraulich, aber natürlich kann der Coach das Gruppenmitglied ermutigen und beraten, das Problem in geeigneter Weise in der Gruppe anzusprechen. Auch für den Dozenten ist die Begleitung durch das Mehrebenencoaching sehr nützlich. Das Einzelcoaching mit dem Dozenten und die Reflexionen auf der Gruppenebene zusammen mit dem Dozenten können sehr offen sein und tief gehen. Er kann nicht angesprochene Missverständnisse, unterdrückte Probleme und emotionale Reaktionen auf sein eigenes Verhalten wahrnehmen, über deren Existenz er normalerweise nichts erfahren würde. Daraus können sich je nach Situation viele Ansatzpunkte für Verbesserungen ergeben. Einfach und zur Verbesserung der emotionalen Befindlichkeit der Gruppe unmittelbar wirksam ist es anscheinend bereits, in Abständen die unterschiedlichen individuellen emotionalen Befindlichkeiten der Gruppenmitglieder zu reflektieren. Wer gelernt hat, mit Mehrebenencoaching zu arbeiten, wird die Mehrebenenarbeit im Vergleich zum ausschließlichen Arbeiten mit der gesamten Gruppe vorziehen.

Anforderung an den Coach

Besonders zu Beginn des Mehrebenencoachings sind die Anforderungen an die Verarbeitungskapazität der Coachs durch die vielen Einzelgespräche und Informationen außerordentlich groß. Später, wenn sich die Informationen zu konsolidieren beginnen und zu den meisten Gruppenmitgliedern Coaching-Beziehungen entstanden sind, wird die Mehrebenenarbeit jedoch leichter. Wie die beiden Projekte zeigen, ist ein Mehrebenencoaching aufwändig und anspruchsvoll. Das Konzept ist aber machbar, wie die beiden tüchtigen Diplomandinnen bewiesen haben.

Entwicklung von Annahmen zum Gruppencoaching

Stand der Forschung und Skalen zur Teamreflexivität

Korrelationen mit Teamreflexivität

Nach den oben wiedergegebenen Erhebungen wurden in mehreren Untersuchungen korrelative Zusammenhänge zwischen Teamreflexivität und Gruppenleistungen oder Innovativitätskriterien gefunden. Allerdings wurde dabei die Teamreflexivität durch unterschiedliche Skalen erfasst. Mehrere Autoren, die sich auf die Theorie von West (1996) beziehen, entwickeln eigene Skalen. Auch West et al. (2006) verweisen in ihrem aktuellen Review zum Stand der Forschung zur Teamreflexivität auf sehr unterschiedliche Skalen sowie in jüngeren eigenen Erhebungen auf eine allgemeine Reflexivitätsskala. Die Frage, welche Skalen für die Erfassung von Teamreflexivität geeignet sind, ist demnach eine offene und ungeklärte Frage.

Erweiterung des Reflexivitätsbegriffs

Stumpf, Klaus und Süßmuth (2003) schlagen nach Verhaltensbeobachtungen von Reflexionen in Gruppen vor, den Reflexivitätsbegriff von West (1996) zu erweitern und unterscheiden vier Arten von Reflexionen: 1. Aufgaben, 2. Umfeld (z.B. volkswirtschaftliche Parameter des Planspiels), 3. Merkmale von Gruppenmitgliedern (z.B. Fähigkeiten und Verhalten) und 4. Gruppenmerkmale (z.B. Rollenverteilung oder Gruppenklima). Stumpf et al. (2003) haben lediglich Reflexionen beobachtet, die in Gruppen ohne Trainer oder Coach selbständig aktiviert werden. Nach der in diesem Buch eingeführten Unterscheidung lassen sich die meisten in diesen Kategorien aufgeführten Reflexionen als Problemreflexionen einordnen. Gruppenselbstreflexionen (Vergleiche zwischen idealem und realem Gruppenselbstkonzept) werden in der Gruppe, wie nach der Theorie in diesem Buch erwartet wird, kaum ohne professionelle Anleitung entstehen und systematisch durchgeführt. Bestenfalls werden nach der Untersuchung von Stumpf et al. (2003) Reflexionen über einfache Merkmale der Mitglieder oder der Gruppe auftreten, z.B. über fehlende Fähigkeiten und ungenügende Leistungen oder unklare Verantwortlichkeit. Um ein gemeinsam akzeptiertes ideales Gruppenselbstkonzept zu erarbeiten, wäre eine Moderation durch einen erfahrenen und kompetenten Trainer oder Coach erforderlich.

Beobachtungs- und Fragebogenskalen

Für künftige Untersuchungen zum Gruppencoaching wäre es interessant, analog zu den oben in Abschnitt 3.1 beschriebenen Beobachtungsskalen der Wirkfaktoren im Einzelcoaching Ratingskalen zur Erfassung der Faktoren zur Förderung von Problem- und Selbstreflexionen auf Gruppenebene zu entwickeln. Eine genauere Inspektion der bisher in den Untersuchungen zur Teamreflexivität verwendeten Skalen zeigt, dass manche Skalen viele Items enthalten, die sich inhaltlich nicht oder kaum auf Reflexionen beziehen. Außerdem wird in den Items die Ergebnisorientierung nicht angesprochen. Wie aber die genauere Analyse der Reflexionen in den Untersuchungen von Gurtner et al. (2007) und Stumpf et al. (2003) zeigen, bleiben Reflexionen in Gruppen oft zu allgemein, um für eine Verbesserung der Prozesse oder Strategie in der Gruppe nützlich zu sein. Analog zu unserer Fragebogenskala zur Selbsteinschätzung individueller ergebnisorientierter Problem- und Selbstreflexionen (vgl. Berg, 2007) könnte man eine Gruppenskala zur Erfassung verschiedener Faktoren konstruieren, von der wir erwarten können, dass sie zuverlässiger mit Gruppenleistungen korreliert.

Experimentelle Untersuchungen

Uneindeutige experimentelle Ergebnisse

Stumpf, Klaus und Süßmuth (2003, S. 161 ff.) ziehen ein vorsichtiges Resümee zum Stand der Forschung zur Theorie der Teamreflexivität (bis 2002). Wie sie feststellen, sind die vorliegenden empirischen Befunde zu ihrer viel versprechenden Theorie noch nicht durchgängig und eindeutig genug. Zum Nachweis der erwarteten Wirkungen sind experimentelle Untersuchungen erforderlich. In ihrem aufwändigen Experiment können sie jedoch keine signifikanten Leitungsverbesserungen durch Teamreflexionen belegen. Erst durch die Ergebnisse der experimentellen Untersuchungen von Gurtner et al. (2007) kann nachgewiesen werden, dass die Förderung der Reflexivität Auswirkungen auf das Verhalten in Arbeitsgruppen hat. Allerdings sind, die beobachteten Gruppenreflexionen oft sehr allgemein und schwächen den Einfluss des Gruppenleiters. Nachgewiesen leistungsfördernd sind nach diesem Experiment nur individuelle Reflexionen.

Coaching als effektivere Alternative?

Wie dargelegt, erscheint eine Moderation der Reflexionen in der Gruppe durch kompetente Coachs oder Trainer als eine effektive Lösung. Die Aufgabe, systematische ergebnisorientierte Problem- und Selbstreflexionen auf der Gruppenebene durchzuführen, überfordert die meisten Gruppen. Wie unsere beiden Längsschnittfallanalysen zum Mehrebenencoaching von Projektgruppen zeigen, erscheint es nützlich, sowohl Reflexionen auf der individuellen, als auch auf der Gruppenebene zu fördern. Die Durchführung experimenteller Untersuchungen zu dieser Hypothese wäre eine wichtige Forschungsaufgabe in diesem Feld.

Handlungsabsichten

Handlungsabsichten

Wenn wir die neueren motivations- und willenspsychologische Erkenntnissen nach Gollwitzer (1996; kurz siehe oben Abschnitt 3.5.2) heranziehen, auf die sich West et al. (2006, vgl. auch Tschan, 2000, S. 98 ff.) beziehen, können wir eine weitere schwierige Anforderung an die Gruppe erläutern, vor der sie steht, wenn sie ohne professionelle Moderation versucht, gemeinsam zu reflektieren, Ziele und Pläne zu entwickeln und umzusetzen. Die Umsetzung von Plänen in Handlungen erfordert eine ausdrückliche gemeinsame Ausformulierung konkreter Handlungsabsichten durch die Gruppe. Es genügt nicht sich über Ziele zu einigen. Nach dem Stadienmodell von West et al. (2006) müssen nach Problemreflexionen geeignete Verbesserungsvorschläge erarbeitet, Ziele und Pläne für Veränderungen entwickelt und dabei nicht nur ein allgemeines Zielcommitment der gesamten Gruppe gefördert, sondern auch entsprechend dem Plan konkrete individuelle und gemeinsame konkrete Umsetzungsverpflichtungen (eine praktische Bezeichnung für Handlungsabsichten) eingefordert und schließlich gemeinsam konsequent umgesetzt werden. Dazu ist Mehrebenenarbeit durch Prozessberater oder Coachs erforderlich.

Fördergespräche, Training, Prozessberatung und Gruppencoaching

Kann man Gruppencoaching von Fördergesprächen, Training, und Prozessberatung unterscheiden? Zu dieser Frage werden zunächst die von West (2004) und Hackman (2002; Hackman & Wageman, 2005) favorisierten Beratungskonzepte kurz beschrieben und diskutiert.

Teamcoaching als Unterstützung und Anleitung

West (2004. S. 60 ff.) beschreibt „Teamcoaching" im Unterschied zum Managen als einen informellen Interventionsprozess, der der Unterstützung, Ermutigung und Anleitung einzelner Gruppenmitglieder beim Erreichen ihrer Ziele und Entwicklung ihrer Potenziale dient. Das so verstandene „Coaching" kann durch gruppenexterne Berater, aber auch vom Gruppenleiter ausgeführt werden. West beschreibt konkrete Techniken, die die Führungskraft dabei einsetzen sollte, wie aktives und offenes Zuhören, Ermutigung zu eigenen Ideen und Gefühlen oder zum Aussprechen und Weiterentwickeln eigener Zielsetzungen. Der „Teamcoach" soll das Gehörte reflektierend wiederholen und zusammenfassen, die Gefühle der Personen erkennen und aussprechen (ohne die Personen dadurch herabzusetzen), verhaltensbezogenes Feedback zur Förderung von Verhaltensänderungen geben und ständig zur Klärung der gemeinsam verfolgten Ziele auffordern. Wie diese Beschreibung zeigt, bezeichnet West ähnlich wie Hackman und Wageman (2005, siehe oben) typische Feedback- und Fördergespräche durch Vorgesetzte als Coaching. West bezieht den Coachingbegriff dabei vorrangig auf die individuelle Ebene und verwendet ihn nicht auf der Gruppenebene.

Sportcoach oder Trainer als Modell?

Das von Hackman und Wageman (2005) favorisierte praktische Coachingkonzept ist spezifischer. Hackman (2002) hat unterschiedliche Arten von Gruppen untersucht. Sein besonderes Interesse gilt jedoch Cockpit-Teams und anderen Arbeitsgruppen mit perfekt durchorganisierten interdependenten Aufgaben und Prozessen (außerhalb der Arbeitswelt auch Teams von Hochleistungssportlern und weltbekannte Musikorchester). In diesem Anwendungsbereich ist das von ihm favorisierte Konzept durchaus nachvollziehbar. Wenn ich das Praxiskonzept von Hackman (2002) richtig interpretiere, wäre für ihn anscheinend ein Manager ideal, der sich zusätzlich zu seinen Managementaufgaben zur Förderung der Leistungen des Teams ähnlich wie ein Sportcoach oder Trainer verhält. Der Coach einer Spitzenmannschaft nimmt Einfluss auf die Auswahl der Teammitglieder. Er entwickelt das Trainingsprogramm und setzt es durch. Nach sorgfältiger Analyse des Spiels der Gegner gibt er die Aufstellung der Spieler vor und instruiert die Mannschaft über die angemessene Spielstrategie, instruiert und überwacht das Einüben der Strategie durch Trainer. Er beobachtet jede Übungseinheit und jedes Spiel, gibt allen gemeinsam und jedem Spieler einzeln Feedback und weitere leistungsbezogene Instruktionen. Das Konzept funktioniert im Sport, bei militärischen Übungen, bei einem klassischen Orchester oder anderen Arbeitsgruppen mit perfekt durchorganisierten interdependenten Aufgaben und Prozessen, die eine perfekte Abstimmung erfordern.

Unterschiede zum Coaching

Unserer Theorie liegt eine andere Coachingdefinition zugrunde. Gruppenleiter oder Trainer können danach für Feedback- und Fördergespräche zwar Coachingkompetenzen und Methoden einsetzen, die auch beim professionellen Coaching verwendet werden. Sie können durchaus auch kurze „Coaching-Episoden" gestalten. Ihre Leitungsrolle und ihr Einfluss auf die Karriere ihrer Mitarbeiter/innen erschwert es aber, dass die von ihnen geförderten Mitarbeiter/innen offen über eigene Schwächen oder Probleme mit dem Gruppenleiter sprechen können, ohne dass dies möglicherweise ihrer Karriere schadet. Dafür sind professionelle Coachs mit strikter Schweigepflicht geeigneter. Der Coach kann dabei durch Vereinbarungen mit den Gruppenmitgliedern Wege finden, vertrauliche Hinweise, die für die Verbesserung des Erfolgs wichtig sind, in geeigneter Form in die Gruppenselbstreflexion einzubringen.

Regelmäßige Reviews

Reflexionen in der Gruppe benötigen Zeit und sind für die Beteiligten anstrengend. Im Stress des Alltags werden sie leicht vernachlässigt. Nur wenn die übergeordneten Managementebenen Gruppencoaching fordern und fördern, wenn der Gruppenleiter und andere einflussreiche Gruppenmitglieder das Coaching unterstützen und wenn methodisch kompetente Coachs oder Gruppenmoderatoren ausgewählt werden (vgl. Flood, MacCurtain & West, 2001, S. 82), werden sie regelmäßig durchgeführt. Flood et al. (2001) schlagen vor, Teamreflexionen im Rahmen regelmäßiger Reviews durchzuführen. Dabei sollen die Gruppen an einem ruhigen Ort (möglichst außerhalb des Betriebs) mit genügend Zeit (ein bis zwei Tage), durch den Moderator angeleitet werden, ihre Ziele und Aufgaben, Rollen, Strategien und Prozesse zu überprüfen (Flood et al., S. 38 ff.). Dabei wird auch der Einsatz des Fragebogens zur Teamreflexivität empfohlen.

Teamentwicklung als Coaching

Wenn die Arbeitsgruppe beim Review vom Moderator angeleitet, über ihre gemeinsamen Stärken und Schwächen reflektiert und Ansatzpunkte für Verbesserungen erarbeitet, wäre dies nach unserer Definition (siehe oben, Kapitel 2.2) als Gruppencoaching zu bezeichnen. West (2004) ordnet diese Intervention als Teamentwicklung ein. Wie oben dargestellt, sind Team- oder Gruppencoaching und Teamentwicklung schwer abgrenzbar und oft praktisch nicht unterscheidbar.

Besondere Kompetenzen beim Gruppencoaching

Schwierig sprachlich zu fasssen

Die sprachliche Ausformulierung der Vorstellungen der Gruppenmitglieder über ihr reales und ideales Gruppenselbstkonzept ist eine außerordentlich schwierige Aufgabe für den Coach (siehe Abschnitt 1.1.4). Es ist schwer die oft ungenau vermittelten Vorstellungen der Gruppenmitglieder so zu formulieren, dass sie von den anderen Gruppenmitgliedern nachvollzogen und angenommen werden können.

Missverständnisse und Konflikte

Durch ungenaue Formulierungen kann es leicht zu Missverständnissen in der Gruppe kommen. Durch abwertende Äußerungen können Konflikte entstehen. Dies sind Gründe, warum hier professionelle Moderatoren oder Coachs gebraucht werden, die über sehr hohe sprachliche Kommunikationsfähigkeiten und genügend Sensibilität für latente Konflikte in der Gruppe verfügen sowie Erfahrungen in der Konfliktmediation in Gruppen haben.

Spezielle Coaching-Kompetenzen

Insgesamt sind für das Gruppencoaching spezielle Coaching-Kompetenzen erforderlich (vgl. oben, Abschnitt 3.4.2), insbesondere sehr gute sprachliche Kommunikationsfähigkeiten, eine sehr sensible und präzise Wahrnehmung des verbalen und nonverbalen Verhaltens der Gruppenmitglieder, eine sehr gute intellektuelle Verarbeitungskapazität für komplexe Informationen und Prozesse, sowie Erfahrungen mit schwierigen Gruppensituationen und spezielle methodische Kompetenzen in der Arbeit mit Gruppen. Wer im Einzelcoaching erfolgreich ist, ist deshalb keineswegs automatisch für Gruppencoaching qualifiziert. Hier ist eine spezielle praktische Weiterbildung mit Supervision erforderlich.

Zusammenfassung der Annahmen und Folgerungen

Kompetente Coachs

Die Kernannahme der Teamreflexivitätstheorie von West (1996, 2004), wonach eine Förderung der Teamreflexivität zur Verbesserung der Produktivität und Innovativität bei komplexen Gruppenaufgaben führt, wird mit der Einschränkung übernommen, dass für die praktische Durchführung im Allgemeinen kompetente Moderatoren oder Coachs erforderlich sind. Die reformulierten Annahmen zur ergebnisorientierten Problem- und Selbstreflexion beim Gruppencoaching lassen sich durch zwei Annahmen zu den folgenden Themen zusammenfassen:

1. Mehrebenenarbeit durch kompetente Moderatoren oder Coachs
2. Förderung systematischer und regelmäßiger Problem- und Selbstreflexionen

Die Annahmen können vorläufig nur durch praktische Beobachtungen überprüft werden. Eine Zukunftsaufgabe wäre, sie durch Korrelationsstudien mit geeigneten Beobachtungs- und Fragebogenskalen sowie insbesondere experimentelle Untersuchungen zu überprüfen.

Annahmengruppe A 4.2.2:
Ergebnisorientierte Problem- und Selbstreflexionen in Gruppen

1. Zur Förderung systematischer ergebnisorientierter Problem- und Selbstreflexionen der Gruppe ist im Allgemeinen Mehrebenenarbeit und eine Moderation der Gruppenreflexionen durch kompetente Moderatoren oder Coachs erforderlich.
2. Je systematischer und regelmäßiger ergebnisorientierte Problem- und Selbstreflexionen in Gruppen gefördert werden, die komplexe Aufgaben bearbeiten und ein kooperatives Teamklima aufweisen, desto größer ist die Wahrscheinlichkeit, dass sich Effektivität und Innovativität der Gruppe verbessern.

Ergebnisorientierung als Primat!

Informelle Bewertungen

Es muss vorangehen!

Beim Gruppencoaching ist es besonders wichtig, dass der Coach die Gruppe nach jeder Sitzung auffordert, den Ergebnisfortschritt bei der Bearbeitung und Lösung der Probleme einzuschätzen. Falls kein Fortschritt erkannt wir, besteht Reflexions- und Handlungsbedarf. Diese Art Ergebnisorientierung ist beim Gruppencoaching deshalb besonders kritisch, weil der Fortschritt beim Coaching nicht nur von einer Person, sondern von vielen Gruppenmitgliedern mit möglicherweise unterschiedlichen Interessen bewertet und von den Gruppenmitgliedern schnell informell kommuniziert werden kann. Wenn ein nach Einschätzung des Coachs positiver Verlauf auch nur von einzelnen einflussreichen Gruppenmitgliedern kritisch bewertet wird, ohne dass danach geeignete Veränderungen folgen, kann sogar eine vorher hohe Akzeptanz des GruppenCoachs sehr schnell in Ablehnung umschlagen. Ergebnisorientierung hat deshalb beim Gruppencoaching Primat. In jeder Sitzung muss es möglichst für alle erkennbar vorangehen. Der ergebnisbezogene Fortschritt muss immer wieder gemeinsam bewertet und festgehalten werden.

Ergebnisorientierte Gruppenselbstreflexionen als Kernaufgabe

Kernaufgabe und fast ein Alleinstellungsmerkmal

Hackman und Wageman (2005) und West (2004) vernachlässigen in ihren Konzepten die Moderation von Gruppenselbstreflexionen als Coachingaufgabe. Für unser Konzept gehört dies dagegen zu den Kernaufgaben des GruppenCoachs. Wie oben angesprochen, ist die Moderation ergebnisorientierter Reflexionen des realen und idealen Gruppenselbstkonzepts eine außerordentlich anspruchsvolle Aufgabe. Führungskräfte haben normalerweise weder die Zeit noch die psychologische und professionell-methodische Ausbildung dafür. Selbst sehr erfahrene Moderatoren und

Teamentwickler, die viele Themen und Problemlösetechniken mit professionellen Techniken sehr erfolgreich bewältigen können, sind dafür keineswegs selbstverständlich kompetent. Die Moderation erfolgreicher ergebnisorientierter Gruppenselbstreflexionen kann demnach nahezu als ein Alleinstellungsmerkmal von Gruppencoachs angesehen werden. Als besondere professionelle Dienstleistung verdient sie auch eine entsprechende Beachtung und fachliche Anerkennung. Es wäre wünschenswert, dass dafür spezielle Weiterbildungen für Coachs entwickelt werden.

Praktische Folgerungen P 4.2.2:
Ergebnisorientierung, Problem- und Selbstreflexion in Gruppen

1. Beim Moderieren von Reflexionsprozessen in Gruppen hat Ergebnisorientierung Primat! Es muss in jeder Sitzung für alle erkennbar vorangehen!
2. Die methodische Förderung ergebnisorientierter Selbstreflexionen ist ein anspruchsvolles Alleinstellungsmerkmal des professionellen Gruppencoachs! Wer als Gruppencoach arbeitet, benötigt dafür eine spezielle Ausbildung, Erfahrungen und besondere professionelle Coaching-Kompetenzen!

4.3 Zukunftsaufgaben und -perspektiven

Vielfältige Ziele und Probleme

Die wissenschaftlichen Theorien, Erkenntnisse und Untersuchungen mit direkten und indirekten Bezügen, die in diesem Buch zusammengetragen werden konnten, sind außerordentlich vielfältig. Das liegt an der kaum eingrenzbaren Vielfalt der Ziele und Probleme der Klienten, mit denen der Coach in der Praxis konfrontiert werden kann und am außerordentlich umfangreichen Spektrum von Interventionsmethoden oder Tools, die im Coaching eingesetzt werden (vgl. Rauen, 2004). In Organisationen sind es Führungskräfte aller Ebenen, die im zunehmend harten individuellen Wettbewerb heute besonders häufig Einzelcoaching nutzen. Nicht nur im Hochleistungssport sind es oft die Besten der Besten, die sich einen Coach suchen. Zunehmend lassen sich Top-Manager (Böning, 2006a) coachen. Coaching von Projektleitern, Projekt- und Strategieteams (Wolff, 2005) nimmt ebenfalls zu. Eher selten ist dagegen Coaching von Fachexperten oder Arbeitsgruppen. Auch außerhalb von Wirtschaftsunternehmen wird Coaching nachgefragt. Beispiele sind Politiker/innen, Führungskräfte und Projektleiter in Verwaltungen, Richter, Ärzte, Polizeiführungskräfte, militärische Führungskräfte, Lehrer/innen, Professoren und Studierende an Spitzenuniversitäten wie St. Gallen, ja sogar Künstler. Die Klienten können aus Ländern mit unterschiedlichen Kulturen stammen. Nicht nur in global aufgestellten Unternehmen nimmt die Vielfalt der zusammenarbeitenden Kulturen zu. Eine Welle mehr oder weniger seriöser Life-Coaching-Angebote überspült als eine Art Coaching für alle besonders die angloamerikanischen Länder.

Zielgruppenspektrum

Künftige Spezialisierungen

Vom Coach werden Erfahrungen und Fachwissen zum kulturellen Hintergrund und zum Arbeits- und Lebensfeld ihrer jeweiligen Klienten erwartet. Da niemand in der Lage ist, Erfahrungswissen für Personen aller Berufsgruppen, Positionen und Kulturen zu erwerben, ist als Zukunftsperspektive zu erwarten, dass eine zunehmende Spezialisierung beginnen wird. Dazu werden wiederum spezialisierte wissenschaftliche Erkenntnisse und Untersuchungen erforderlich sein. Böning (in Vorber.) untersucht die Unterschiede zwischen Coaching von Top- und Middle-Managern. Viele weitere spezielle Untersuchungen werden folgen. Zukünftig brauchen wir auch vergleichende Studien über Coachingkonzepte in verschiedenen Ländern und Kulturen.

Vielfältige Ziele und Probleme

Noch vielfältiger als die Personen und Gruppen, die Coaching nachfragen, sind die jeweiligen Ziele und Probleme, die unterstützt durch Coaching bearbeitet werden: Klärung und Umsetzung konkreter oder umfassender Leistungs-, Karriere- und Entwicklungsziele, Bewältigung organisationaler Veränderungen, effizientes Zeit- und Stressmanagement, Procrastination, Probleme und Konflikte mit Führungskräften und Arbeitsgruppen, Verbesserung der Arbeitsstrategien in Gruppen, bessere Balance zwischen Arbeit, Familie und Freizeit. Coaching steht mitten im Leben. Außer psychischen Störungen klammert Coaching kein menschliches Thema aus. Durch die Problemvielfalt ergeben sich Bezüge zu vielen wissenschaftlichen Forschungsfeldern, speziellen Interventionsmethoden und praktischen Wissensgebieten. Auch dadurch wird künftig eine Spezialisierung der Praktiker/innen und der Evaluationsforschung zu erwarten sein. Keine Methode kann für alle Probleme und Personengruppen gleich geeignet sein.

4.3.1 Berücksichtigung aller Systemebenen

Systemebenen auch beim Einzelcoaching berücksichtigen

Mehrebenencoaching ist ein interessantes, aber nicht immer realisierbares Konzept. Selbst wenn es nicht möglich ist, wäre wie dargelegt, zu fordern, dass als Grundlage für die Beratung zumindest Analysen und Reflexionen aller relevanten Systemebenen einbezogen werden. Auch beim Einzelcoaching dürfen die Einflüsse der höheren Systemebenen nicht vergessen werden. Dadurch lässt sich Coaching positiv von der Psychotherapie abgrenzen und nicht nur negativ dadurch, dass die Behandlung oder therapeutische Beratung psychischer Störungen nicht zum Coaching gehört. Die Beratungstiefe beim Coaching sollte insbesondere bei der Berücksichtigung der Wirtschafts- und Organisationsebene wesentlich tiefer sein, als in einer Psychotherapie. Wer dies beim Einzelcoaching vernachlässigt, individualisiert und verkürzt die Probleme und Entwicklungsmöglichkeiten seiner Klienten. Die Analyse und Reflexion der Einflüsse höherer Ebenen, insbesondere der Organisationsebene, ist deshalb ein wichtiges Anforderungsmerkmal für das Business-Coaching. Beim Coaching von Teams und bei Veränderungen in Organisationen empfiehlt sich darüber hinaus eine Mehrebenenarbeit, die mit der individuellen Ebene beginnt (etwa durch Gespräche oder Interviews) und ein Einzelcoaching zumindest der Schlüsselpersonen umfasst.

4.3.2 Coaching als anspruchsvoller Qualitätsbegriff

Kein Container-Begriff

Coaching in Organisationen muss kein Container-Begriff bleiben. Der Coachingbegriff kann als Qualitätsbegriff umfassend und anspruchsvoll weiterentwickelt werden, wenn wir Coaching nicht nur als personenzentrierte Beratung, sondern auch als intensive und systematische Förderung der Selbstreflexion von Individuen und Gruppen verstehen und dabei die Mehrebenensystemtheorie und neuropsychologischen Erkenntnisse zur theorieorientierten Untermauerung heranziehen.

Coaching als anspruchsvolle Beratung

Der Rückgriff auf den Beratungsbegriff zur Definition von Coaching trägt wenig dazu bei, Coaching als spezifische professionelle Dienstleistung mit hohen fachlichen und methodischen Anforderungen einzugrenzen. Personen beraten kann fast jeder, auch wenn man darunter eine methodengeleitete Unterstützung der Problemlösung versteht. Die systematische Förderung ganzheitlicher Selbstreflexion ist eine sehr hohe professionelle Anforderung. Wenn wir Coaching dagegen zusätzlich als intensive und systematische Förderung der Selbstreflexion mit einem theoretisch fundierten Begriff der Selbstreflexion definieren, ist das so verstandene Coaching kein Containerkonzept mehr.

Fachpolitische Entscheidungen, Kundeninteressen und Begriffsmarketing

Aufgaben der Verbände

Coachingfachverbände sollten die Entscheidung, was sie unter Coaching verstehen, nach Selbstreflexionen und Diskussionen über das gemeinsame Verständnis der eigenen Profession und unter fachpolitischen Gesichtspunkten treffen. Über Coaching-Definitionen können sie Einfluss auf die künftige Entwicklung in diesem Feld nehmen. Die Funktion von Wissenschaftler/innen kann dabei sein, zur Ausformulierung einer genauen und intersubjektiv konsistent verwendeten Definition beizutragen, die Anschlüsse an einschlägige wissenschaftliche Kriterien und Erkenntnisse herstellt. Bei solchen Entscheidungen nach fachlichen Gesichtspunkten sollten wir zusammen aber die gegenwärtigen und potenziellen Kunden nicht vergessen. Routinemäßige Erhebungen über Anlässe und Ziele von Coaching, wie sie etwa Böning und Fritschle (2005) durchgeführt haben, sind hier sehr nützlich. Vielleicht kann man sie ausbauen und fragen, wie die Kunden Coaching von anderen Arten der Beratung unterscheiden und was sie von Coaching heute und zukünftig erwarten oder befürchten.

4.3.3 Brücken zwischen Wissenschaft und Praxis schlagen

Aufstieg und Fall vieler Konzepte

Die Personalentwicklung ist ein innovatives Feld. In den letzten Jahrzehnten wurden zahlreiche neue Konzepte entwickelt, an die große Erwartungen geknüpft wurden. Diese Erwartungen sind oft enttäuscht worden. Manche waren für eine kurze Zeit als Hoffnungsträger sehr verbreitet, „in Mode“, werden heute aber nur noch in Nischen von getreuen Anhängern weitergeführt. Ein häufig beobachtbares Problem der Anhängergruppen ist, dass sie schulenübergreifende Zusammenarbeit und Auseinandersetzung mit unabhängigen Wissenschaftler/innen zu wenig fördern, weil sie „zu überzeugt“ sind, dass ihr Konzept das einzig richtige ist. Anfangs durchaus fortschrittliche Konzepte und Verbände können zu Traditionspflegevereinen degenerieren, wenn sie sich nicht kontinuierlich unabhängiger wissenschaftlicher Überprüfung und Kritik stellen und nicht offen für theoretische und praktische Weiterentwicklungen bleiben.

Zentren an Universitäten und Fachhochschulen

Viele Coaching-Profis, die ich kenne, sind offen für die Forschung, und führen teilweise sogar selbst aktiv Forschung zum Coaching durch. Es gibt zunehmend mehr Forschungsschwerpunkte an einzelnen Universitäten und Fachhochschulen. Ein Beispiel ist die von Dr. Antony M. Grant geleitete Coaching Psychology Unit an der School of Psychology der University of Sydney, Australien. Im deutschsprachigen Bereich wären Prof. Dr. Eckard König mit seinem Coachingschwerpunkt in der Ausbildung im Fachbereich Erziehungswissenschaften an der Universität Paderborn oder Prof. Dr. Eric Lippmann mit dem Breich Supervision und Coaching am Institut für Angewandte Psychologie (IAP) in Zürich zu nennen. Im Fachgebiet Arbeits- und Organisationspsychologie der Universität Osnabrück ist Coaching seit langem ein Forschungs- und erst in jüngerer Zeit ein Ausbidlungsschwerpunkt. Coaching hat vielfältige Bezüge zu anderen Forschungsgebieten insbesondere der Psychologie, nicht nur zu Anwendungsfächern, sondern auch zur Grundlagenforschung. Daraus ergeben sich weitere ausbaufähige wissenschaftliche Kooperationsmöglichkeiten. Viele praktisch arbeitende Coachs nehmen an Hochschulen regelmäßig Lehraufträge wahr und vertiefen damit die praxisbezogene Ausbildung der Studierenden. Die Zahl der Schwerpunkte mit postgradualen Beratungs- und Ausbildungsangeboten im Coaching nimmt ebenfalls zu.

Kongresse und Fachzeitschriften

Kongresse über Coaching zeigen in allen Ländern stark zunehmende Teilnehmerzahlen und sind teilweise wie die oben in Kapitel 3.6. aufgeführten Fachzeitschriften wichtige Informations- und Diskussionsforen auch für die Bezüge zwischen Praxis und Wissenschaft in diesem Feld.

Bewertung der Qualität der Beiträge

Auf den Fachtagungen der nationalen und internationalen Coachingverbände und in der Fachliteratur gibt es allerdings zu oft Beiträge, die unter dem Stand der Fachliteratur oder der Forschung bleiben. Dies schadet dem Ansehen der Verbände, die die Kongresse ausrichten oder den Herausgebern der Fachzeitschrift und der Profession. Es ist wichtig, alle Beiträge sorgfältig auf ihre praktische *und* wissenschaftliche Qualität zu überprüfen und nur erkennbar gute Beiträge aufzunehmen. Zur Bewertung der Qualität der Beiträge sollte es selbstverständlich sein, dass bei der Auswahl gute Fachvertreter der jeweiligen Richtung gehört werden. Wenn es sich beispielsweise um einen konstruktivistischen Beitrag handelt, sollte ein Konstruktivist eine Empfehlung auf der Grundlage der methodischen Qualitätskriterien des Konstruktivismus abgeben. Analog sollen bei Beträgen aus der empirisch-wissenschaftlichen Forschung hohe Standards dieser Richtung praktiziert werden. Vorbild kann die Reviewer-Auswahl bei interdisziplinären oder richtungsübergreifenden Fachzeitschriften sein. Wenn man zu einem Beitrag auf dem Board keinen Fachexperten oder Richtungsvertreter hat, versucht man die besten Reviewer zu gewinnen, die es gibt und hält sich an deren Entscheidungen. Natürlich sind auch Auseinandersetzungen zwischen Richtungen erwünscht. Zu mündlichen oder schriftlichen Diskussionsrunden werden besonders kompetente Richtungsvertreter eingeladen.

Wissenschaftliche Toleranz

Beunruhigend ist, dass man auf Coaching-Kongressen Beiträge mit pauschalen Kritiken an empirisch-wissenschaftlichen Methoden und vereinzelt sogar regelrecht wissenschaftsfeindliche Positionen zu hören bekommt. Es gibt es Referent/innen, die ihre Konzepte anscheinend über jede wissenschaftliche Prüfung und Forschung stellen. Sie lehnen jede methodische Forschung ab und vertrauen nur ihren eigenen, mit ein paar Fallbeispielen gestützten Theoriekonstruktionen. Sehr problematisch ist es ebenfalls, wenn empirisch-wissenschaftlich ausgerichtete Referent/innen andere Richtungen oder qualitative Forschung als „unwissenschaftlich" diskreditieren. Offenheit und Toleranz für verschiedene Wissenschaftsauffassungen und Richtungen sowie sachlich faire Auseinandersetzungsstile in Diskussionen sind wichtige Standards für wissenschaftliche Diskurse. Wenn Intoleranz auf Tagungen praktiziert wird, sollte das gemeinsame Kritik herausfordern.

Unbekanntheit und Skepsis

Die expansiv zunehmende Verbreitung und Akzeptanz von Coaching ist eindrucksvoll. Dies sollte uns aber nicht verführen, die Verbreitung und Akzeptanz zu überschätzen. Wenn man heute eine Meinungsumfrage in der Bevölkerung verschiedener Länder durchführen würde, wäre zu erwarten, dass Coaching nur in Führungskreisen westlicher Industrieländern bekannt ist. Die große Mehrzahl der Führungskräfte wird vermutlich auch heute noch eine eher skeptische bis ablehnende Haltung gegen Coaching einnehmen. Um diese Skepsis zu überwinden sind überzeugende Evaluationen der Coachingergebnisse erforderlich. Coaching ist nicht gegen Kritik gefeit. Wenn in Unternehmen die finanziellen Mittel knapp werden, wird häufig besonders in der Personalentwicklung gespart. Nur wenn es gelingt, den praktischen Nutzen von Coaching zweifelsfrei zu belegen und diese Ergebnisse zu vermitteln, hat Coaching als neues und noch sehr skeptisch betrachtetes Instrument der Personalentwicklung eine Chance, sich trotz Einsparungsauflagen im Unternehmen zu halten.

Zukunftsinvestition in wissenschaftliche Forschung und Ausbildung

Die Zukunftsperspektive des Coachings hängt nicht allein von praktisch überzeugenden Leistungen ab. Je mehr sich Coaching an den guten und besten Universitäten als Forschungsfeld und in der anwendungsorientierten Ausbildung von Studierenden etabliert, desto breiter, differenzierter und fester werden seine Fundamente für die Praxis. Die in der Öffentlichkeit oft formelhaft vorgetragene, aber sehr berechtigte Forderung, mehr in die wissenschaftliche Forschung und Ausbildung von Studierenden zu investieren, gilt auch für das Feld Coaching. Langfristig könnte sich dies als eine der wichtigsten Investitionen in die Zukunft von Coaching erweisen. Der erwartete praktische Return on Investment wäre nicht nur die langfristige Verbesserung der Akzeptanz und Verbreitung, sondern auch die innovative Weiterentwicklung wissenschaftlich überprüfter Coachingmethoden und eine wissenschaftlich gestützte Ausbildung künftiger Coachs.

Alle sind gefordert!

Beim Investment in Coaching geht es nicht vorrangig um Geld, sondern um Zeitinvestitionen. Mehr Zeit in die Coachingforschung und wissenschaftliche Ausbildung investieren sollen nicht nur die Wissenschaftler/innen. Alle professionell anspruchsvollen Coachs sind gefordert, sich rountinemäßig Zeit zu nehmen, sich über den neusten Forschungs- und

Erkenntnisstand zu informieren und dadurch ihr Fachwissen aktuell zu halten sowie Wissenschaftler/innen viel Zeit zu geben, die sie im Rahmen von Praktikerbefragungen und anderen Untersuchungen in ihrer Coachingforschung benötigen. Um Brücken zwischen Praxis und Wissenschaft zu schlagen, sind gemeinsame Forschungsprojekte und Publikationen von Wissenschaftler/innen *und* Praktiker/innen oder Praktiker-Lehraufträge an Hochschulen sowie Beiträge von Wissenschaftler/innen in der außeruniversitären praktischen Coaching-Ausbildung wünschenswert. Alle sind gefordert und können die Zukunft der Coachingforschung und eine wissenschaftlich fundierte Coaching-Ausbildung fördern!

Literatur

Antoni, C. (1994). *Gruppenarbeit in Unternehmen. Konzepte, Erfahrungen, Perspektiven.* Weinheim: Beltz, PVU.

Argyris, C. (1964). *Integrating the individual and the organization.* New York: Wiley.

Argyris, C. (1993) *Knowledge for action: A guide to overcoming barriers to organizational change.* San Francisco: Jossey Bass.

Argyris, C. (1998). Teaching Smart People How to Learn. In P.F. Drucker, D. Garvin, D. Leonard & S. Strauss (Eds.), *Harvard Business Review on Knowledge Management* (pp. 81-108). Boston, MA: Harvard Business Review Paperback.

Argyris, C. & Schön, D. (1978). *Organizational learning. A theory of action perspective.* Reading, MA: Addison-Wesley.

Aronson, E. (1999). The power of self-persuasion. *American Psychologist, 54,* 875-884.

Arrow, H., McGrath, J. E. & Berdahl, J. L. (2000). *Small groups as complex systems: Formation, coordination, development, and adaptation.* Thousand Oaks, CA: Sage.

Arthur, W., Jr., Bennett, W., Jr., Edens, P.S. & Bell, S.T. (2003). Effectivenss of Training in Organizations: A Meta-Analysis of Design and Evaluation Features. *Journal of Applied Psychology, 88*(2), 234-245.

Baddeley, A. D. (1996). Exploring the central executive. *Quarterly Journal of Experimental Psychology, 49,* 5-28.

Bähre, M. (2001). *Coaching – Das systemische Konfliktgespräch.* Universität Osnabrück: Unveröffentlichte Diplomarbeit im Fachgebiet Arbeits- und Organisationspsychologie.

Bamberger, G.G. (1999). *Lösungsorientierte Beratung.* Weinheim: Beltz.

Bandura, A. (1977). Self-efficacy: Toward a unifying theory of behavioural change. *Psychological Review, 84,* 151-215.

Bandura, A. (1997). *Self-efficacy: The exercise of control.* New York: Freeman.

Bauer, W. (2001). *Geschichte der chinesischen Philosophie. Konfuzianismus, Daoismus, Buddhismus.* München: Beck.

Biblionetz Begriffe. Zugriff am 15.11.2007, http://beat.doebe.li/bibliothek/begriffe.html.

Becker, P. (1988). Ein Strukturmodell der emotionalen Befindlichkeit. *Psychologische Beiträge, 30,* 514-536.

Beckman, N. & Wood, R. (2006). Self-Confidence and focus of attention. Differential analyses on the focus of attention in feedback processing. Paper held at the 26th *International Congress of Applied Psychology, July 16-21, 2006 Athens, Greece.*

Behrendt, P. (2004). *Wirkfaktoren im Coaching.* Diplomarbeit am Institut für Psychologie der Universität Freiburg.

Berardi-Colletta, B., Buyer, L.S., Dominowski, R.L. & Rellinger, E.R. (1995). Metacognistion and problemsolving: A process-oriented approach. *Journal of Expermimental Psychology: Learning, Memory and Cognition, 21*(1), 205-223.

Berg, C. (2007). *Auslöser von Selbstreflexion.* Diplomarbeit im Fachgebiet Arbeits- und Organisationspsychologie der Universität Osnabrück.

Blickle, G. (2000). Mentor-Protégé-Beziehungen in Organisationen. *Zeitschrift für Arbeits- und Organisationspsychologie, 44*(18), 168-178.

Boekaerts, M. (1997). Self-regulated learning: A new concept embraced by researchers, policy makers, educators, teachers, and students. *Learning and Instruction, 7(2),* 161-186.

Boekaerts, M. (1999). Self-regulated learning: Where are we today. *International Journal of Educational Research, 31(6),* 445-475.

Böning, U. (2003). *Executive Coaching im Rahmen von Veränderungsprozessen des Unternehmens.* Beitrag auf dem Coaching-Kongress Frankfurt/M.

Böning, U. (2006a). Executive Coaching: »Formel 1«-Coaching oder »Business as usual«. In E. Lippmann (Hrsg.), *Coaching. Angewandte Psychologie für die Beratungspraxis* (S. 83-99). Berlin: Springer.

Böning, U. (2006b). Coaching und Supervision: Zur Konkurrenz und Kooperation in der Praxis. In U. Straumann (Hrsg.), *Personenzentriertes Coaching und Supervision. Ein interdisziplinärer Balanceakt* (S. 228-251). Heidelberg: Asanger.

Böning, U. (in Vorber.). *Top-Management Coaching* (Arbeitstitel). Dissertationsvorhaben am Fachbereich Psychologie, Fachgebiet Arbeits- und Organisationspsychologie der Universität Osnabrück.

Böning, U. & Fritschle, B. (1997). *Veränderungsmanagement auf dem Prüfstand.* Freiburg: Haufe.

Böning, U. & Fritschle, B. (2005). *Coaching fürs Business.* Bonn: managerSeminare.

Bono, E. de (1968). *Das spielerische Denken.* Bern: Scherz.

Bono, E. de (1981). *Lateral Thinking.* Harmondsworth: Penguin.

Boos, M. (1998). Von Einzelaspekten zu „kognitiven Landkarten" – Problemstrukturierung und Argumentation in Gruppen. In E. Ardelt-Gattinger, H. Lechner & W. Schlögl (Hrsg.), *Gruppendynamik. Anspruch und Wirklichkeit in Gruppen* (S. 244-251). Göttingen: Verlag für Angewandte Psychologie.

Borg, I. (1995). *Mitarbeiterbefragung.* Göttingen: Hogrefe.

Borkenau, P. & Ostendorf, F. (1993). *Neo-Fünf-Faktoren-Inventar (NEO-FFI) nach Costa und McCrae. Handanweisung.* Göttingen: Hogrefe.

Borsum, F. (in Vorber). *Vergleich von Wirkfaktoren im Coaching mit Wirkfaktoren in der Psychotherapie.* Unveröffentlichte Diplomarbeit. Fachgebiet Arbeits- und Organisationspsychologie der Universität Osnabrück.

Bose, D. von, Martens-Schmidt, K. & Schuchardt-Hain, C. (2003). Führungskräfte im Gespräch über Coaching. Eine empirische Studie. In K. Martens-Schmidt (Hrsg.), *Coaching als Beratungssystem. Grundlagen, Konzepte, Methoden* (S. 1-54). Heidelberg: Economica.

Brauer, Y. (2005). Wie Zielvereinbarungen im Coaching helfen. *Wirtschaftspsychologie aktuell, 1,* 40 - 43.

Brauer, Y. (2006). *Zielvereinbarungen beim Coaching. Eine empirische Untersuchung aus Kundensicht.* Düsseldorf: VDM.

Brodbeck, F., Anderson, N.R. & West, M. (2000). *Das Teamklima Inventar (TKI).* Göttingen: Hogrefe.

Brose, N., Halbrügge, M., Hoemske, T., Noefer, K., Psoma, M., Sendfeld, M. & Wendel, M. (2003). *Entwicklung und Marketing innovativer Seminarangebote, Interviewtraining Change Management – Bericht zu einem praktischen Projekt in der Arbeits- und Organisationspsychologie 2002-2003.* Universität Osnabrück, Fachgebiet Arbeits- und Organisationspsychologie (unveröff. Bericht).

Burke, W.W. (2002). Leading organizational change. In S. Chowdhury (Ed.). *Organization 21C* (pp. 291-310). Upper Saddle River, N.J.: Financial Times, Prentice Hall.

Carter, S.M. & West, M.A. (1998). Reflexivity, effectiveness, and mental health in BBC-TV production teams. *Small Group Research, 29,* 583-601.

Cavanagh, M. (2006). Coaching from a systemic perspective: A complex adaptive conversation. In D.R. Stober & A.M. Grant (Eds.), *Evidence based coaching handbook: Putting best practices to work for your clients* (pp. 313-354). New York: John Wiley & Sons.

Childre, D. & Rozman, D. (2006). *Verwandle deine Wut. Innere Ausgeglichenheit durch Herzintelligenz.* Freiburg: Herder.

Choi, H.-S. & Levine, J.M. (2004). Minority in influence in work teams: the impact of newcomers. *Journal of Experimental Social Psychology, 40,* 273-280.

Ciupka, B. (1999). *Selbstregulation und Entscheidungen von Führungskräften.* Diplomarbeit im Fachgebiet Persdönlichkeitspsychologie, Universität Osnabrück.

Collins, A., Brown, J.S. & Newman, S.E. (1989). Cognitive Apprenticeship: Teaching the crafts of reading, writing and mathematics. In L.B. Resnick (Ed.), *Knowing, Learning, and Instruction: Essays in honor of Robert Glaser* (pp. 453-495). Hillsdale, NJ: Lawrence Erlbaum Associates.

Costa, P.T. & McCrae, R.R. (1992). *Revised NEO Personality Inventory (NEO P J-R) and NEO Five Factor Inventory (NEO FFI).* Odessa, FL: Psychological Assessment Resources.

Coulmas, F. (1993). *Das Land der rituellen Harmonie. Japan: Gesellschaft mit beschränkter Haftung.* Frankfurt/Main: Campus.

Cox, E. (2006). An adult learning approach to coaching. In D.R. Stober & A.M. Grant (Eds.), *Evidence based coaching handbook: Putting best practices to work for your clients* (pp. 193-217). New York: John Wiley & Sons.

Cranach, M. v. (1996). Toward a theory of the acting group. In E. Witte & J. H. Davis (Eds.), *Understanding group behavior: Small group processes and interpersonal relations* (pp. 147-187). Hillsdale, NJ: Lawrence Erlbaum.

De Dreu, C.K.W. (2002). Team innovation and team effectiveness: The importance of minority dissent and reflexivity. *European Journal of Work and Organizational Psychology. Vol 11*(3), 285-298.

Diener, E. & Wallbom, M. (1976). Effects of self-awareness on antinormative behavior. *Journal of Research in Personality, 10,* 107-111.

DIMDI, Deutsches Institut für Medizinische Dokumentation und Information (Hrsg.). (2003). *ICD-10-GM 2004 Systematisches Verzeichnis* (10. Revision, German Modification Version 2004). Köln: Deutscher Ärzte-Verlag.

Dörner, D. (1979). *Problemlösen als Informationsverarbeitung.* Stuttgart: Kohlhammer.

Dörner, D. (1989). *Die Logik des Mißlingens.* Reinbek bei Hamburg: Rowohlt.

Dörner, D. (2003). *Komplexitätsbewältigung und Kompetenzmanagement.* Vortrag beim 4. Zukunftsforum „Lernkultur für morgen" vom 12. bis 14. März 2003 in Berlin, Bundesministerium für Bildung und Forschung.

Duden Etymologie (1997). *Herkunftswörterbuch der deutschen Sprache. Duden Band 7* (Nachdruck der 2. Aufl.). Mannheim: Duden Verlag.

Duval, S. & Wicklund, R. A. (1972). *A theory of objective self-awareness.* New York: Academic Press.

Dzierzon. S.A. (2004). *Personenzentriertes Beziehungsverhalten beim Coaching.* Magisterarbeit an der Fernuniversität Hagen.

Earley, P.C. & Ang, S. (2003). *Cultural intelligence: Individual interactions across cultures.* Stanford, CA: Stanford University Press.

Ebeling, I. (1997). *Visionsgeleitete Strategienetwicklung.* Unveröffentlichter Text. Hannover: Ebus-Unternehmensberatung.

Eckensberger, L. (1998). Menschenbilder und Entwicklungskonzepte. In H. Keller (Hrsg.), *Lehrbuch Entwicklungspsychologie* (S. 11-56). Bern: Huber.

Edwards, M.R & Ewen, A.J. (2000). *360°-Beurteilung: klareres Feedback, höhere Motivation und mehr Erfolg für alle Mitarbeiter.* München: Beck.

Endler, N.S. & Parker, J.D. (1990). *Coping Inventory for Stressful Situations (CISS). A critical evaluation.* Toronto: Multi Helath Systems.

Engel, A. K., Fries, P. & Singer, W. (2001). Dynamic predictions: Oscillations and synchronicy in top-down processing. *Nature Review Neuroscience, 2,* 704-716.

Ericsson, K.A. (2006). Reproducibly superior performance and deliberate practice: Implications for professional expertise. Keynote paper held at the *26th International Congress of Applied Psychology, July 16-21, 2006 Athens, Greece.*

Essen, T. van, Heuwel, S. van den & Ossebaard, M. (2004). A student course on self-management for procrastinators. In H.C. Schouwenburg, C.H. Lay, T.A. Pychyl & J.R. Ferrari (Eds.), *Counseling the procrastinator in academic settings* (pp. 59-74). Washington, D.C.: American Psychological Association.

Evers, K. (1999). *Verstärken Anregungen zur Selbstreflexion den Lerngewinn?* Unveröff. Diplomarbeit am Institut für Psychologie der Rheinisch-Westfälisch-Technischen-Hochschule Aachen.

Ferrari, J.R. (2001). Procrastination as self-regulation failure of performance: Effects of cognitive load, self-awareness and time limits on "working best under pressure." *European Journal of Personality, 15,* 391-406.

Field, L. (2004). *Weekend life coach. How to get the life you want in 48 hours.* London: Vermillian.

Finn, F., Mason, C. & Griffin, M. (2006). Investigating change over time – The effects of executive coaching on leaders' psychological states and behaviour. Paper held at the *26th International Congress of Applied Psychology, July 16-21, 2006 Athens, Greece.*

Flechsig, K.-H. (1996). *Kleines Handbuch didaktischer Modelle.* Bonn: managerSeminare.

Flood, P., MacCurtain, S. & West, M. (2001). *Effective Top Management Teams.* Dublin: Blackhall.

Flückiger, C., Wüsten, G., Frischknecht, E., Grawe, K. & Lutz, W. (in Vorber.). *Ressourcenpriming – Veränderung der Aufmerksamkeitsfokussierung bei Novizen und erfahrenen Therapeuten.* Unveröff. Text, Universität Bern, Institut für Psychologie.

Fornell, C., Johnson, M.D., Anderson, E.W., Cha, J. & Bryant, B. (1996). The American Customer Satisfaction Index: Description, findings, and implications. *Journal of Marketing 60*(4), 7-18.

Frese, M. & Zapf, D. (1994). Actions as core of work psychology: A German approach. In H.C. Triandis & M.D. Dunette (Eds.), *Handbook of industrial and organizational psychology* (Vol 4, 2nd ed., pp. 271-340). Palo Alto, CA: Consulting Psychologist Press.

Frey, D. (1998). Center of Excellence – ein Weg zu Spitzenleistungen. In H. Weber (Hrsg.), *Leistungsorientiertes Management: Leistungen steigern statt Kosten senken* (S. 199-233). Frankfurt: Campus.

Frey, D. & Schultz-Hardt, S. (2000). Zentrale Führungsprinzipien und Center of Excellence-Kulturen als notwendige Bedingungen für ein funktionierendes Ideenmanagement. In D. Frey & S. Schultz-Hardt (Hrsg.), *Vom Vorschlagswesen zum Ideenmanagement* (S. 15-46). Göttingen: Hogrefe.

Frey, D., Wicklund, R.A. & Scheier, M.F. (1984). Die Theorie der objektiven Selbstaufmerksamkeit. In D. Frey & M. Irle (Hrsg.), *Theorien der Sozialpsychologie. Band I: Kognitive Theorien* (2.Aufl., S. 192-217). Bern: Huber.

Gallup, G.G. Jr. (1970) Chimpanzees: Self-Recognition. *Science, 167,* 86-87.

Gersick, C.J.G. (1988). Time and transition in work teams: Toward a new model of group development. *Academy of Management Journal, 31,* 9-41.

Gersick, C.J.G. (1989). Making time: Predictable transitions in task groups. *Academy of Management Journal, 32,* 274-309.

Gesellschaft für Informatik (2000). *Empfehlungen für ein Gesamtkonzept zur informatischen Bildung an allgemein bildenden Schulen. Erarbeitet vom Fachausschuss 7.3, Informatische Bildung in Schulen.* Verfügbar unter: http://www.informatische-bildung.de/.

Geyer, C. (2004) (Hrsg.). *Hirnforschung und Willensfreiheit. Zur Deutung der neuesten Experimente.* Frankfurt/Main: Suhrkamp.

Gleich, H. (2007). *Coaching und Selbstberuhigung.* Unveröffentlichte Diplomarbeit. Fachgebiet Arbeits- und Organisationspsychologie der Universität Osnabrück.

Gollwitzer, P.M. (1991). *Abwägen und Planen. Bewusstseinslagen in verschiedenen Handlungsphasen.* Göttingen: Hogrefe.

Gollwitzer, P.M. (1996). The volitional benefits of planning. In P.M. Gollwitzer & J.A. Bargh (Eds.), *The psychology of action* (pp. 287-312). New York: Guilford.

Goodman, J. S. & Wood, R. E. (2004). Feedback specificity, learning opportunities, and learning. *Journal of Applied Psychology, 89,* 809-821.

Goodman, J.S. & Wood, R. E. (in print). Faded versus increasing feedback, learning opportunity trajectories and learning. *Personnel Psychology.*

Grant, A.M. (2001). *Towards a Psychology of Coaching.* Paper, University of Sydney, Australia, Coaching Psychology Unit. Retrieved 15.11.2007 from http://www.psych.usyd.edu.au/psychcoach/Coaching_review_AMG2001.pdf.

Grant, A.M. (2003). The impact of life coaching on goal attaintment, metacognition and mental health. *Social Behavior and Personality, 31*(3), 253-264.

Grant, A. M. (2005). *Workplace, executive and life coaching: An annotated bilbliography from the behavioral science literature.* Unpubl. Paper, University of Sydney, Coaching Psychology Unit, anthonyg @psych.usyd.edu.au.

Grant, A.M. (2006a). An integrative goal-focused approach to executive coaching. In D.R. Stober & A.M. Grant (Eds.), *Evidence based coaching handbook: Putting best practices to work for your clients* (pp. 153-192). New York: John Wiley & Sons.

Grant, A.M. (2006b). Worksplace and executive coaching: A bibliography from the scholarly business literature. In D.R. Stober & A.M. Grant (Eds.), *Evidence Based Coaching Handbook: Putting Best Practices to Work for Your Clients* (pp. 367-388). New York: John Wiley & Sons.

Grant, A.M. (2007). *Workplace, executive and life coaching: An annotated bibliography from the behavioural science literature* (July 2007). Coaching Psychology Unit, University of Sydney.

Grant, A.M. & Cavanagh, M.J. (2004). Toward a profession of coaching: Sixty-five years of progress and challenges for the future. *International Journal of Evidence Based Coaching and Mentoring, 2*(1), 7-21.

Grant, A.M., Franklin, J. & Langford, P. (2002). The self-reflection and insight scale: A new measure of private self-consciousness. *Social Behavior and Personality, 30*(8), 821-836.

Grant, A. M. & Stober, D.R. (2006). Introduction. In D.R. Stober & A.M. Grant (Eds.), *Evidence Based Coaching Handbook: Putting Best Practices to Work for Your Clients* (pp. 1-14). New York: John Wiley & Sons.

Grawe, K. (1998). *Psychologische Therapie.* Göttingen: Hogrefe.

Grawe, K. (2004). *Neuropsychotherapie.* Göttingen: Hogrefe.

Grawe, K., Donati, R. & Bernauer, F. (1994a). *Psychotherapie im Wandel: Von der Konfession zur Profession.* Göttingen: Hogrefe.

Grawe, K., Regli, D. & Schmalbach, S. (1994b). *Cubus-Analyse.* Unveröffentlichter Bericht, Universität Bern, Institut für Psychologie.

Green, S., Oades, L.G. & Grant, A.M. (2005). An Evaluation of a life-coaching group program: Initial findings from a waitlist control study. In M. Cavanagh, A. M. Grant & T. Kemp (Eds.), *Evidence-based coaching vol.1: Theory, research and practice from the behavioural sciences* (pp. 127-141). Bowen Hills Qld: Australian Academic Press.

Greif, S. (1983). Soziale Kompetenzen. In D. Frey & S. Greif. (Hrsg.), *Sozialpsychologie. Ein Handbuch in Schlüsselbegriffen* (S. 312-320). München: Urban & Schwarzenberg.

Greif, S. (1996). Problemlösetechniken und kontinuierliche Verbesserungen. In S. Greif & H.-J. Kurtz (Hrsg.), *Handbuch Selbstorganisiertes Lernen* (S. 267-283). Göttingen: Verlag für Angewandte Psychologie.

Greif, S. (in Vorber.). *Wie sich Handeln und Lernen selbst organisiert.* (Buchmanuskript).

Greif, S. & Kurtz, H.-J. (Hrsg.). (1998). *Handbuch Selbstorganisiertes Lernen* (2. Aufl.). Göttingen: Verlag für Angewandte Psychologie.

Greif, S., Runde, B. & Seeberg, I. (2004). *Erfolge und Misserfolge beim Change Management.* Göttingen: Hogrefe.

Greif, S., Runde, B. & Seeberg, I, (2005). Change Explorer. In C. Rauen (Hrsg.), *Coaching-Tools* (3. Aufl., S. 317-321). Bonn: managerSeminare.

Greif, S. & Scheidewig, V. (1996). Selbstorganisiertes Lernen von Schichtleitern. In S. Greif & H.-J. Kurtz (Hrsg.), *Handbuch Selbstorganisiertes Lernen* (S. 283-300). Göttingen: Hogrefe.

Gu, X. (2002). *Konfuzius zur Einführung.* Hamburg: Junius.

Gurtner, A., Tschan, F., Semmer, N. & Nägele, C. (2007). Getting groups to develop good strategies: Effects of reflexivity interventions on team process, team performance, and shared mental models. *Organizational Behavior and Human Decision Processes. 102*(2), 127-142.

Haberstroh, S., Oyserman, D., Schwarz, N., Kühnen, U. & Ji, L.-J. (2002). Is the interdependent self more sensitive to question context than the independent self? Self-construal and the observation of conversational norms? *Journal of Experimental Social Psychology, 38*(3), *323-329.*

Hacker, W. (2005). *Allgemeine Arbeitspsychologie. Psychische Regulation von Wissens-, Denk- und körperlicher Arbeit* (2. Aufl.). Bern: Huber.

Häcker, H. & Stapf, K.H. (Hrsg.). (2004). *Dorsch Psychologisches Wörterbuch* (14. überarb. Aufl.). Bern: Huber.

Hackman, J.R. (1987). The design of work teams. In J.W. Lorsch (Ed.), *Handbook of organizational behavior* (pp. 315-342). Englewood Cliffs, NJ.: Prentice Hall.

Hackman, J.R. (2002). *Leading Teams: Creating conditions for great performances.* Boston: Harvard Business School Press.

Hackman, J.R., Brousseau, K.R. & Weiss, J.A. (1976). The interaction of task design and group performance strategies in determining group effectiveness. *Organizational Behavior and Human Performance, 16,* 350-365.

Hackman, J. R. & Morris, C. G. (1975). Group tasks, group interaction process, and group performance effectiveness: A review and proposes integration. In L. Berkowitz, (Ed.), *Advances in experimental and social psychology* (Vol. 8, pp. 45-99). New York: Academic Press.

Hackman, J.R. & Wageman, R. (2005). A theory of team coaching. *Academy of Management Review, 30*(2), 269-287.

Haggard, P., Clark, S. & Kalogeras, J. (2002). Voluntary action and conscious awareness. *Nature Neuroscience 4,* 382-385.

Haggard, P. & Eimer, M. (1999). On the relations between brain potentials and the awareness of voluntary movements. *Experimental Brain Research, 126,* 128-133.

Haken, H. (1989). *Synergetik. Eine Einführung. Nichtgleichgewichts-Phasenübergänge und Selbstorganisation* (3. erw. Aufl.). Berlin: Springer.

Heckhausen, H. (1989). *Motivation und Handeln.* Berlin: Springer.

Heine, A. (2003). *Gruppencoaching - eine Prozessanalyse zur Teamentwicklung.* Diplomarbeit im Fachgebiet Arbeits- und Organisationspsychologie, Universität Osnabrück.

Heß, T. & Roth, W. L. (2001). *Professionelles Coaching. – Eine Expertenbefragung zur Qualitätseinschätzung und -entwicklung.* Heidelberg: Asanger.

Higgins, E.T. (1998). Promotion and prevention: Regulatory focus as a motivational principle. In M.P. Zanna (Ed.), *Advances in experimental social psychology, 30* (pp. 1– 46). New York: Academic Press.

Higgins, J.M. (1994). *101 creative problem solving techniques. The handbook for new ideas for business.* Winter Park, Florida: The New Management.

Hochschild, A.R. (1983). *The managed heart.* Berkeley: University of California Press.

Hofstede, G. (1980). *Culture`s consequences.* Beverly Hills: Sage.

Holling, H. & Gediga, G. (Hrsg.). (1999). *Evaluationsforschung.* Göttingen: Hogrefe.

Holling, H. & Liepman, D. (2004). Personalentwicklung. In H. Schuler (Hrsg.), *Lehrbuch Organisationspsychologie* (S. 345-383). Bern: Huber.

Holton, E. F., Bates, R. A., Seyler, D.L. & Carvalho, M. B. (1997). Toward construct validation of a transfer climate instrument. *Human Resource Development Quaterly, 8,* 95-113.

Hossiep, R. (1996). Psychologische Tests – die vernachlässigte Dimension in Assessment Centern. In W. Sarges (Hrsg.), *Weiterentwicklungen der Assessment Center-Methode* (S. 53-67). Göttingen: Hogrefe.

Houghton, J.D. & Neck, C.P. (2002). The revised Self-Leadership Questionnaire: Testing a hierarchical factor structure for self-leadership. *Journal of Managerial Psychology, 17,* 672-691.

Jäger, A.O., Süß, H.-M.& Beauducel, A. (1997). *Berliner Intelligenzstruktur-Test.* Göttingen: Hogrefe.

Janke, W., Erdmann, G. & Boucsein, W. (1985). *Stressverarbeitungsfragebogen (SVF) 120, Testmappe.* Göttingen: Hogrefe.

Janis, I. L. (1972). *Victims of groupthink.* Boston: Houghton Mifflin.

Jüster, M., Hildenbrand, C.-D. & Petzold, H. (2005). Coaching in der Sicht der Führungskräfte – Eine empirische Erhebung. In C. Rauen (Hrg.), *Handbuch Coaching* (3. Aufl., S. 77-98). Göttingen: Hogrefe.

Kaesler, C. (2003). Die Arbeit mit dem Persönlichkeitsprofil im individuellen Coaching. In K. Martens-Schmidt (Hrsg.), *Coaching als Beratungssystem. Grundlagen, Konzepte, Methoden* (S. 201-225). Heidelberg: Economica.

Kaufel, S., Scherer, S., Scherm, M. & Sauer, M. (2006). Führungsbegleitung in der Bundeswehr – Coaching für militärische Führungskräfte. In W. Backhausen & J.-P. Thommsen (Hrsg.), *Coaching, durch systemisches Denken zur innovativen Personalentwicklung* (S. 419-438). Wiesbaden: Gabler.

Kauffeld, S. (2004). *F-A-T Fragebogen zur Arbeit im Team Manual.* Göttingen: Hogrefe.

Kauffeld, S. & Frieling, E. (2001). Der Fragebogen zur Arbeit im Team (F-A-T). *Zeitschrift für Arbeits- und Organisationspsychologie, 45*(1), 26-33.

Kauffeld, S., Jonas, E., Grote, S., Frey, D. & Frieling, E. (2004). Innovationsklima. Konstruktion und erste psychometrische Überprüfung eines Messinstrumentes. *Diagnostica, 50*(3), 153-164.

Kelly, G.A. (1955). *The Psychology of Personal Constructs* (Vol. 1 and 2). New York: Norton (Reprint: 1991, New York, N.Y.: Routledge).

Kirkpatrick, D. L. (1976). Evaluation of training. In R. L. Craig (Ed.), *Training and development handbook. A Guide to human resource development* (pp. 18-19). New York: MacGraw-Hill.

Kluger, A. (2006). Feedforward first – feedback later: A theoretical account. Paper held at the *26th International Congress of Applied Psychology, July 16-21, 2006 Athens, Greece.*

Kluger, A. N. & DeNisi, A. (1996). The effects of feedback interventions on performance: A historical review, a meta-analysis, and a preliminary feedback intervention theory. *Psychological Bulletin, 119* (2), 254-284.

Konas, E. (2004). Coaching-Landkarten. In C. Rauen (Hrsg.), *Coaching-Tools* (S. 149-152). Bonn: managerSeminare.

König, E. & Volmer, G. (2003) *Systemisches Coaching* (2. Aufl.). Weinheim: Beltz.

König, E. (2005). Das Konstruktinterview. In E. König & G. Volmer (Hrsg.), *Systemisch denken und handeln* (S. 83-117). Weinheim: Beltz.

Kozinowski, M. & Wollsching-Strobel, P. (2000). Supervision im Profitbereich – Chance oder Sakrileg? *Supervision, 4,* 45-52.

Krebs, K. (2007). *Erfolg beim Coaching – Pilotuntersuchung zur Erprobung eines neuen Instruments zur summativen Evaluation von Coaching.* Diplomarbeit im Fachgebiet Arbeits- und Organisationspsychologie, Universität Osnabrück.

Kreikebaum, H. (1997). *Strategische Unternehmensplanung* (6. überarb. Aufl.). Stuttgart: Kohlhammer.

Kriz, J. (1989). Entwurf einer systemischen Theorie klientzentrierter Psychotherapie. In R. Sachse & J. Howe (Hrsg.), *Zur Zukunft der klientenzentrierten Psychotherapie* (S. 168-196). Heidelberg: Asanger.

Kriz, J. (1992). *Chaos und Struktur.* München: Quintessenz.

Kriz, J. (2002). *Selbstorganisationsprozesse in Organisationen. Von SENGEs „Kochrezepten" zu den Grundlagen des Kochens – oder: auf dem Weg zu einer systemtheoretischen Fundierung des Coachings.* Unveröffentl. Manuskript, Universität Osnabrück.

Kruse, P. (2004). *next practice – Erfolgreiches Management von Instabilität.* Offenbach: Gabal.

Kuhl, J. (1999). Befindlichkeitsfragebogen (BEF). Universität Osnabrück, unveröff. Handbuch.

Kuhl, J. (2000). *Kurzanweisung zum Fragebogen HAKEMP-K-2000 (Handlungskontrolle nach Erfolg, Misserfolg und prospektiv).* Universität Osnabrück: Fachgebiet Differentielle Psychologie und Persönlichkeitsforschung (Unveröff.).

Kuhl, J. (2001). *Motivation und Persönlichkeit. Interaktionen psychischer Systeme.* Göttingen: Hogrefe.

Kuhl, J. (2005a). *TOP-Manual (Therapiebegleitende Osnabrücker Persönlichkeitsdiagnostik).* Universität Osnabrück: Institut für Motivations- und Persönlichkeitsentwicklung (IMPART).

Kuhl, J. (2005b). Was bedeutet Selbststeuerung und wie kann man sie entwickeln? Manuskript, Universität Osnabrück.

Kuhl, J. & Beckmann, J. (1994). *Volition and personality: Action versus state orientation.* Göttingen: Hogrefe.

Kuhl, J. & Fuhrmann, A. (1998). Decomposition self-regulation and self-control: The volitional components checklist. In J. Heckhausen & C. Dweck (Eds.), *Life span perspectives on motivation and control* (pp.15-49). Mahwah, NJ: Erlbaum.

Kuhn, M. H. & McPartland, T. S. (1954). An empirical investigation of self-attitudes. *American Sociological Review, 19,* 68-76.

Kühnen, U. & Hannover, B. (2003). Kultur, Selbstkonzept und Kognition. *Zeitschrift für Psychologie, 211*(4), 212-224.

Künzli, H. (2006). Wirksamkeitsforschung im Führungskräftecoaching. In E. Lippmann (Hrsg.), *Coaching. Angewandte Psychologie für die Beratungspraxis* (S. 280-293). Berlin: Springer.

Kurtz, H.-J. (1996). Lernberater. In S. Greif & H.-J. Kurtz (Hrsg.), *Handbuch Selbstorganisiertes Lernen* (S. 109-114). Göttingen: Hogrefe.

Lachmann, K., Meyer, K., Nüsse, A., Reibstein, C., Rosing, K., Schmidt, F., Strehlau, A., Thamm, A. & Zumdieck, C. (2006). *Studienprojekt Life Coaching.* Unveröff. Folienbericht, Fachgebiet Arbeits- und Organisationspsychologiede Universität Osnabrück.

Lauken, U. (2006). Wie kann man der Willensfreiheit den Garaus machen? Argumentationsrezepte für Neurowissenschaftler (und einige Preise, die das Befolgen kostet). In G.-E. Boudewijnse (Hrsg.), *Das mentale Paradoxon* (S. 61-97). Wien: Krammer.

Lauterbach, M. (2003). Coaching in Übergangssituationen. In R. Scholz (Hrsg.), *Perspektiven von Entwicklung und Veränderung.* Hannover: DLW.

Leder, A. (2005). *Beziehung und Bindung in bewegten Zeiten: Zum Coaching von zahlenorientierten Führungskräften.* Beitrag auf dem Coaching-Kongress 2005, Frankfurt/M. 4.-5.3.2005 (z.T. veröffentlicht: Leder, A. (2005). Zahlenmenschen erfolgreich coachen. *wirtschaft & weiterbildung, Juni,* S. 44-46.

Lemke. S. G. (1995). *Transfermanagement.* Göttingen: Verlag für Angewandte Psychologie.

Libet, B., Gleason, C.A., Wright, E.W. & Pearl, D.K. (1983). Time of conscious intention to act in relation to onset of cerebral activity (readiness potential): The unconscious initiation of a freely voluntary act. *Brain, 106,* 623-642.

Lin-Huber, M. (2001). *Chinesen verstehen lernen.* Bern: Huber.

Little, A. D. (1995). *Management der Lernprozesse im Unternehmen.* Wiesbaden: Gabler.

Locke, E. A. & Latham, G.P. (1984). *Goal setting: A motivational technique that works.* Englewood Cliffs: Prentice-Hall.

Locke, E.A. & Latham, G.P. (2002). Building a practically useful theory of goal setting and task motivation. *American Psychologist, 57*(9), 705-717.

London, M. & Beatty, R.W. (1993). 360-degree feedback as as competitive advantage. *Human Resource Management, 32,* 353-372.

Loos, W. (1999). Qualitätsüberlegungen beim Einsatz von Coaching. In G. Fatzer, K. Rappe-Giesecke & W. Loos (Hrsg.), *Qualität und Leistung von Beratung.* Köln: EHP.

Lovibond, S.H. & Lovibond, P.F. (1995). *Manual of the Depression Anxiety Stress Scales.* Sydney Australia: Psychological Foundation of Australia.

Lowman, R. L. (2005). Executive coaching: The road to Dodoville needs paving with more than good asssumptions. *Consulting Psychology Journal: Practice & Research. 57*(1), 90-96.

Luhmann, N. (1980). Komplexität. In E. Grochla (Hrsg.), *Handwörterbuch der Organisation* (S. 1064-1070). Stuttgart: Poeschel.

Maier, N.R.F. & Solem, A.R. (1962). Improving solutions by turning choice situations into problems. *Personel Psychology, 15,* 151-157.

Mäthner, E., Jansen, A. & Bachmann, T. (2005). Wirksamkeit und Wirkung von Coaching. In C. Rauen (Hrsg.), *Handbuch Coaching* (3. Aufl., S. 55-76). Göttingen: Hogrefe.

McGovern, J., Lindemann, M., Vergara, M., Murphy, S., Barker, L. & Warrenfels, R. (2001). Maximizing the impact of executive coaching: Behavioral change, organizational outcomes, and return on investment. *The Manchester Review, 6* (1), 1-9.

McGrath, J. E. & Argote, L. (2000). Group processes in organizational contexts. In R. S. Tindale & M. Hogg (Eds.), *Group Processes*, vol. 3 of *Handbook of Social Psychology.* London: Blackwell Publishers.

McGrath, J. E., Arrow, H. & Berdahl, J. L. (2000). The study of groups, past, present, and future. *Personality and Social Psychology Review, 4,* 95-105.

Meichenbaum, D. (2003). *Interventionen bei Stress. Anwendung und Wirkung des Stressimfungstrainings.* Bern: Huber.

Mellmann, L. (2007). *Qualitative Untersuchung zur summativen Evaluation von Coaching.* Diplomarbeit im Fachgebiet Arbeits- und Organisationspsychologie, Universität Osnabrück.

MetrixGlobal (2001). Executive briefing: Case study on the return on investment of executive coaching. Retrieved 15.11.2007 from http://www.empowermenttoolbox.com/MertrixSurvey.html.

MetrixGlobal (2005). Evaluating an Executive Coaching. Retrieved 15.11.2007 from http://www.metrixglobal.net/consulting_study_2.html.

Middendorf, J. (2005). Coach ist kein Beruf für Anfänger. *wirtschaft & weiterbildung*, , Mai 2005, 42-45.

Mittag, W. & Hager, W. (2000). Ein Rahmenkonzept zur Evaluation psychologischer Interventionsmaßnahmen. In W. Hager, J.-L. Patry & H. Brezing (Hrsg.), *Handbuch Evaluation psychologischer Interventionsmaßnahmen* (S. 102-129). Bern: Huber.

Mohr, G. (1991). Fünf Subkonstrukte psychischer Befindensbeeinträchtigungen bei Industriearbeitern: Auswahl und Entwicklung. In S. Greif, E. Bamberg & N. Semmer (Hrsg.), *Psychischer Stress am Arbeitsplatz* (S. 91-119). Göttingen: Hogrefe.

Mutzeck, W. (2005). *Kooperative Beratung. Grundlagen und Methoden der Beratung und Supervision im Berufsalltag* (4. überarb. Aufl.). Weinheim: Beltz.

Myers, D.G. (1996). *Social psychology* (5th ed.). New York: McGraw Hill.

Neenan, M. & Dryden, W. (2002). *Life coaching. A cognitive behavioral approach.* London: Brunner-Routledge.

Neuberger, O. (2002). *Führen und Führen lassen.* Stuttgart: Lucius & Lucius.

Niedereichholz, C. (2001). *Unternehmensberatung. Band 1 Beratungsmarketing und Auftragsaquisition* (3. überarb. Aufl.). München: Oldenbourg.

Norman, D.A. & Shallice, T. (1986). Attention to action: Willed and automatic control of behavior. In R. J. Davidson, G. E. Schwartz & D. Shapiro (Eds.), *Consciouisness and Self Regulation: Advances in Research, Vol. IV.* New York: Plenum.

Oerter, R. (1987). Jugendalter. In R. Oerter & L. Montada (Hrsg.), *Entwicklungspsychologie* (2. Aufl., S. 265-338). Weinhein: Psychologie Verlags Union.

Oettingen, G. (1996). Positive fantasy and motivation. In P. M. Gollwitzer & J. A. Bargh (Eds.), *The psychology of action: Linking cognition and motivation to behavior* (pp. 236-259). New York: Guilford.

Oettingen, G. (1997). *Psychologie des Zukunftsdenkens: Erwartungen und Phantasien.* Göttingen: Hogrefe.

Oettingen, G. (2000). Expectancy effects on behavior depend on self-regulatory thought. *Social Cognition, 18*, 101-129.

Oettingen, G. (2006). Mental contrasting and responding to negative feedback. Paper held at the *26th International Congress of Applied Psychology, July 16-21, 2006 Athens, Greece.*

Oettingen, G. & Gollwitzer, P.-M. (2002). Theorien der modernen Zielpsychologie. In D. Frey & M. Irle (Hrsg.), *Theorien der Sozialpsychologie. Band 3: Motivations-, Selbst- und Informationsverarbeitungstheorien* (S. 51-73). Huber: Bern.

Oettingen, G. & Mayer, D. (2002). The motivating function of thinking about the future: Expectations versus fantasies. *Journal of Personality and Social Psychology, 83*(5), *1198-1212.*

Offermanns. M. (2004). *Braucht Coaching einen Coach? Eine evaluative Pilotstudie.* Stuttgart: ibidem.

Offermann, M & Steinhübel, A. (2006). *Coachingwissen für Personalverantwortliche.* Frankfurt/Main: Campus.

Olivero, G.K.D., Bane, K.D. & Kopelman, R.E. (1997). Executive coaching as a transfer of training tool: Effects on productivity in a public agency. *Public Personnel Management, 26*(4), 461-469.

Osborn, A.F. (1953). *Applied imagination: Principles and procedures of creative thinking.* New York: Charles Scribner`s Sons.

Otto, J.H., Döring-Seipel, E. & Lantermann, E.-D. (2002). Zur Bedeutung von subjektiven, emotionalen Intelligenzkomponenten für das komplexe Problemlösen. *Zeitschrift für Differentielle und Diagnostische Psychologie, 23*(4), 417-433.

Otto, J.H., Döring-Seipel, E., Grebe, M. & Lantermann, E.-D. (2001). Entwicklung eines Fragebogens zur Erfassung der wahrgenommenen emotionalen Intelligenz: Aufmerksamkeit, Klarheit und Beeinflussbarkeit von Emotionen. *Diagnostica, 47,* 178-187.

Oyserman, D. (2001). Self-concept and identity. In A. Tesser & N. Schwarz (Eds.), *Blackwell handbook of social psychology: Vol. 1. Intraindividual processes* (pp. 499–517). Oxford: Blackwell.

Pak, H. (2002). *Mentale Kontrastierung und die Verarbeitung rückgemeldeter Informationen.* Dissertation an der Universität Konstanz, Fachbereich Psychologie.

Pavot, W. & Diener, E. (1993). Review of the Satisfaction with Life Scale. *Psychological Assessmeent, 5,* 164-172.

Poggemöller, N. (2004). *Internes Team- und Projektcoaching.* Diplomarbeit im Fachgebiet Arbeits- und Organisationspsychologie der Universität Osnabrück.

Porras, J. I., Hargis, K., Patterson, K. J., Maxfield, D. G., Roberts, N. & Bies, R. J. (1982). Modeling-based organizational development: a longitudinal assessment. *Journal of Applied Behavioral Science. 18,* 433-446.

Povincelli, D.J. & DeBlois, S. (1992). Young children`s *(Homo sapiens)* understanding of knowledge formation in themselves and others. *Journal of comparative Psychology, 106,* 228-238.

Qualbrink, C. & Zengin, H. (2004). *Mentoring für Mitarbeiter mit Migrationshintergrund.* Diplomarbeit im Fachgebiet Arbeits- und Organisationspsychologie der Universität Osnabrück.

Quirin, M. (2006). *Affektregulation und Gesundheit: Die Rolle des Selbstzugangs.* Unveröff. Vortrag an der Universität Osnabrück, Fachbereich Humanwissenschaften.

Raeithel, A. (1993). Auswertungsmethoden für Repertory Grids. In J.W. Scheer & A. Catina (Hrsg.), *Einführung in die Repertory Grid-Technik. Band 1: Grundlagen und Methoden* (S. 41-67). Bern: Huber.

Rappe-Giesecke, K. (2003). *Supervision.* Berlin: Springer.

Rauen, C. (2001). *Coaching. Innovative Konzepte im Vergleich* (2. Aufl.). Göttingen: Verlag für Angewandte Psychologie.

Rauen, C. (Hrsg.). (2002). *Handbuch Coaching* (2. überarb. Aufl.). Göttingen: Hogrefe.

Rauen, C. (2004). Vorgespräche führen. In: C. Rauen (Hrsg.), *Coaching-Tools* (S. 31-40). Bonn: managerSeminare.

Rauen, C. (2004a). Definition Coaching. Zugriff am 16.11.2007, http://www.coaching-report.de/definition_ coaching/ index.htm.

Rauen, C. (2004b) (Hrsg.), *Coaching-Tools. Erfolgreiche Coaches präsentieren 60 Interventionstechniken aus ihrer Coaching-Praxis.* Bonn: managerSeminare.

Rauen, C. (Hrsg.). (2005). *Handbuch Coaching* (3. überarb. und erw.Aufl.). Göttingen: Hogrefe.

Rauen, C. (in Vorber.). *Entwicklung, Evaluation und Förderung von Qualitätsstandards in Coaching-Weiterbildungen.* (Arbeitstitel). Dissertationsvorhaben am Fachbereich Humanwissenschaften der Universität Osnabrück.

Rauen, C. & Steinhübel, A. (2005). Coaching-Weiterbildungen. In C. Rauen (Hrsg.), *Handbuch Coaching* (3. Aufl., S. 289-312). Göttingen: Hogrefe.

Reber, A.S. (1967). Implicit learning of artificial grammars. *Journal of Verbal Learning and Verbal Be havior, 6,* 855-863.

Reinhardt, R. (1995). *Das Modell organisationaler Lernfähigkeit und die Gestaltung lernfähiger Organisationen.* Frankfurt/Main: Peter Lang.

Reiter, A., Grimus, M. & Scheidl, G. (2000). *Evaluierungsprojekt 'Neue Medien in der Grundschule'.* Wien: Ueberreuther.

Reither, F. (1979). *Über die Selbstreflexion beim Problemlösen.* Unveröff. Dissertation an der Justus Liebig-Universität Gießen.

Rohmert, E. & Schmid, E.W. (2003). Coaching ist messbar. *New management, 1-2,* 46-53.

Rohner, R.(1984) Toward a Conception of Culture for Cross-Cultural Psychology. *Journal of Cross Cultural Psychology, 15.* 111-138.

Rohracher, H. (1963). *Einführung in die Psychologie.* Wien: Urban & Schwarzenberg.

Röhrs, B. (in Vorber.). *Selbstkonzept und Selbstreflexion im Multidirektionalen Feedback.* Dissertation (Arbeitstitel). Dissertationsvorhaben am Fachbereich Humanwissenschaften der Universität Osnabrück.

Rosinski, P. (2003). *Coaching across cultures: New tools for leveraging national, corporate and professional differences.* London: Nicolas Brealey.

Rosinski, P. & Abbott, G. N. (2006) Coaching from a cultural perspective. In D.R. Stober & A.M. Grant (Eds.), *Evidence based coaching handbook: Putting best practices to work for your clients* (pp. 255-275). New York: John Wiley & Sons.

Roth, G. (1999). *Das Gehirn und seine Wirklichkeit. Kognitive Neurobiologie und ihre philosophischen Konsequenzen.* Frankfurt/M.: Suhrkamp.

Roth, G. (2003). *Fühlen, Denken, Handeln. Wie das Gehirn unser Verhalten steuert* (vollständig überarb. 2. Aufl.). Frankfurt/Main: Suhrkamp.

Rouiller, J. Z. & Goldstein, I. L. (1993). The relationship between organizational transfer climate and positive transfer of training. *Human Resource Development Quaterly, 4,* 377-390.

Rückle, H. (2005). Gruppen-Coaching. In C. Rauen (Hrsg.), *Handbuch Coaching* (3. Aufl., S. 183-197). Göttingen: Hogrefe.

Runde, B. (2001). *Multimodales Assessment sozialer Kompetenzen.* Norderstedt: Methoδos.

Runde, B. (2003). *S-C-Eval – ein Instrument zur summativen Evaluation von Coaching-Prozessen.* Bissendorf: Methodos.

Runde, B. (2004). Coaching als synergetischer Prozess. In A. Schlippe & W. Kriz (Hrsg.), *Personenzentrierung und Systemtheorie* (S. 118-133). Göttingen: Vandenhoeck & Ruprecht.

Runde, B. (2005). Der Fragebogen S-C-Eval. In C. Rauen (Hrsg.), *Coaching-Tools* (2. Aufl., S. 337-342). Bonn: managerSeminare.

Runde, B. & Bastians, F. (2005). *Internes Coaching bei der Polizei NRW - eine multimethodale Evaluationsstudie.* Beitrag zum Coaching-Kongress 4.-5.3.2005, Frankfurt/M.

Ryff, C.D. (1989), Happiness is eveything, or is it? Exploration in the meaning of psychological well-being. *Journal of Personality and Social Psychology, 52,* 141-166.

Sachse, K. (2006). Mit der Klugheit des Herzens. Magazin *Fokus, 12,* 90-98.

Salovey, P., Mayer, J.D., Goldman, S.L., Turvey, C. & Palfai, T.P. (1995). Emotional attention, clarity, and repair: Exploring emotional intelligence using the Trait Meta-Mood Scale. In J.W. Pennebaker (Ed.), *Emotion, disclosure, and health* (pp.125-154). Washington, DC: American Psychological Association.

Sauer, M., Scherer, S., Scherm, M. & Kaufel, S., (2004). Führungsbegleitung in militärischen Organisationen: Konzepte und erste Effekte in der Praxis. *Personalführung, 11,* 44-51.

Schäper, C. (2004). Zirkuläres Interview. In C. Rauen (Hrsg.), *Coaching-Tools* (S. 90-94). Bonn: managerSeminare.

Scherer, S. & Kaufel, S. (2005). *Führungsbegleitung in militärischen Organisationen (FMO): Ein 360°-Feedback basiertes Coaching-Konzept für militärische Führungskräfte.* Beitrag auf dem Coaching-Kongress 4.-5.3.2005, Frankfurt/M.

Schippers, M.C., Den Hartog, D.N. & Koopman, P.L. (2007). Reflexivity in teams: A measure and correlates. *Applied Psychology: An International Review, 56*(2), *189-211.*

Schippers, M. C., Den Hartog, D. N., Koopman, P. L. & Wienk, J. A. (2003). Diversity and team outcomes: The moderating effects of outcome interdependence and group longevity and the mediating effect of reflexivity. *Journal of Organizational Behavior, 24*(6), 779-802.

Schlippe, A. von & Schweitzer, J. (1996), *Lehrbuch der systemischen Therapie und Beratung* (2. Aufl.). Göttingen: Vandenhoeck & Ruprecht.

Schmidt, F. & Thamm, A. (in Vorber.). *Coaching und Procrastination.* Unveröffentlichte Diplomarbeit im Fachgebiet Arbeits- und Organisationspsychologie der Universität Osnabrück.

Schneider, B. (2006). Linking organizational design to customer satisfaction: Reports from the service economy. Keynote paper held at the *26th International Congress of Applied Psychology, July 16-21, 2006 Athens, Greece.*

Schneider, B. & Bowen, D.E. (1995). *Winning the service game.* Boston/MA: Harvard Business School Press.

Scholl (2003). Modelle effektiver Teamarbeit. In S. Stumpf & A. Thomas (Hrsg.), *Teamarbeit und Teamentwicklung* (S. 3-34). Göttingen: Hogrefe.

Schön, D. A. (1983). *The reflective practioner: How professionals think in action.* London: Temple Smith.

Schön, D.A. (1990). *Educating the reflective practitioner.* San Francisco: Jossey-Bass Publishers.

Schouwenburg, H. C., Lay, C.H., Pychyl, T.A. & Ferrari, J.R. (Eds.). (2004). *Counseling the procrastinator in academic settings.* Washington, D.C.: American Psychological Association.

Schreyögg, A. (2002). *Konfliktcoaching – Anleitung für den Coach.* Frankfurt/M.: Campus.

Schreyögg, A. (2005). Konflikt-Coaching. In C. Rauen (Hrsg.). *Handbuch Coaching* (3. Aufl., S. 213-226). Göttingen: Hogrefe.

Schreyögg, G. (1984). *Unternehmensstrategie: Grundfragen einer Theorie strategischer Unternehmensführung.* Berlin: Gruyter.

Schroll-Machl, S. (2003). *Die Deutschen – Wir Deutsche. Fremdwahrnehmung und Selbstsicht im Berufsleben* (2. Aufl.). Göttingen: Vandenhoeck & Ruprecht.

Schutte, N.S., Malouff, J.M., Hall, L.E., Haggarty, D.J., Cooper, J.T. & Golden, C.J. (1998). Development and validation of a measure of emotional intelligence. *Personality and Individual Differences, 25* (2), 167-177.

Scriven, M. (1980). *The logic of evaluation.* California: Edgepress.

Semmer, N. & Pfäfflin, M. (1978). *Interaktionstraining.* Weinheim: Beltz.

Semmer, N. & Schardt, L. (1982). Qualififkation und berufliche Entfalrung bei der Arbeit. In N. Zimmermann (Hrsg.), *Humane Arbeit – Leitfaden für Arbeitnehmer, Bd. 4: Organisation und Arbeit* (73-150). Reinbek: Rowohlt.

Siebert, H. (1999). *Pädagogischer Konstruktivismus. Eine Bilanz der Konstruktivismusdiskussion für die Bildungspraxis.* Neuwied: Luchterhand.

Simon, F.B. & Rech-Simon, Ch. (1999). *Zirkuläres Fragen – Systemische Therapie in Fallbeispielen: Ein Lehrbuch.* Heidelberg: Carl Auer.

Singelis, T.-M., Triandis, H.C., Bhawuck. D. & Gelfand, M. (1995). Horizontal and vertical dimensions of individualism and collectivism: A theoretical and measurement refinement. *Cross-Culture-Research. The Journal of Comparative Social Science, 29*(3), 240-275.

Singer, W. (2004). Verschaltungen legen uns fest: Wir sollten aufhören, von Freiheit zu sprechen. In C. Geyer (Hrsg.), *Hirnforschung und Willensfreiheit. Zur Deutung der neuesten Experimente* (S. 30-65). Frankfurt/Main: Suhrkamp.

Skell, W. (1996). Eigenaktivität und heuristische Regeln. In S. Greif. & H.-J. Kurtz (Hrsg.), *Handbuch Selbstorganisiertes Lernen* (S. 83-92). Göttingen: Verlag für Angewandte Psychologie.

Smither, J.W., London, M., Flautt, R., Vargas, Y. & Kucine, I. (2003). Can working with an executive coach improve multisource feeback rating over time? A quasi-experimental field study. *Personnel Psychology, 56,* 23-44.

Snyder, C.R., Harris, D. & Anderson, J.R. (1991). The will and the ways: Development and validation of an individual-differences measure of hope. *Journal of Personality and Social Psychology, 60,* 570-585.

Sonnentag, S. (1998). Expertise in professional Software Design: A process study. *Journal of Applied Psychology, 83(5),* 703-715.

Sonnentag, S. & Kleine, B.M. (2000). Deliberate practice at work: A study with insurance agents. *Journal of Occupational and Organizational Psychology,73*(1), 87-102.

Sonntag, Kh. & Schaper, N. (2006). Förderung beruflicher Handlungskompetenz. In Kh. Sonntag (Hrsg.), *Personalentwicklung in Organisationen: psychologische Grundlagen, Methoden und Strategien* (3. Aufl., S. 270-311). Göttingen: Hogrefe.

Spence, G.B. & Grant, A. M. (2005). Individual and group life-coaching: Initial findings from a randomised, controlled trial. In M. Cavanagh, A. M. Grant & T. Kemp (Eds.), *Evidence-based coaching vol:1: Theory, research and practice from the behavioural sciences* (pp. 143-158). Bowen Hills Qld: Australian Academic Press.

Sprenger, R.K. (2002). *Das Prinzip Selbstverantwortung. Wege zur Motivation.* Frankfurt/Main: Campus.

Staw, B.M. (1975). Attribution of the „causes“ of performance: A general alternative interpretation of cross-sectional research on organizations. *Organizational Behavior and Human Performance, 13,* 414-432.

Steinmetz, B. (2005). *Stressmanagement für Führungskräfte.* Hamburg: Kovaĉ.

Stober, D.R. (2004). *Research Symposium.* 9th Annual Conference of the International Coach Federation, November 4 - 6, 2004, Québec, Canada.

Stober, D.R. (2006). Coaching from the humanistic perspective. In D.R. Stober & A.M. Grant (Eds.), *Evidence based coaching handbook: Putting best practices to work for your clients* (pp. 17-50). New York: John Wiley & Sons.

Stober, D.R. & Grant, A. M. (Eds.). (2006). *Evidence based coaching handbook: Putting best practices to work for your clients.* New York: John Wiley & Sons.

Stumpf, S., Klaus, C. & Süßmuth, B. (2003). Gruppenreflexivität als Determinante des Effektivität und Weiterentwicklung von Arbeitsgruppen. In S. Stumpf & A. Thomas (Hrsg.), *Teamarbeit und Teamentwicklung* (S. 143-165). Göttingen: Hogrefe.

Sue-Chan, S. & Latham, G.P. (2004). The relative effectiveness of external, peer, and self-coaches. *Applied Psychology: An International Review, 53*(2), 260-278.

Süßmuth, B. (2000). *Gruppenreflexivität als Determinante von Gruppeneffektivität beim komplexen Problemlösen.* Unveröffentlichte Diplomarbeit an der Universität Regensburg.

Swift, T.A. & West, M.A. (1998). *Reflexivity and group processes: Research and practice.* Unpubl. Manuscript, University of Sheffield: Printing Resources Centre.

Thach, E. C. (2002). The impact of executive coaching and 360 degree feedback on leadership effectiveness. *Leadership and Organization Development Journal, 23*(4), 205-214.

Timmer, M. (2007). *Das mache ich morgen! Procrastination bei Studierenden und Stategien zur Veränderung.* Unveröff. Referat im Forschungskolloqium der Fachgebiete Arbeits- und Organisationspsychologie, Methoden und Evaluation sowie Sozialpsychologie der Universität Osnabrück.

Tjosvold, D. & Field, R.H.G. (1985). Effect of concurrence, controversy, and consensus on group decision making. *The Journal of Social Psychology, 125(3),* 353-363.

Tjosvold, D., Tang, M.M.L. & West, M.A, (2004). Reflexivity for team innovation in China: The contribution of goal interdependence. *Group-and-Organization-Management. 29*(5), 540-559.

Triandis, H. C. (1995). *Individualism & collectivism.* Boulder, CO: Westview.

Tschan, F. (2000). *Produktivität in Kleingruppen.* Bern: Huber.

Ulich, E. (2005). *Arbeitspsychologie* (6. Aufl.). Stuttgart: Schäffer-Poeschel.

Van-Dijk, D. & Kluger, A. N. (2004). Feedback sign effect on motivation: Is it moderated by regulatory focus? *Applied Psychology: An International Review, 53*(1), 113-135.

Wageman, R. (2001). How leaders foster self-managing team effectiveness: Design choices vs. hands-on coaching. *Organization Science, 12,* 559-577.

Wahren, H.-K. (1997). *Coaching.* Eschborn: Rationalisierungs-Kuratorium der Deutschen Wirtschaft.

Wasylyshyn, K.M. (2003). Executive Coaching: An outcome study. *Consulting Psychology Journal: Practice and Research, 55*(2), 94-106.

Watson, D., Clark, L.A. & Tellegen, A. (1988). Development and validation of brief measures of positive and negative affect: The PANAS scales. *Journal of Personality and Social Psychology, 54,* 1063-1070.

Webers, G. (in Vorber.). *Coaching und Selbtswirksamkeit* (Arbeitstitel). Unveröffentlichte Diplomarbeit. Fachgebiet Arbeits- und Organisationspsychologie der Universität Osnabrück.

Wegge, J. (2004). *Führung von Arbeitsgrupppen.* Göttingen: Hogrefe.

West, M.A. (1996). Reflexivity and work group effectiveness: A conceptual integration. In M. West (Ed.), *Handbook of work group psychology* (pp. 555-579). Chichester: Wiley.

West, M. A. (2000). Reflexivity, revolution and innovation in work teams. In M. Beyerlein (Ed.), *Product development teams: Advances in interdisciplinary studies of work teams* (pp. 1-30). Greenwich, CT: JAI.

West, M.A. (2004). *Effective teamwork* (2nd ed.). Leicester: PBS Books.

West, M.A. & Anderson, N.R. (1996). Innovation in top management teams. *Journal of Applied Psychology, 81*(6), 680-693.

West, M. & Farr, J. L. (Eds.). (1990). *Innovation and creativity at work.* New York: Wiley.

West, M. A., Markiewicz, L. & Dawson, J. F. (2005). *ATPI: Aston team performance inventory: User guide.* London: ASE.

West, M., Widmer, P.S. & Dawson, J.M. (2006). The role of reflexivity for team effectiveness and team innovation of health care teams. Unpubl. Paper Aston Business School, Birmingham, UK.

Wicklund, R.A. & Frey, D. (1993). Die Theorie der Selbstaufmerksamkeit. In D. Frey & M. Irle (Hrsg.), *Theorien der Sozialpsychologie, Band I: Kognitive Theorien* (2. überarbeitete Auflage, S. 155-173). Bern: Huber.

Willms, J.-F. (2004). *Coaching zur Umsetzung persönlicher Ziele. Entwicklung, Durchführung und Evaluation.* Diplomarbeit im Fachgebiet Arbeits- und Organisationspsychologie der Universität Osnabrück.

Wolff, U. (2005). Strategie-Coaching. In C. Rauen (Hrsg.). *Handbuch Coaching* (3. Aufl., S. 391-420). Göttingen: Hogrefe.

Wood, R. E. & Beckmann, N. (2006). Personality architecture and the FFM in organisational psychology. *Applied Psychology: An International Review, 55*(3), 453-469.

Wottawa, H. & Thierau, H. (1998). *Lehrbuch Evaluation* (2. überarb. Auflage). Bern: Huber.

Wübbelmann, K. (Hrsg.). (2005). *Management Audit.* Göttingen: Hogrefe.

Zapf, D., Isic, A., Fischbach, A. & Dormann, C. (2003). Emotionsarbeit in Dienstleistungsberufen. Das Konzept und seine Implikationen für die Personal- und Organisationsentwicklung. In K.-C. Hamborg & H. Holling (Hrsg.), *Innovative Personal- und Organisationsentwicklung* (S. 266-288). Göttingen: Hogrefe.

ZEVA, Zentrale Evaluations- und Akkreditierungsagentur Hannover (2000). *Positionspapier: Schlüsselkompetenzen in den Curricula der Hochschulen.* Zugriff am 16.11.2007, http://www.zeva.uni-hannover.de/eiqa/Standards_SK.pdf.

Autorenverzeichnis

Verzeichnis der Definitionen und Annahmen

Definitionen

Annahmen und praktische Folgerungen

Anahmen

Praktische Folgerungen

Stichwortverzeichnis

Innovatives Management

Eva Bamberg · Jana Schmidt
Kathrin Hänel (Hrsg.)

Beratung, Counseling, Consulting

Band 15: 2006, 383 Seiten, geb.,
€ 39,95 / sFr. 64,–
ISBN 978-3-8017-1927-2

In diesem Band ergänzen sich praktische Erfahrungen sowie konzeptionelle Überlegungen und empirische Studien zum Thema Beratung.

Klaus Wübbelmann (Hrsg.)

Handbuch Management Audit

Band 14: 2005, 297 Seiten, geb.,
€ 39,95 / sFr. 69,90
ISBN 978-3-8017-1883-1

Das Buch gibt einen Überblick über Konzepte, Praxis und Trends im Management Audit und eröffnet damit neue Perspektiven zum Management Audit.

Siegfried Greif
Bernd Runde · Ilka Seeberg

Erfolge und Misserfolge beim Change Management

Band 13: 2004, 384 Seiten, geb.,
€ 44,95 / sFr. 78,–
ISBN 978-3-8017-1887-9

Change Management ist eine der wichtigsten unternehmerischen Kernkompetenzen. Der Band stellt nützliche Methoden zur Bewertung des Erfolgs von Change Management Prozessen dar.

Stefan Etzel
Anja Küppers

Innovative Management-diagnostik

Band 12: 2002, 240 Seiten, geb.,
€ 34,95 / sFr. 59,–
ISBN 978-3-8017-1630-1

Das Band bietet einen Überblick über verschiedene Verfahren zur Managementdiagnostik und beschreibt die Entwicklung eines innovativen Ansatzes zur Konstruktion moderner Assessmentverfahren.

Johannes Kirsch

Verkauf als Dienstleistung

Analyse der Kommunikationsstruktur zwischen Dienstleister und Kunde

Band 11: 2001, 160 Seiten, geb.
€ 32,95 / sFr. 51,–
ISBN 978-3-8017-0839-9

Die Beziehung zwischen Käufer und Verkäufer in ihrem historisch-gesellschaftlichen Kontext ist Gegenstand des Buches. Das Buch will klären, was im Dialog zwischen Käufer und Verkäufer geschieht.

Christopher Rauen (Hrsg.)

Handbuch Coaching

Band 10: 3., überarbeitete und erweiterte Auflage 2005,
559 Seiten, geb.,
€ 49,95 / sFr. 86,–
ISBN 978-3-8017-1873-2

Renommierte Expertinnen und Experten beschreiben der vollständig überarbeiteten Auflage des Buches Grundlagen, die Konzepte und die Praxis von Coach

Hogrefe Verlag GmbH & Co. KG
Rohnsweg 25 · 37085 Göttingen · Tel.: (0551) 49609-0
E-Mail: verlag@hogrefe.de · Internet: www.hogrefe.d